# 锦灯笼的研究与应用

舒尊鹏　主编　　王　毅　董婉茹　副主编

化学工业出版社
·北京·

## 内 容 简 介

《锦灯笼的研究与应用》共分为八章，主要内容包括锦灯笼的历史（第一章）、基源（第二章）、制剂工艺（第三章）、化学成分（第四章）、药理作用研究（第五章）、应用（第六章）、发展前景（第七章）以及酸浆属的其他植物（第八章）。全面系统地介绍了中药锦灯笼的研究与应用前景，为锦灯笼的开发利用起到积极的推动作用。

《锦灯笼的研究与应用》适用于中草药科研工作者、医药企业以及从事中药材种植和采集的相关人员参考阅读。

**图书在版编目（CIP）数据**

锦灯笼的研究与应用/舒尊鹏主编；王毅，董婉茹副主编. —北京：化学工业出版社，2024.1
ISBN 978-7-122-44161-4

Ⅰ.①锦… Ⅱ.①舒… ②王… ③董… Ⅲ.①酸浆-研究 Ⅳ.①S641.4

中国国家版本馆 CIP 数据核字（2023）第 173480 号

---

责任编辑：褚红喜 甘九林 　　　　　　　　文字编辑：陈小滔
责任校对：李 爽 　　　　　　　　　　　　装帧设计：张 辉

---

出版发行：化学工业出版社（北京市东城区青年湖南街 13 号 邮政编码 100011）
印 　　装：北京科印技术咨询服务有限公司数码印刷分部
787mm×1092mm 1/16 印张 16 字数 390 千字 2024 年 1 月北京第 1 版第 1 次印刷

---

购书咨询：010-64518888 　　　　　　　　售后服务：010-64518899
网 　　址：http://www.cip.com.cn
凡购买本书，如有缺损质量问题，本社销售中心负责调换。

---

定 　　价：98.00 元 　　　　　　　　　　　　　　　　版权所有 违者必究

# 《锦灯笼的研究与应用》
## 编写人员名单

主　　编　舒尊鹏
副 主 编　王　毅　董婉茹
编写人员（以姓氏笔画为序）
　　　　于　森（广东药科大学）
　　　　王　晓（广东药科大学）
　　　　王　毅（广东药科大学）
　　　　史睿翔（广东药科大学）
　　　　乔永康（北京师范大学）
　　　　刘文文（佳木斯大学）
　　　　李　伟（广东药科大学）
　　　　李健华（广东药科大学）
　　　　杨　继（广东药科大学）
　　　　杨梦茹（广东药科大学）
　　　　余佳敏（广东药科大学）
　　　　沈学娟（广东药科大学）
　　　　张　涵（佳木斯大学）
　　　　张　越（广东药科大学）
　　　　张重阳（广东药科大学）
　　　　陈　莹（广东药科大学）
　　　　林佳子（广东药科大学）
　　　　岳义民（广东药科大学）
　　　　周　彤（广东药科大学）
　　　　赵曼彤（广东药科大学）
　　　　钟仁兴（广东药科大学）
　　　　钟璐阳（广东药科大学）
　　　　耿剑亮（广东药科大学）
　　　　夏天乙（广东药科大学）
　　　　郭慧琳（广东药科大学）
　　　　曹　霞（广东药科大学）
　　　　梁邺方（广东药科大学）
　　　　梁蓝元（广东药科大学）
　　　　彭明明（广东药科大学）
　　　　董婉茹（黑龙江中医药大学）
　　　　舒尊鹏（北京师范大学）
　　　　遆慧慧（广东药科大学）
　　　　曾淑婷（广东药科大学）
　　　　潘　娟（黑龙江中医药大学）
　　　　魏晓露（中国中医科学院中药研究所）

# 前言 PREFACE

中药作为我国的国粹之一，具有鲜明的民族特色，是治病救人的重要手段，在我国历史的长河中，中药始终是担负着保障人民健康的重要角色。几千年来，我国人民运用中医药防病治病，积累了丰富的临床用药经验，形成了较完善的中医药理论体系。随着现代科学及技术手段的不断发展，中医药进入了高速发展的新时代。通过不断对中药进行现代化研究，逐渐挖掘出一些中药的新疗效及价值，能够进一步发挥中医药在保障人民健康事业中的作用。中药现代研究成果日新月异，但市面常见的中药书刊很大部分都具有收载药物多、很难就具体每一味中药进行详尽的阐述的缺点，无法展现中药现代研究的全貌，对此很有必要撰写一本具有特色的单味中药专著。

锦灯笼应用历史极为悠久，最早出现于公元前 300 年的《尔雅》中；而作为中药，锦灯笼则以"醋酱"之名始载于《神农本草经》，列为中品，载其"主热烦满，定志益气，利水道，产难吞其实立产。一名醋酱，生川泽。"此后的历代本草典籍，均以"酸浆"之名记载锦灯笼的性味、功效与应用。其后，历代本草医籍对锦灯笼均有记载，直至《中国药典》将其收载。近年来，锦灯笼产业蓬勃发展，除了其药用功效的广泛应用，在保健养生、外用制剂、化妆品、生物农药等方面都有广阔的市场应用前景。

锦灯笼在我国除西藏外各地均有分布，多为野生。其中，东北、华北产量高、质量优。目前已知锦灯笼的化学成分主要有酸浆苦素、黄酮、生物碱、多糖、甾体、挥发油、氨基酸、维生素等，并运用多种提取分离技术对其中的不同化合物单体进行富集纯化，以使锦灯笼的化学成分组成更加清晰明了。国内外研究者通过动物、细胞、基因等不同层面的药理研究发现，锦灯笼在抗炎、抗氧化、抗菌、抗病毒、抗肿瘤、降血糖等方面均能发挥疗效和作用，尤其是在呼吸系统疾病方面有着非常广泛的应用。

笔者从儿时便常食姑娘果，在 2007 年硕士期间与锦灯笼正式结缘，开始对锦灯笼的化学成分进行研究；博士后期间，开始着重于锦灯笼中的酸浆苦素类成分的提取、分离、纯化及其治疗急性肺损伤的病理机制和构效关系研究；此后在科研工作上更是对锦灯笼中治疗急性肺损伤的药效物质基础及其靶向作用机制进行了持续深入的研究，以期能够揭示传统中药锦灯笼中活性成分治疗急性肺损伤的体内具体机制。另一方面，在研究中发现锦灯笼在外用治疗皮肤病方面疗效显著，已成功开发出皮肤外用医疗器械的新产品，并针对其药效作用及分子机制正在进行更深层次的挖掘，为锦灯笼进一步的临床应用与新药开发奠定充实的研究基础。近年来，笔者主持的"'锦灯笼'大健康产品综合应用研究及产业化"项目更是获得了广州市与佛山市政府的大力支持，推进了锦灯笼在治疗儿童湿疹与呼吸道疾病五类新药、功效性化妆品与皮肤外用医疗器械产品、特殊医学用途配方食品与保健品、无抗饲料与生物农药等领域的研发进程。

在十多年的研究中，笔者发现锦灯笼的相关研究成果与日俱增，但是这些研究内容缺乏系统性，不便于读者与研究者查阅浏览，并且尚未有一本能够囊括其所有相关研究与应用的专著。为了充分利用这些丰富的文献资源，发挥锦灯笼在科学研究、市场开拓、临床应用等方面的价值和作用，笔者与国内多位专家一起广泛查阅、收集历代记载有锦灯笼的本草古籍，全面挖掘与整理了古代医药学家在锦灯笼药食应用中取得的宝贵经验；在搜集并总结了国内外学者对于锦灯笼在资源、成分、功效、应用与开发相关方面的研究报道的基础上，融入作者团队对锦灯笼在研究与开发方面所取得的成果，从各方面进行了系统梳理，编著成书，这是国内第一本全面系统阐述中药锦灯笼的专著。本书立足于实用、便捷，旨在反映锦灯笼的研究全貌，相信本书的出版将对于今后锦灯笼的研究应用与开发起到积极的推动作用。

本书适用于中草药科研工作者、医药企业、医院、药店购销人员及从事种植和采集中草药的相关人员阅读参考。

由于本书内容涉及范围广，加之学术水平有限，书中难免存在纰漏或不足之处，敬请广大读者提出宝贵意见，以便再版时修订优化。最后向书中所引用文献的原作者表达衷心的感谢，正是由于他们持之以恒地探索和无私奉献，才有了中医药现代化蓬勃发展的繁荣景象。

舒尊鹏

2023 年 8 月

# 目录 CONTENTS

# 第一章
# 锦灯笼的历史

　　锦灯笼药用价值高，药用历史悠久。目前国内外对其生长习性、生物活性、药用成分及药理作用等方面的研究已取得很大的进展，其在临床上也得到了广泛的应用。本章将从锦灯笼的民间传说、药用历史以及历代本草医集等方面对锦灯笼进行论述。

## 第一节　锦灯笼的民间传说

　　锦灯笼自古以来就是药食两用的佳品。锦灯笼具有清热解毒、利咽、化痰和利尿的功效，最早记载于《神农本草经》中，距今已有1900多年，药用历史悠久。锦灯笼在全国分布广泛，多生于田间地头或草地等处，在民间也流传着不少关于锦灯笼的传说[1]。

　　相传在很久以前，村里有个喜欢穿红衣服的小女孩，活泼、可爱，人见人爱，人们都叫她红姑娘。有一年秋天，庄稼长势好，需要更多劳动力秋收，女人们因此不得已把孩子锁在家里，下地帮忙收割。孩子们在家里哭着要妈妈，把嗓子都哭哑了。秋收结束后，村民们带着孩子去看大夫，但方圆几百里的大夫都看遍了，孩子们的嗓子依旧发不出声，红姑娘也是这样，大家都不知道怎么办。

　　一天雨后，红姑娘去树林中捡蘑菇，不小心迷路了，她母亲找到她时已经是第三天了。红姑娘见到母亲高兴地喊了起来，此时她的声音清亮动听，大家很是惊奇，以为她在林中遇到了神仙。红姑娘摇摇头，指着篮子里红红的灯笼果实说："我饿了就吃它，不知不觉声音就好了。"于是人们纷纷采摘灯笼果实给自家孩子吃。很快，孩子们的嗓子全好了。因此这种神奇的果实也被人们称为"红姑娘"。

## 第二节　锦灯笼的药用历史

　　锦灯笼［*Physalis alkekengi* L. var. *franchetii*（Mast.）Makino］又名挂金灯、酸浆、金灯、红姑娘等，为茄科酸浆（*Physalis* L.）属多年生宿根草本植物，广泛分布于欧亚大陆，如俄罗斯、日本及朝鲜等，在我国很多地区均有分布[2]。其果实可食用，性寒，归肺经，富含维生素C，成熟果实味美清香；其干燥宿萼或带果实的宿萼为临床药用部位，用于治疗咽痛音哑、痰热咳嗽、小便不利、热淋涩痛等疾病；是我国历史上特有的药食两用草本植物[3]。锦灯笼的药理作用十分广泛，古人很早就使用锦灯笼来治疗疾病，历代本草集对其性味、药用功效与方法均有记载[4]。

## 一、唐代以前

早在公元前 300 年，《尔雅》中就有锦灯笼的相关记载。其又以醋酱之名记载于《神农本草经》[5]，书中记载为："主热烦满，定志益气，利水道，产难吞其实立产。一名醋酱，生川泽。列为中品。"最早记载其可除热，安神补气，利尿和助产的作用，并收载其名称和描述其在全国的分布情况。

魏晋南北朝时期，著名医药学家陶弘景在《本草经集注》[6] 中将其更名为"酸浆"并添加了性味，将其列为草木中品，介绍了其子叶的功能作用和炮制方法，并强调其在治疗小儿黄疸方面作用显著。书中描述酸浆通常在五月采摘，阴干保存。酸浆叶可以作为食物食用，酸浆果为黄赤色，小孩吃它可以退热和治疗黄疸，载"酸浆，味酸，平、寒，无毒。主治热烦满，定志益气，利水道。产难吞其实立产，一名醋浆。生荆楚川泽及人家田园中。五月采，阴干。处处人家多有，叶亦可食。子作房，房中有子如梅李大，皆黄赤色。小儿食之，能除热，亦治黄病，多效。"在《名医别录》[7] 中，陶弘景也对酸浆有相关的记载："寒，无毒。生荆楚及人家田园中。五月采，阴干"。在陶弘景一生所著的两本重要的药学论著所涵盖的几百味中药材中，均将酸浆载入其中，可见酸浆在唐朝以前就曾闻名于民间。

## 二、唐代

唐朝时期，古人对酸浆的药用和性状的记载与前人所述基本相同，对酸浆的药用功效没有很大创新。作为唐代官方编著的中国第一部药典——《新修本草》[8] 中与前人的记载相同，载"主热烦满，定志益气，利水道，产难吞其实立产。一名醋浆……小儿食之，能除热，亦治黄病，多效"。孙思邈所著的《千金翼方》[9] 将其列为草部中品，也做了类似的描述。相比于前人，五代时期的韩保升所著的《蜀本草》[10] 新添了酸浆根部的药用记载。其描述酸浆根像芹菜根，白色，味苦，根汁治疗黄疸的效果显著。原文载到："主热烦满，定志益气，利水道，产难吞其实立产……根如葄芹，白色，绝苦。捣其汁治黄病多效。"上述文著说明了锦灯笼的除热、利尿、助产功效已得到广泛认可。

## 三、宋代

锦灯笼在宋代除沿袭前人所用，还新增了"苦耽"的命名，并且发现了其治疗热咳、咽痛、痢疾、水肿、疔疮、丹毒及杀虫的作用。宋代官方编著的《嘉佑本草》[11] 中记载："主腹内热结眉黄，不下食，大小便涩，骨热咳嗽，多睡劳乏，呕逆痰壅，疬癖痞满，小儿疬子寒热。大腹，杀虫，落胎。并煮汁服，亦生捣绞汁服。亦研敷小儿闪癖。"这对酸浆药用进行了扩充，称其功效为清热解毒，可以用来治疗食欲不振、大小便难、骨热咳嗽、困倦疲乏、呕吐痰塞、脐腹疼痛、瘟疫流行、小儿淋巴结炎症；作用于胃肠道则可以杀虫。服用方法为煮汁服用，也可以直接捣汁、绞汁服用，也可以研磨后敷用治疗小儿麻痹症。医药学家苏颂于宋嘉祐年间撰集的一部图谱性本草著作《图经本草》[12] 记录亦与前人相似，文中载："酸浆……可除热；根似葄芹，色白，绝苦，捣其汁饮之，治黄病多效。五月采，阴干。《尔雅》所谓（音针），寒浆。郭璞注云：今酸浆草，江东人呼为苦是也。今医方稀用。"北宋时期，由日本医家丹波康赖所著的《医心方》[13] 记载酸浆与药物配伍可治疗治阴囊湿痒，载"酸浆煮地榆根及黄柏汁，洗皆良。又方：柏叶、盐各一升，合煎以洗之毕，取蒲黄敷之。又方：煮槐枝以洗之。又方：嚼大麻子，敷之。又方：浓煮香洗之。"宋太医院编著的《圣济总录》[14] 记载了以酸浆为君药用于治疗便赤涩痛或横产倒生的酒剂处方，对于其制备方法，载："洗，研，绞取自然汁。"对于其使用方法，载："每服半合，酒半盏，和匀，空心服之。未通再服。"北宋著名药学家唐慎微编写的《证类本草》[15] 是本草发展史上的重要著作，其中对众多药物形态记述和药图的收录也最齐全，它对酸浆的记载和前人所记载类似，并未有指正或增添的内容，原文载："灯笼草 …… 八月采枝，杆高三、四尺，有花红色，状如灯笼，内有子红色可爱，根茎、花、叶并入药使。"寇宗奭所著的《本草衍义》[16] 对酸浆的性状作了进一步的描述，称酸浆苗像初生的茄子，开小白花，结青壳；成熟时变深红色，壳中的酸浆子为红色，像樱桃那么大。同时也纠正了其命名，认为《图经本草》苦耽条的命名重复，载："今天下皆有之。苗如天茄子，开小白花，结青壳。熟则深红，壳中子大如樱，亦红色。樱中复有细子，如落苏之子，食之有青草气。此即苦耽也。今《图经》又立苦耽条，显然重复。《本经》无苦耽。"《大观本草》对酸浆的记载亦与前人所述类似[17]，故不做赘述。

## 四、元代

元代时期，古人对于酸浆的记载较少，但在治疗妇人难产和尿路系统疾病方面对酸浆处方进行了拓展。危亦林的《世医得效方》[18] 共载医方 3300 余首，保存了许多濒于失传的古代验方，书中有酸浆与王不留行、茺蔚子、白蒺藜、五灵脂配伍制成散剂治疗难产。记录道："治难产，逐败血，即自生。若横逆则转正，子死腹中则胎软膨宽即产。祖宗秘传，不授，用者敬之。"

## 五、明代

明代时期的本草著作新增了酸浆对美化皮肤功效的记载，即其可作为面膜使用。我国现存最大的方书《普济方》中便提到酸浆的美容功效[19]，将酸浆与蚕、辛夷仁、香附子、丁香子、木兰等药材配伍制备成五香散敷于面部美容，可令原本粗糙的皮肤变得白润而有光泽，用五香散清洗面部，二十七日后可达到美白的效果，坚持使用一年后疗效显著。明代弘治年间太医院院判刘文泰等所著的《本草品汇精要》[4,20] 是明代唯一由朝廷组织编纂的本草专书，其中对酸浆的性味和不同药用部位进行了描述："主热烦满，定志益气，利水道，产难吞其实立产。春生苗，五月五日取根，阴干，用叶、根、实。茎青，根白。味酸苦，性平、寒，味浓于气，阴也。腥，除热，催生，泄水，捣汁用。"滇南名士兰茂所著的《滇南本草》是一部记述我国西南高原地区本草药物的著作[21]，其中对酸浆的性味记载与前人不同，认为其味辛、咸，性温，可以治疗阴茎疼痛、腹部痈疮疔疮，且具有行气活血的作用；其范本记录了酸浆可治疗痈疽疮疥、肾肿茎痛，也称其可以活血消肿和利尿，且利尿效果非常之好，载："酸浆草，味辛、咸，性温。利小便，治五淋玉茎疼痛，攻疮毒，治腹痛，破气血。"范本云："酸浆草，气味酸，性微温。主治痈疽发背大毒、肾肿茎痛等症。服之，可以破血、消肿、通利甚秒。"由儒入医的陈嘉谟在《本草蒙筌》[22] 中，念念不忘儒学之道，将《素问》《难经》《神农本草经》与《六经》《尔雅》相比拟，在此书中描述酸浆应八月采收，它的花实和根茎都可以作为药用，酸浆苗有三四尺高，因为花红像灯笼故称其为灯笼草，主要治疗热痰嗽和上焦疾病，载："灯笼草，味苦，气大寒。无毒。在处俱有，八月采收。花实根茎，并堪入药。苗高三四尺许，花红而类灯笼。故此为名，专主热嗽。盖因苦而除燥热，轻能治上焦故也。丹溪尝云：灯笼草治热痰嗽，佛耳草治寒痰嗽。"

李时珍的《本草纲目》[23]对前人关于酸浆的记载做了全面的记录和总结。他对酸浆的命名做了校正，认为前人所记载的苦耽、酸浆、灯笼草为同一植物，载："菜部苦耽，草部酸浆、灯笼草，俱并为一。"对锦灯笼的性状又引："保升曰：酸浆即苦耽也，根如葴芹，白色绝苦。禹锡曰：苦耽生故墟垣堑间，高二、三尺，子作角，如撮口袋，中有子如珠，熟则赤色。关中人谓之洛神珠，一名王母珠，一名皮弁草。一种小者名苦耽。《尔恭》曰：灯笼草所在有之，枝干高三、四尺，有红花状若灯笼，内有红子可爱，根、茎、花、实并入药用。时珍曰：龙葵、酸浆，一类二种也。酸浆、苦耽，一种二物也。但大者苦，以此为别。败酱亦名苦耽，与此不同。其龙葵、酸浆苗叶一样。但月入秋开小白花，五出黄蕊，结子无壳，累累数颗同枝，子有蒂盖，生青熟紫黑。其酸浆同时开小花黄白色，紫心白蕊，其花如杯状，无瓣，但有五尖，结一铃壳，凡五棱，一枝一颗，下悬如灯笼之状，壳中一子，状如龙葵子，生青熟赤。以此分别，便自明白。"锦灯笼也首次被用于提取硝、硫，《本草纲目》[23]载："时珍曰：方士取汁煮丹砂，伏白矾，煮三黄，炼硝、硫。"对其药用载："酸浆，治热烦满，定志益气，利水（《本经》）。捣汁服，治黄病，多效（弘景）。灯笼草：治上气咳嗽风热，明目，根茎花、实并宜（《唐本》）。苦耽苗子：治传尸伏连，鬼气疰忤邪气，腹内热结癥痞满，小儿无辜子，寒热大腹，杀虫落胎，去蛊毒，并煮汁饮，亦生捣汁服。研膏，敷小儿闪癖（《嘉》）。"李时珍认为酸浆对于虚弱咳嗽有痰的病人效果较好[24]，曰："酸浆利湿除热。除热故清肺治咳；利湿故能化痰治疸。一人病虚乏咳嗽有痰，愚以此加入汤中用之，有效。"

## 六、清代

清代张璐所著的《本草逢源》[25]特别强调了酸浆与佛耳草的不同之处，称佛耳草主要用来治疗寒痰咳嗽，而酸浆更多用于治疗热痰咳嗽，载："酸浆利湿除热清肺，治咳化痰，痰热去而志定气和矣。又主咽喉肿痛。盖此草治热痰咳嗽，佛耳草治寒痰咳嗽。故其主治各有专司也。"吴仪洛所著的《本草从新》[26]对汪昂《本草备要》承误之处，逐一进行了增改，并补入草药300余种，是当时流传较广的临床实用本草著作，书中对酸浆根据不同药用目的制备成的不同剂型做了详细介绍：治疗咳嗽可以将酸浆煮成汤剂服用，也可以研磨成膏剂使用或者捣其汁直接服用；酸浆叶可以贴于皮肤上的肿烂溃疡处发挥药效；对于天疱疮，可以捣酸浆子敷于疮处，也可以取其末用油调后敷于创面，《本草从新》[26]原文载："酸浆，即灯笼草。苦寒，除热利湿，清肺化痰，除烦满，通小便（治黄病效），治上气咳嗽（并煮汁，或研膏，生捣汁服），敷小儿闪癖。根茎花叶，俱可用（叶贴灸疮，不发）。子酸平，与根茎花叶同功（天疱湿疮，捣子敷之，或为末，油调）。"严洁所著的《得配本草》[11,27]认为灯笼草与酸浆为同一植物，入手太阴经，归为滋阴清火药，载："灯笼草，一名酸浆。苦，寒，入手太阴经气分。利湿热，治咽痛，消痰嗽。入滋阴清火药，疗虚人咳嗽。"著名医学家赵学敏编撰的《本草纲目拾遗》[28]对《本草纲目》之遗或备而不详的药物进行了补充与订正，书中认为，酸浆是治疗咽喉肿和祛除疝气的神药，可以消郁散结，治疗疮肿、喉风、金创肿毒、血崩，原文载："天灯笼草，一名珊瑚柳，形似辣茄而叶大。本高尺许，开花白色，结子如荔枝，外空，内有绿子，经霜乃红。京师呼为红姑娘……性寒，治咽喉肿如神。性能清火，消郁结，治疝神效。敷一切疮肿，专治锁缠喉风，治金创肿毒，止血崩。酒煎服子入药，保毒不大。"

杨时泰所著《本草述钩元》[28]是中药研究与中医临床重要参考资料，书中内容翔实，更加偏于临床，其记载了锦灯笼和龙葵的共性和特性，并且详细记录了锦灯笼的苗叶根茎和其子的不同药用。龙葵和酸浆是同一类植物的两个不同种属，龙葵的根茎光滑无毛，夏秋时节开出小白花，有 5 个花瓣，黄色的花蕊，龙葵子无壳但是有蒂，数棵龙葵生在同一枝干上，刚生长时是青色，成熟时紫黑色；酸浆同时开黄白小花，紫色的心，白色的花蕊，花像杯子状，没有花瓣但是有五裂，每枝每棵都长有像灯笼的五棱铃壳悬在下面，壳中的子如龙葵子，初生时是青色成熟时红色，以此来区分龙葵和酸浆，载："所在有之。一名灯笼草。与龙葵（俗呼天茄子）一类二种，但龙葵茎光无毛，夏秋开小白花，五出，黄蕊，结子无壳而有蒂。盖数颗同枝，生青熟紫黑。其酸浆同时开黄白小花，紫心白蕊，花如杯状，无瓣而湿。主治烦满痰壅，热咳咽痛，腹内热结，大小便涩，治黄病。子，味酸平，气寒。有五尖，结一铃壳，凡五棱，一枝一颗。下悬如灯在笼状，壳中一子如龙葵子，生青熟赤，以此分别[4]。"对其不同部位的药用载："苗叶茎根，味苦，气寒，除热利，主治热烦，利水道，疗黄病，并痰癖热，结与苗茎同功，尤以其轻能治上焦，故主热咳咽痛。此草治热痰咳嗽。佛耳草治寒痰咳嗽，与片芩清金丸同用更效。止溺赤涩痛者，酸浆草嫩叶一握，净洗，捣绞汁一合，和酒一合，烧热，空心服之，立通[4]。"

## 七、现代

当代对锦灯笼药用功效的描述主要是对前人记载的归纳和总结，其中最主要的参考文献即为《本草纲目》。如《中国药典》（2020 年版）对其记载[29]："苦，寒，归肺经；清热解毒，利咽化痰，利尿通淋；用于咽痛音哑，痰热咳嗽，小便不利，热淋涩痛；外治天疱疮，湿疹。"由国家中医药管理局主编的《中华本草》是一部集中我国中医药界集体智慧、多学科专家协作完成的综合性中药学巨著，其中对锦灯笼记载[30]："味酸，苦，性寒。归肺、脾经。清热毒，利咽喉，通利二便。主咽喉肿痛，肺热咳嗽，黄疸，痢疾，水肿，小便淋涩，大便不通，黄水疮，湿疹，丹毒。"由南京中医药大学组织编纂的《中药大辞典》载[31]："苦、寒。归肺、脾经。清热，解毒，利尿。治热咳，咽痛，黄疸，痢疾，水肿，疗疮，丹毒。"

综上可知，锦灯笼作为药物使用已有悠久的历史，其清热解毒、利咽、化痰、利尿等作用得到了各个时代的认可，并且其新的药理作用也在不断地被人们探索。

近年来，国内外对中药锦灯笼的化学成分及其药效研究较多，随着对其化学成分及药理作用的深入研究，发现中草药锦灯笼中所含的化学成分主要为锦灯笼苦素类、三萜类、黄酮类等，并且具有镇痛、强心、抗菌、利尿等药理作用及一定的抗癌活性[32]。但是，目前对如何发掘中药锦灯笼的药用与保健的双重价值方面的研究却比较少。民间多将其视为可口且营养丰富的可食用浆果，也存在锦灯笼果实降血糖的验方，但其物质基础尚未得到充分的研究。因此，深入地研究锦灯笼具有重大意义。随着越来越多的学者不断拓展对锦灯笼的研究，锦灯笼在药食两用领域有着十分广阔的开发前景及可观的经济效益。

参考
文献
REFERENCES

[1] 何迎春.清咽亮喉的"红姑娘"[J].中国药店，2006（12）：131.

[2] 李嘉欣，韩东卫，李璐，等.锦灯笼药理作用最新研究进展[J].吉林中医药，2019，39（4）：555-560.

［3］　王玮．锦灯笼的营养保健功能及药用价值［J］．中国食物与营养，2008（3）：55-56.

［4］　姜玲玲，徐保利．中药锦灯笼本草考证［J］．亚太传统医药，2018，14（6）：128-129.

［5］　许亮，孙鹏，王冰，等．酸浆的本草考证［J］．中医药学刊，2005（5）：908-909.

［6］　陶弘景．本草经集注［M］．上海：群联出版社，1955.

［7］　陶弘景著，尚志钧辑校．名医别录［M］．北京：人民卫生出版社，1986.

［8］　许亮，王荣祥，杨燕云，等．中国酸浆属植物药用资源研究［J］．中国野生植物资源，2009，28（1）：21-23.

［9］　钱超尘．《千金翼方》版本简考［J］．中医药文化，2012，7（3）：37-40.

［10］　韩保昇．蜀本草（辑复本）［M］．合肥：安徽科学技术出版社，2005.

［11］　那红宇．锦灯笼的质量标准研究［D］．沈阳：辽宁中医药大学，2021.

［12］　苏颂撰，胡乃长，王致谱辑注，蔡景峰审定．图经本草（辑复本）［M］．福州：福建科学技术出版社，1988.

［13］　丹波康赖撰，高文柱校．医心方［M］．北京：华夏出版社，2011.

［14］　赵佶，郑金生，汪惟刚，等．圣济总录［M］．北京：人民卫生出版社，2013.

［15］　唐慎微撰，尚志钧校．证类本草［M］．北京：华夏出版社，1993.

［16］　张德纯．酸浆［J］．中国蔬菜，2008，166（1）：56.

［17］　唐慎微原著，艾晟刊订，尚志钧点校．大观本草［M］．合肥：安徽科学技术出版社，2004.

［18］　危亦林．世医得效方［M］．上海：上海科学技术出版社，1964.

［19］　朱橚.普济方［M］．上海：上海古籍出版社，1991.

［20］　刘文泰．本草品汇精要［M］．北京：人民卫生出版社，1982.

［21］　兰茂，苏国有．滇南本草［M］．昆明：云南人民出版社：云南文库，2017.

［22］　陈嘉谟．本草蒙筌［M］．北京：人民卫生出版社，1988.

［23］　李泽南．《本草纲目》酸浆考释［J］．时珍国药研究，1995（4）：3-4.

［24］　徐荣鹏．《本草纲目》咳嗽病案刍议［J］．国医论坛，2018，33（5）：62-63.

［25］　许亮．茄科酸浆属两种药用植物生药学研究［D］．沈阳：辽宁中医学院，2004.

［26］　严西亭．得配本草［M］．上海：上海卫生出版社，1957.

［27］　赵学敏著，闫冰，靳丽霞等校．本草纲目拾遗［M］．北京：中国中医药出版社，1998.

［28］　张初航．锦灯笼的活性成分及质量评价研究［D］．沈阳：沈阳药科大学，2009.

［29］　国家药典委员会．中华人民共和国药典：一部［M］．北京：中国医药科技出版社，2010：376-377.

［30］　《中华本草》编委会．中华本草［M］．上海：上海科学技术出版社，1999.

［31］　赵国平，戴慎，等．中药大辞典［M］．上海：上海科学技术出版社，2006.

［32］　高品一，金梅，杜长亮，等．中药锦灯笼的研究进展［J］．沈阳药科大学学报，2014，31（9）：732-737.

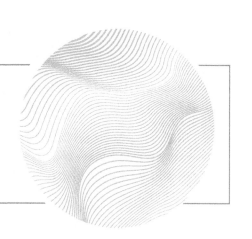

# 第二章
# 锦灯笼的基源

## 第一节 "道地性"研究

### 一、品种

锦灯笼，性寒，味苦，归肺经，为茄科多年生草本植物酸浆 *Physalis alkekengi* L. 的干燥宿萼或带果实的宿萼，又名挂金灯、灯笼果、红姑娘、酸浆等。锦灯笼生长在海拔 50～3000m 的田野、山坡、草地及路边水沟旁等，除西藏外全国各地均有分布，多为野生，也有人工栽培种植。锦灯笼种质资源在不同环境皆有分布，物种极为丰富。锦灯笼在医药领域也有很好的应用价值。

《中国种子植物科属词典》[1] 中记载了世界各地 100 种以上酸浆属植物，我国有酸浆等 5 种。《中国植物志》[2] 中收载的酸浆属约 120 种，大多数分布于美洲热带及温带地区，少数分布于欧亚大陆及东南亚，其中分布在我国的有 5 种及 2 变种。酸浆属植物主要特点如下：一年生或多年生草本、基部略木质，无毛或被柔毛，稀有星芒状柔毛。叶不分裂或有不规则的深波状牙齿，稀为羽状深裂，互生或在枝上端大小不等二叶双生。花单独生于叶腋或枝腋。花萼钟状，5 浅裂或中裂，裂片在花蕾中镊合状排列，结果时增大成膀胱状，远较浆果大，完全包围浆果，膜质或革质，顶端闭合基部常凹陷；花冠白色或黄色，辐状或辐状钟形，有皱襞，5 浅裂或仅 5 角形，雄蕊 5，较花冠短，插生于花冠近基部，花丝丝状，基部扩大，花药椭圆形，纵缝椭圆形，纵缝裂开；花盘不明显或不存在；子房 2 室，花柱丝状，柱头不显著 2 浅裂；胚珠多数。浆果球状，多汁。种子多数，扁平，盘形或肾形，有网纹状凹穴。

#### 1. 酸浆属植物种类

我国具有酸浆属植物种类共 5 种及 2 个变种，分别为酸浆（*Physalis alkekengi* L.）、小酸浆（*Physalis minima* L.）、苦蘵（*Physalis angulata* L.）、毛酸浆（*Physalis philadelphica* Lam.）、灯笼果（*Physalis peruviana* L.），以及酸浆的变种挂金灯［*Physalis alkekengi* var. *franchetii* (Masters) Makino］（变种）、苦蘵的变种毛苦蘵（*Physalis angulata* L. var. *villosa* Bonati）（变种）。

（1）酸浆属植物主要特征与区别点

它们的主要特征与区别见分种检索表 2-1。

#### 表 2-1　酸浆属分种检索表

1. 花冠白色，辐状；花药黄色；果成熟时果萼变橙色至火红色，近革质
1. 花冠淡黄色或黄色，辐状钟形；花药常呈紫色或稀黄色；果成熟后果梗及果萼草绿色或淡麦秆色，薄纸质
  2. 花梗及花萼密生柔毛；果成熟后果梗及果萼的毛被亦永存而不脱落 ……………… 酸浆（*Physalis alkekengi* L.）
  2. 花梗几乎无毛或仅有稀疏毛，花萼除裂片毛较密外而筒部稀疏；果成熟后果梗
及果萼光滑无毛 …………………………… 挂金灯［*Physalis alkekengi* L. var. *franchetii*（Mast.）Makino］
    3. 叶基部歪斜，楔形或阔楔形；花较小，花冠长 4～6mm，直径 6～8mm
    3. 叶基部歪斜心脏形或对称心脏形；花较大，长 0.8～1.5cm，直径 1～2cm
      4. 植株矮小，分枝横卧于地上或稍斜升；花冠及花药均为黄色；花萼裂片短，三角形；
果萼较小 ………………………………………………………………… 小酸浆（*Physalis minima* L.）
      4. 植株稍高大，直立；花冠喉部常紫色，花药紫色；花萼裂片长，披针形；果萼较大
        5. 全体近无毛或仅生稀疏的柔毛 ………………………… 苦蘵（*Physalis angulata* L.）
        5. 全体密生柔毛 ……………………………… 毛苦蘵（*Physalis angulata* L. var. *villosa* Bonati.）
        6. 叶基部歪斜心脏形，边缘有不等大的三角形齿；花药长 1～2mm ……… 毛酸浆（*Physalis philadelphica* Lam.）
        6. 叶基部对称心脏形，全缘或有少数不明显尖牙齿；花药长 3～3.5mm ……… 灯笼果（*Physalis. peruviana* L.）

（2）酸浆与其他同属植物比较[3]

① 酸浆（*Physalis alkekengi* L.）　同属植物的浆果外都包围有大的囊状宿萼，名称中往往有"泡""灯笼"字样，作用与酸浆类似。成熟浆果含糖 28.3%、灰分 8.32%、果胶质 3.8%、有机酸 5.10%、胡萝卜素 3.64%（包括 $\alpha$-胡萝卜素 0.386%、$\beta$-胡萝卜素 0.242%、番茄红素 1.430%），还有多种氨基酸及其酰胺。种子含脂肪油 14.86%。宿萼及叶含大量酸浆苦素。叶含木犀草素及 7-$\beta$-D 葡萄糖苷。其地上部分含有一种睡茄素，称酸浆内酯。根状茎含总生物碱 0.084%～0.104%（干燥样品计），其中各生物碱占总生物碱的百分比分别为：3-$\alpha$-顺芷酸莨菪酯 33%、红古豆 20%、顺芷酸莨菪酯 30%。此外还分离得到莨菪醇和伪莨菪酯。本植物浆果在欧美用于轻泻、退热、利尿、护肝等。其果汁为橙红色，无毒，可用作食品着色剂。

② 苦蘵（*Physalis angulata* L.）　苦蘵的茎、叶中含有酸浆苦素 D、酸浆苦素 E、酸浆苦素 F、酸浆苦素 G、酸浆苦素 H、酸浆苦素 I、酸浆苦素 J、酸浆苦素 K。本种在浙江等省将其带浆果的宿萼以"挂金灯"之名入药，与酸浆等同使用。全草味苦、性寒，能清热解毒、消肿散结，治咽喉肿痛、腮腺炎、牙龈肿痛、急性肝炎、菌痢等症。用量 15～30g。根味苦、性寒，能利尿、通淋，治水肿腹泻、黄疸、热淋，用量 15～30g。

③ 其他　酸浆同属植物小酸浆（*P. minima* L.）、灯笼果（*P. peruviana* L.）、毛酸浆（*P. philadelphica* Lam.）的全草民间亦供药用。

### 2. 酸浆属植物的特征与应用

由前文可知，中药酸浆的原植物是茄科酸浆（*Physalis* L.）属的植物。果实成熟时果萼如灯笼状，由绿变橙红，最后变成赤红色。在酸浆属中，植物酸浆（*Physalisa alkekengi* L.）和挂金灯［*Physalis alkekengi* var. *franchetii*（Mast.）Makino］都具有上述特点。区别在于前者花梗上密生茸毛，成熟后，其毛永存而不落；而后者花梗上几乎无毛，花萼上除裂片上较密外，筒部有稀疏毛，而且果实成熟后，果梗、果顶皆光滑。但历代本草中没有提到过 *Physalis alkekengi* var. *franchetii*（Mast.）Makino 毛的形态。而且 *Physalis alkekengi* var. *franchetii*（Mast.）Makino 在我国分布比较广泛，这是一个广布种，我国除西藏外，其他各省均有分布，与历代本草中所记录相符；从各种本草中的附图来看，确实与该种

相似。如前所述，苦蘵也为酸浆属植物，其主要特征体现在果实较小，而且其果实经秋后仍然保持绿色。苦蘵的原植物可能为多种植物，如 *Physalis angulata* L.、*Physalis minima* L.、*Physalis pubescens* L. 等。茄科植物毛酸浆（*Physalis pubescens* L.）为苦蘵正品。这与徐国钧主编的《中国药材学》中称 *Physalis pubescens* L. 的带萼果实或全草为灯笼草[4]相同。酸浆属植物药用情况见表 2-2。

表 2-2　中国酸浆属植物药用情况

| 编号 | 种名 | 药用部位 | 功效 |
|---|---|---|---|
| 1 | 酸浆 | 全草、花、种子 | 行水利湿、清热解毒 |
| | | 果实 | 可用于轻泻、利尿、退热、护肝 |
| 1b | 挂金灯 | 宿萼或带果实的宿萼 | 清热解毒、利咽、化痰、利尿 |
| | | 根状茎 | 清热、利水 |
| | | 地上部分 | 清热解毒、利尿 |
| 2 | 小酸浆 | 全草或果实 | 清热利湿、祛痰止咳、软坚散结、杀虫 |
| 3 | 苦蘵 | 带浆果的宿萼 | 清热解毒、利咽、化痰、利尿 |
| | | 全草 | 清热解毒、消肿散结 |
| | | 根 | 利尿、通淋 |
| 3b | 毛苦蘵 | 全草 | 清热解毒、化痰止咳 |
| 4 | 毛酸浆 | 全草或果实 | 清热解毒、利气 |
| 5 | 灯笼果 | 全草 | 清热解毒、消炎利水 |

## 二、产地

锦灯笼在我国分布极为广泛，在我国多个省份（西藏除外）均有分布，主要集中在东北、华北地区，其产量高、质量好。东北地区主要分布于黑龙江省、吉林省、辽宁省等地；华北地区主要分布于北京市、天津市、河北省等地；华东地区主要分布于山东等省份。锦灯笼萌芽力强，具有较强的抗寒、抗病以及抗倒伏力等特点，没有特别的生长环境要求，因此常生长于山坡草地、田间及住宅附近。

## 三、种植

由于长期过度采挖和环境污染，锦灯笼野生资源越来越少，市场已明显供不应求。锦灯笼的规范化种植对锦灯笼规范化生产和资源开发利用有着十分重要的意义。

### 1. 锦灯笼生物学特性

锦灯笼适应外界环境的能力较强，对气候和土壤的条件要求并不是十分严格。其生长环境多以温暖、湿润为宜；要求有较强的光照；在开花期对水分的需求较大；土壤选取土质肥沃、排水良好的壤土或砂壤土较好。锦灯笼成熟的种子较小，表面有光泽，呈淡黄色或黄色，千粒重约 10g，略呈肾形，种皮韧性较强，吸水略显膨胀，寿命一般为 2～3 年。种子的发芽率与果实的成熟程度有很大关系，成熟度越高，种子发芽率越高，而未成熟果实的种子发芽率则很低，甚至不发芽。

### 2. 锦灯笼的种植方法

#### （1）种植环境条件的选择

锦灯笼规范化种植要选择无污染的地区，环境空气质量标准应达到 GB 3095—2012 的二级以上标准；种植地域水源最好为贮存水或地下水，远离污染源，水质应达到 GB 5084—2021 的二级以上标准；种植地区不可利用有污染的土壤，且要远离污染源，土壤中农药残留和重金属含量要在 GB 15618—2018 的二级以上标准。

冯小娇等[5] 选择 F1 代杂交的酸浆为试材，采用 7 种混合栽培基质处理（T1 为草炭＋蛭石；T2 为草炭＋椰糠；T3 为草炭＋珍珠岩；T4 为草炭＋蛭石＋椰糠；T5 为草炭＋蛭石＋珍珠岩；T6 为草炭＋珍珠岩＋椰糠；T7 为草炭＋珍珠岩＋蛭石＋椰糠），每种处理按照等体积比例混合，以园土作为对照 CK（有机质）。研究者采用随机区组设计，研究不同基质对酸浆苗期的生长生理变化的影响。实验结果表明，酸浆幼苗株高、根系及叶片的长势、可溶性糖含量、可溶性蛋白质、叶绿素等指标中均为 T4 表现最好，其次是 T5。光合指标中，蒸腾速率和气孔导度以 T4 最高，净光合速率以 T1 最高，其次是 T4，说明 T4 的酸浆苗期叶片光合作用最强。在酶活性表现上，T4 组超氧化物歧化酶（SOD）、过氧化物酶（POD）、过氧化氢酶（CAT）活性均较高。综合来看，T4 处理（草炭：珍珠岩＝1：1）更适合酸浆苗期生长，结果见表 2-3～表 2-7。

**表 2-3　栽培基质的不同配比**

| 处理 | 基质种类 | 基质配比 |
|---|---|---|
| T1 | 草炭：蛭石 | 1：1 |
| T2 | 草炭：椰糠 | 1：1 |
| T3 | 草炭：珍珠岩 | 1：1 |
| T4 | 草炭：蛭石：椰糠 | 1：1：1 |
| T5 | 草炭：蛭石：珍珠岩 | 1：1：1 |
| T6 | 草炭：珍珠岩：椰糠 | 1：1：1 |
| T7 | 草炭：珍珠岩：蛭石：椰糠 | 1：1：1：1 |
| CK | 园土 | — |

**表 2-4　不同配方基质营养液对酸浆苗期地上部分的影响**

| 处理 | 株高/cm | 茎粗/mm | 叶面积/cm² | 叶片含水量/% | SPAD |
|---|---|---|---|---|---|
| T1 | $9.908\pm0.72^{aA}$ | $3.471\pm0.032^{cC}$ | $30.193\pm10.571^{aA}$ | $73.261\pm0.461^{gF}$ | $22.579\pm0.145^{cC}$ |
| T2 | $8.286\pm10.22^{cD}$ | $3.520\pm0.034^{cC}$ | $27.087\pm0.137^{bA}$ | $75.754\pm0.411^{fE}$ | $20.771\pm0.385^{eE}$ |
| T3 | $7.335\pm10.031^{dE}$ | $2.833\pm10.034^{dD}$ | $30.389\pm1.020^{aA}$ | $83.826\pm0.302^{dD}$ | $20.221\pm0.339^{eE}$ |
| T4 | $9.606\pm0.010^{bB}$ | $3.733\pm0.087^{bB}$ | $30.385\pm10.604^{aA}$ | $97.071\pm0.524^{aA}$ | $24.497\pm10.151^{aA}$ |
| T5 | $7.491\pm0.043^{dE}$ | $3.491\pm10.023^{cC}$ | $28.589\pm10.997^{abA}$ | $81.764\pm10.422^{eD}$ | $24.337\pm10.122^{aAB}$ |
| T6 | $8.945\pm0.16^{bC}$ | $3.524\pm10.030^{cC}$ | $29.115\pm1.140^{abA}$ | $87.522\pm0.675^{cC}$ | $22.485\pm10.084^{cC}$ |
| T7 | $7.405\pm0.033^{dE}$ | $4.071\pm0.037^{aA}$ | $30.205\pm1.060^{aA}$ | $91.245\pm0.893^{bB}$ | $23.484\pm0.097^{bB}$ |
| CK | $9.171\pm0.081^{bC}$ | $2.653\pm10.061^{eD}$ | $26.670\pm0.284^{bA}$ | $65.994\pm10.664^{hG}$ | $21.792\pm0.123^{dC}$ |

注：表中数值为平均值±标准差；小写字母、大写字母分别用来表示 5% 和 1% 水平的差异显著性；表中 ABC 和 abc 等字母本身不具有含义，是运用显著性差异字母标记法，将全部平均数从大到小依次排列；SPAD 是植物叶色的一种测定途径，它在一定程度上能够反应植物叶片中叶绿素的含量。

**表 2-5　不同配方基质对酸浆苗期根系生长的影响**

| 处理 | 根系长度/cm | 根冠比 | 根系活力/[μg/(g·h)] |
|---|---|---|---|
| T1 | $20.095\pm0.468^{dD}$ | $0.2581\pm0.005^{bA}$ | $0.094\pm0.008^{aA}$ |
| T2 | $18.635\pm10.257^{eD}$ | $0.3361\pm0.012^{abA}$ | $0.1031\pm0.001^{aA}$ |
| T3 | $21.811\pm0.493^{cC}$ | $0.3671\pm0.004^{abA}$ | $0.0821\pm0.004^{aA}$ |

续表

| 处理 | 根系长度/cm | 根冠比 | 根系活力/[μg/(g·h)] |
|---|---|---|---|
| T4 | 27.644±10.772[aA] | 0.3851±0.007[abA] | 0.364±0.268[aA] |
| T5 | 23.370±0.308[bBC] | 0.4371±0.018[aA] | 0.210±0.002[aA] |
| T6 | 21.992±10.025[cC] | 0.494±0.14[aA] | 0.162±0.022[aA] |
| T7 | 24.152±0.173[bB] | 0.349±0.019[abA] | 0.131±0.006[aA] |
| CK | 15.371±0.261[fE] | 0.4241±0.006[abA] | 0.058±0.002[aA] |

注：表中数值为平均值±标准差，小写字母、大写字母分别用来表示5%和1%水平的差异显著性，表中的ABC和abc等字母本身不具有含义，是运用显著性差异字母标记法，将全部平均数从大到小依次排列。

表2-6　不同配方基质对酸浆苗期可溶性糖含量和可溶性蛋白质含量的影响

| 处理 | 可溶性糖含量/(mg/g) | 可溶性蛋白质含量/(mg/g) |
|---|---|---|
| T1 | 1.277±0.078[cC] | 0.363±0.017[bcB] |
| T2 | 1.320±0.038[cC] | 0.192±0.024[eD] |
| T3 | 0.513±0.031[eD] | 0.340±0.023[cBC] |
| T4 | 2.136±0.007[aA] | 0.467±0.017[aA] |
| T5 | 2.216±0.039[aA] | 0.428±0.027[abAB] |
| T6 | 0.652±0.017[dD] | 0.265±0.016[dCD] |
| T7 | 1.941±0.065[bB] | 0.423±0.029[abAB] |
| CK | 0.301±0.030[fE] | 0.099±0.004[fE] |

注：表中数值为平均值±标准差，小写字母、大写字母分别用来表示5%和1%水平的差异显著性，表中的ABC和abc等字母本身不具有含义，是运用显著性差异字母标记法，将全部平均数从大到小依次排列。

表2-7　不同配方基质对酸浆苗期光合色素含量的影响

| 处理 | 叶绿素a含量/(mg/g) | 叶绿素b含量/(mg/g) | 总叶绿素含量/(mg/g) | 类胡萝卜素含量/(mg/g) |
|---|---|---|---|---|
| T1 | 0.329±0.001[dDE] | 0.121±0.001[eD] | 0.451±0.002[deE] | 0.075±0.000[eE] |
| T2 | 0.314±10.003[eE] | 0.121±0.003[eD] | 0.4351±0.004[eE] | 0.076±0.001[eE] |
| T3 | 0.333±0.002[dDE] | 0.129±0.003[dD] | 0.4631±0.001[dD] | 0.074±0.001[eE] |
| T4 | 0.602±0.008[aA] | 0.213±0.003[aA] | 0.8151±0.01[aA] | 0.140±0.001[aA] |
| T5 | 0.414±0.009[cC] | 0.154±0.003[cC] | 0.568±0.01[cC] | 0.098±0.002[cC] |
| T6 | 0.340±0.001[dD] | 0.124±0.001[deD] | 0.464±0.001[dD] | 0.087±0.000[dD] |
| T7 | 0.449±0.005[bB] | 0.166±0.002[bB] | 0.616±0.007[bB] | 0.110±0.001[bB] |
| CK | 0.141±0.001[fF] | 0.0841±0.001[fE] | 0.226±0.002[fF] | 0.025±0.001[fF] |

注：表中数值为平均值±标准差，小写字母、大写字母分别用来表示5%和1%水平的差异显著性，表中的ABC和abc等字母本身不具有含义，是运用显著性差异字母标记法，将全部平均数从大到小依次排列。

（2）选地

锦灯笼对土壤条件的要求并不十分严格，其适应性、抗逆性强，倾向于弱酸性的砂壤土。在土壤肥沃、排水良好的地块种植锦灯笼，植株不仅长势好且产量高，但切忌在过黏或低洼地种植，否则会引起根状茎腐烂。种植地的土壤要精耕细作，深翻20～30cm，将畦面耙平，土壤整细。施足底肥，底肥以农家肥为主，在施肥过程中可加入适量硫酸亚铁以消除苗床和农家肥中的病菌。

（3）整地施肥

锦灯笼喜肥，要多施农家肥，每亩6～7m³优质农家底肥，最好为发酵好的鸡粪肥，其次为猪、马、牛、羊等牲畜粪肥，忌施化肥。要适时灌溉排水，保持土壤湿润，以提高产量。幼苗期宜少水勤浇，缓苗后根据土壤墒情适当浇水灌苗，缓苗水要少而勤，然后进行中耕，促进根系发育。花期适当多浇水，保证水的供给，坐果期要适当减少浇水次数，雨季和低洼地还要注意排水，以防发生根腐病。

（4）种子处理

于9～10月采集充分成熟的果实，堆放腐熟，果肉变软后漂搓，用水漂洗，去除果皮、果肉，晾干后去除杂质获取纯净种子，放在通风处，充分阴干水分后装入纱布口袋中，挂在冷室中贮藏。不要在室温条件下贮藏，否则会降低发芽率。播种前2个月进行层积处理，用40℃左右温水浸泡种子，边加水边搅拌，待水温降到室温时浸种24h左右，消毒后拌入相当于种子体积10倍的细河沙，在5℃左右的环境下催芽处理60天左右，湿度为50%～60%。经常翻动，待种子有1/3裂口时即可播种[6]。也可以采用温汤浸种，或直接用药剂处理种子。将种子放在清水中浸泡20～30min，捞出后放在50℃左右的热水中，不断搅拌，再放入10%磷酸三钠溶液继续浸泡30min，取出后用清水冲洗2～3次，即可播种。

高昆等[7]以锦灯笼种子为材料，研究不同浓度NaCl处理对种子萌发和幼苗生长的影响。结果表明，随着NaCl浓度升高，锦灯笼种子的发芽率、发芽势、相对发芽率降低，相对伤害率升高，同时萌发所需时间延长。锦灯笼的幼苗株高与NaCl浓度成反比，其在幼苗生长初期影响不明显，在快速生长阶段影响显著。与对照组比，随着NaCl浓度升高，锦灯笼幼苗丙二醛含量呈先下降后上升的趋势，在NaCl浓度为20mmol/L时最低，120mmol/L时最高；可溶性糖含量先升高后降低，在NaCl浓度为100mmol/L时达到最高；过氧化物酶（POD）活性呈先升后降趋势，在NaCl浓度为80mmol/L时达到最大值。NaCl会影响锦灯笼种子萌发和幼苗生长，但锦灯笼具有一定的抗盐性，可以在盐浓度低于20mmol/L的环境下正常生长，结果见表2-8。

表2-8　NaCl胁迫下锦灯笼种子发芽指标

| NaCl浓度/(mmol/L) | 发芽率/% | 发芽势/% | 相对发芽率/% | 相对伤害率/% |
|---|---|---|---|---|
| 0(CK) | 79.33±0.07[aA] | 85.33±0.06[aA] | 100[aA] | 0[dD] |
| 20 | 70.67±0.07[abA] | 90.66±0.04[aA] | 89.02±0.04[aAB] | 3.73±0.04[dD] |
| 40 | 55.33±0.04[bAB] | 79.33±0.01[aA] | 70.17±0.05[bB] | 7.04±0.01[dD] |
| 60 | 30±0.10[cBCB] | 56.66±0.04[bB] | 38.16±0.12[cC] | 33.23±0.09[cC] |
| 80 | 19.33±0.05[cdC] | 28.66±0.07[cC] | 22.18±0.05[cdCD] | 66.58±0.02[bB] |
| 100 | 13.33±0.04[cdC] | 27.33±0.04[cC] | 16.54±0.03[dCD] | 84.65±0.03[aAB] |
| 120 | 4.00[dC] | 6.00[dD] | 5.11±0.01[dD] | 97.64±0.01[aA] |

注：表中数值为平均值±标准差，小写字母、大写字母分别用来表示5%和1%水平的差异显著性，表中的ABC和abc等字母本身不具有含义，是运用显著性差异字母标记法，将全部平均数从大到小依次排列。

李红等[8]以酸浆为研究材料，采用不同浓度的NaCl溶液处理，测定酸浆种子萌发特性、叶片中丙二醛（MDA）含量、过氧化物酶（POD）活性和超氧化物歧化酶（SOD）活性等指标，分析酸浆种子及幼苗的耐盐特性。结果表明，盐胁迫对酸浆种子萌发有显著影响，其MDA含量随盐胁迫的增强呈先降后升的趋势，SOD和POD活性随盐胁迫的增强呈先升后降的趋势，最终确定酸浆种子的耐盐浓度为0.1～0.125mol/L。结果见表2-9。

表2-9　盐胁迫对酸浆种子萌发的影响

| 处理 | 发芽势/% | 发芽率/% |
|---|---|---|
| H₂O | 45.33±9.45[a] | 58.67±7.02[a] |
| 0.05mol/L NaCl | 22.67±5.03[b] | 41.33±5.77[b] |
| 0.075mol/L NaCl | 18.67±4.16[bc] | 37.33±7.57[bc] |
| 0.1mol/L NaCl | 16.00±5.29[bd] | 30.00±13.11[bde] |
| 0.125mol/L NaCl | 12.00±2.00[cde] | 32.67±8.32[bcd] |

注：表中同列数据后不同小写字母表示$P<0.05$水平下差异显著，表中的ABC和abc等字母本身不具有含义，是运用显著性差异字母标记法，将全部平均数从大到小依次排列。

（5）播种方式

播种方式适当与否直接影响锦灯笼的生长发育和产量。播种可分为春播、夏播和秋播，锦灯笼生产上多采用春秋两季播种。

春播：将种植地块深翻 30cm，整平，按 30cm 的行距开沟，沟深 15cm，投种密度为每延长 1m 播 30 粒种子，然后踩格子，把种子踩入土中，覆土厚 1cm 左右。

夏播：利用闲散地块，于 8 月前将地里的杂草割掉，将种子拌上湿砂，用手均匀地扬在地表上 [每亩（约 667m$^2$）用种子 500g]，然后用铁耙子耙一遍，深度 2～3cm，待 8 月份雨季即能出齐苗。

秋播：方法同春播。将种植地块深翻 30cm，整平，按 30cm 的行距开沟，沟深 15cm，投种密度为每延长 1m 播 30 粒种子，然后踩格子，把种子踩入土中，覆土厚 1cm 左右。时间在 10 月份，于封冻前播完，秋播的种子可不用冷冻处理。

（6）育苗

锦灯笼播种育苗可分为三个时期进行。①冬育苗春定植：在 1～2 月份播种育苗，保持温度在 10℃ 以上，30℃ 以下，一般在晚霜以后，4 月中旬后定植。②春育苗夏定植：在 3～4 月份上旬育苗，期间注意苗床内温度不能过高，超过 30℃ 时即通风降温，秧苗对光照的要求由弱光到强光要逐步进行，避免突然受到强光照射而造成日光灼伤，影响秧苗生长，4 月末或 5 月初定植。③夏育苗秋栽：在 6 月下旬至 7 月初育苗，8 月初定植，期间苗床播种后应盖杂草保持湿度，并搭遮阴棚，早晚揭棚，出苗后约 10 天撤掉遮阴棚。

春季 5cm 深的地温达 8～10℃ 时可播种，播种前应灌足底水。由于锦灯笼的种子较小，可与层积处理的细砂一起条播，播种量 1.5～2.5g/m$^2$。用细筛子筛覆一层细砂土、草质或腐殖质，直至看不到种子。覆土厚 0.3～0.5cm，镇压床面，再用稻草覆盖遮阴，用喷壶浇水，保持床面湿润。种子直播后 20 天左右出苗，出苗率达到 40% 时撤除覆盖物。出苗后要及时间苗、锄草和防霜冻。

锦灯笼一般在日光温室中育苗，采用育苗盘育苗，播种前一天育苗盘内要浇足水，播种时每穴放 1 粒催好芽的种子，然后覆 1～1.2cm 厚的育苗基质，覆土完毕再喷洒 1 次透水，然后育苗盘上覆盖地膜湿种。待幼苗顶土后，除去地膜，白天气温控制在 25～28℃，夜温控制在 13～15℃。依据幼苗长势、基质墒情及时喷水，定植前 7～8 天逐渐降低环境温度和基质含水量进行炼苗。有时可能会发现植株有黄叶子，随时摘除即可。

（7）定植

当幼苗长出 1～2 片叶子时进行第 1 次间苗，20 天后就可以进行换床移栽定苗。于 4 月底 5 月初选择一个晴天下午，准备好的地块进行定植，定植前翻地耙细并施足底肥，亩施腐熟有机肥 1500kg，耙平后做成平畦。定植株距为 50cm，每亩定植 3000 株。

（8）繁殖方式

了解锦灯笼的繁殖方式[9]，有利于锦灯笼资源的保护与合理利用，以及相关农产品的生产和锦灯笼品种的选育改良。锦灯笼的繁殖可分为种子繁殖和根茎繁殖两种方式。

① 种子繁殖　苗木的繁殖分有性繁殖和无性繁殖两类。种子繁殖法即有性繁殖法，就是利用雌雄授粉相交而结成种子来繁殖后代，一般繁殖多用此法。有性繁殖不仅有大量种子

产生，可以繁殖较多的新苗，且现今所有名种名花，也多是利用有性繁殖的改良育种而来。有性繁殖不似无性繁殖法所产生的新个体完全与母体一样，即便是以相同的亲本再次交配，因为配子的结合机会不同，所产生的子代也多与亲代及前次交配产生的子苗不一样而出现极多的变化，可满足人们喜爱新种有变化的心理。

东北地区一般在 4 月中下旬播种，播种前将畦做成约宽 1.5m、长 15cm 的苗床，按 20cm 行距开沟直播，覆土厚约 2cm，浇透水，用草帘覆盖，待有 10％ 的种子出苗后揭去草帘，进行松土除草。待苗高约 8cm 时即可进行移栽。

种子繁殖时，于 10 月份采收种子，洗净，阴干。于 11 月 10 日前，将种子在室内用清水浸泡 24h 后，捞出控净水，与 2 倍于种子的细砂均匀地搅拌一起，湿度标准以手攥成团、一碰即开为宜。然后，用透气的袋子装好，在室外选一处地势高、砂质壤土的地方挖一个 30cm 深的坑，将种袋放入坑内，种袋上覆盖 10cm 厚的土。封冻后，地表盖上 10cm 厚的覆盖物，以延缓早春地温升高，以免造成种子在地下发芽。于播种前 5 天揭掉覆盖物，播种时，取出种子和沙子同时播出即可。

② 根茎繁殖　根茎繁殖又被称作无性繁殖，就是将横走的根茎，按照一定的长度或者是节数分成若干个小段，每一段都保证上面有一定量的芽以便于繁殖。

根茎繁殖具有繁殖速度快、成活率高、植株健壮等优点。具体操作如下：选无病、无虫害的根茎，剪成约 10cm 的小段，每段留有 2～3 个不定芽；把剪好的根茎小段条播于沟里，行距约 30cm，株距约 20cm，浇透水；覆盖约 4cm 厚土，稍镇压后将畦面耙平[10]。

锦灯笼植株分蘖性很强，自种植第 2 年开始，每株都能从地下长出 6～8 株萌蘖，分蘖过多可导致土壤肥力下降，通风透气不良，生产上多在雨季移栽多余的萌蘖，既提高了成活率，又能够降低成本。

（9）田间管理

锦灯笼在种植期间应及时进行整枝、打杈和疏花、疏果。定植后要中耕松土，保持土壤疏松，提高地温和保墒。二次浇水后进行二次中耕，促进根系生长。幼苗易得立枯病，6 月高温、高湿环境，是发病高峰期，应每隔 15 天喷 1 次波尔多液或 1％ 的多菌灵，喷 2～3 次即可。出苗整齐后追施化肥，叶面用 0.1％～0.3％ 的尿素，加 0.2％ 的磷酸二氢钾喷洒 1 次。8 月中旬喷 1 次磷酸二氢钾。挂果后注意防治病虫害，加强田间管理，可使幼龄锦灯笼及早进入盛产期，壮龄锦灯笼延长采摘年限，增加产量。

① 中耕除草　早春大地解冻后，春苗刚露出地面后，应进行第 1 次松土除草。之后结合浇水施肥，多次进行中耕，保持土地疏松且无杂草。

② 科学施肥　锦灯笼是多年生植物，因此，在施好基肥的基础上，要采取相应的追肥措施，保证满足锦灯笼在生育期对养分的需求，施肥要点如下：a. 少施催苗肥。锦灯笼花蕾抽出前，施尿素 225kg/hm²。b. 重施催蕾结果肥。结合浇水施尿素 600kg/hm²。c. 采收后期喷 500 倍液磷酸二氢钾每 7 天喷 1 次，共喷 2 次。

③ 浇水　保证"三水"，即出苗水、现蕾水、盛果水。水分是锦灯笼生长中必不可少的要素，在培育过程中，应注意保证水分供给，以促进锦灯笼更好地生长。

④ 植株调整　栽培过程中若叶片肥大、节间过长、有徒长现象，可喷 0.2％ 磷酸二氢钾液对其控制；花果初期，结合追肥、中耕培土，使栽培行变成垄，防止植株倒伏，利于灌溉

排涝；另外可及时整枝打杈，以促生殖生长；结合绑蔓，及时疏花果[11]。

（10）病虫害防治

锦灯笼在栽培过程中，容易受到有害生物的侵染或不良环境条件的影响，使得其正常新陈代谢受到干扰，造成锦灯笼从生理机能到组织结构上发生一系列的变化和破坏。因此正确了解锦灯笼病虫害防治方法对锦灯笼质优高产具有重要意义。

① 病害 锦灯笼的主要病害有叶斑病、白叶病、病毒病和白粉病。

a. 叶斑病 其主要危害锦灯笼的叶、果实外苞叶。叶上病斑圆形或近圆形至不规则形，褐色，边缘具不明显轮纹，病斑大小为 3～5mm；果实外苞叶得病，病斑呈不规则形，浅黑色，中间有黑色小点或霉丛。普通的锦灯笼绿色苞叶不易发病，当苞叶变红时则容易发病。叶斑病的防治办法有如下两种：其一，农业防治。合理增加单位面积种植密度，注意通风透气；肥水管理要科学，增施磷钾肥，增强植株抗病力；适时浇水，雨后及时排水，避免田地里潮气停留，造成湿度过大；及时除去田地里发现的病株，收获后除净田地里的病残体，以减少次年菌源。其二，药剂防治。发现开始发病时及时喷洒 50％苯菌灵可湿性散剂 1000 倍液或 25％多菌灵可湿性散剂 600 倍液、36％甲基硫菌灵悬浮剂 500 倍液。

b. 白叶病 在高温高湿条件下锦灯笼易发白叶病。农业防治措施主要有：雨季排水防涝，减少浇水次数。药剂防治措施有：发病初期用 50％甲基托布津 700～1000 倍液防治，每 7 天防治 1 次。

c. 病毒病 在干燥高温条件下锦灯笼易发病毒病。传播途径：由蚜虫传播蔓延。防治方法：黄板诱杀；辣椒加水浸泡 1 昼夜，过滤后喷洒。

d. 白粉病 发现白粉病病株后应及时防治，用 30％氟菌唑可湿性粉剂 2000 倍液喷雾或 75％百菌清可湿性粉剂 500～800 倍液喷雾。

② 虫害及其他 锦灯笼植株抗病性强，其主要病虫害以蛴螬为主，地老虎与红蜘蛛的危害相对较小。对于锦灯笼而言，菟丝子这种寄生草本危害性也较为严重。

a. 蛴螬 蛴螬是金龟子或金龟甲的幼虫，俗称鸡母虫等；成虫通称为金龟子或金龟甲。蛴螬会危害多种植物和蔬菜。按其食性可分为植食性、粪食性、腐食性三类。其中植食性蛴螬食性广泛，危害多种农作物、经济作物和花卉苗木，喜食刚播种的种子、根、块茎以及幼苗，是世界性的地下害虫，对作物危害很大。防治蛴螬，可用 50％辛硫磷乳油 1000 倍液进行灌根。

b. 地老虎、红蜘蛛与蚜虫 对于地老虎，可在锦灯笼植株开始返青时，用敌百虫和辛硫磷灌根防治。防治红蜘蛛可用 5％尼索朗乳油 2000 倍液或用 1.8％阿维菌素乳油 6000 倍液。防治蚜虫可用 1％苦参碱醇，每亩用量 50mL，或用 10％吡虫啉 3000 倍液；开花后可用熏蚜 1 号在夜间点燃。采用黄粘板诱杀蚜虫和白粉虱，挂在行间或株间，可以选择高出植株 20cm，每亩用黄粘板 40～45 张。

c. 菟丝子 菟丝子，别名禅真、豆寄生、豆阎王、黄丝、黄丝藤、金丝藤等。一年生寄生草本。茎缠绕，黄色，纤细，无叶。花序侧生，少花或多花簇生成小伞形或小团伞花序；苞片及小苞片较小，鳞片状；花梗稍粗壮；花萼杯状，中部以下连合，裂片三角状；花冠白色，壶形；雄蕊着生花冠裂片弯缺微下处；鳞片长圆形；子房近球形，花柱 2；蒴果球形，几乎全为宿存的花冠所包围；种子为淡褐色，卵形，长约 1mm，表面粗糙。菟丝子广泛分布于中国及伊朗、阿富汗、日本、朝鲜、斯里兰卡、马达加斯加、澳大利亚等国家。生于海拔 200～3000m 的田边、山坡阳处、路边灌丛或海边沙丘，通常寄生于豆科、菊科、蒺藜科等多种植物上。菟丝子是锦灯笼的"头号杀手"。防治菟丝子的方法主要有：精选种子，防止菟丝子种子混入；摘除菟丝子藤蔓，带出田外或深埋；锄地，在菟丝子幼苗未长出缠绕茎以前锄除；推行厩肥，经高温发酵处理，使菟丝子种子失去发芽力。

## 四、 采收、加工与贮藏

采收是农业经济生产中的关键环节之一，采收时间较为重要。产地初加工也是影响质量的一个重要因素，俗话说"加工不当，药材质伤"。贮藏是药材进入市场前保证质量的重要一环，贮藏不当，则前功尽弃。对于锦灯笼而言，适时采收、合理的产地加工和贮藏便尤为关键。下面就介绍锦灯笼的采收、加工和贮藏方法、要求。

### 1. 采收

采收时间的不同，锦灯笼的药效也大相径庭，因此要控制最佳的采收时间。每年 10～11 月待锦灯笼果实呈橙红色时，叶片全部落地，只剩果实，此时便于采摘。盛果期 5～6 天采收 1 次。果实成熟后会自然脱落，此时人工捡拾收获的果实质量较好。采回后放在纱网上，阳光下晾晒至宿萼（外皮）干燥即可。第一场霜前采收为最佳时期[12]。

袁野[13] 建立不同采收时间锦灯笼宿萼指纹图谱，测定主要有效成分含量变化。结果发现，不同采收期锦灯笼宿萼内化学成分种类无明显变化，不同采收时间锦灯笼宿萼指纹图谱相似度在 0.93 以上，但是通过对其化学成分含量测定表明，锦灯笼内的主要有效成分酸浆苦素类化合物的含量在 7 月 2 日—8 月 2 日逐渐上升，到 8 月初达到最高峰，然后缓慢下降，9 月中上旬迅速下降，到降雪时酸浆苦素类成分达到最低点，呈现出酸浆苦素类成分的含量下降过程与生长期有密切关系，尤其是与霜降的关系更加显著，所以制定合理的采收时间可以控制药材的质量。对实验结果深入分析，综合衡量各种成分变化规律，锦灯笼宿萼采收应在霜降前（8 月下旬—9 月上旬）最为适宜，相关数据见表 2-10～表 2-12。

表 2-10　不同采收时间酸浆宿萼的指纹图谱主要共有峰的峰号（相对保留时间）

| 编号 | 保留时间/min | 相对保留时间 | 编号 | 保留时间/min | 相对保留时间 |
|------|------------|------------|------|------------|------------|
| 1 | 7.381 | 0.1433 | 12 | 40.445 | 0.7850 |
| 2 | 22.286 | 0.4327 | 13 | 44.803 | 0.8696 |
| 3 | 24.644 | 0.4783 | 14 | 47.365 | 0.9193 |
| 4 | 25.994 | 0.5045 | 15 | 51.927 | 1.000 |
| 5 | 27.063 | 0.5253 | 16 | 54.655 | 1.061 |
| 6 | 27.498 | 0.5337 | 17 | 58.013 | 1.126 |
| 7 | 33.780 | 0.6557 | 18 | 60.682 | 1.178 |
| 8 | 34.879 | 0.6770 | 19 | 64.356 | 1.249 |
| 9 | 35.354 | 0.6862 | 20 | 68.877 | 1.337 |
| 10 | 36.244 | 0.7035 | 21 | 70.984 | 1.338 |
| 11 | 37.068 | 0.7195 | | | |

表 2-11　不同采收期酸浆药材指纹图谱相似度

| 日期 | 7月2日 | 7月12日 | 7月22日 | 8月2日 | 8月9日 | 8月16日 |
|---|---|---|---|---|---|---|
| 相似度 | 0.946 | 0.968 | 0.985 | 0.932 | 0.955 | 0.961 |
| 日期 | 8月23日 | 8月30日 | 9月6日 | 9月13日 | 9月20日 | 雪后 |
| 相似度 | 0.991 | 0.981 | 0.985 | 0.985 | 0.984 | 0.895 |

表 2-12　不同采收时间酸浆宿萼四种酸浆苦素类成分含量

| 采收时间 | 酸浆苦素 A /(mg/g) | 酸浆苦素 O /(mg/g) | 酸浆苦素 L /(mg/g) | 酸浆苦素 B /(mg/g) |
|---|---|---|---|---|
| 7月2日 | 1.102 | 0.8815 | 0.3773 | 0.5814 |
| 7月12日 | 1.331 | 1.045 | 0.4136 | 0.6774 |
| 7月22日 | 3.089 | 1.765 | 0.7808 | 0.6913 |
| 8月2日 | 4.113 | 1.804 | 0.9990 | 0.9357 |
| 8月9日 | 4.062 | 1.808 | 0.9413 | 0.9506 |
| 8月16日 | 4.012 | 1.233 | 0.7908 | 0.9941 |
| 8月23日 | 3.390 | 1.103 | 0.7248 | 0.8466 |
| 8月30日 | 3.375 | 1.100 | 0.6919 | 0.8517 |
| 9月6日 | 3.120 | 1.027 | 0.6882 | 0.7631 |
| 9月13日 | 0.8249 | 0.4342 | 0.3091 | 0.6903 |
| 9月20日 | 0.7551 | 0.4226 | 0.3036 | 0.6721 |
| 雪后 | 0.5148 | 0.4236 | 0.2655 | 0.6688 |

## 2. 加工

取锦灯笼原药材，除去杂质、果柄及残存果实。只选取干燥宿萼入药[12]。锦灯笼果实可集中在平坦的水泥地或油板地面上，用脚踩或木磙压，将果实压坏，挤出水分、晒干，即可出售。

## 3. 贮藏

采回后的锦灯笼果实可放阴凉干燥处摊开，使其更快地干燥。若条件允许，可将干燥后的果实贮藏于冷库中，温度 5～6℃，湿度 85％～90％，可贮藏 2～3 个月[14]，延长果实的保存时间。

张玉珠等[15] 在冷藏、冷冻、光照、高温、潮湿等条件下考察不同条件对锦灯笼药材中酸浆苦素类成分的含量变化情况，目的是考察光照、温度、潮湿等条件对锦灯笼药材质量的影响。实验结果见表 2-13～表 2-19。

由表 2-13 可见，室温条件下，锦灯笼药材中的化学成分的含量没有明显变化，提示锦灯笼药材室温条件下可以较长时间贮存。

表 2-13　室温条件下酸浆宿萼内 4 种酸浆苦素类成分含量变化结果　　单位：mg/g

| 贮藏时间/周 | 酸浆苦素 A | 酸浆苦素 O | 酸浆苦素 L | 酸浆苦素 B |
|---|---|---|---|---|
| 0 | 0.8809 | 1.639 | 0.9408 | 1.0410 |
| 1 | 0.8794 | 1.612 | 0.9410 | 1.0210 |
| 2 | 0.8672 | 1.599 | 0.9389 | 1.0090 |
| 3 | 0.8426 | 1.587 | 0.9397 | 0.9987 |

| 贮藏时间/周 | 酸浆苦素 A | 酸浆苦素 O | 酸浆苦素 L | 酸浆苦素 B |
|---|---|---|---|---|
| 4 | 0.8317 | 1.589 | 0.9364 | 0.9876 |
| 5 | 0.8337 | 1.582 | 0.9357 | 0.9766 |
| 6 | 0.8314 | 1.546 | 0.9400 | 0.9735 |

由表 2-14 可见，酸浆苦素类化合物含量随贮藏时间的变化，避光条件下，锦灯笼药材中的酸浆苦素类成分随时间变化不明显，提示避光保存是锦灯笼药材贮存的良好方法。

表 2-14　避光条件下酸浆宿萼内 4 种酸浆苦素类成分含量变化结果　单位：mg/g

| 贮藏时间/周 | 酸浆苦素 A | 酸浆苦素 O | 酸浆苦素 L | 酸浆苦素 B |
|---|---|---|---|---|
| 0 | 0.8809 | 1.639 | 0.9408 | 1.0410 |
| 1 | 0.8810 | 1.642 | 0.9405 | 1.0440 |
| 2 | 0.8796 | 1.624 | 0.9354 | 1.0380 |
| 3 | 0.8746 | 1.614 | 0.9408 | 1.0360 |
| 4 | 0.8723 | 1.612 | 0.9399 | 1.0320 |
| 5 | 0.8703 | 1.609 | 0.9390 | 1.0210 |
| 6 | 0.8668 | 1.608 | 0.9389 | 1.0170 |

由表 2-15 可知，4 种酸浆苦素成分在潮湿条件下含量变化显著，其中酸浆苦素 A、酸浆苦素 B 和酸浆苦素 O 的含量显著降低，而酸浆苦素 L 的含量有一定程度的升高，提示锦灯笼药材贮存时应注意防潮，尤其要控制不要出现霉斑，否则药材质量会受到影响。

表 2-15　潮湿条件下酸浆宿萼内 4 种酸浆苦素类成分含量变化结果　单位：mg/g

| 贮藏时间/周 | 酸浆苦素 A | 酸浆苦素 O | 酸浆苦素 L | 酸浆苦素 B |
|---|---|---|---|---|
| 0 | 0.8809 | 1.639 | 0.9408 | 1.041 |
| 1 | 0.2546 | 0.9318 | 1.200 | 0.7674 |
| 2 | 0.1835 | 0.7894 | 1.250 | 0.6391 |
| 3 | 0.1749 | 0.7756 | 1.187 | 0.4075 |
| 4 | 0.1703 | 0.6614 | 1.180 | 0.3863 |
| 5 | 0.1690 | 0.6363 | 1.167 | 0.3104 |
| 6 | 0.1672 | 0.6094 | 1.162 | 0.2619 |

由表 2-16 可见，低温冷藏对锦灯笼药材中酸浆苦素类成分的含量有较明显影响，使 4 个主要酸浆苦素类成分的含量下降较为明显，其中以酸浆苦素 O 最为显著。

表 2-16　低温冷藏条件下酸浆宿萼内 4 种酸浆苦素类成分含量变化结果　单位：mg/g

| 贮藏时间/周 | 酸浆苦素 A | 酸浆苦素 O | 酸浆苦素 L | 酸浆苦素 B |
|---|---|---|---|---|
| 0 | 0.8809 | 1.639 | 0.9408 | 1.041 |
| 1 | 0.8796 | 1.496 | 0.8407 | 0.8992 |
| 2 | 0.8769 | 1.213 | 0.7407 | 0.7861 |
| 3 | 0.6546 | 1.109 | 0.6443 | 0.7835 |
| 4 | 0.5732 | 1.006 | 0.6044 | 0.7824 |
| 5 | 0.5556 | 0.9466 | 0.6023 | 0.7820 |
| 6 | 0.5428 | 0.9408 | 0.6011 | 0.7813 |

由表 2-17 可见，冷冻条件下，锦灯笼药材中 4 种酸浆苦素类成分含量均有降低，但减低幅度不显著，说明贮藏温度过低会影响锦灯笼药材的质量。

表 2-17　冷冻条件下酸浆宿萼内 4 种酸浆苦素类成分含量变化结果　　单位：mg/g

| 贮藏时间/周 | 酸浆苦素 A | 酸浆苦素 O | 酸浆苦素 L | 酸浆苦素 B |
|---|---|---|---|---|
| 0 | 0.8809 | 1.639 | 0.9408 | 1.041 |
| 1 | 0.7087 | 1.430 | 0.7704 | 0.9483 |
| 2 | 0.7067 | 1.421 | 0.6135 | 0.9361 |
| 3 | 0.7015 | 1.405 | 0.5967 | 0.9229 |
| 4 | 0.7003 | 1.400 | 0.5964 | 0.9132 |
| 5 | 0.6989 | 1.393 | 0.5756 | 0.9104 |
| 6 | 0.7001 | 1.382 | 0.5543 | 0.9091 |

由表 2-18 可见，暴晒对锦灯笼药材中 4 种酸浆苦素类化合物含量影响较大，而且随时间的延长，含量持续降低。

表 2-18　暴晒条件下酸浆宿萼内 4 种酸浆苦素类成分含量变化结果　　单位：mg/g

| 贮藏时间/周 | 酸浆苦素 A | 酸浆苦素 O | 酸浆苦素 L | 酸浆苦素 B |
|---|---|---|---|---|
| 0 | 0.8809 | 1.639 | 0.9408 | 1.041 |
| 1 | 0.6122 | 1.309 | 0.6755 | 0.8991 |
| 2 | 0.5040 | 1.143 | 0.6223 | 0.6117 |
| 3 | 0.4957 | 0.9276 | 0.5724 | 0.5252 |
| 4 | 0.4766 | 0.8946 | 0.5297 | 0.4387 |
| 5 | 0.4194 | 0.8564 | 0.4998 | 0.3566 |
| 6 | 0.4168 | 0.8305 | 0.4858 | 0.3218 |

由表 2-19 可见，在高温条件下，4 种酸浆苦素类化合物随加热时间延长，含量降低，说明高温条件下对锦灯笼药材中酸浆苦素类成分也有损失。

表 2-19　高温条件下酸浆宿萼内 4 种酸浆苦素类成分含量变化结果　　单位：mg/g

| 贮藏时间/周 | 酸浆苦素 A | 酸浆苦素 O | 酸浆苦素 L | 酸浆苦素 B |
|---|---|---|---|---|
| 0 | 0.8809 | 1.639 | 0.9408 | 1.041 |
| 2 | 0.8280 | 1.411 | 0.8292 | 0.7647 |
| 4 | 0.6995 | 1.330 | 0.7826 | 0.7059 |
| 6 | 0.6370 | 1.242 | 0.7443 | 0.6842 |
| 8 | 0.4825 | 1.074 | 0.6949 | 0.5698 |
| 10 | 0.3953 | 1.078 | 0.6638 | 0.4449 |
| 12 | 0.3233 | 0.9318 | 0.5880 | 0.4402 |

由以上实验结果可知，贮藏条件对锦灯笼药材中的酸浆苦素类成分含量影响较大，且各种酸浆苦素类成分含量变化情况复杂。在潮湿、光照和高温条件下，其酸浆苦素类成分含量均有变化。结合前期指纹图谱研究和药材中有效成分含量研究，可以得出结论锦灯笼药材的适宜的贮藏条件是室温、干燥、避光且注意防霉。

## 五、资源开发与保护

### 1. 酸浆的物种资源情况

酸浆现存种质资源主要分为种植资源和野生资源两类，以野生资源为主。酸浆在种质资源方面的情况研究甚少，而在生理生化方面的研究则较多。酸浆野生和栽培种质资源保存着丰富的变异类型，但未得到充分的研究与利用。研究和掌握类型丰富、性状优良的酸浆种质资源，选育出具有丰产、高效、抗病及适应性强的新品种，可促使我国酸浆生产快速达到高产、优质并重，实现酸浆产业可持续发展。

### 2. 技术发展趋势

虽然酸浆药用历史悠久，但就现阶段而言，酸浆种质资源的研究和利用情况，仍然与实际生产和医药事业的需求有很大的差距。在实际生产中，野生酸浆与人工栽培酸浆间的鉴别特征并非十分明确，加之酸浆种植方式又多为农家自行留种进行无性繁殖，因此酸浆的种质资源虽然看似丰富，实则来源混乱，急需必要的基础研究和标准规范加以梳理和澄清，使酸浆资源的分类更加合理，有利于对酸浆资源做进一步研究。

中药资源作为再生性资源，周期长、分布地域广、动态性强是其主要特点。其易受人为因素和自然环境影响的特点，使得中药野生资源的蕴藏量易发生变化。我们可以通过人工栽培的方式降低各种因素对中药资源的影响。药材锦灯笼资源主要以野生品种为主，种植地域稀少，且种植的锦灯笼质量要明显优于野生资源。本草记载锦灯笼原植物酸浆其全草皆可入药，但近代药典规定入药部位为宿萼或带果实的宿萼，这说明相对于其他药用部位，以宿萼为主的锦灯笼的药用价值更高，且其对治疗咽喉肿痛、声音嘶哑等症状的疗效非常明显。锦灯笼的果实味酸甜，在东北地区作为水果食用。近代药理学研究表明，其果实具有降血糖的作用，可以开发为保健食品，具有较高的经济价值。随着酸浆药用及保健价值不断地开发和应用，市场对其的需求将会不断增加。

目前，酸浆还是以野生品种为主，但由于这部分资源较为分散，导致采收出现了一定的困难；而且目前很难统一野生酸浆品种的质量，因此其利用率很低。野生酸浆中缺乏优质高产品系，所以要对野生酸浆资源进行调研，从中寻找新的种质资源，运用现代高科技手段（基因重组等）改良酸浆品种，以提高酸浆的产量和质量[16]。

目前国内外对酸浆有效成分的重视程度日益增强，酸浆具有较强的免疫调节能力，在医药领域、保健食品领域以及园林观赏领域都具有很大的发展空间。近年来已有 4 项发明专利问世，分别为《一种从酸浆属植物中提取纯化总酸浆苦素的方法》《酸浆苦素 A 提取工艺及医药用途》《酸浆有效部位群的制备方法及其应用》《从酸浆宿萼中提取类胡萝卜素的方法》。另外，酸浆又是林下、林缘、林地内重要的经济植物，契合当前东北地区林下经济的主题，因此有关酸浆的研发项目正在不断增多。但目前酸浆在良种选育方面的研究还较为欠缺，在生产中缺少大果型、甜度高的优良种质资源；因此，可对其进行优质种源筛选，利用常规育种、杂交育种、诱变育种等生物技术手段，创造大果型糖分含量高的优良品种是今后开发酸浆种质资源的技术发展趋势。

## 第二节　生药学研究

### 一、锦灯笼的性状鉴定（药材）

性状鉴定是指通过眼观、手摸、鼻闻、口尝、水试、火试等便捷的鉴定方法，以性状（包括形状、大小、色泽、表面、质地、断面、气、味等特征）为依据对生药进行相关鉴别的方法。

锦灯笼呈灯笼状，体轻，薄革质柔韧，多压扁，宿存萼长 3～3.5cm，宽 2.5～3cm，卵形至广卵形，气囊状，顶端闭合微 5 裂渐尖，基部略平截凹陷，中心凹陷有果梗，表面橙红色或橙黄色，有 5 条明显的纵棱，棱间有网状的细网纹，网脉显著，毛被脱落而光滑无毛，宿存萼中空。体轻，质柔韧，中空，或内有棕红色或橙红色果实，果实球形，多压扁，直径 1～5cm，果皮皱缩，内含种子多数。宿萼味苦，果实味甘、微酸。以个大、洁净、色鲜红者为佳。宿萼（中部）横切面特征如下：上、下表皮细胞各 1 列、皆切向延长，外被角质层下表皮具少数腺毛，非腺毛与气孔。主脉上凹下凸，上、下表皮内侧各有少许厚角细胞，维管束半月形，双韧型。叶肉细胞长多角形，其内充满橙红色颗粒。宿萼粉末为浅橙红色。下表皮细胞垂周壁波状弯曲，气孔不等或不定式。上表皮细胞垂周壁略平整、无气孔。非腺毛由 3～4 个细胞单列组成，壁常具小疣点。腺毛。头部单细胞，椭圆形，胞内常有淡黄绿色挥发油，柄部由 3～4 个细胞单列组成。叶肉细胞含多数橙红色颗粒[17]。

## 二、锦灯笼的显微鉴定

显微鉴定是指采用显微镜观察药物内部的组织构造、细胞及细胞内含物的形态，描述显微特征，制订显微鉴别依据以鉴定药物真伪优劣的方法。

孙鹏等[18] 针对锦灯笼的基源鉴别、性状鉴别、显微鉴别等进行了研究，为锦灯笼生药鉴别、开发利用奠定了基础。

### 1. 组织构造

取锦灯笼药材的宿存萼中脉部分做横切，经 FAA 试液固定、做成石蜡切片、用番红-亮绿对染，在显微镜下观察组织构造，用显微描绘器绘制组织图。上下表皮细胞各 1 层，皆切向延长，外被角质层，下表皮具腺毛、非腺毛与气孔。叶肉分化不明显，细胞椭圆形、圆形、三角形，其内充满橙红色颗粒，细胞间隙大，形成很大的裂隙，排列疏松，以叶肉下半部为多。主脉处维管束双韧型，半月形，靠近上表皮的一侧形成层明显，靠近下表皮的一侧形成层不明显，导管多角形，为环纹、螺纹导管。图 2-1 为锦灯笼宿存萼（中脉部分）横切面图。

### 2. 粉末特征

取锦灯笼药材研成细粉，干燥粉末为橙黄色，过 60 目筛，经水合氯醛透化，稀甘油封片，在显微镜下观察，结果如下。①腺毛，头部单细胞，椭圆形，长 47～85μm，腔内含有淡

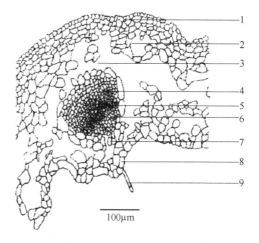

图 2-1　锦灯笼宿存萼（中脉部分）横切面图
1—外表皮；2—薄壁组织；3—裂隙；4—韧皮部；
5—木质部；6—韧皮部；7—薄壁组织；
8—内表皮；9—非腺毛

黄绿色挥发物，柄由 2～4 个细胞单列组成，长 95～170μm，壁具有小疣点。②非腺毛，牛角状，由 3～4 个细胞单列组成，长 130～170μm，壁常具小疣点。③气孔，多为不定式，保卫细胞 2 个，副卫细胞 3～6 个，不定气孔长 27μm 左右；少为不等式，保卫细胞 2 个，副卫细胞 3～4 个，其中 1 个明显较小，气孔长 27μm 左右。④表皮细胞，表皮细胞的垂周壁深波状弯曲。⑤螺纹导管。⑥含橙红色颗粒的薄壁细胞，为叶肉薄壁细胞，类圆形，排列

疏松，细胞间隙较大；橙红色颗粒（有色体），圆形，橙红色，众多。⑦油滴，淡黄色，众多。⑧草酸钙簇晶。见图 2-2。

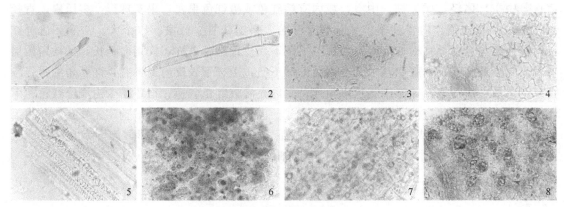

图 2-2　锦灯笼药材粉末特征图（×400）

1—腺毛；2—非腺毛；3—不定式气孔；4—表皮细胞；5—螺纹导管；
6—含橙红色颗粒的薄壁细胞；7—油滴；8—草酸钙簇晶

### 三、锦灯笼的理化鉴定

理化鉴定是指根据药物及其制剂所含成分的某些物理性质或化学性质，采用物理或化学的手段，对其有效成分、主要成分或特征性成分进行定性或定量分析来鉴定药物真伪优劣的方法。

锦灯笼中主要含酸浆苦素类和黄酮类成分，国内外学者以这两类成分为指标成分，运用紫外-可见分光光度法、薄层色谱法、高效液相色谱法（HPLC 法）、气相色谱-质谱联用法（GC-MS）等对锦灯笼及其中成药制剂进行了理化分析。

#### 1. 紫外-可见分光光度法

紫外-可见分光光度法是指在 $190 \sim 800$ nm 波长范围内测定物质的吸光度，用于鉴别、杂质检查和定量测定的方法。其原理为当光穿过被测物质溶液时，物质对光的吸收程度随光的波长不同而变化。因此，通过测定物质在不同波长处的吸光度，并绘制其吸光度与波长的关系图，即得被测物质的吸收光谱。从吸收光谱中，可以确定最大吸收波长 $\lambda_{max}$ 和最小吸收波长 $\lambda_{min}$。物质的吸收光谱具有与其结构相关的特征性。因此，可以通过特定波长范围内样品的光谱与对照光谱（或对照品光谱）的比较，或通过确定最大吸收波长，或通过测量两个特定波长处的吸收比值而鉴别物质。用于定量时，在最大吸收波长处测量一定浓度样品溶液的吸光度，并与一定浓度对照溶液的吸光度进行比较或采用吸收系数法求算出样品溶液的浓度。

紫外-可见分光光度法结果准确、简便、快速、稳定，且其他辅料不会干扰样品，故适用于锦灯笼含片中有效成分含量的快速测定。殷莉梅等[19] 采用环糊精包含主药，再添加适量辅料，通过综合评定口感和压片情况作为指标，优化锦灯笼含片的矫味工艺。通过紫外-可见分光光度计测定含片中木犀草素的含量，实现质量控制。

新疆大学的杨文菊等[20] 采用可见光分光光度法及紫外分光光度法测定酸浆宿萼总黄酮的含量。其中，可见光分光光度法以芦丁为参照品，显色剂为硝酸铝，在 510nm 波长下测定总黄酮含量；紫外分光光度法以芦丁为参照品，在359nm波长测定总黄酮含量，测定结果如表2-20。通过比较测定结果，发现紫外分光光度法在含量测定方面有较高的应用。

表2-20　酸浆宿萼总黄酮含量及重现性实验结果 ($n=5$)

| 试样号 | 样量/g | 总黄酮含量/(mg/g) | | 平均值/(mg/g) | | 标准差 | | RSD/% | |
|---|---|---|---|---|---|---|---|---|---|
| | | 可见光法 | 紫外光法 | 可见光法 | 紫外光法 | 可见光法 | 紫外光法 | 可见光法 | 紫外光法 |
| 1 | 1.0014 | 1.652 | 0.855 | | | | | | |
| 2 | 1.0000 | 1.650 | 0.842 | | | | | | |
| 3 | 1.0000 | 1.648 | 0.851 | 1.653 | 0.852 | 0.004 | 0.006 | 0.24 | 0.7 |
| 4 | 1.0016 | 1.658 | 0.858 | | | | | | |
| 5 | 1.0000 | 1.655 | 0.852 | | | | | | |

酸浆宿萼色素是重要的食品添加剂之一，天然色素无毒性，同时兼有营养和药理作用，这些优点使其深受人们的喜爱。程瑛琨等[21]以丙酮作为提取溶剂，对酸浆宿萼色素的最佳提取工艺及该色素的稳定性进行了研究。测定结果见图2-3、图2-4，结果表明，色素在453nm处有最大吸收峰。该色素对光照敏感，热稳定性好。在酸性条件下，较稳定金属离子$Na^+$、$K^+$对色素无不良影响；而$Fe^{3+}$、$Cu^{2+}$、$Fe^{2+}$、$Ca^{2+}$、$Mg^{2+}$、$Zn^{2+}$对色素则有显著影响。色素也有耐糖性，但只对低浓度的葡萄糖溶液稳定；维生素C、$H_2O_2$、$Na_2SO_3$等抗氧化剂对色素有很强的破坏作用，低浓度时则有明显的降解作用。

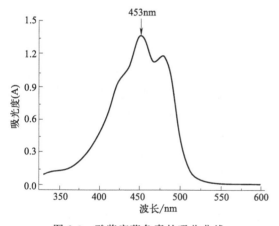
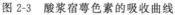

图2-3　酸浆宿萼色素的吸收曲线

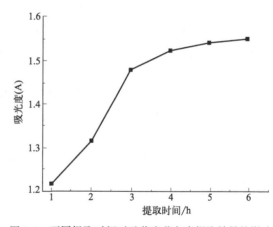

图2-4　不同提取时间对酸浆宿萼色素提取效果的影响

### 2. 薄层色谱法

薄层色谱法（TLC）是将适宜的固定相涂布于玻璃板、塑料或铝基片上，形成一均匀薄层，待点样、展开后，根据保留因子［又称为比移值（$R_f$）］与适宜的对照物按同法所得的色谱图的保留因子$R_f$值作对比，用以进行药品的鉴别、杂质检查或含量测定。薄层色谱法是快速分离和定性分析少量物质的一种很重要的实验技术，也常用于跟踪反应进程。

孙鹏等[18]分别制备了锦灯笼供试品溶液1、锦灯笼供试品溶液2，并将自制的酸浆苦素类化合物作为对照品溶液，吸取各溶液$20\mu L$，点于以羧甲基纤维素钠为黏合剂的硅胶G薄层板上，展开剂为氯仿-丙酮-甲醇（50∶1∶4），展开，取出，晾干，喷显色剂后，于105℃烘干，观察。结果如图2-5所示，供试液2与对照品相同的位置上有一个黄色斑点，$R_f$值大约为0.5。

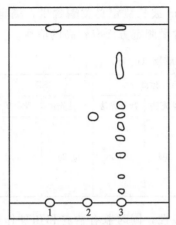

图 2-5  锦灯笼药材薄层色谱图
1—供试液 1；2—对照品；3—供试液 2

张丽等[22] 用薄层扫描法测定锦灯笼中酸浆果素的含量。结果表明，锦灯笼中酸浆果素的含量为 1.2%，实验的平均回收率为 97.5%，RSD＝1.0%（$n=6$）。每间隔 10min 扫描同一斑点，吸收面积值在 40min 内无明显变化，RSD＝0.82%（$n=5$）。

### 3. 高效液相色谱法

高效液相色谱（HPLC）是色谱法的一个重要分支，以液体为流动相，采用高压输液系统，将具有不同极性的单一溶剂或不同比例的混合溶剂、缓冲液等流动相泵入装有固定相的色谱柱，在柱内各成分被分离后，进入检测器进行检测，从而实现对试样的分析。其高柱效、高选择性、分析速度快、灵敏度高、重复性好、应用范围广等优点，使高效液相色谱法已成为现代分析技术的重要手段之一。

近年来，诸多学者运用 HPLC-UV 法、HPLC-DAD 法对锦灯笼中各类成分进行理化分析。为控制各种制剂的质量，许多学者采用高效液相色谱法对制剂中锦灯笼的主要有效成分进行了含量测定。最早在 1980 年，印度学者 Sen 等[23] 就利用高效液相色谱法成功分离了 6 个酸浆苦素类化合物，这些化合物在 254nm 下均有较强的紫外吸收。

有学者也对锦灯笼中含有的 4,7-二脱氢新酸浆苦素 B 进行了测定。于婷等[24] 采用 RP-HPLC 方法测定了 5 种市售锦灯笼药材果实中 4,7-二脱氢新酸浆苦素 B 的含量，建立了锦灯笼果实中 4,7-二脱氢新酸浆苦素 B 的含量测定方法。赵红丹等[25] 采用 RP-HPLC 方法测定了不同锦灯笼醇提物经大孔树脂吸附洗脱得到的各部位中 4,7-二脱氢新酸浆苦素 B 的含量。其中，50%乙醇洗脱物和 70%乙醇洗脱物中 4,7-二脱氢新酸浆苦素 B 的含量最高，分别为 2.18%、0.418%。结果表明，锦灯笼宿萼的提取物经 D101 大孔吸附树脂纯化，可除去多糖、无机盐、黏液质、色素等杂质，降低对 4,7-二脱氢新酸浆苦素 B 的影响。该方法提示，对锦灯笼宿萼进行含量测定时，可考虑采用乙醇提取，提取物经大孔树脂纯化再进行含量测定，可有效除去有影响的杂质。

国内研究人员也对锦灯笼药材及其制剂中的木犀草素进行了测定。许亮等[26] 采用 RP-HPLC 方法，选择波长 349nm 对锦灯笼药材中的木犀草素进行含量测定，结果显示，锦灯笼中的木犀草素含量较低，平均含量为 0.1027mg/g。徐保利等[27] 采用 RP-HPLC 方法，比较了成熟度和生态环境相同的辽宁省 20 个地点的锦灯笼宿萼中木犀草素的含量，结果表明，在相同的生态环境、相同的成熟度、相同的保存条件下，不同地点锦灯笼药材中木犀草素的含量均有差异。锦灯笼具有利咽化痰、清热解毒、利尿的功效，多用于咽痛音哑、痰热咳嗽、小便不利等的治疗。锦灯笼口服液是以锦灯笼为单味药研制而成的制剂。为了有效地控制产品质量，黑龙江中医药大学的王和平等[28] 采用高效液相色谱法测定锦灯笼口服液中木犀草素的含量，以此作为制剂的质量控制标准。由中药饮片经水提取、干燥工艺而制成的中药配方颗粒，便于临床应用；通过单味药的配方颗粒进行临时组合，按照君、臣、佐、使配伍，因时、因地、因人、因病情的变化加减药量，这是其他中成药与其他剂型都不具有的优势；因此，对中药配方颗粒的内在质量控制将更具优势。许亮等[29] 采用 RP-HPLC 方法测定中药锦灯笼配方颗粒中木犀草素的含量，该方法简便易行、实验数据准确可靠，使人们对于锦灯笼配方颗粒的内在质量评价有了进一步的认识。

除了单成分测定，研究人员还对锦灯笼进行了多成分同时测定。施蕊等[30] 采用 RP-HPLC 法同时测定锦灯笼药材中酸浆苦素 A、酸浆苦素 D 及木犀草素 3 种成分的含量，并比较了不同产地的锦灯笼药材的含量，方法简便易行，可以作为酸浆药材质量控制的参考标准。施蕊等[31] 以 HPLC 梯度洗脱法首次对锦灯笼原药材、酸浆总苦素提取物进行了 HPLC 图谱研究，实验表明，该方法可操作性强、重复性好，可作为锦灯笼药材及含酸浆苦素为主的酸浆提取物高效液相色谱特征研究的基础。

惠伯棣等[3] 应用 UV-Vis 和 HPLC 对锦灯笼浆果和宿萼中类胡萝卜素的含量和组成进行了分析，结果表明，锦灯笼浆果及宿萼中类胡萝卜素干重含量分别为 2.1937mg/g 和 8.1869mg/g。进一步研究发现，锦灯笼浆果中的类胡萝卜素组成为玉米黄质 75.52%、叶黄素 22.77%、β-隐黄质 4.71%。而其宿萼中的类胡萝卜素组成为玉米黄质 74.61%、叶黄素 16.60%、β-隐黄质 8.80%。

### 4. 气相色谱-质谱联用法（GC-MS）

质谱分析法是通过对样品离子质量和强度的测定来进行成分和结构分析的一种分析方法，具有灵敏度高、样品用量少、分析速度快等特点。GC-MS 是气相色谱与质谱的联用技术，具有气相色谱（GC）的高分辨率和质谱的高灵敏度，目前被广泛应用于复杂组分的分离与鉴定。

赵倩等[32] 采用 GC-MS 联用技术，分析了锦灯笼宿萼挥发油的化学成分，鉴定了其中的 16 个化合物，发现脂肪酸类为主要成分，其中辛酸占 42.08%，棕榈酸占 22.81%。许亮等[33] 对锦灯笼带果柄的宿萼和锦灯笼果实中挥发油进行 GC-MS-PC 联用分析，从锦灯笼带果柄的宿萼中分离得到 44 个化学组分，其中 30 个已鉴定，占挥发油总量的 92.95%，主要成分为脂肪酸类化合物；而果实中未发现有挥发油类成分。

### 5. 其他方法

火焰原子吸收法是将待测元素在火焰原子化装置中转变为原子蒸气的一种原子吸收分光光度法。常用的火焰有空气-乙炔、氧化亚氮-乙炔、空气-氢气、空气-丙烷等。不同的火焰有不同的温度。火焰温度应能使待测元素完全离解成游离基态原子，而又不产生激发态粒子为宜。李泽鸿等[34] 采用火焰原子吸收法对锦灯笼中微量元素的含量进行了检测，结果表明，锦灯笼宿萼中富含多种人体必需的常量元素，其中以钙、镁含量最高，微量元素中铁含量最多。这些微量元素对人体的健康具有重要作用，表明锦灯笼具有较高的医疗和营养价值，为该植物的深入研究与开发利用提供了一定的基础和指导。

## 四、锦灯笼正品、混淆品、地方惯用品种的鉴别

锦灯笼为茄科酸浆属酸浆 [*Physalis alkekengi* L. var. *franchetii*（Mast.）Makino] 的干燥宿萼或带果实的宿萼，具有清热、解毒、利咽等功效，为多版药典所收载，全国大部分地区药用的锦灯笼即为此种。但在江苏、浙江等省亦将同属植物苦蘵（*Physalis angulata* L.）带浆果的宿萼以挂金灯之名入药，与锦灯笼等同使用，造成了混淆。为了便于区别两种药材，张雪峰等[35] 采用性状鉴别、显微鉴别、薄层色谱法和高效液相色谱法鉴别等方法，对挂金灯和锦灯笼进行鉴别研究，具体如下。

### 1. 性状鉴别

**（1）锦灯笼**

宿萼略呈灯笼状，多压扁，长 3～4.5cm，直径 2.5～4cm。表面橙红色或橙黄色，有 5 条明显的纵棱，棱间有网状的细脉纹。顶端渐尖，微 5 裂，基部略平截。内有棕红色或橙红色果实，果实球形，多压扁，直径 1～1.5cm，内含种子多数。气微，宿萼味苦，果实味甘、微酸。

**（2）挂金灯**

宿萼膨大略似灯笼状，膜质，常皱缩或压扁，长 1.5～2.5cm，直径 1.0～1.5cm。表面淡黄绿色，有 5 条明显突出的纵棱，棱间有纵脉及网状的细脉纹，被细毛，顶端渐尖而开裂，基部略平截，中心凹陷处着果梗。体轻，质柔韧。内有果实 1 枚或中空。果实类球形，多压扁，直径 5～8mm，果皮皱缩，棕黄色或淡黄绿色，种子多数。气微，宿萼味苦，果实味甘、微酸。

锦灯笼与挂金灯性状区别总结见表 2-21。

**表 2-21　锦灯笼与其混淆品挂金灯性状的主要区别**

| 部位 | 锦灯笼 | 挂金灯 |
|------|--------|--------|
| 宿萼 | 长 3～4.5cm，宽 2.5～4cm；表面橙红色或橙黄色 | 长 1.5～2.5cm，直径 1.0～1.5cm；表面淡黄绿色 |
| 果实 | 果实球形，直径 1～1.5cm；棕红色或橙红色 | 果实类球形，直径 5～8mm；棕黄色或淡黄绿色 |

### 2. 显微鉴别

分别取挂金灯和锦灯笼药材粉末适量，以甘油乙醇试液封藏，照显微鉴别法（《中国药典》2020 年版四部通则）项下的方法制片观察。

**（1）锦灯笼**

锦灯笼的粉末为橙红色。宿萼下表皮细胞垂周壁波状弯曲。气孔不定式。非腺毛牛角状，3～4 个细胞单列，长 130～170μm。腺毛多细胞单列，腺头单细胞，椭圆形，胞内常有淡黄绿色挥发物，腺柄 2～4 个细胞，长 95～170μm。种皮石细胞，顶面观网状，壁厚，深波状弯曲，互相镶嵌。橙红色颗粒分散于薄壁组织中。念珠状增厚细胞垂周壁念珠状增厚。油滴圆形，淡黄色，存于胚乳细胞中。两者粉末显微特征的主要区别见表 2-22。

**（2）挂金灯**

粉末黄棕色。宿萼上表皮细胞垂周壁略平整，下表皮细胞垂周壁深波状弯曲。气孔不等式或不定式，副卫细胞 3～4 个。非腺毛长 108～1350μm，由 2～6（10）个细胞组成，壁具疣状突起。偶见腺毛，单细胞柄，腺头 4 个细胞，直径 33μm。种皮石细胞较多，数个成群，类方形，排列紧密，壁作"U"字形增厚。胚乳细胞多角形，含有大量糊粉粒及脂肪油滴。两药材粉末显微特征区别见表 2-22。

**表 2-22　锦灯笼与其混淆品挂金灯显微的主要区别**

| 部位 | 锦灯笼 | 挂金灯 |
|------|--------|--------|
| 非腺毛 | 非腺毛牛角状，3～4 个细胞单列，长 130～170μm | 非腺毛长 108～1350μm，由 2～6（10）个细胞组成，壁具疣状突起 |

续表

| 部位 | 锦灯笼 | 挂金灯 |
|---|---|---|
| 腺毛 | 多细胞单列,腺头单细胞,椭圆形,腔内含有淡黄绿色挥发物,腺柄 2~4 个细胞,长 95~170μm | 腺柄单细胞,腺头 4 个细胞,直径 33μm |
| 种皮石细胞 | 顶面观网状,壁厚,深波状弯曲,互相镶嵌 | 较多,数个成群,类方形,排列紧密,壁作"U"字形增厚 |

### 3. TLC 鉴别与 HPLC 法

（1）TLC 鉴别

分别制备供试品溶液和对照药材溶液,并吸取以上两种溶液分别点于同一硅胶 G 薄层板上,以石油醚-丙酮为展开剂,展开,取出,晾干,在紫外灯下检视。结果如图 2-6 所示,按上述薄层色谱条件实验,得到了较好的分离效果,斑点显色稳定、清晰。结果表明,此薄层色谱条件可以较好地区别锦灯笼与其混淆品。

（2）HPLC 法

采用高效液相色谱法,对挂金灯和锦灯笼的木犀草苷和酸浆苦素 L 进行鉴别研究。结果表明,以 Agilent TC-C$_{18}$ 柱为固定相,以乙腈-0.2% 磷酸溶液为流动相条件下,木犀草苷保留时间为 6.047min,无杂质干扰。锦灯笼样品的 HPLC 图中,呈现与对照品色谱峰保留时间一致的色谱峰;而挂金灯样品的 HPLC 图中,在与对照品色谱峰保留时间一致的位置上,未检出色谱峰,见图 2-7。以 Agilent TC-C$_{18}$ 柱为固定相,以乙腈-0.1% 的磷酸溶液为流动相,流速为 1.0mL/min,柱温为 30℃,检测波长为 220nm,

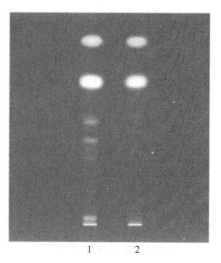

图 2-6　挂金灯与锦灯笼 TLC 谱图
（$t$：20℃；$RH$：57%）
1—挂金灯；2—锦灯笼

进样量为 5μL 的色谱条件下,在与对照品色谱峰保留时间一致的位置上,锦灯笼供试品溶液检出酸浆苦素 L,而挂金灯供试品溶液中未检出。见图 2-8。综上所述,运用 HPLC 法可以有效地区分挂金灯与锦灯笼。

## 五、锦灯笼的分子鉴定

分子鉴定是利用现代的核酸技术对生物中细胞核或非核区的 DNA 或 RNA 进行长度分析。

锦灯笼果实中含有多种丰富的营养元素,其钙含量是西红柿的 73.1 倍,维生素 C 含量是西红柿的 6.4 倍。锦灯笼具有极高的药用价值,大多数人也将它当作蔬菜食用。锦灯笼主要产于中国,野生资源遍布中国南北地区,在东北地区被广泛种植。近些年在华北、东北夏秋两季,经常发生严重的病毒病,但是很少有人对其病毒病原进行系统的调查研究。吕娜[36] 结合了国内外药用植物病毒病的研究概况,调查了辽宁省锦灯笼病毒病的发生情况并进行了系统深入的病原鉴定,取得了创新性研究成果,结果如下所示。

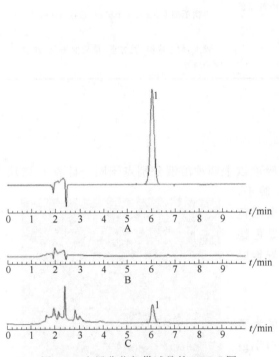

图 2-7　木犀草苷与供试品的 HPLC 图

A—对照品；B—挂金灯供试品；

C—锦灯笼供试品；1—木犀草苷

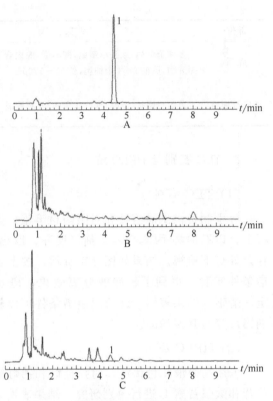

图 2-8　酸浆苦素 L 与供试品的 HPLC 图

A—对照品；B—挂金灯供试品；

C—锦灯笼供试品；1—酸浆苦素 L

## 1. 发生状况与病害症状

2015 年 4 月初至 9 月末，研究者在辽宁省大部分锦灯笼种植地调查时，发现部分锦灯笼植物表现出花叶、皱缩等疑似病毒病的症状，发病率在 50% 上。其在北山锦灯笼田间调查时发现大量感病锦灯笼植株，发病率高达 100%。锦灯笼幼苗时期感染病毒病时，主要表现为叶片严重皱缩，最终致使整株植物在幼苗期死亡。在锦灯笼成株期感染病毒时，发病初期主要表现为花叶、皱缩，随着植物生长，叶片黄化，花叶严重，直至整颗植物叶片均表现花叶，见图 2-9。病毒病在锦灯笼田间传播侵染速度极快，一旦田间有感病植株，若不及时

图 2-9　锦灯笼样品田间症状图

处理，在短时间内，田间健康植株都会感病，造成损失。

### 2. 生物学检测

将锦灯笼病样摩擦接种到指示植物叶片后，7 天后可显症。在普通烟和番茄上表现为花叶，在曼陀罗、心烟叶等植物上表现为枯斑。具体病症情况见表 2-23 和图 2-10。

**表 2-23　锦灯笼样品在指示植物上的症状反应**

| 指示植物 | 症状 | 指示植物 | 症状 |
|---|---|---|---|
| 普通烟 | 花叶 | 曼陀罗 | 枯斑 |
| 心叶烟 | 枯斑 | 辣椒 | — |
| 千日红 | 枯斑 | 蚕豆 | — |
| 苋色藜 | 枯斑 | 瓠瓜 | — |
| 番茄 | 花叶 | 昆诺藜 | — |

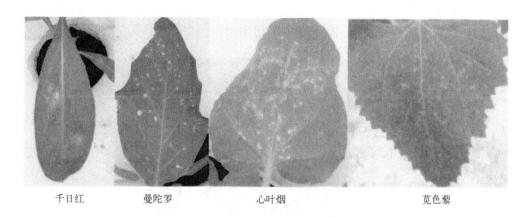

千日红　　　　曼陀罗　　　　心叶烟　　　　苋色藜

图 2-10　锦灯笼样品在指示植物上的症状反应

### 3. 血清学检测

将采集到的 8 份锦灯笼病样本品及健康锦灯笼植株的叶片研磨进行血清学试验，其中用 Dot-ELISA 法检测了烟草花叶病毒（TMV）和黄瓜花叶病毒（CMV），用 DAS-ELISA 检测了 TMV 和马铃薯 X 病毒（PVX），用 Compound-ELISA 检测了 CMV 和马铃薯 Y 病毒（PVY）。检测结果表明 Dot-ELISA 和 DAS-ELISA 分别检测到 8 份样品均与 TMV 血清呈阳性，即采集到的锦灯笼病样含有 TMV。具体见表 2-24。

**表 2-24　锦灯笼血清学检测结果**

| 样品 | Dot-ELISA | | DAS-ELISA | | | Compound-ELISA | |
|---|---|---|---|---|---|---|---|
| | TMV | CMV | TMV | WMV | PVX | PVY | CMV |
| 样品 1 | ＋ | — | ＋ | — | — | — | — |
| 样品 2 | ＋ | — | ＋ | — | — | — | — |
| 样品 3 | ＋ | — | ＋ | — | — | — | — |
| 样品 4 | ＋ | — | ＋ | — | — | — | — |
| 样品 5 | ＋ | — | ＋ | — | — | — | — |
| 样品 6 | ＋ | — | ＋ | — | — | — | — |

| 样品 | Dot-ELISA | | DAS-ELISA | | | Compound-ELISA | |
|---|---|---|---|---|---|---|---|
| | TMV | CMV | TMV | WMV | PVX | PVY | CMV |
| 样品 7 | + | − | + | − | − | − | − |
| 样品 8 | + | − | + | − | − | − | − |
| 阳性对照 | + | + | + | + | + | + | + |
| 阴性对照 | − | − | − | − | − | − | − |

注：1. 阴性对照为健康锦灯笼叶片；阳性对照为 TMV、PVY、CMY、PVX 阳性指控物。

2. 阳性以＋表示；阴性以一表示。

### 4. RT-PCR 检测

选取 2 份 TMV 血清呈阳性的锦灯笼样品提取样品总 RNA，用紫外分光光度计测量其总 RNA 含量，结果为锦灯笼样品 1 的总 RNA 含量为 745.2ng/μL，样品 2 的总 RNA 含量为 833.2ng/μL。使用引物（表）编号 2、3、4、5 进行 PCR 试验，结果显示锦灯笼样品在 680bp 处左右分别扩增到一条条带且没有非特异性条带产生，与 TMV 预期片段大小相同（见图 2-11），但是 CMV、PVY、PVX 没有扩增出来。

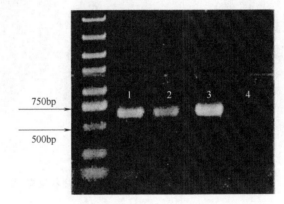

图 2-11    锦灯笼 RT-PCR 扩增电泳分析

### 5. 样品纯化及核苷酸测序

将样品纯化后测序，经过拼接得到一条长度为 503bp 的 TMV 的 CP 核苷酸序列片段。经过 NCBI 上的 Blast 比对后发现与 TMV 的 CP 核苷酸序列极为相近。使用 DNAMAN 软件对其进行同源性分析（见表 2-25），锦灯笼病毒病中分离出的 TMV CP 核苷酸序列，与其他所选的 TMV 的 CP 核苷酸序列同源性较高，大部分位于 70.4％～100％之间；其只与茄瓜中分离出 TMV 核苷酸序列同源性较低，为 35.6％，与其他 TMV 氨基酸序列的同源性在 81.1％～99.4％之间。特别是与表中 8 号，从山东杏仁株系 1 中分离出的 TMV（HE818450）的核苷酸和氨基酸的序列的同源性都为最高，明确侵染锦灯笼的病毒就是 TMV。使用 Clustal X 和 MEGA 软件，采用 Test Neighbor-Joining Tree 计算方法，对锦灯笼 TMV 的 CP 核苷酸序列构建系统发育树，以下是锦灯笼部分 TMV CP 的核苷酸和氨基酸序列：

1 A L G N Q F Q T Q Q A R T V V Q R Q F S

1 G C C T T A G G A A A T C A G T T C C A A A C A C A A C A A G C T C G A

ACTGTCGTTCAAAGACAATCAGT

21 E V W K P S P Q V T V R F P D S D F K V

61 GAGGTGTGGAAACCTTCACCACAAGTAACTGTTAGA
TTCCCTGACAGTGACTTTAAGGTG

41 Y R Y N A V L D P L V T A L L G A F D T

121 TATAGGTACAATGCGGTATTAGACCCGCTAGTCAC
AGCACTGTTAGGTGCATTTGACACT

61 R N R I I E V E N Q A N P T T A E T L D

181 AGAAATAGAATAATAGAAGTTGAAAATCAGGCGA
ACCCCACGACTGCCGAAACGTTAGAC

81 A T R R V D D A T V A I R S A I N N L V

241 GCTACTCGTAGAGTAGACGACGCGACGGTGGCCAT
AAGGAGCGCTATAAATAATTTAGTA

101 V E L I R G T G S Y N R S S F E S S S G

301 GTAGAATTGATCAGAGGAACTGGATCTTATAATCG
GAGCTCTTTCGAGAGCTCTTCTGGT

121 L V W T S G P A T

361 TTGGTTTGGACCTCTGGTCCTGCAACTTGAGGTAG
TCAAGATGCATAATAAATAACGGAT

421 TGTGTCCGTAATCACACGTGGTGCGTACGATAACG
CATAGTGTTTTTCCCTCCACTTAAA

481 TCGAAGGGTTGTGTCTTGGATCG

表 2-25　锦灯笼 TMV CP 核苷酸和氨基酸同源性比较　　　单位：%

| 类别 | 3 | 5 | 6 | 7 | 8 | 14 | 16 | 21 | 22 | 23 | 24 | 27 |
|------|------|------|------|------|------|------|------|------|------|------|------|------|
| 3 | | 94.3 | 95.0 | 93.7 | 98.7 | 100 | 98.7 | 83.0 | 81.8 | 98.1 | 95.6 | 98.1 |
| 5 | 85.8 | | 99.4 | 95.6 | 95.6 | 94.3 | 93.7 | 81.1 | 80.5 | 92.5 | 94.3 | 95.0 |
| 6 | 85.6 | 99.2 | | 96.2 | 96.2 | 95.0 | 94.3 | 81.1 | 80.5 | 93.1 | 95.0 | 95.6 |
| 7 | 87.3 | 94.2 | 94.2 | | 95.0 | 93.7 | 93.1 | 82.4 | 81.8 | 93.1 | 94.3 | 94.3 |
| 8 | 98.2 | 86.0 | 86.5 | 87.7 | | 98.7 | 97.5 | 83.0 | 81.8 | 96.9 | 94.0 | 99.4 |
| 14 | 99.8 | 86.0 | 85.8 | 87.5 | 97.3 | | 98.7 | 83.0 | 81.1 | 98.1 | 95.6 | 98.1 |
| 16 | 96.2 | 85.4 | 85.8 | 87.1 | 95.4 | 96.0 | | 81.0 | 81.8 | 96.9 | 95.0 | 96.9 |
| 21 | 74.3 | 75.8 | 75.8 | 77.3 | 74.1 | 74.4 | 74.2 | | 96.9 | 82.4 | 81.1 | 82.4 |
| 22 | 74.2 | 75.0 | 75.0 | 76.5 | 74.0 | 74.0 | 76.8 | 98.1 | | 81.1 | 80.5 | 81.1 |
| 23 | 97.3 | 86.0 | 85.8 | 88.3 | 96.5 | 97.5 | 95.2 | 74.6 | 74.2 | | 93.7 | 96.2 |
| 24 | 34.7 | 32.8 | 31.8 | 34.0 | 35.6 | 35.2 | 36.1 | 33.3 | 34.0 | 35.4 | | 93.7 |
| 27 | 98.2 | 86.0 | 86.0 | 87.7 | 100 | 97.0 | 95.4 | 74.1 | 74.0 | 96.5 | 35.6 | |

## 六、锦灯笼的质量控制研究

近年来，锦灯笼药材中有效成分的质量控制方法主要以 HPLC 法为主，分析指标分为单一有效成分质量控制、多个有效成分质量控制以及指纹图谱研究，涉及的有效成分类别有酸浆苦素类成分和黄酮类成分，如 4,7-二脱氢新酸浆苦素 B、酸浆苦素 P、酸浆苦素 D、木犀草苷、木犀草素等。

### 1. 单一有效成分质量控制

《中国药典》记载的质量控制方法为 HPLC 法，以乙腈-0.2%磷酸溶液（20∶80）为流动相，检测波长为 350nm，含木犀草苷不得少于 0.1%。

王和平等[37] 采用高效液相色谱法测定锦灯笼口服液中木犀草素含量的方法，用 Kromasil $C_{18}$ 柱为固定相，流动相为甲醇∶水（56∶44），流速为 1.0mL/min，检测波长为 349nm。结果表明木犀草素在 0.02～0.10μg 之间呈良好的线性关系（$r=0.9999$），平均加样回收率为 99.13%，RSD=1.82%。该实验方法简便、可靠、灵敏、易行，可作为该制剂的质控方法之一。

马哲等[38] 等采用 HPLC 法对锦灯笼进行了含量测定研究。色谱柱为 Agilent ZORBAX Eclipse XDB $C_{18}$，以乙腈-0.1%磷酸水溶液（40∶60）为流动相，流速 1.0mL/min，检测波长为 353nm，柱温为室温。该物质在 $3.27×10^{-3}～2.62×10^{-2}$μg 呈良好的线性关系。结果如表 2-26 所示。

表 2-26　样品含量测定结果

| 产地 | 取样量/g | 峰面积 | 含量/(μg/g) |
| --- | --- | --- | --- |
| 辽宁沈阳苏家屯 | 3.0125 | 13047 | 10.12 |
| 辽宁抚顺 | 3.0462 | 13150 | 10.09 |
| 辽宁沈阳东陵 | 3.0318 | 9864 | 7.61 |
| 辽宁铁岭 | 3.0481 | 11267 | 8.64 |
| 辽宁朝阳 | 3.0338 | 1951 | 1.5 |
| 辽宁锦州 | 3.0457 | 5544.5 | 4.26 |
| 辽宁清源 | 3.0317 | 8542 | 6.57 |

董雪等[39] 采用 HPLC 法对酸浆苦素 P 的含量测定进行了研究，色谱柱为 Agilent $C_{18}$，以甲醇-0.025mol/L 磷酸水（39∶61）为流动相，检测波长为 328nm。结果如表 2-27 和表 2-28 所示。

表 2-27　加样回收试验结果

| 序号 | 样品含量/mg | 对照品加入量/mg | 实测总量/mg | 回收率/% | $x$ | RSD/% |
| --- | --- | --- | --- | --- | --- | --- |
| 1 | 0.5013 | 3.8801 | 7.7017 | 100.2 | | |
| 2 | 0.5095 | 3.9435 | 7.7537 | 99.9 | | |
| 3 | 0.5009 | 3.8770 | 7.6796 | 99.7 | 99.8 | 0.8 |
| 4 | 0.5047 | 3.9064 | 7.6746 | 98.8 | | |
| 5 | 0.5036 | 3.8979 | 7.7348 | 100.6 | | |

表 2-28　含量测定（$n=3$）

| 样品批号 | 酸浆苦素 P 的含量/% | RSD/% |
| --- | --- | --- |
| 1 | 0.780 | 1.2 |
| 2 | 0.769 | 0.9 |
| 3 | 0.779 | 1.5 |

## 2. 多个有效成分质量控制

施蕊[40] 对酸浆苦素 D、酸浆苦素 A、木犀草素 3 个有效成分的质量控制进行了研究，采用 RP-HPLC 法，固定相为 DiamonsiL $C_{18}$ 色谱柱，以甲醇-0.2%乙酸（45∶55）为流动相，检测波长为 220nm。结果表明酸浆苦素 A、酸浆苦素 D 及木犀草素浓度分别在 0.15～1.20mg/mL（$r=0.9995$），0.10～0.81mg/mL（$r=0.9996$），0.12～0.96mg/mL（$r=0.9997$）范围内与峰面积呈良好的线性关系，酸浆苦味 A 平均回收率分别为 95.9%、97.1%、103%；RSD 分别为 2.0%、0.7%、1.4%。酸浆苦素 D 的平均回收率分别为 97.3%、101%、97.1%；RSD 分别为 1.0%、1.9%、1.3%。木犀草素的平均回收率分别为 97.8%、97.8%、97.7%；RSD 分别为 0.4%、2.9%、0.5%（见表 2-29）。采用 RP-HPLC 同时测定酸浆药材中酸浆苦素 A、酸浆苦素 D 及木犀草素 3 种成分的含量，该法简单、可靠，可作为控制酸浆药材质量的参考标准。

表 2-29　回收率测定结果（$n=9$）

| 组分 | 加入量/mg | 平均回收率/% | RSD/% |
|---|---|---|---|
| 酸浆苦素 A | 0.80 | 95.9 | 2.0 |
| | 1.00 | 97.1 | 0.7 |
| | 1.20 | 103.1 | 1.4 |
| 酸浆苦素 D | 0.22 | 97.3 | 0.9 |
| | 0.27 | 101.1 | 1.9 |
| | 0.32 | 97.1 | 1.3 |
| 木犀草素 | 0.24 | 97.8 | 0.4 |
| | 0.30 | 97.8 | 2.9 |
| | 0.36 | 97.7 | 1.5 |

邹兵等[41] 对锦灯笼的 4 个有效成分：酸浆苦素 B、酸浆苦素 A、酸浆苦素 L、酸浆苦素 O 进行了质量控制研究，采用 HPLC 法，以 CromasiL $C_{18}$ 色谱柱为固定相，以乙腈-0.1%磷酸（34∶66）为流动相，检测波长为 220nm。结果如表 2-30 所示，4 种酸浆苦素类成分均达到基线分离，而且各个成分均有较宽的线性范围和良好的线性关系。酸浆苦素 A、酸浆苦素 O、酸浆苦素 L 和酸浆苦素 B 的平均加样回收率分别为 97.8%、98.7%、102.6%、103.3%，RSD 分别为 1.98%、2.20%、1.85%、1.39%（$n=6$）。本法快速、灵敏、准确、可靠、重复性好，可同时测定锦灯笼药材中 4 种酸浆苦素类成分的含量，适用于锦灯笼药材的质量控制。

表 2-30　线性关系

| 测定成分 | 线性关系 | 线性范围/μg | $r$ |
|---|---|---|---|
| 酸浆苦素 A | $Y=950.25X+82.400$ | 1.3104～6.5520 | 0.9991 |
| 酸浆苦素 O | $Y=1188.80X+26.257$ | 1.6320～8.1600 | 0.9996 |
| 酸浆苦素 L | $Y=1121.70X-17.068$ | 0.9400～4.7000 | 0.9996 |
| 酸浆苦素 B | $Y=307.62X+36.350$ | 0.9880～4.9400 | 0.9999 |

　　张初航[42]测定了20批锦灯笼药材、4批苦蘵药材及1批天泡果药材中2种酸浆苦味素（即酸浆苦素）类成分的含量。对照品及样品色谱图见图2-12。测定结果见表2-31。

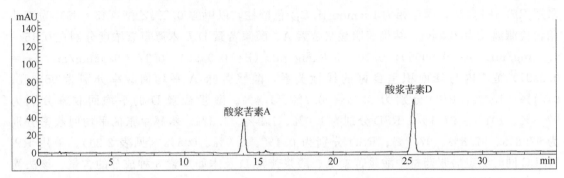

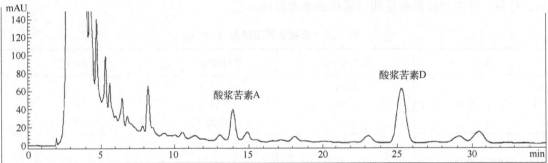

图 2-12　对照品及样品的高效液相色谱图

表 2-31　两种酸浆苦素在锦灯笼、苦蘵、天泡果药材中的含量　　　单位：mg/g

| 样品 | 酸浆苦素 A | 酸浆苦素 D |
| --- | --- | --- |
| D01 | 1.294 | 1.939 |
| D02 | 0.658 | 2.246 |
| D03 | 0.837 | 2.049 |
| D04 | 0.634 | 0.934 |
| D05 | 1.143 | 2.139 |
| D06 | 0.274 | 0.866 |
| D07 | 0.933 | 1.649 |
| D08 | 0.402 | 3.898 |
| D09 | 0.759 | 1.990 |
| D10 | 0.831 | 1.360 |
| D11 | 1.171 | 3.065 |
| D12 | 1.348 | 2.749 |
| D13 | 0.688 | 1.282 |
| D14 | 1.286 | 1.975 |
| D15 | 0.297 | 0.999 |
| D16 | — | 2.757 |
| D17 | 0.969 | 1.905 |
| D18 | 0.554 | 1.267 |

续表

| 样品 | 酸浆苦素 A | 酸浆苦素 D |
|------|-----------|-----------|
| D19 | 0.714 | 1.635 |
| D20 | 0.681 | 3.815 |
| D21 | 0.948 | — |
| D22 | 1.108 | — |
| D23 | 1.093 | — |
| D24 | 0.347 | — |
| D25 | — | — |

图 2-13 表明，酸浆苦素 D 是锦灯笼药材中主要的酸浆苦素类成分。在 20 批锦灯笼药材中，D08（辽宁省沈阳市）、D11（内蒙古自治区赤峰市）和 D20（吉林省安国村）中酸浆苦素 D 的含量较高，均大于 3.0mg/g（即 0.3%），是提取酸浆苦素 D 对照品的优质资源。而 D06（湖南省常德市）中酸浆苦素的含量最低，仅为 0.866mg/g（即 0.087%）。

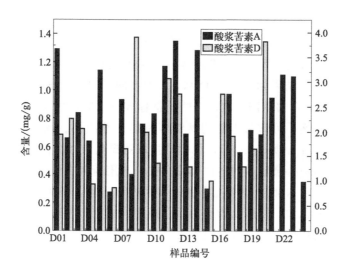

图 2-13　25 批酸浆属药材中 2 种酸浆苦素的含量

舒尊鹏课题组建立了用 HPLC 法测定有效部位中指标性成分的"一柱七测"的方法（即一次柱色谱同时测定 7 种物质的含量）。对锦灯笼治疗咽炎有效部位的 7 个指标性成分木犀草素-7-$O$-$\beta$-D-葡萄糖苷、酸浆苦素 F、酸浆苦素 P、酸浆苦素 B、27,14-裂环酸浆苦素 P、酸浆苦素 J 和香叶木素-7-$O$-$\beta$-D-葡萄糖苷进行了测定。结果表明，木犀草素-7-$O$-$\beta$-D-葡萄糖苷、酸浆苦素 F、酸浆苦素 P、酸浆苦素 B、27,14-裂环酸浆苦素 P、酸浆苦素 J 和香叶木素-7-$O$-$\beta$-D-葡萄糖苷七种指标性成分的含量分别为 2.12%、0.884%、0.241%、0.424%、0.119%、0.343% 和 0.0689%（见表 2-32）。本含量测定方法，实现了以多指标性成分评价成分复杂中药的质量的目的，可为中药质量评价方法的建立提供示范与参考。

表 2-32　七种指标性成分的含量测定

| 类别 | 1 | 2 | 3 | $\overline{X}$ | RSD |
|---|---|---|---|---|---|
| 木犀草素-7-O-β-D-葡萄糖苷(峰面积) | 3336723 | 3276296 | 3334065 | 3315695 | 1.02% |
| 含量 | 2.13% | 2.10% | 2.13% | 2.12% | 0.81% |
| 酸浆苦素 F(峰面积) | 1507572 | 1510611 | 1513651 | 1510611 | 0.20% |
| 含量 | 0.882% | 0.884% | 0.886% | 0.884% | 0.22% |
| 酸浆苦素 P(峰面积) | 4141420 | 4135960 | 4158380 | 4145253 | 0.28% |
| 含量 | 0.241% | 0.240% | 0.242% | 0.241% | 0.41% |
| 酸浆苦素 B(峰面积) | 1120307 | 1109884 | 1122912 | 1117701 | 0.61% |
| 含量 | 0.425% | 0.421% | 0.425% | 0.424% | 0.54% |
| 27,14-裂环酸浆苦素 P(峰面积) | 1035539 | 1044134 | 1052730 | 1044134 | 0.82% |
| 含量 | 0.118% | 0.119% | 0.120% | 0.119% | 0.84% |
| 酸浆苦素 J(峰面积) | 355562 | 356009 | 354080 | 355217 | 0.28% |
| 含量 | 0.344% | 0.344% | 0.342% | 0.343% | 0.33% |
| 香叶木素-7-O-β-D-葡萄糖苷(峰面积) | 2594881 | 2580965 | 2610338 | 2595395 | 0.56% |
| 含量 | 0.0689% | 0.0685% | 0.0693% | 0.0689% | 0.58% |

### 3. 指纹图谱研究

龙启福等[43] 对 7 个不同产地锦灯笼药材进行了指纹图谱研究，采用 HPLC 法，以 HypersiL ODS2 $C_{18}$ 色谱柱为固定相，以甲醇-0.6%冰醋酸（40:60）为流动相进行梯度洗脱，检测波长为 290nm。结果如图 2-14 所示，7 个不同产地锦灯笼药材的 HPLC 图谱的相似度均大于 0.8，基本符合《中国药典》中药质量标准研究制定技术要求，所建立的锦灯笼 HPLC 对照指纹图谱合格，可作为当地药材锦灯笼的标准图谱。锦灯笼 S1、S4 和 S5 号样品相似度均达到 90% 以上（见表 2-33），说明其指纹图谱具有较高的相似性。其余样品相似度偏低，可能与其药材中掺杂较多的茎枝部分有关。采用药典委员会颁布的中药色谱指纹图谱相似度评价系统（2012 年版）对 7 批样品的数据进行处理，得到相关系数。S5 号样品各号峰均齐全，共有峰面积大，初步认为它的质量最好。本分析方法具有稳定、可靠和重现性好等优点，为锦灯笼药材质量控制标准提供参考。

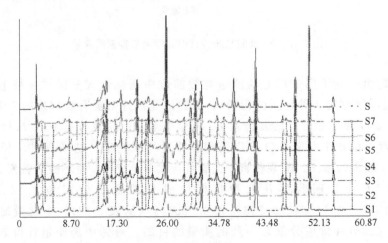

图 2-14　7 个不同产地锦灯笼的 HPLC 指纹图谱

S1—样品 1；S2—样品 2；S3—样品 3；S4—样品 4；S5—样品 5；S6—样品 6；S7—样品 7

表 2-33　7 个不同产地锦灯笼的相似度结果

| 批号 | 产地 | 相似度（参照） | 相似度（对照） | 批号 | 产地 | 相似度（参照） | 相似度（对照） |
|---|---|---|---|---|---|---|---|
| S1 | 河北 | 1.000 | 0.936 | S5 | 内蒙古 | 0.855 | 0.972 |
| S2 | 辽宁 | 0.819 | 0.877 | S6 | 新疆 | 0.807 | 0.866 |
| S3 | 吉林 | 0.869 | 0.877 | S7 | 山东 | 0.832 | 0.873 |
| S4 | 黑龙江 | 0.908 | 0.954 | | | | |

徐保利等[44] 建立了锦灯笼果实的 HPLC 指纹图谱，用于研究不同产地锦灯笼果实的质量差异，如图 2-15 和图 2-16。研究者应用 Agilent TC-C$_{18}$ 色谱柱，以 0.2％磷酸水（A）-乙腈（B）为流动相梯度洗脱，柱温为 25℃，检测波长为 220nm，流速为 1.0mL/min；采用中药色谱指纹图谱相似度评价系统研究版（2004A）软件进行相似度评价，并对 23 批药材进行聚类分析。结果表明该方法能够很好地分离不同产地锦灯笼果实的主要成分，不同产地锦灯笼果实指纹图谱相似度较高，建立了含有 11 个共有峰的锦灯笼果实指纹图谱，如图 2-17。采用此种方法重复性好，可用于锦灯笼果实的质量评价。

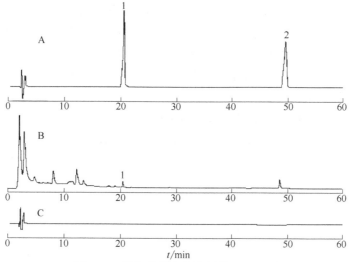

图 2-15　锦灯笼果实指纹图谱 HPLC 图

A—对照品；B—锦灯笼果实样品；C—阴性对照液；

1—木犀草苷；2—酸浆苦素 A

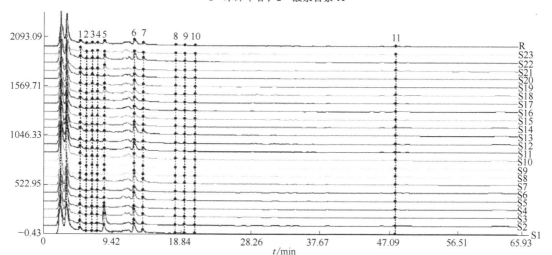

图 2-16　不同产地锦灯笼果实指纹图谱叠加图

R—对照谱图；10—木犀草苷；11—酸浆苦素 A

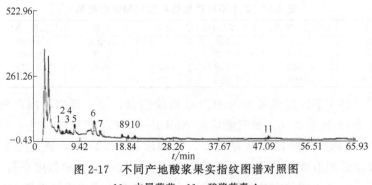

图 2-17　不同产地酸浆果实指纹图谱对照图

10—木犀草苷；11—酸浆苦素 A

舒尊鹏课题组利用 HPLC 法对有效部位进行了指纹图谱研究，采用 Symmetry $C_{18}$ 色谱柱为固定相，以乙腈-0.05％磷酸水作为流动相梯度洗脱，柱温为 35℃，检测波长为 230nm，流速为 1.0mL/min。通过研究确定了 13 个共有峰，指认了其中 8 个峰，分别是木犀草素-7-$O$-$\beta$-D-葡萄糖苷、芹菜素-7,4'-$O$-$\beta$-D-二葡萄糖苷、香叶木素-7-$O$-$\beta$-D-葡萄糖苷、酸浆苦素 J、酸浆苦素 F、27,14-裂环酸浆苦素 P、酸浆苦素 B 和酸浆苦素 P，结果见图 2-18。本课题组并考察了 10 批锦灯笼的指纹图谱。结果见表 2-34、图 2-19。由表 2-34 可知，各批指纹图谱与对照图谱的相似度均大于 92％。本研究确定的工艺稳定，同时也表明建立的色谱指纹图谱可以有效地控制和评价锦灯笼治疗咽炎有效部位的质量。

表 2-34　10 批样品的指纹图谱

| 样品编号 | 相似度 | 样品编号 | 相似度 |
|---|---|---|---|
| S1 | 0.942 | S6 | 0.956 |
| S2 | 0.995 | S7 | 0.993 |
| S3 | 0.934 | S8 | 0.995 |
| S4 | 0.928 | S9 | 0.988 |
| S5 | 0.990 | S10 | 0.982 |

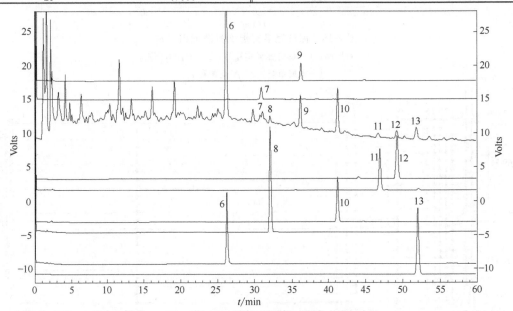

图 2-18　指纹图谱中共有峰的指认

6—木犀草素-7-$O$-$\beta$-D-葡萄糖苷；7—芹菜素-7,4'-$O$-$\beta$-D-二葡萄糖苷；8—芹菜素-7,4'-$O$-$\beta$-D-二葡萄糖苷；

9—酸浆苦素 J；10—酸浆苦素 F；11—27,14-裂环酸浆苦素 P；12—酸浆苦素 B；13—酸浆苦素 P

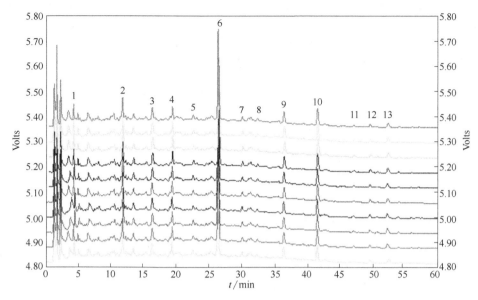

图 2-19　10 批锦灯笼样品的指纹图谱

6—木犀草素-7-$O$-$\beta$-D-葡萄糖苷；7—芹菜素-7,4′-$O$-$\beta$-D-二葡萄糖苷；8—芹菜素-7,4′-$O$-$\beta$-D-二葡萄糖苷；

9—酸浆苦素 J；10—酸浆苦素 F；11—27,14-裂环酸浆苦素 P；12—酸浆苦素 B；13—酸浆苦素 P

参考
文献　REFERENCES

[1]　侯宽昭 . 中国种子植物科属词典 [M]. 北京：科学出版社，1984：376.

[2]　中国科学院中国植物志编辑委员会 . 中国植物志 [M]. 第 67 卷第 1 分册 . 北京：科学出版社，1978.

[3]　惠伯棣，王亚静，裴凌鹏，等 . 酸浆浆果和宿萼中的类胡萝卜素组成分析 [J]. 中国药学杂志，2006（8）：603.

[4]　徐国均，何宏贤，徐珞珊，等 . 中国药材学下册 [M]. 北京：中国医药科技出版社，1996：1161-1162.

[5]　冯小娇，王宁，李树和，等 . 不同基质对酸浆苗期生长发育的影响 [J]. 天津农业科学，2020，26（10）：37-42.

[6]　卫刚果，王德金，王亮，等 . 红姑娘栽培技术 [J]. 天津农林科技，2012（4）：26-27.

[7]　高昆，韦加幸 . NaCl 胁迫对锦灯笼种子萌发和幼苗生理特征的影响 [J]. 种子，2021，40（1）：119-123.

[8]　李红，钟秋杰，张世杰，等 . 盐胁迫对酸浆种子萌发及幼苗生理特性影响的研究 [J]. 农业工程技术，2018，38
　　（4）：54-56.

[9]　王会斌，刘福江 . 锦灯笼人工栽培技术 [J]. 新农业，2002（8）：21-22.

[10]　王洪成 . 酸浆优质丰产栽培模式及其利用价值的研究 [J]. 黑龙江农业科学，2007，（3）：65.

[11]　罗镪 . 野生花卉红姑娘的综合利用与栽培 [J]. 中国林副特产，2006，82（3）：53-54.

[12]　崔国静，李瑞杰，贺蔷 . 锦灯笼的鉴别与采收加工 [J]. 首都医药，2011（15）：52.

[13]　袁野 . 酸浆化学成分及质量控制研究 [D]. 沈阳：辽宁中医药大学，2010.

[14]　王洪成 . 酸浆丰产高效栽培模式 [J]. 北方园艺，2006（2）：73.

[15]　张玉珠，许枬，袁野 . 贮藏条件对锦灯笼药材的质量影响 [J]. 中华中医药学刊，2011（6）：1282-1284.

[16]　姜黎，邹明，赵森，等 . 酸浆种质资源调查研究 [J]. 现代中药研究与实践，2019，033（3）：16-19.

[17]　杨秋芳，周文璞 . 中药锦灯笼的生药学鉴定 [J]. 西北药学杂志，1988（3）.

[18]　孙鹏，许亮，杨燕云，等 . 锦灯笼的生药鉴别研究 [J]. 中医药学刊，2006，24（3）：532-533.

[19]　殷莉梅，韩静，潘岳峰，等 . 锦灯笼含片矫味工艺的研究 [J]. 中国中药杂志，2008，33（13）：1635.

[20]　杨文菊，敬思群，杨洁 . 新疆酸浆宿萼总黄酮含量测定方法的研究 [J]. 新疆大学学报 2007，24（3）：339-341.

[21] 程瑛琨，李蕾，王丹梅，等. 酸浆宿萼色素的提取工艺及稳定性的研究 [J]. 食品工业科技，2006（12）：58-60.

[22] 张丽，刘奉先. 薄层扫描法测定锦灯笼中酸浆果素的含量 [J]. 中医药信息 2000，（5）：56.

[23] Sen G, Mulchandani N B, Patankar A V. Reversed-phase high performance liquid chromatographic separation and analysis of some physalins（13, 14-seco-16, 24-cyclo-steroids）[J]. *Journal of Chromtography*, 1980, 198（2）：203-206.

[24] 于婷，刘玉强，穆春旭，等. 锦灯笼果实中 4,7-二脱氢新酸浆苦素 B 的含量测定 [J]. 辽宁中医杂志 2008, 35（4）：584-586.

[25] 赵红丹，林长旭，尹程鑫，等. 锦灯笼宿萼醇提取中 4,7-二脱氢新酸浆苦素 B 的含量测定 [J]. 辽宁中医药大学学报 2008, 10（4）：129-131.

[26] 许亮，徐秋阳，王冰，等. 高效液相色谱法测定锦灯笼药材中木犀草素的含量研究 [J]. 时珍国医国药 2006, 17（4）：575-576.

[27] 徐保利，王冰. 辽宁各地酸浆宿存萼中木犀草素含量测定 [J]. 山西中医学院学报，2008, 10（4）：50-52.

[28] 王和平，张晓燕，宋旭波，等. HPLC 法测定锦灯笼口服液中木犀草素的含量 [J]. 黑龙江医药，2004, 17（1）：10-12.

[29] 许亮，刘红，于荣军，等. 锦灯笼配方颗粒中木犀草素的法含量测定 [J]. 中华中医药学刊 2008, 26（3）：653-654.

[30] 施蕊，贾凌云，孙启时，等. RP-HPLC 测定酸浆药材中 3 种有效成分的含量 [J]. 药物分析杂志 2008, 28（2）：260-263.

[31] 施蕊，贾凌云，孙启时. 酸浆药材及其提取物高效液相色谱特征 [J]. 中国中药杂志 2007, 32（20）：2194-2196.

[32] 赵倩，董艳丽，曲戈霞，等. 酸浆宿萼挥发性成分的研究 [J]. 中药研究与信息，2005, 7（4）：183-184.

[33] 许亮，王冰，贾天柱. 锦灯笼与兔儿伞两种药材的挥发油成分研究 [J]. 中成药，2007, 29（12）：1840-1843.

[34] 李泽鸿，郝殿明，刘树英，等. 锦灯笼宿萼中营养元素的测定研究 [J]. 世界元素医学，2007, 14（4）：50-52.

[35] 张雪峰，徐岳鑫，董赛文，等. 挂金灯与其混淆品锦灯笼的鉴别研究 [J]. 中国药师，2015（8）：1394-1397.

[36] 吕娜. 辽宁药用植物病毒病调查研究 [D]. 沈阳：沈阳农业大学，2016.

[37] 王和平，张晓燕，宋旭波，等. HPLC 法测定锦灯笼口服液中木犀草素的含量 [J]. 黑龙江医药，2004, 17（1）：10-11.

[38] 马哲，梁茂新. 中药锦灯笼中酸浆苦素类化合物含量测定 [J]. 广州化工，2010（7）：165-167.

[39] 董雪，刘玉强，才谦. HPLC 测定锦灯笼宿萼中酸浆苦素 P 的含量 [J]. 中成药，2009, 31（8）：1304-1306.

[40] 施蕊. 酸浆药材及其提取物的质量控制和开发利用 [D]. 沈阳：沈阳药科大学，2007.

[41] 邹兵，袁野，周翎，等. HPLC 法测定锦灯笼中酸浆苦素类成分的含量 [J]. 中国药房，2011, 22（15）：1393-1395.

[42] 张初航. 锦灯笼的活性成分及质量评价研究 [D]. 沈阳：沈阳药科大学，2009.

[43] 龙启福，李向阳，白芸. 锦灯笼高效液相色谱指纹图谱研究 [J]. 中成药，2010, 32（2）：179-181.

[44] 徐保利，张朝绅，姜玲玲，等. 不同产地锦灯笼果实化学成分指纹图谱研究 [J]. 解放军药学学报，2015, 31（5）：387-389+398.

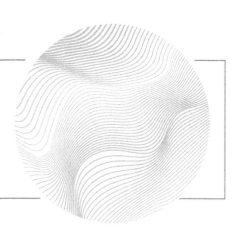

# 第三章
# 锦灯笼的制剂

　　锦灯笼制剂部分包括传统制剂和现代制剂，其中传统制剂中以汤剂为主，而后出现丸剂、外敷制剂以及洗剂。到了现代，随着药理学、化学和临床研究以及重要剂型改革工作的深入开展，出现了更多锦灯笼的新剂型，比如合剂、膏剂、片剂、胶囊剂、颗粒剂等，从而为提高锦灯笼疗效、降低副作用、方便使用等发挥了重要作用。本章将锦灯笼传统制剂和现代制剂详述如下。

## 第一节　锦灯笼的传统制剂

### 一、汤剂

　　汤剂是指将药物用煎煮或浸泡后去渣取汁的方法制成的液体剂型，汤剂是我国应用最早、最广泛的一种剂型。汤剂适应中医的辨证施治、随症加减原则。其主要的优点为：①能适应中医辨证论治的需要，其中处方组成用量可以根据病情变化，适当加减，灵活应用；②复方有利于充分发挥药物成分的多效性和综合作用；③汤剂为液体制剂，吸收快，能迅速发挥药效；④以水为溶剂，无刺激性及副作用；⑤制备简单易行。

　　但是汤剂也存在一些不足之处：①煎液体积较大、味苦，服用、携带不方便；②多依据医生处方临时配制应用，不宜大量制备，也不利于及时抢救危重病人；③易发霉、发酵、不能久贮。因此，近年来研究人员对汤剂进行了有效的剂型改革，例如中药合剂、颗粒剂、口服液等，都是在尽量保留汤剂优点并克服其缺点的基础上发展起来的中药新剂型。

#### 1. 载有含锦灯笼的汤剂的书籍

（1）《赵炳南临床经验集》

　　《赵炳南临床经验集》[1] 是赵老先生长期从事中医皮肤科、外科临床的经验总结。全书分为四部分：第一部分医案，选录 51 个病种、137 例验案，着重介绍常见病多发病的治法，对于某些疑难病症、顽固性病症也提出了一些可供参考的疗法；第二部分介绍药、膏、黑布膏三种独特疗法；第三部分介绍经验方、常用成方各 100 首；第四部分是一般皮科、外科的通用方。书中记载了含有锦灯笼的汤剂"滋阴降火方"，具体如下。

　　处方：南沙参 15g，北沙参 15g，元参 15g，丹皮 9g，石斛 12g，山萸肉 9g，枸杞子 9g，锦灯笼 9g，花粉 15g，黄芪 9g，金莲花 12g，马蔺子 9g。

功能主治：滋阴降火；治脾肾阴虚，虚火上炎。

用法用量：水煎服，每日1剂，日服2次。

（2）《贵阳民间药草》

《贵阳民间药草》[2] 是贵阳市卫生局编著的一部本草类中医著作。全书收载贵阳地区常用药草126种，按药名首字笔画顺序排列。每药设别名、学名及科别、植物形态、药用部分、采集时间、性味、效用、方剂等项，并配有药图。书中记载了含有酸浆的汤剂可用于治疗黄疸，具体如下。

处方：酸浆、茅草根、五谷根各五钱。

功能主治：治黄疸，利小便。

用法用量：水煎服，每日1剂，日服2次。

（3）《民间常用草药汇编》

《民间常用草药汇编》[3] 共载药484种，分草本、木本及其他三类，按药名首字笔画编排。每药按正名、别名、产地、入药部分、疗效、用量和用法等项介绍。书中记载了具有清热解毒之效的锦灯笼汤剂，具体如下。

处方：锦灯笼3～5钱。

功能主治：清热解毒；治白喉初起，鹅口疮，失音（煅灰作散剂吞服）。

用法用量：水煎汤，每日1剂，日服2次。

（4）《嘉祐本草》

《嘉祐本草》[4] 为宋代掌禹锡等于嘉祐二年（1057年）奉诏编纂，至嘉祐四年（1059年）成书。书中收录了当时诸家本草所记载的新药和医家所习用的药补。全书载药1082种，其中《开宝本草》载药983种，《嘉祐本草》新增药99种，内有新补药82条，新定药17条。书中记载了锦灯笼治疗胃肠道疾病的汤剂，具体如下。

处方：锦灯笼3～5钱。

功能主治：主腹内热结眉黄，不下食，大小便涩，骨热咳嗽，多睡劳乏，呕逆痰壅，痃癖痞满，小儿疠子寒热，大腹，杀虫，落胎。

用法用量：煮汁服，亦可生捣绞汁服。

## 2. 含有锦灯笼的汤剂

（1）金莲愈溃饮[5]

处方：金莲花9g，南北沙参15g，丹皮9g，耳环石斛12g，山萸肉9g，枸杞子9g，锦灯笼9g，花粉15g，黄芪9g，马蔺子9g。

功能主治：益气养阴，清热解毒；主治白塞病。症见目赤肿痛，口腔及阴部溃疡，下肢结节红斑，皮疹瘙痒，腹痛、腹胀、泄泻，身倦乏力等。

用法用量：水煎服，每日1剂，早晚2次，10剂为1个疗程。

（2）锦莲清热方[6]

此方由王昕旭所拟，现代研究表明本方可抗病毒、抗菌、解热，同时能够增强机体抗病能力。

处方：半枝莲25g，锦灯笼10g，黄芪20g，金银花15g，连翘15g，板蓝根25g，荆芥

10g，防风 10g，甘草 6g。

功能主治：清热解毒，疏风解表；主治急性上呼吸道感染伴发热。

用法用量：水煎服，每日 1 剂，分 2 次服用。

（3）妇康灵[7]

处方：山楂 15g，麦芽 15g，谷芽 15g，鸡内金 15g，白术 10g，钩藤 8g，麦冬 10g，石决明 12g，仙茅 7g，龙眼 16g，泽兰 10g，元参 19g，黄柏 13g，大青叶 10g，穿心莲 12g，银柴胡 10g，金荞麦 12g，金莲花 12g，锦灯笼 10g，白头翁 12g，马齿苋 20g，防己 10g，白药子 6g，郁李仁 13g，肉苁蓉 12g。

功能主治：健脾和胃，清热养阴；主治妇女更年期综合征。

用法用量：各组分粉碎烹煮后，投入蜂蜜或饴糖，搅拌成糊状，每日 2 次（分别于早饭前和晚饭前服用），每次服用 35g，21 天为 1 个疗程。

（4）清蛾汤[8]

处方：金银花 10～15g，连翘 5～10g，山豆根 5～10g，山栀 5～10g，板蓝根 10～15g，锦灯笼 3～5g，牛膝 3～10g，青黛 3～10g（包煎），薄荷 3g，玄参 5～10g，甘草 3g。

功能主治：清热利咽，泻火养阴；主治小儿急性扁桃体炎。症见咽喉肿痛，口干口渴，吞咽困难，尿赤便秘，舌红苔黄，脉洪数等，发病以春秋两季最多见。

用法用量：每日 1 剂，药材先提前用温水浸泡 60min，再用水煎煮 2 次并浓缩取汁 100～500mL，分 2～3 次温服，每 6～8h 服用 1 次，服药 3 日为 1 疗程。

（5）解毒爽咽饮[9]

青岛市中医院的胡娟对解毒爽咽饮进行了关于治疗扁桃体周围脓肿的研究，根据 160 例临床研究结果发现解毒爽咽饮针对该疾病的治疗取得了很好的疗效。

处方：金银花 30g，蒲公英 15g，地丁 15g，天花粉 12g，浙贝母 12g，薄荷 6g，牛蒡子 12g，锦灯笼 15g，玄参 12g，生地黄 15g。

功能主治：清热解毒，消肿利咽；主治扁桃体周围脓肿（症见初起发热恶寒，继而咽喉疼痛增剧，吞咽困难，口涎外溢，语言含糊不清，张口困难等）。

用法用量：水煎服，每日 1 剂。

（6）乳蛾一号[10]

该方来源于济南市中医医院内制剂，济南市中医院刘清贞与崔文成对乳蛾一号治疗小儿急性扁桃体炎进行临床研究，结果显示该方治疗效果显著。

处方：金银花 15g，大青叶 15g，青蒿 15g，赤芍 10g，蒲公英 10g，金灯笼（锦灯笼）6g，桔梗 6g，甘草 6g，牛蒡子 6g，玄参 6g，牡丹皮 6g，薄荷 6g，黄芩 6g，板蓝根 5g，马勃 5g。

功能主治：解毒退热，散瘀消肿；主治小儿急性扁桃体炎。临床特点为发热、咽喉肿痛、乳蛾肿大一般在Ⅱ～Ⅲ度，充血明显，或有分泌物，舌质红或舌尖边红，苔薄黄或黄厚，脉数。或兼见头痛、腹痛、恶心呕吐、痰涎壅盛、颈部淋巴结肿大等。

用法用量：上述诸药用水浸泡半小时，头煎煮沸 8min，二煎煮沸 20min。2 次煎取药汁混合保温、频服，每日 1 剂。

（7）狼疮汤[11]

处方：白花蛇舌草 30g，水牛角粉 16g，雷公藤 15g，白鲜皮 15g，紫草 15g，生地黄

30～80g，牡丹皮 10g，赤芍 10g，露蜂房 10g，白芷 10g，茯苓 10g，锦灯笼 15g，茜草根 15g。

功能主治：解毒清热、凉血化瘀；主治红斑狼疮早中期。适于红斑狼疮气营两燔，毒瘀痹络，邪实正未虚之早中期服用。

用法用量：水煎服，每日 1 剂，分 2 次服用。

## 二、丸剂

丸剂是指将药材细粉或药材提取物加适宜的黏合辅料制成的球形或类球形制剂。

丸剂的种类按制备方法分类：①塑制丸，如蜜丸、糊丸、浓缩丸、蜡丸等；②泛制丸，如水丸、水蜜丸、浓缩丸、糊丸等；③滴制丸（滴丸）。按赋形剂的不同可分为：水丸、蜜丸、水蜜丸、糊丸、蜡丸等。

丸剂的主要优点有如下几项：①溶散、释放药物缓慢，可延长药效，降低毒性、刺激性，减少不良反应；适用于慢性病治疗或病后调和气血；②丸剂为中药原粉较理想的剂型之一，固体、半固体、液体药物均可制成丸剂；③制法简便；④水溶性基质滴丸具有速效作用。

而丸剂也存在有不少缺点，如：①某些传统品种剂量大，服用不便，尤其是儿童，会抗拒服用中药；②生产操作不当易致溶散、崩解迟缓；③含原药材粉末较多者卫生标准难以达标。

### 1. 清心丸[12]

《丹溪纂要》又名《丹溪先生医书纂要》《医书纂要》，明代卢和编注。卢和，字廉夫，另著有《食物本草》。卢氏认为《丹溪衣钵》一书，论治明晰，但略而未备《金匮钩玄》《丹溪心法》等书，尚有遗漏。故汇集丹溪诸书及门人之作，删补裁取，摄其精要于成化二十年（1484 年）汇编成书。卷一分伤寒、中风、瘟疫等十一门，卷二分疟疾、霍乱、呕吐等二十三门，卷三分心痛、腹痛、腰痛等三十一门，卷四分损伤、妇人、小儿等十二门。凡七十七门，包括临床各科病证，以内科为主。书中记载了可用于治疗咽喉症状的灯笼草（即锦灯笼）丸剂。具体如下。

处方：灯笼草。

功能主治：治热咳咽痛。

用法用量：灯笼草为末，白汤服，仍以醋调敷喉外。

### 2. 橘红化痰丸[13]

处方：橘红 75g，锦灯笼 100g，川贝母 75g，炒苦杏仁 100g，罂粟壳 75g，五味子 75g，白矾 75g，甘草 75g。

功能主治：滋阴清热，敛肺止咳，化痰平喘。用于阴虚肺热咳嗽。症见咳嗽频作，痰不易出，气促喘急，胸膈满闷，咽干舌红等。

用法用量：制成大蜜丸，每丸重 9g。温开水送服或嚼服，一次 1 丸，一日 2 次。

### 3. 治疗慢性咽炎的浓缩丸[14]

该方由发明人黄再军制成，经药效试验证明其对于慢性咽炎具有良好的治疗效果。

处方：黄芩 15g，南沙参 16g，玄参 16g，百合 16g，冬桑叶 12g，炙枇杷叶 12g，丹参 12g，锦灯笼 15g，西青果 7g，五味子 7g，绿萼梅 7g，橘络 7g，丝瓜络 7g，生甘草 7g。

功能主治：清热利咽，泻火养阴。用于治疗慢性咽炎。症见咽部干燥，灼热疼痛，梗梗不利，干咳痰少而稠，或干燥少津，手足心热，舌红，脉细数等。

用法用量：制成浓缩丸，口服一次 5g，一日 3 次。

## 三、外敷剂

外敷剂是指将药物直接贴敷在患部，达到解毒、消肿、止痛、利尿或托脓生肌等治疗作用的一种药物剂型。外敷疗法的特点是对局部作用强，而对全身作用较弱，所以外敷疗法经常被使用在外科伤科疾病。其特点有：①方法简便，易于推广；②毒副作用小；③疗效可靠，适应性广；④取效迅速，直达病所。

### 1.《陕西中草药》

《陕西中草药》[15] 是陕西省革命委员会卫生局、商业局编著的一部本草类中医著作。全书分《中草药》《方剂选》及《附录》三部分。《中草药》共收药五百七十六种，按解表、消导等功效分为十七章，每药介绍其别名、植物形态、生境产地、采收加工、性味功能、主治、用法、注意、附方等，并配单色图五百一十二幅；《方剂选》收方七百零五首，按内科、外科等常见病排列，共七章；《附录》有植物形态术语简释等四篇。书中记载了锦灯笼可外敷用于治疗中耳炎，具体如下。

处方：锦灯笼鲜草。

功能主治：治中耳炎。

用法用量：锦灯笼鲜草拧汁，加冰片适量，滴耳。

### 2.《医学正传》

《医学正传》[16]，明代虞抟撰于 1515 年，是一部中医综合性著作，分八卷。此书前列"医学或问"51 条，系虞氏对医学上的一些问题进行辨析，以申明前人"言不尽意之义"。次分述临床各科常见病证，以证分门，每门先论证，次脉法，次方治。凡所述诸证，均先立论，必以《内经》要旨为提纲。其证治则以朱丹溪学术经验为本。脉法采撷《脉经》，伤寒、内伤、小儿病分别宗法张仲景、李杲和钱乙。书中记载了灯笼草（即锦灯笼）敷用治疗喉疮的方法，具体如下。

处方：灯笼草。

功能主治：治喉疮并痛者。

用法用量：灯笼草，炒焦为末，酒调，敷喉中。

### 3.《履巉岩本草》

《履巉岩本草》[17] 是南宋时期的一部地方性本草书。作者王介绘撰于嘉定庚辰（公元 1220 年）。书分三卷。收药 206 种，不分部类。每药一图，兼述各药性味、功治、单方、别名等。书中记载了锦灯笼外敷治疗疮肿的方法，具体如下。

处方：锦灯笼。

功能主治：治诸般疮肿。

用法用量：金灯草不以多少，晒干，为细末，冷水调少许，软贴患处。

### 4.《青囊秘传》

《青囊秘传》中记载了挂金散的处方。具体如下。

处方：鸡内金1钱，青黛3分，薄荷4分，白芷4分，蒲黄3分，冰片1分，甘草3分，鹿角炭1钱，挂金灯子2钱。

功能主治：口痛，舌菌，重舌，喉蛾。

制备方法：上为末。

用法用量：上为末，吹至患处。

## 四、洗剂

洗剂一般系指饮片经适宜的方法提取制成的供皮肤或者腔道涂抹或清洗用的液体制剂。

《闽南民间草药》一书由福建省龙溪专区中医药研究所编著。书中记载了锦灯笼治疗杨梅疮的方法，具体如下。

处方：锦灯笼。

功能主治：治杨梅疮。

用法用量：水煎数沸，候微温洗患处。

# 第二节　锦灯笼的现代制剂

## 一、合剂

合剂是指中药复方的水煎浓缩液，或中药提取物以水为溶媒配制而成的内服液体制剂。合剂可分为溶液型合剂、混悬型合剂、胶体型合剂、乳剂型合剂。合剂在汤剂的基础上有所发展和改进，保持了汤剂的用药特点，服用量较汤剂小，可以批量生产，省去临时配方和煎煮的麻烦；同时合剂也克服了汤剂临用时制备的麻烦，其浓度较高，剂量较小，质量相对稳定，便于服用、携带和贮藏，适合工业化生产。但合剂的组方固定，不能随症加减。

锦灯笼口服液[18]

处方：锦灯笼。

制法：锦灯笼果实，加6倍量的水，提取3次，每次1h，过滤，滤液合并，浓缩滤液，向其中加入95％乙醇，搅拌调整药液含醇量为75％，放置24h，离心，取上清液回收至稠膏状，后加水溶解，放置24h，过滤，分装，灭菌，即得。

功能主治：有清热解毒，利咽化痰，利尿的功效，多用于咽痛喑哑，痰热咳嗽，小便不利。

用法用量：口服。1次20mL，一日2～3次。

## 二、膏剂

膏剂为将药物用水或植物油煎熬浓缩而成的膏状剂型，有内服和外用两种。

内服膏剂分为流浸膏、浸膏、煎膏3种：①流浸膏，是用适当溶媒浸出药材中的有效成分后，将浸出液中一部分溶媒经低温蒸发除去，形成浓度较高的浸出液。具有有效成分含量高，服用量少，溶媒副作用小的特点，如益母草流浸膏。②浸膏，是用溶媒将药材中有效成分浸出后，低温将溶媒全部蒸发除去形成的半固体或固体膏状。具有浓度高，体积小，剂量少的特点。用溶媒将药材的有效成分浸出后，在低温状态下将溶媒全部蒸发而成粉状或膏状制剂。浸膏的浓度高、体积小，按干燥程度又分为稠浸膏和干浸膏两种。稠浸膏为半固体状制品，多供制片剂或丸剂用，如毛冬青浸膏等；干浸膏为干燥粉状制品，可直接冲服或装入胶囊服用，如紫珠草浸膏、龙胆草浸膏等。浸膏应装在密闭容器中，避光贮存于阴凉处。③煎膏，又称膏滋，系将药物反复煎煮到一定程度后，去渣取汁，再浓缩，加入蜂蜜、冰糖或砂糖煎熬成膏。膏滋体积小，冲服方便，且有滋补作用，适用于久病体虚者，如参芪膏。

外用膏剂可分为软膏剂和硬膏剂：①软膏剂，又称药膏，是用适当的药物和基质均匀混合制成，容易涂于皮肤、黏膜的半固体外用制剂。软膏剂可使药物在局部被缓慢吸收而持久发挥疗效，或起保护、滑润皮肤的作用，如三黄软膏、穿心莲软膏等。软膏剂应贮存在锡管内，或棕色广口瓶、瓷罐等密封容器中，放在阴凉干燥处。②硬膏剂，为以植物油与黄丹或铅粉等经高温炼制成的铅硬膏为基质，并含有药物或中药材提取物的外用制剂。其将药物溶解或混合于黏性基质中，预先涂在裱褙材料上，供贴敷皮肤之用，又称膏药，古称薄贴。在常温时为坚韧固体，用前预热软化，再粘贴于皮肤上，可起局部或全身性的治疗作用。硬膏剂外治可消肿、拔毒、去腐生肌等；通过外贴还能起到内治作用，可驱风寒、和气血、消痰痞、通经络、祛风湿、治跌打损伤等，如狗皮膏、万应膏、止痛膏等。有些硬膏剂贴敷在穴位上则兼有针灸穴位的某些疗效，如咳喘膏、复方百部膏。硬膏剂用法简单，携带贮存方便。但疗效缓慢，黏度失宜时易污染衣物。

《北京市中药成方选集》[19] 是由人民卫生出版社出版的医学类图书。主题包含 34 方剂。其对青果膏记录如下。

### 青果膏

处方：鲜青果 5kg，胖大海 120g，锦灯笼 60g，山豆根 30g，天花粉 120g，麦冬 120g，诃子肉 120g。每 30g 膏汁对蜜 30g，即得。

制法：上药酌予切碎，水煎 3 次，分次过滤后去滓，滤液合并，用文火熬煎浓缩至膏状，以不渗纸为度。

功能主治：清咽止渴。治咽喉肿痛，失音声哑，口燥舌干。

用法用量：每服 9～15g，一日 2 次，温开水调化送下。

## 三、片剂

片剂是药物与辅料均匀混合后压制而成的片状制剂。其特点为：①固体制剂；②生产的机构化、自动化程度较高；③剂量准确；④可以满足临床医疗或预防的不同需要。片剂的种类有普通压制片、包衣片、糖衣片、薄膜衣片、肠溶衣片、泡腾片、咀嚼片、多层片、分散片、舌下片、口含片、植入片、溶液片、缓释片。

### 1. 橘红化痰片[20]

本制剂由天津中新药业集团股份有限公司达仁堂制药厂发明。

处方：化橘红 75g，川贝母 75g，锦灯笼 100g，炒苦杏仁 100g，罂粟壳 75g，五味子 75g，白矾 75g，甘草 75g。

制法：按原料配比称取各原料。锦灯笼、川贝母、白矾、甘草分别用 10 倍量、8 倍量水提取，每次 2h，合并提取液，浓缩至 50～60℃条件下相对密度为 1.03，得到浓缩液 A。化橘红、炒苦杏仁、罂粟壳、五味子分别用 8 倍量、6 倍量的体积百分比浓度为 80％的乙醇提取，每次 2h，合并提取液，浓缩至 50～60℃条件下相对密度为 1.03，得到浓缩液 B。将浓缩液 A、B 合并，减压干燥，得到干燥物，即为本发明药物的活性成分 125g。得到的活性成分取 100g，加微晶纤维素 10g，乳糖 10g，交联聚乙烯吡咯烷酮 5g，压片，得片剂，每片为 0.25g。

功能主治：滋阴清热、敛肺止咳、化痰平喘。用于肺肾阴虚，咳嗽，咯痰，气促喘急，胸膈满闷。

用法用量：口服，一日 3 片，一日 3 次。

### 2. 急性咽炎含片[21]

处方：金银花、射干、桔梗、山豆根、金果榄、锦灯笼、薄荷油、薄荷脑、冰片。

制法：以上九味，薄荷油、薄荷脑、冰片三味用适量乙醇溶解；射干、桔梗、金果榄、山豆根、锦灯笼五味加适量乙醇，回流提取 3 次，每次 1.5h，合并提取液，滤过，加入金银花提取物，回收乙醇，减压浓缩至相对密度为 1.08～1.10，合并浓缩液，喷雾干燥；喷雾干燥粉加入甜菊素 5g、蔗糖 480g，混匀，制成颗粒，喷加含薄荷油、薄荷脑、冰片的乙醇溶液，压制成片，薄膜衣，即得。

功能主治：具有清热解毒，化痰利咽，滋阴润燥，生津散结之功，适用于肺胃实热型急性咽炎，在临床上证明对急性咽炎具良好的疗效。

用法用量：含服，一次 1 片，每隔 1～2h 一次，一日 8 次。

### 3. 锦黄咽炎片[22]

该片剂由辽宁中医学院中药科技开发中心制作，沈阳医学院的研究者对锦黄咽炎片进行了药效学观察，结果表明本品具有显著的抗炎、镇痛作用以及较强的抑菌、较强的抗病毒作用。

处方：锦灯笼 1000g，黄芩 250g，蔗糖 330g，薄荷脑 2g，硬脂酸镁 2g。

制法：取锦灯笼去除果实的宿萼 1000g，加水煎煮 3 次，每次加水 25 倍量，煎煮 2h，合并 3 次滤液，将滤液浓缩至约 650mL（即浓缩至每 1mL 药液相当于 1.5g 药材），加入乙醇使含醇量达到 70％，醇沉 24h，过滤，回收乙醇并浓缩至相对密度为 1.10，喷雾干燥得粉末 90g。取黄芩 250g，加入 8 倍量沸水中，煎煮 1.5h，过滤，药渣再加水煎煮 2 次，每次加水 8 倍量，煎煮 1.5h，合并 3 次滤液，将滤液在 70℃水浴中用盐酸调至 pH 1.5～2.0，70℃水浴保温 1h，静置 24h，过滤，将沉淀用水洗至 pH 6.0～6.5，于 70℃减压干燥，粉碎，得黄芩苷粉末 20g。将黄芩粉末与锦灯笼粉末混合共计 110g，加入 330g 蔗糖制成颗粒，喷入薄荷脑溶液，加入硬脂酸镁，压片，包装，即得。

功能主治：清热解毒，消肿利咽。用于风热证急性咽炎。

用法用量：含服，一次 2 片，每隔 4h 一次，一日 3 次。

## 四、胶囊剂

胶囊剂系指将药物填装于空心硬质胶囊中或密封于弹性软质胶囊中而制成的固体制剂。胶囊剂有以下优点：①可以掩盖药物的不良嗅味和减少药物的刺激性；②与片剂、丸剂等相比，制备时无须加黏合剂，在胃肠液中分散快、吸收好、生物利用度高；③可提高药物的稳定性，胶囊壳可保护药物免受湿气和空气中氧气和光的作用；④可弥补其他剂型的不足，如含油量高或液态的药物难以制成丸、片时，可制成胶囊剂；又如对于服用量小、难溶于水、胃肠道不易吸收的药物，可使其溶于适当的油中，再制成胶囊剂，以利吸收；⑤可制成缓、控释制剂，如可先将药物制成颗粒，然后用不同释放速率的高分子材料包衣，按需要的比例混匀后装入胶囊壳中，可制成缓释、肠溶等多种类型的胶囊制剂；⑥可使胶囊具有各种颜色或印字，便于识别。

锦花清热胶囊[23] 由黑龙江仁合堂药业有限责任公司生产。高长久等研究者对该胶囊抗炎镇咳镇痛方面的作用进行了研究，发现锦花清热胶囊大剂量与中剂量的实验组对抗炎、镇痛、镇咳效果显著。

### 锦花清热胶囊

处方：锦灯笼、金银花、连翘、桑叶、桔梗、芦根。

制法：以上六味药加水煎煮 2 次，每次 1h，合并煎液，加入上述蒸馏后的水溶液，滤过，干燥，粉碎成细粉，加入适量淀粉调整，混匀，装入胶囊，即得。

功能主治：有清热解毒、利咽化痰、利尿通淋功效，用于咽痛、痰热咳嗽和热淋涩痛等病症。

用法用量：含服，一次 2 粒，一日 3 次。

## 五、颗粒剂

颗粒剂是将药物与适宜的辅料配合而制成的颗粒状制剂，一般分为可溶性颗粒剂、混悬型颗粒剂和泡腾性颗粒剂；若粒径在 $105\sim500\mu m$ 范围内，又称为细粒剂。其主要特点是可以直接吞服，也可以用温水冲入水中饮入，应用和携带比较方便，溶出和吸收速率较快。但其缺点也较为明显，如：成本高；易潮解，对包装方法和材料要求高；机动性差，无法随症加减；适口性稍差。

### 1. 锦珠颗粒[24]

该颗粒剂由陕西中医药大学药物研究所制作，陕西中医药大学的张涓等研究人员对该颗粒剂体外抗菌能力进行了研究，结果显示锦珠颗粒药液除对白色念珠菌无抑菌作用外，对其他四种菌均有不同程度的抑制作用，其抑菌能力由大到小依次为绿脓杆菌、金黄色葡萄球菌、大肠埃希菌（大肠杆菌）、白色葡萄球菌。

处方：锦灯笼、地锦草、紫珠叶、苦参。

制法：取以上药材混合，加入 6 倍水，浸泡 30min，加热煎煮 2h；第 2 次加 4 倍量水，煎煮 1.5h；第三次加 2 倍量水，煎煮 45min；合并 3 次煎煮液，静置 12h，上清液过 200 目筛，滤液待用。滤液减压蒸发浓缩至稠膏状，停止加热，向稠膏中加入 2 倍量 75% 乙醇液，搅匀，静置过夜，上清液过滤，滤液待用。滤液减压回收乙醇，并浓缩成稠膏状，加入 5 倍量的糖粉，混合均匀，加入 70% 乙醇少许，制成软材，过 14 目尼龙筛制粒，湿颗粒于 60℃ 干燥，干燥粒过 14 目筛整粒，再过 4 号筛（65 目）筛去细粉，再缓慢地搅拌，然后分装，密封，包装即得。

功能主治：具有解表解毒、燥湿止泻等功效，对炎症具有良好的抑制作用，而方中地锦草和锦灯笼具有利咽、清热解毒、抗炎、活血止血等作用，治疗各种肠炎、急慢性炎症取得了良好的效果。

用法用量：口服。1次1包，一日2～3次。

### 2. 清咽利喉颗粒[25]

该方由吉林敖东延边药业股份有限公司研制。先后被各大医院制成糖浆剂和颗粒剂等院内制剂。

处方：金银花417g，麦冬333g，生地333g，山豆根167g，玄参250g，青果250g，射干167g，锦灯笼250g，桔梗167g，甘草167g，玉竹333g，木蝴蝶250g，薄荷脑2g。

制法：以上十三味，取金银花以水漂洗2次，于60℃干燥，备用。薄荷脑用乙醇溶解，备用。剩余十一味，加8倍药材量水煎煮3次，每次2h，合并煎液，滤过，滤液浓缩至80～85℃时测相对密度1.10～1.15，放冷，加乙醇使含醇量为65%，充分搅拌，静置24h，滤过，滤液回收乙醇，并继续浓缩至80℃时测相对密度1.30～1.35，减压干燥。加金银花，粉碎成细粉，再加甜菊苷25g，溶解淀粉适量，使总重量为998g，混匀，以60%乙醇为润湿剂，制湿颗粒，60～80℃干燥，薄荷脑乙醇液喷入干燥颗粒中，密闭12h，整粒制成1000g。

功能主治：疏风清热，解毒利咽，消肿止痛；急慢喉痹虚火上炎证。症见咽部红肿疼痛，吞咽不利，干燥灼热，呛咳无痰，或有少量黏痰，频频求饮，饮量不多，午后及黄昏时症状明显，舌红，苔薄少，脉细数。

用法用量：该药物成人服用量一次6g，一日3次，相当于每日服用生药量为55.55g。

## 六、茶剂

茶剂系指含茶叶或不含茶叶的药材或药材提取物用沸水泡服或煎服用的制剂，分为茶块、袋装茶和煎煮茶。茶剂具有以下特点：①可以按药物的性能特点、配方要求等，将各药粉或段、丝按先后次序逐味浸泡，也可以同时浸泡。其操作灵活，程序简单，饮服方便，适应当代快节奏的工作生活。②浸泡药物时，以沸水为溶媒，可将其中的酶迅速杀灭，避免有效成分的分解和破坏。③药物为粗粉或细丝、小段，其表面积大，与溶媒的接触面积大，易使有效成分溶出。

### 金栀咽喉袋泡茶[26]

该方为沈阳飞龙伟业制药有限公司所研制。

处方：金银花150g，诃子肉（制）150g，元参100g，麦冬150g，北豆根100g，薄荷叶100g，胖大海100g，金果榄90g，硼砂100g，黄连100g，射干90g，黄芩50g，栀子50g，锦灯笼50g，浙贝母50g，牡蛎50g，甘草50g。

制法：将金银花、诃子肉、麦冬、薄荷叶、胖大海、栀子、芦根、锦灯笼、牡蛎、甘草粉碎成粗粉，混匀，备用。硼砂加热水使溶解，制成硼砂溶液，备用。其余元参、北豆根、金果榄、黄连、射干、黄芩、浙贝母七味加水浸泡2h后煎煮2次（第一次2h，第二次1.5h），滤过，合并滤液，加入硼砂溶液，在65℃的条件下，减压浓缩成相对密度为1.10～1.12的清膏，加入粗粉，混匀，制粒，在40～50℃的条件下低温干燥，分装即得成品。

功能主治：清热解毒，生津利咽。用于上焦风热所致的喉痹，症见咽喉疼痛，咽干喉痒，声音嘶哑；急性咽炎、急性喉炎（轻型）见上述证候者。

用法用量：开水泡服，一次1袋，一日2次。

参考
文献 REFERENCES

[1] 王倩. 赵炳南经验方的临床应用［C］//中华中医药学会皮肤科分会第六次学术年会、赵炳南学术思想研讨会、全国皮肤科中医外治高级研修班论文集. 2009.

[2] 贵阳市卫生局. 贵阳民间药草［M］. 贵州：贵州人民出版社，1959.

[3] 成都市卫生局. 民间常用草药汇编［M］. 成都：四川人民出版社，1959.

[4] 掌禹锡等撰，尚志钧辑复. 嘉祐本草辑复本［M］. 北京：中医古籍出版社，2009.

[5] 王山峰，王高峰. 金莲愈溃饮治疗白塞病7例［J］. 中国社区医师（综合版），2005，7（3）：1.

[6] 王昕旭. 锦莲清热方治疗"上感"伴发热的临床观察［J］. 中国社区医师（医学专业），2010，12（25）：141.

[7] 文一兵. 一种中药妇康灵根治妇女的更期综合症的配方. CN110755565A［P］，2020-02-07.

[8] 莫基福. 一种治疗小儿急性扁桃体炎清蛾汤及其制备方法. CN103505556A［P］，2014-01-15.

[9] 胡娟. 解毒爽咽饮治疗扁桃体周围脓肿160例［J］. 山东中医杂志，1997（10）：20-21.

[10] 刘清贞，崔文成. 乳蛾一号治疗小儿急性扁桃体炎84例［J］. 山东中医杂志，1990（6）：13.

[11] 齐文野. 狼疮汤［N］. 中国中医药报，2003-10-20.

[12] 卢和. 丹溪纂要［J］. 浙江中医杂志，2002（12）：23-26.

[13] 国家药典委员会. 中华人民共和国药典：一部［M］. 北京：中国医药科技出版社，2020：879-880.

[14] 黄再军. 一种治疗慢性咽炎的浓缩丸及其制备方法. CN106138675B［P］，2019-11-15.

[15] 陕西省革委会卫生局、商业局，陕西省革委会商业局. 陕西中草药［M］. 北京：科学出版社，1971.

[16] 虞抟. 医学正传［M］. 北京：人民卫生出版社，1981.

[17] 琅琊默菴. 履巉岩本草［M］. 北京：北京图书馆，2014.

[18] 王和平，张晓燕，宋旭波，等. HPLC法测定锦灯笼口服液中木犀草素的含量［J］. 黑龙江医药，2004（01）：10-11.

[19] 曹筱晋. 青果膏治疗瘑病［J］. 江苏医药（中医分册），1979（02）：19.

[20] 潘勤，闫晓楠，张红茹，等. 一种化痰平喘的中药组合物及其制备方法. CN102145113A［P］，2011-08-10.

[21] 李博萍. 急性咽炎含片的提取浓缩工艺及质量标准研究［D］. 广州：广州中医药大学，2008.

[22] 张国顺，赵云丽，闫敬敬，等. HPLC法同时测定锦黄咽炎片中7种黄酮的含量［J］. 沈阳药科大学学报，2012，29（9）：693-696+723.

[23] 高长久，张朝立，郑著家，等. 锦花清热胶囊抗炎镇咳镇痛作用研究［J］. 医药导报，2017，36（03）：268-271.

[24] 张涓，刘文文，龚昌丽，等. 锦珠颗粒体外抗菌作用研究［J］. 现代中医药，2016，36（2）：68-70.

[25] 解钧秀，于江波，王永宽，等. 一种具有清利咽喉和消肿止痛功效的药物组合物. CN101721614A［P］，2010-06-09.

[26] 宋洁，祁东风，于婷. 一种金栀咽喉袋泡茶及其制备方法. CN105709106A［P］，2016-06-29.

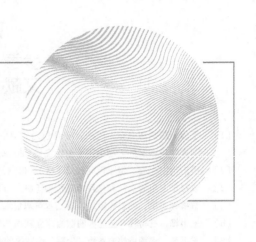

# 第四章
# 锦灯笼的化学成分

近几十年来，随着锦灯笼研究的广泛开展，国内外研究人员对其化学成分的研究也更加深入。根据文献报道，锦灯笼中所含化学成分主要为甾体类、黄酮类、生物碱类等化合物，这些成分也正是锦灯笼发挥药效的物质基础。为了获得锦灯笼中的化学成分，人们采用了多种方法进行提取分离，其中常用的方法有煎煮法、浸渍法、回流提取法、超声提取法、微波提取法以及大孔树脂法等。本章将为大家介绍锦灯笼的化学成分及其提取分离方法。

## 第一节  锦灯笼的甾体类成分

甾体类化合物是一类结构非常特殊的天然产物，其分子母体结构中都含有环戊烷并多氢菲（cyclopentano-perhydrophenanthrene）碳纳米管，此骨架又称甾核（甾体母核）。这类成分的甾体母核上，都在 C-3 位上有羟基，且可和糖结合成苷，而在 C-17 位侧链上却有很大不同，根据 C-17 位侧链上不同种类的取代基，可将其分为胆酸类、强心苷、甾醇、昆虫变态激素、甾体皂苷和甾体生物碱等。甾体化合物的应用非常广泛，主要被应用于治疗疾病，如治疗过敏性疾病的氢化可的松、避孕药黄体酮、利尿剂安体舒通、具有强心作用的地高辛。目前，从锦灯笼中分离得到的甾体类成分约有 70 个，主要包括酸浆苦素类化合物、醉茄内酯类化合物等，其应用涉及保健、节育、医药、农业、畜牧业等多方面，对动植物的生命活动起着重要的作用。

### 一、酸浆苦素类化合物

酸浆苦素类化合物是茄科酸浆属植物的主要成分，具有抗炎、镇痛、抗肿瘤等活性。随着分离纯化技术的创新开发与应用，到目前为止，从锦灯笼植物中分离得到的酸浆苦素类化合物已经有了 50 余个。这类化合物的母核上一般都会有 28 个位置固定的碳原子，基本骨架为 13,14-裂环-16,24-环麦角甾烷，包括酸浆苦素和新酸浆苦素。

张楠等[1] 采用硅胶、Sephadex LH-20、ODS 柱色谱法从锦灯笼干燥宿萼 85％乙醇提取部位分离得到酸浆苦素类和新酸浆苦素类成分，分别鉴定为酸浆苦素 O（Physalin O）、酸浆苦素 G（Physalin G）、酸浆苦素 E（Physalin E）、4,7-二脱氢酸浆苦素 B（4,7-Didehydrophysalin B）、酸浆苦素 D（Physalin D）、25,27-二氢-4,7-二脱氢-7-去氧新酸浆苦素 A（25,27-Dihydro-4,7-didehydro-7-deoxyneo-physalin A）、4,7-二脱氢新酸浆苦素 B（4,7-Didehydroneophysalin B）等。

### 1. 酸浆苦素

酸浆苦素是锦灯笼植物化学成分研究的主要成分,其抗肿瘤、抗糖尿病、抗衰老、抗真

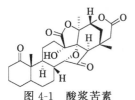

图 4-1 酸浆苦素
母核基本结构

菌等多种生物活性不断被发现,具有重要的药学研究和开发潜质。目前,从锦灯笼中分离得到约 40 个酸浆苦素。除了个别的结构会多出基团以外,酸浆苦素的结构中碳原子个数和位置相对固定,没有明显的变化,该类化合物的结构具有一定的相似性。此外,从其空间构型上看,该类化合物也有一定的规律可循,其母核结构见图 4-1。

目前已知的部分代表性酸浆苦素类化合物见表 4-1。

**表 4-1 锦灯笼中酸浆苦素类化合物**

| 编号 | 英文名 | 分子式 | 分子量 |
|---|---|---|---|
| 1 | Physalin A | $C_{28}H_{30}O_{10}$ | 526 |
| 2 | Physalin B | $C_{28}H_{30}O_9$ | 510 |
| 3 | Physalin C | $C_{28}H_{30}O_9$ | 510 |
| 4 | Physalin D | $C_{28}H_{32}O_{11}$ | 544 |
| 5 | Physalin E | $C_{28}H_{32}O_{11}$ | 544 |
| 6 | Physalin G | $C_{28}H_{30}O_{10}$ | 526 |
| 7 | Physalin K | $C_{28}H_{32}O_{12}$ | 560 |
| 8 | Physalin L | $C_{28}H_{32}O_{10}$ | 528 |
| 9 | Physalin M | $C_{28}H_{32}O_9$ | 512 |
| 10 | Physalin N | $C_{28}H_{30}O_{10}$ | 526 |
| 11 | Physalin O | $C_{28}H_{32}O_{10}$ | 528 |
| 12 | Physalin Q | $C_{28}H_{32}O_{12}$ | 560 |
| 13 | Physalin R | $C_{28}H_{30}O_9$ | 510 |
| 14 | Physalin S | $C_{28}H_{32}O_{10}$ | 528 |
| 15 | Physalin T | $C_{28}H_{34}O_{11}$ | 546 |
| 16 | Physalin V | $C_{28}H_{30}O_{10}$ | 526 |
| 17 | Physalin W | $C_{28}H_{30}O_{10}$ | 526 |

根据 C-14 与 C-27 之间是否能够形成氧桥,可将已知的酸浆苦素分为两种结构。

(1) C-14 与 C-27 之间形成氧桥的化合物

若 C-14 与 C-27 之间形成氧桥,则有如下几种:酸浆苦素 B (Physalin B)、酸浆苦素 D (Physalin D)、酸浆苦素 E (Physalin E)、酸浆苦素 G (Physalin G)、酸浆苦素 K (Physalin K)、酸浆苦素 N (Physalin N)、酸浆苦素 Q (Physalin Q)、酸浆苦素 R (Physalin R)、酸浆苦素 S (Physalin S)、酸浆苦素 T (Physalin T)、酸浆苦素 V (Physalin V)、酸浆苦素 W (Physalin W)。部分结构如下:

① 酸浆苦素 B,分子式为 $C_{28}H_{30}O_9$,分子量为 510,其结构式见图 4-2。

② 酸浆苦素 D,分子式为 $C_{28}H_{32}O_{11}$,分子量为 544,其结构式见图 4-3。

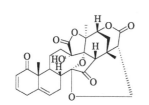

图 4-2 酸浆苦素 B 的结构式

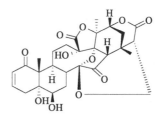

图 4-3 酸浆苦素 D 的结构式

③ 酸浆苦素 E，分子式为 $C_{28}H_{32}O_{11}$，分子量为 544，其结构式见图 4-4。

④ 酸浆苦素 G，分子式为 $C_{28}H_{30}O_{10}$，分子量为 526，其结构式见图 4-5。

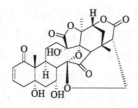

图 4-4　酸浆苦素 E 的结构式

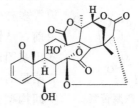

图 4-5　酸浆苦素 G 的结构式

⑤ 酸浆苦素 K，分子式为 $C_{28}H_{32}O_{12}$，分子量为 560，其结构式见图 4-6。

⑥ 酸浆苦素 N，分子式为 $C_{28}H_{30}O_{10}$，分子量为 526，其结构式见图 4-7。

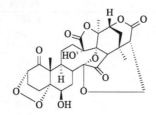

图 4-6　酸浆苦素 K 的结构式

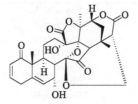

图 4-7　酸浆苦素 N 的结构式

⑦ 酸浆苦素 Q，分子式为 $C_{28}H_{32}O_{12}$，分子量为 560，其结构式见图 4-8。

⑧ 酸浆苦素 R，分子式为 $C_{28}H_{30}O_9$，分子量为 510，其结构式见图 4-9。

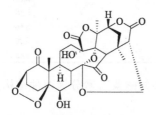

图 4-8　酸浆苦素 Q 的结构式

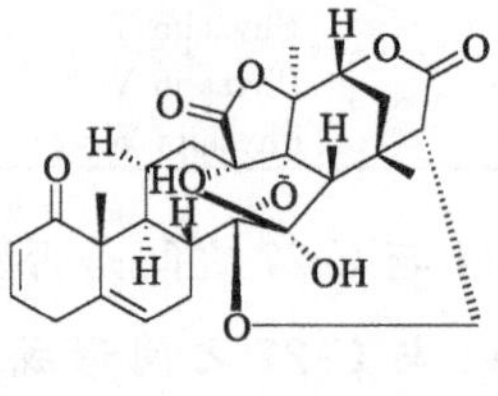

图 4-9　酸浆苦素 R 的结构式

⑨ 酸浆苦素 S，分子式为 $C_{28}H_{32}O_{10}$，分子量为 528，其结构式见图 4-10。

⑩ 酸浆苦素 T，分子式为 $C_{28}H_{34}O_{11}$，分子量为 546，其结构式见图 4-11。

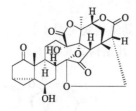

图 4-10　酸浆苦素 S 的结构式

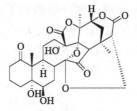

图 4-11　酸浆苦素 T 的结构式

⑪ 酸浆苦素 V，分子式为 $C_{28}H_{30}O_{10}$，分子量为 526，其结构式见图 4-12。

⑫ 酸浆苦素 W，分子式为 $C_{28}H_{30}O_{10}$，分子量为 526，其结构式见图 4-13。

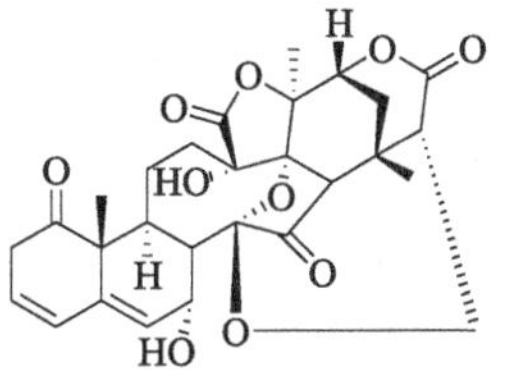

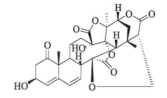

图 4-12　酸浆苦素 V 的结构式

图 4-13　酸浆苦素 W 的结构式

（2）C-14 与 C-27 之间未形成氧桥的化合物

C-14 与 C-27 之间未形成氧桥的化合物有如下几种：酸浆苦素 A（Physalin A）、酸浆苦素 C（Physalin C）、酸浆苦素 L（Physalin L）、酸浆苦素 M（Physalin M）、酸浆苦素 O（Physalin O）。部分结构如下。

① 酸浆苦素 A，分子式为 $C_{28}H_{30}O_{10}$，分子量为 526，其结构式见图 4-14。

② 酸浆苦素 C，分子式为 $C_{28}H_{30}O_9$，分子量为 510，其结构式见图 4-15。

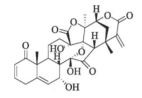

图 4-14　酸浆苦素 A 的结构式

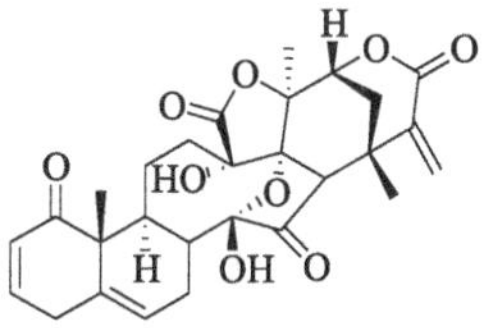

图 4-15　酸浆苦素 C 的结构式

③ 酸浆苦素 M，分子式为 $C_{28}H_{32}O_9$，分子量为 512，其结构式见图 4-16。

④ 酸浆苦素 O，分子式为 $C_{28}H_{32}O_{10}$，分子量为 528，其结构式见图 4-17。

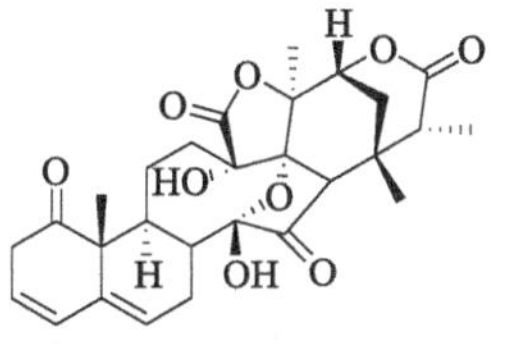

图 4-16　酸浆苦素 M 的结构式

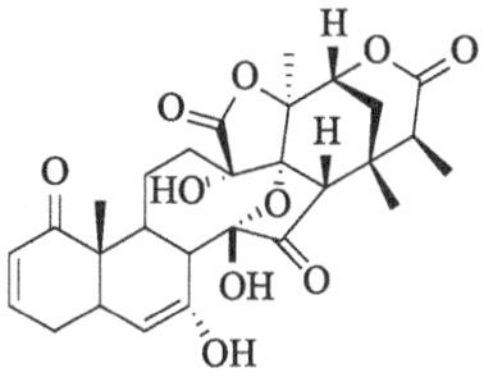

图 4-17　酸浆苦素 O 的结构式

## 2. 新酸浆苦素

新酸浆苦素早期是由日本科学家通过简单的结构修饰，把酸浆苦素 A 通过在酸性条件下催化脱水得到的发生二苯乙醇酸重排的新化合物命名得来。严格意义上来讲，1993 年，Kawai M 首次从天然产物中分离提取得到新酸浆苦素类，并命名为酸浆苦素 P[2,3]。进入 21 世纪，多种分离仪器的先后开发促使分离技术更加精细，从酸浆属植物中分离得到的新酸浆苦素类化合物的报道也越来越多，先后有近 11 个新酸浆苦素类化合物公之于众。其中，我国科研人员梁敬钰等[4] 在 2007 年从锦灯笼的地上部分分离得到了两个新的新酸浆苦素，命名为酸浆苦素 W（Physalin W）和酸浆苦素 X（Physalin X）。2009 年，张初航[5] 首次从锦灯笼中分离出 5α-羟基-25,27-二氢-4,7-二脱氢-7-去氧新酸浆苦素 A（5α-Hydroxy-25,27-dihydro-4,7-didehydro-7-deoxyneophysalin A）。

新酸浆苦素类的结构与酸浆苦素类的结构相似，具有酸浆苦素类的基本结构特点，但是又在个别结构上有很大出入。其与酸浆苦素类结构的区别是：在酸浆苦素类化合物中，

C-14～C-17 的结构为—C(14)—CO(15)—C(16)—C(17)—O—，而在新酸浆苦素类化合物中，C-14～C-17 的结构为—C(14)—CO(15)—O—C(17)—C(16)—，由四氢呋喃酮环变成 γ-内酯环。其母核结构见图 4-18。

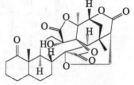

图 4-18　新酸浆苦素母核基本结构

截止到目前文献报道的新酸浆苦素类成分包括 5α-羟基-25,27-二氢-4,7-二脱氢-7-去氧新酸浆苦素 A（5α-Hydroxy-25,27-dihydro-4,7-didehydro-7-deoxyneophysalin A）、酸浆甾醇 A（Physalinol A）、酸浆苦素 I（Physalin I）、酸浆苦素 II（Physalin II）、25,27-二氢-4,7-二脱氢-7-去氧新酸浆苦素 A（25,27-Dihydro-4,7-didehydro-7-deoxyneophysalin A）、酸浆苦素 P（Physalin P）、酸浆苦素 W（Physalin W）、酸浆苦素 X（Physalin X）、3-O-甲基酸浆苦素 X（3-O-Methylphysalin X）和酸浆苦素 VI（Physalin VI）等，结构如下。

① 5α-羟基-25,27-二氢-4,7-二脱氢-7-去氧新酸浆苦素 A，分子式为 $C_{28}H_{32}O_{10}$，分子量为 528。结构式见图 4-19。

② 酸浆甾醇 A，分子式为 $C_{29}H_{32}O_{12}$，分子量为 572。结构式见图 4-20。

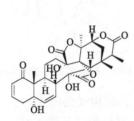

图 4-19　5α-羟基-25,27-二氢-4,7-二脱氢-7-去氧新酸浆苦素 A 的结构式

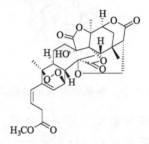

图 4-20　酸浆甾醇 A 的结构式

③ 酸浆苦素 I，分子式为 $C_{29}H_{34}O_{10}$，分子量为 542。结构式见图 4-21。

④ 酸浆苦素 II，分子式为 $C_{29}H_{34}O_{10}$，分子量为 542。结构式见图 4-22。

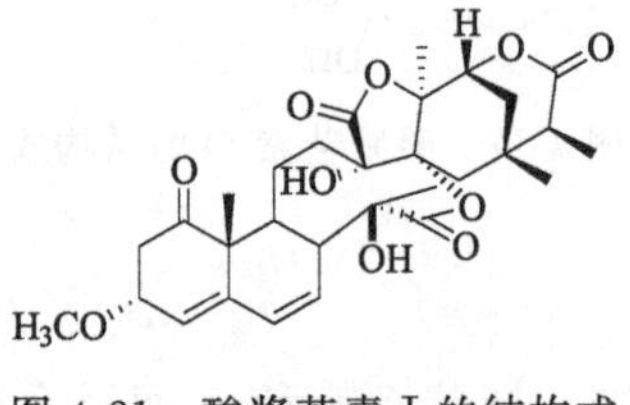

图 4-21　酸浆苦素 I 的结构式

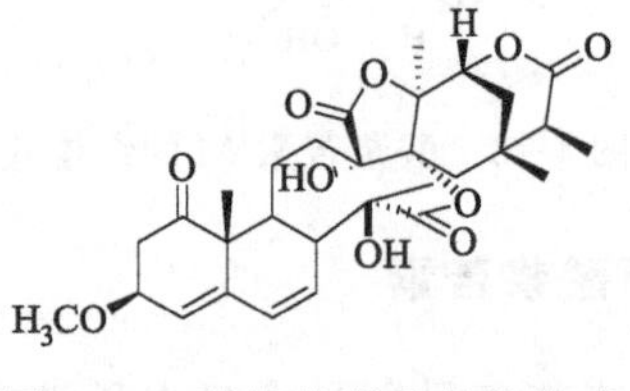

图 4-22　酸浆苦素 II 的结构式

⑤ 25,27-二氢-4,7-二脱氢-7-去氧新酸浆苦素 A，分子式为 $C_{28}H_{30}O_9$，分子量为 510。结构式见图 4-23。

⑥ 酸浆苦素 P，分子式为 $C_{28}H_{30}O_{10}$，分子量为 526。结构式见图 4-24。

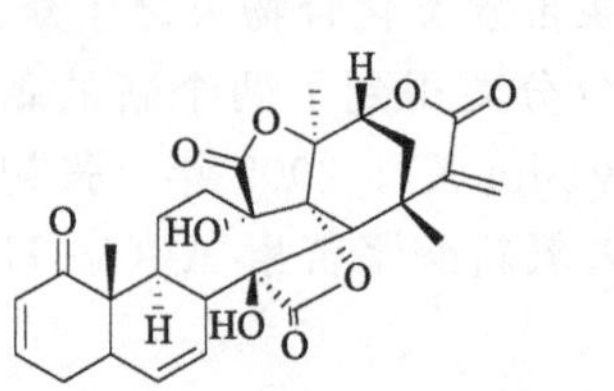

图 4-23　25,27-二氢-4,7-二脱氢-7-去氧新酸浆苦素 A 的结构式

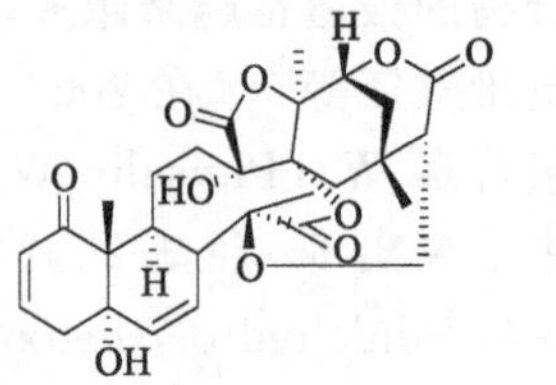

图 4-24　酸浆苦素 P 的结构式

⑦ 酸浆苦素 W，分子式为 $C_{29}H_{32}O_{10}$，分子量为 540。结构式见图 4-25。

⑧ 酸浆苦素 X，分子式为 $C_{29}H_{32}O_{10}$，分子量为 540。结构式见图 4-26。

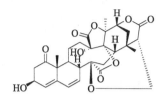

图 4-25　酸浆苦素 W 的结构式

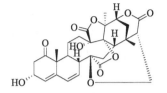

图 4-26　酸浆苦素 X 的结构式

⑨ 3-$O$-甲基酸浆苦素 X，分子式为 $C_{29}H_{32}O_{10}$，分子量为 540。结构式见图 4-27。

⑩ 酸浆苦素 Ⅵ，分子式为 $C_{28}H_{32}O_{11}$，分子量为 544。结构式见图 4-28。

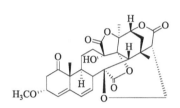

图 4-27　3-$O$-甲基酸浆苦素 X 的结构式

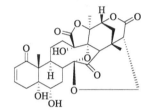

图 4-28　酸浆苦素 Ⅵ 的结构式

## 二、酸浆苦素类化合物的波谱学特征

### 1. UV 光谱

酸浆苦素类化合物除 A 环常有 $\alpha,\beta$-不饱和酮结构外，其他位置尚未发现有共轭基团存在，且由于部分酸浆苦素化合物 A 环不存在 $\alpha,\beta$-不饱和酮结构，因此其对结构的解析作用有限。然而，该类化合物如在 $210\sim250nm$ 出现最大吸收波长，$\varepsilon$ 一般在 10000 左右，则可判断或印证 A 环 $\alpha,\beta$-不饱和酮结构的存在。

### 2. IR 光谱

酸浆苦素类化合物的 IR 光谱常在 $3450cm^{-1}$ 左右出现有较强和较宽的吸收信号，证明结构有羟基官能团的存在；而 $1775cm^{-1}$ 左右的吸收信号通常表明化合物具有 $\gamma$-内酯结构，$1755cm^{-1}$ 左右的吸收信号则表明化合物为五元环酮结构，$1750cm^{-1}$ 左右的吸收信号表明化合物为 $\delta$-内酯结构。

### 3. MS 光谱

该类化合物的 EI-MS 的基峰通常为 $m/z\ 125$，为 C-20 和 C-22 之间的键断裂形成的 $\alpha,\beta$-不饱和 $\delta$-内酯片段（$C_7H_9O_2$），这是该类化合物一个明显特征的信号，常常用来初步判断是否是酸浆苦素类化合物。此外，经常可以看到 $[M-Me]^+$ 信号，应为 C-20 和 C-21 之间的键断裂的甲基信号，还有 $[M-Me-H_2O]^+$ 信号，提示有羟基。

### 4. $^{13}$C-NMR

酸浆苦素类化合物为一类具有 13,14-裂环-16,24-环合麦角甾醇骨架的化合物，其结构的相似性决定$^{13}$C-NMR 及$^1$H-NMR 谱学特征呈现一定的规律性。

纵观酸浆苦素类化合物可知，骨架为 28 个碳，1 位碳均与氧以酮羰基成键，15、18、26 位通常为酯羰基，13 位碳均连有羟基，19、21 及 28 位为 3 个甲基。反映在$^{13}$C-NMR 谱中的特征信号分别有：$\delta$ 200 左右的酮羰基信号，$\delta$ 170 左右的 3 个酯羰基信号，以及 $\delta$ 102（C-14）左右常出现的连有游离羟基的缩酮碳信号，且根据此缩酮特征碳信号可初步判断为酸浆苦素类化合物。在 $\delta$ 120～150 间随着双键个数不同可相应出现数个烯碳信号峰。

根据酸浆苦素类化合物 14 位与 27 位是否环合，A、B 环中双键数目及位置，5 位和 6 位、14 位和 16 位、11 位和 15 位是否成环，是否含有杂原子，在$^{13}$C-NMR 谱中均呈现一定的特征，已知酸浆苦素类化合物的$^{13}$C-NMR 数据见表 4-2～表 4-4。

**表 4-2　已知酸浆苦素类化合物$^{13}$C-NMR 数据（DMSO）（C-14 与 C-27 未环合型）**

| 编号 | 酸浆苦素 A | 酸浆苦素 O | 酸浆苦素 B | 酸浆苦素 N | 酸浆苦素 D | 酸浆苦素 E |
|---|---|---|---|---|---|---|
| 1 | 201.7 | 202.0 | 202.4 | 201.5 | 204.4 | 203.8 |
| 2 | 126.7 | 126.8 | 126.9 | 126.9 | 127.3 | 128.3 |
| 3 | 146.3 | 146.5 | 146.1 | 146.2 | 142.9 | 145.1 |
| 4 | 31.9 | 32.0 | 32.3 | 32.3 | 35.3 | 34.7 |
| 5 | 139.2 | 139.4 | 135.5 | 139.1 | 76.4 | 78.9 |
| 6 | 127.0 | 127.2 | 123.4 | 125.5 | 72.6 | 31.0 |
| 7 | 61.3 | 61.3 | 24.4 | 61.4 | 26.7 | 71.6 |
| 8 | 46.3 | 46.2 | 40.2 | 44.2 | 38.3 | 42.7 |
| 9 | 28.9 | 29.0 | 33.1 | 31.3 | 30.3 | 31.4 |
| 10 | 53.8 | 53.9 | 52.0 | 52.7 | 53.5 | 55.8 |
| 11 | 23.1 | 23.3 | 24.1 | 24.3 | 24.8 | 31.0 |
| 12 | 29.6 | 29.6 | 25.6 | 27.6 | 25.8 | 26.1 |
| 13 | 81.9 | 82.1 | 78.2 | 78.0 | 78.6 | 80.2 |
| 14 | 100.6 | 100.9 | 106.3 | 106.3 | 106.9 | 107.5 |
| 15 | 213.3 | 215.9 | 209.3 | 208.7 | 209.9 | 209.5 |
| 16 | 52.6 | 53.2 | 54.1 | 52.9 | 54.0 | 55.8 |
| 17 | 79.2 | 79.3 | 80.7 | 80.3 | 80.5 | 81.4 |
| 18 | 171.5 | 171.8 | 171.8 | 171.7 | 171.9 | 173.0 |
| 19 | 13.9 | 14.0 | 16.8 | 15.6 | 13.3 | 9.5 |
| 20 | 81.9 | 82.1 | 80.3 | 81.0 | 80.7 | 81.9 |
| 21 | 21.1 | 21.3 | 21.7 | 21.9 | 21.7 | 22.3 |
| 22 | 75.5 | 76.2 | 76.3 | 76.2 | 76.4 | 79.8 |
| 23 | 30.6 | 25.9 | 31.4 | 31.3 | 31.3 | 31.4 |
| 24 | 35.4 | 34.5 | 30.5 | 30.7 | 30.5 | 32.7 |
| 25 | 137.8 | 40.7 | 49.4 | 49.3 | 49.4 | 50.8 |
| 26 | 161.7 | 171.9 | 167.2 | 167.4 | 167.4 | 167.7 |
| 27 | 132.0 | 16.7 | 60.6 | 61.1 | 60.6 | 57.2 |
| 28 | 26.3 | 25.0 | 24.4 | 24.3 | 24.4 | 25.6 |

**表 4-3　已知酸浆苦素类化合物$^{13}$C-NMR 数据（其一）（DMSO）（C-14 与 C-27 环合型）**

| 编号 | 酸浆苦素 F | 酸浆苦素 H | 酸浆苦素 J | 酸浆苦素 K | 酸浆苦素 L | 酸浆苦素 M |
|---|---|---|---|---|---|---|
| 1 | 205.9 | 200.3 | 203.6 | 207.5 | 209.3 | 209.6 |
| 2 | 127.8 | 127.2 | 128.4 | 77.6 | 34.8 | 39.5 |
| 3 | 146.3 | 142.8 | 145.0 | 126.6 | 128.2 | 122.5 |
| 4 | 33.3 | 36.9 | 31.0 | 141.5 | 126.3 | 126.4 |
| 5 | 61.7 | 82.3 | 78.9 | 83.4 | 142.8 | 140.4 |
| 6 | 64.8 | 72.6 | 71.6 | 64.8 | 127.9 | 128.0 |
| 7 | 24.8 | 26.7 | 31.0 | 28.1 | 61.7 | 25.7 |
| 8 | 37.3 | 38.4 | 42.7 | 37.5 | 45.3 | 40.8 |
| 9 | 34.2 | 30.9 | 36.6 | 32.4 | 28.3 | 32.4 |
| 10 | 50.8 | 54.3 | 57.2 | 48.1 | 56.6 | 55.1 |
| 11 | 23.5 | 24.3 | 26.1 | 20.2 | 23.9 | 24.4 |

续表

| 编号 | 酸浆苦素 F | 酸浆苦素 H | 酸浆苦素 J | 酸浆苦素 K | 酸浆苦素 L | 酸浆苦素 M |
|------|-----------|-----------|-----------|-----------|-----------|-----------|
| 12 | 25.6 | 25.8 | 22.4 | 24.6 | 26.2 | 26.1 |
| 13 | 79.3 | 78.4 | 79.8 | 78.1 | 79.6 | 78.8 |
| 14 | 106.9 | 106.4 | 107.5 | 105.9 | 101.2 | 101.2 |
| 15 | 207.5 | 209.6 | 209.4 | 209.2 | 215.9 | 215.8 |
| 16 | 56.1 | 53.9 | 54.5 | 53.9 | 53.5 | 54.0 |
| 17 | 80.0 | 80.8 | 81.4 | 80.5 | 82.4 | 82.0 |
| 18 | 172.1 | 171.5 | 173.0 | 171.8 | 172.2 | 171.4 |
| 19 | 15.5 | 14.0 | 25.7 | 18.4 | 21.5 | 20.8 |
| 20 | 80.8 | 80.4 | 81.9 | 80.2 | 82.4 | 82.3 |
| 21 | 21.4 | 21.6 | 22.3 | 21.6 | 25.3 | 25.5 |
| 22 | 76.9 | 76.3 | 77.6 | 76.3 | 76.5 | 76.4 |
| 23 | 32.9 | 31.3 | 31.4 | 31.3 | 29.7 | 29.0 |
| 24 | 31.0 | 30.4 | 32.8 | 30.4 | 34.8 | 34.3 |
| 25 | 49.5 | 49.4 | 50.9 | 49.3 | 38.0 | 40.9 |
| 26 | 166.7 | 167.1 | 167.6 | 167.1 | 172.0 | 172.2 |
| 27 | 60.6 | 60.5 | 61.7 | 60.6 | 16.9 | 16.6 |
| 28 | 26.4 | 24.4 | 9.5 | 24.4 | 15.8 | 18.0 |

表 4-4　已知酸浆苦素类化合物 $^{13}$C-NMR 数据（其二）（DMSO）（C-14 与 C-27 环合型）

| 编号 | 酸浆苦素 P | 酸浆苦素 Q | 酸浆苦素 R | 酸浆苦素 S |
|------|-----------|-----------|-----------|-----------|
| 1 | 202.6 | 206.4 | 202.7 | 217.0 |
| 2 | 127.5 | 78.4 | 127.1 | 39.5 |
| 3 | 141.8 | 125.2 | 148.6 | 14.5 |
| 4 | 37.6 | 142.8 | 32.1 | 17.0 |
| 5 | 72.1 | 84.1 | 137.7 | 34.4 |
| 6 | 130.3 | 67.2 | 124.4 | 70.2 |
| 7 | 128.1 | 28.6 | 25.4 | 31.7 |
| 8 | 47.4 | 38.2 | 43.2 | 36.2 |
| 9 | 31.4 | 39.1 | 44.7 | 36.7 |
| 10 | 53.4 | 48.5 | 51.4 | 52.9 |
| 11 | 24.0 | 21.4 | 46.9 | 20.6 |
| 12 | 28.9 | 25.0 | 34.7 | 24.6 |
| 13 | 78.7 | 78.0 | 85.9 | 78.1 |
| 14 | 82.8 | 105.8 | 112.0 | 106.1 |
| 15 | 172.7 | 209.3 | 75.6 | 209.4 |
| 16 | 47.3 | 53.7 | 49.6 | 54.1 |
| 17 | 83.2 | 80.6 | 82.1 | 80.3 |
| 18 | 173.0 | 171.8 | 173.8 | 172.0 |
| 19 | 15.8 | 14.9 | 17.6 | 13.2 |
| 20 | 81.8 | 80.3 | 81.9 | 80.3 |
| 21 | 21.3 | 21.7 | 20.4 | 21.6 |
| 22 | 76.1 | 76.3 | 75.6 | 76.2 |
| 23 | 29.5 | 31.2 | 31.0 | 31.3 |
| 24 | 28.6 | 30.7 | 31.3 | 30.5 |
| 25 | 40.3 | 49.2 | 50.1 | 49.3 |
| 26 | 170.3 | 167.2 | 168.6 | 167.2 |
| 27 | 60.7 | 60.7 | 60.6 | 60.7 |
| 28 | 29.3 | 24.4 | 28.3 | 24.4 |

（1）C-14 与 C-27 未环合型

　　具此类结构的酸浆苦素类化合物为酸浆苦素 A、酸浆苦素 C、酸浆苦素 L、酸浆苦素 M 及酸浆苦素 O 等。因其 C-14 连有羟基，C-14 的化学位移约为 δ 101。在酸浆苦素 A 及酸浆苦素 C 中，C-27 与 C-25 以双键相连，与 C-26 的羰基共轭，C-25 的化学位移约为 $\delta$ 138，C-27 的化学位移约为 $\delta$ 132；在酸浆苦素 L、酸浆苦素 O 及酸浆苦素 M 中，C-25 的化学位移约为 $\delta$ 39，C-27 的化学位移约为 $\delta$ 16.7，说明 C-25 连有甲基，即 C-27 位为甲基；在酸浆苦素 A、酸浆苦素 O 及酸浆苦素 L 中，C-7 与游离羟基相连，化学位移移向低场，出现在 $\delta$ 61 左右。

（2）C-14 与 C-27 环合型

具此类结构的酸浆苦素类化合物为酸浆苦素 B、酸浆苦素 D、酸浆苦素 E、酸浆苦素 F、酸浆苦素 G、酸浆苦素 H、酸浆苦素 I、酸浆苦素 J、酸浆苦素 K、酸浆苦素 N、酸浆苦素 O、酸浆苦素 P、酸浆苦素 Q、酸浆苦素 R、酸浆苦素 S、酸浆苦素 T、酸浆苦素 U 及酸浆苦素 V 等。其中酸浆苦素 B、酸浆苦素 D、酸浆苦素 E、酸浆苦素 F、酸浆苦素 G、酸浆苦素 H、酸浆苦素 I、酸浆苦素 J、酸浆苦素 K、酸浆苦素 N、酸浆苦素 O、酸浆苦素 P、酸浆苦素 Q、酸浆苦素 S、酸浆苦素 T、酸浆苦素 U 及酸浆苦素 V 的 C-14 化学位移约 $\delta$ 106，皆为连有游离羟基的缩酮碳信号；C-14 与 C-27 之间以醚键形式相连而成环，受氧原子电负性影响，C-25 的化学位移约为 $\delta$ 49，C-27 的化学位移约为 $\delta$ 60，其他碳信号的化学位移与上述 C-14 与 C-27 未环合型相似。而酸浆苦素 R 的 C-14 的化学位移约为 $\delta$ 114，C-11 的化学位移约为 $\delta$ 46.9，与其他酸浆苦素类化合物相比，C-11 由亚甲基碳变为次甲基碳，C-15 的化学位移约为 $\delta$ 75.6，与其他酸浆苦素类化合物相比，C-15 由酮羰基碳变为氧代季碳，说明酸浆苦素 R 的 C-11 与 C-15 直接成键。

（3）1-酮基-2-烯型

具有 1-酮基-2-烯型的化合物，如酸浆苦素 A、酸浆苦素 B、酸浆苦素 C、酸浆苦素 N、酸浆苦素 O 及酸浆苦素 R 等。因为 $\Delta^{2,3}$ 和 C=O（C-1）形成共轭，其 $^{13}$C-NMR 可出现 3 个典型的 $\alpha,\beta$-不饱和酮的碳信号，即 $\delta$ 202 左右的 C-1 信号、$\delta$ 126 左右的 C-2 信号和 $\delta$ 147 左右的 C-3 信号。其中酸浆苦素 A、酸浆苦素 N 及酸浆苦素 O 的 C-7 与游离羟基相连，化学位移出现在 $\delta$ 60 左右，C-6 由于受到 C-7 羟基取代的影响，化学位移向低场移动，出现在 $\delta$ 127 左右；酸浆苦素 B、酸浆苦素 C 及酸浆苦素 R 的 C-7 化学位移约为 $\delta$ 24，可判断其是无羟基取代碳。

（4）$\Delta^{3,4}$，$\Delta^{5,6}$ 共轭双键型

具有 $\Delta^{3,4}$，$\Delta^{5,6}$ 共轭双键结构的化合物，如酸浆苦素 L 和酸浆苦素 M。其 $^{13}$C-NMR 谱的特征是：C-1 为酮羰基碳，化学位移在 $\delta$ 209 左右；C-3、C-4 形成双键，与 C-1 酮羰基不共轭，化学位移分别出现在 $\delta$ 125 和 $\delta$ 126 左右处；$\Delta^{5,6}$ 与 $\Delta^{3,4}$ 形成共轭，C-5 的化学位移约为 $\delta$ 140，C-6 的化学位移约为 $\delta$ 126。其中酸浆苦素 L 的 C-7 化学位移约为 $\delta$ 61.7，是羟基取代碳；酸浆苦素 M 的 C-7 化学位移约为 $\delta$ 25.7，是无羟基取代碳。

（5）新酸浆苦素型

具此类结构的酸浆苦素类化合物为酸浆苦素 P 等。酸浆苦素 P 的 $^{13}$C-NMR 谱的特征是：C-14 与 C-16 直接相连，C-14 的化学位移为 $\delta$ 82 左右；C-15 位是酯羰基碳，化学位移约 $\delta$ 172；因为 $\Delta^{2,3}$ 和 C=O（C-1）形成共轭，其 $^{13}$C-NMR 可出现 3 个典型的 $\alpha,\beta$-不饱和酮的碳信号，即位于 $\delta$ 202 左右的 C-1 信号、$\delta$ 127 左右的 C-2 信号和 $\delta$ 141 左右的 C-3 信号；C-18 为酯羰基碳，化学位移约为 $\delta$ 173；C-26 为酯羰基碳，化学位移约为 $\delta$ 170。

（6）含杂原子型

具有此类结构的酸浆苦素类化合物为酸浆苦素 H 等。酸浆苦素 H 的 C-5 化学位移为 δ 82 左右，是氯取代碳，由于其影响，C-4、C-5、C-6、C-7 和 C-8 的化学位移与相同类型的其他酸浆苦素类化合物相比，均向低场发生位移。

## 5. H-NMR

酸浆苦素类化合物表现出三个特征甲基质子信号（C-19、C-21 和 C-28），化学位移基本在 δ 1～2 之间；在化学位移为 δ 2.9 左右处出现 C-16 位氢质子信号，与周围质子没有偶合，表现为一个单峰；在化学位移为 δ 4.5 左右处出现 C-22 位氢质子信号，与 C-23 位氢质子偶合，表现为双二重峰（dd）或三重峰（t）。已知酸浆苦素类化合物主要 [1]H-NMR 数据见表 4-5～表 4-10。

（1）C-14 与 C-27 未环合型

具此类结构的酸浆苦素类化合物为酸浆苦素 A、酸浆苦素 C、酸浆苦素 L、酸浆苦素 M 及酸浆苦素 O 等。在酸浆苦素 A 及酸浆苦素 C 中，C-27 与 C-25 以双键相连，与 C-26 的羰基共轭，C-27 位的两个质子信号分别位于 δ 6.94（1H，s）和 δ 5.89（1H，s）左右；在酸浆苦素 L、酸浆苦素 O 及酸浆苦素 M 中，C-25 位氢质子出现在化学位移 δ 2.70 左右，裂分为四重峰（q），C-27 的甲基氢化学位移约为 δ 1.15，裂分为双峰（d），这就说明 C-25 连有甲基，即 C-27 位为甲基；在酸浆苦素 A、酸浆苦素 O 及酸浆苦素 L 中，C-7 与游离羟基相连，H-7 向低场位移。

表 4-5　已知酸浆苦素类化合物 [1]H-NMR 数据（其一）（DMSO）（C-14 与 C-27 未环合型）

| 编号 | 酸浆苦素 A | 酸浆苦素 O | 酸浆苦素 B |
| --- | --- | --- | --- |
| 2 | 5.85(1H,dd,10,2) | 5.84(1H,d,9.8,1.8) | 5.80(1H,d,10.2) |
| 3 | 6.95(1H,ddd,10,5,2) | 6.94(1H,m) | 6.89(1H,ddd,10,5,2) |
| 6 | 5.68(1H,dd,6,1.5) | 5.72(1H,d,6.2) | 5.57(1H,brd,5.9) |
| 7 | 4.47(1H,brt,5.5) | 4.54(1H,d,4.0) | 2.00(1H,m)/2.21(1H,m) |
| 16 | 3.09(1H,s) | 2.96(1H,s) | 2.86(1H,s) |
| 19 | 1.02(3H,s) | 1.03(3H,s) | 1.07(3H,s) |
| 21 | 1.17(3H,s) | 1.68(3H,s) | 1.76(3H,s) |
| 22 | 4.59(1H,dd,4,2) | 4.51(1H,m) | 4.56(1H,dd,3,2) |
| 25 | — | 2.58(1H,q,7.5) | 2.88(1H,brd,4) |
| 27 | 5.59(1H,s) | 1.14(3H,d,7.5) | 3.58(1H,brd,13.2) |
|  | 6.43(1H,s) |  | 4.24(1H,dd,13.2,4.4) |
| 28 | 1.55(3H,s) | 1.30(3H,s) | 1.15(3H,s) |

表 4-6　已知酸浆苦素类化合物 [1]H-NMR 数据（其二）（DMSO）（C-14 与 C-27 未环合型）

| 编号 | 酸浆苦素 N | 酸浆苦素 D | 酸浆苦素 E |
| --- | --- | --- | --- |
| 2 | 5.83(1H,dd,10,2) | 5.70(1H,dd,10,2) | 6.04(1H,dd,10,2) |
| 3 | 6.93(1H,ddd,10,5,2) | 6.63(1H,ddd,10,5,2) | 6.59(1H,dm,10) |
| 6 | 5.69(1H,brd,4.5) | 3.49(1H,m) | 2.85(2H,m) |
| 7 | 4.35(1H,m) | 2.10(2H,m) | 4.86(1H,d,4.0) |
| 16 | 2.96(1H,s) | 2.78(1H,s) | 3.13(1H,s) |
| 19 | 1.06(3H,s) | 1.11(3H,s) | 1.30(3H,s) |
| 21 | 1.76(3H,s) | 1.81(3H,s) | 2.29(3H,s) |
| 22 | 4.60(1H,m) | 4.56(1H,dd,3,2) | 4.69(1H,dd,3,2) |
| 25 | 2.94(1H,brd,4) | 2.87(1H,d,4) | 2.97(1H,d,4) |
| 27 | 3.66(1H,d,13) | 3.58(1H,d,13) | 3.98(1H,d,13) |
|  | 4.33(1H,dd,13,4) | 4.25(1H,dd,13,4) | 4.75(1H,dd,13,4) |
| 28 | 1.18(3H,s) | 1.16(3H,s) | 1.58(3H,s) |

（2）C-14 与 C-27 环合型

具此类结构的酸浆苦素类化合物为酸浆苦素 B、酸浆苦素 D、酸浆苦素 E、酸浆苦素 F、酸浆苦素 G、酸浆苦素 H、酸浆苦素 I、酸浆苦素 J、酸浆苦素 K、酸浆苦素 N、酸浆苦素 O、酸浆苦素 P、酸浆苦素 Q、酸浆苦素 R、酸浆苦素 S、酸浆苦素 T、酸浆苦素 U 及酸浆苦素 V 等。其 [1]H-NMR 谱的特征是：在化学位移为 $\delta$ 2.45（1H，d，$J = 4.5$Hz）左右处出现 C-25 位次甲基的质子信号，在化学位移为 $\delta$ 3.65（1H，d，$J = 13.0$Hz）左右和 $\delta$ 4.45（1H，dd，$J = 13.0$Hz，4.5Hz）左右处出现 C-27 位偕偶亚甲基的质子信号。

表 4-7　已知酸浆苦素类化合物 [1]H-NMR 数据（其一）（DMSO）（C-14 与 C-27 环合型）

| 编号 | 酸浆苦素 F | 酸浆苦素 H | 酸浆苦素 I |
|---|---|---|---|
| 2 | 6.01(1H,dd,10,4) | 5.83(1H,dd,10,2.5) | 5.91(1H,dd,10,3) |
| 3 | 6.93(1H,dm,10) | 6.78(1H,ddd,10,5,2) | 6.65(1H,dm,10) |
| 6 | 4.49(1H,brd,2.5) | 3.88(1H,dt,5,3,3) | 3.84(1H,m) |
| 7 | 2.26(2H,dm,14) | 1.95(1H,m)/2.04(1H,m) | 1.95(1H,m)/2.04(1H,m) |
| 16 | 2.84(1H,s) | 2.82(1H,s) | 2.82(1H,s) |
| 19 | 1.22(3H,s) | 1.24(3H,s) | 1.20(3H,s) |
| 21 | 1.72(3H,s) | 1.72(3H,s) | 1.84(3H,s) |
| 22 | 4.56(1H,dd,3,2) | 4.56(1H,dd,3,2) | 4.58(1H,m) |
| 25 | 2.89(1H,d,4) | 2.89(1H,d,4.5) | 2.89(1H,d,4) |
| 27 | 3.57(1H,d,14) | 3.59(1H,d,14) | 3.60(1H,d,14) |
|  | 4.27(1H,dd,14,4) | 4.26(1H,dd,14,4.5) | 4.29(1H,dd,14,4) |
| 28 | 1.17(3H,s) | 1.17(3H,s) | 1.20(3H,s) |

表 4-8　已知酸浆苦素类化合物 [1]H-NMR 数据（其二）（DMSO）（C-14 与 C-27 环合型）

| 编号 | 酸浆苦素 J | 酸浆苦素 K | 酸浆苦素 L |
|---|---|---|---|
| 2 | 5.84(1H,dd,10,2.5) | 5.99(1H,dd,10,1.5) | 3.49(1H,brd,20.4) |
|  |  |  | 2.68(1H,dd,20,7) |
| 3 | 6.82(1H,ddd,10,5,2.5) | 7.10(1H,dd,10,4) | 5.88(1H,brd,10) |
|  |  |  | 6.14(1H,d,10,H-4) |
| 6 | 3.13(1H,d,5) | 4.00(1H,ddd,12,7.5,4) | 5.74(1H,d,5.9) |
| 7 | 1.74(1H,m)/2.13(1H,m) | 1.27(1H,m)/2.16(1H,m) | 4.59(1H,m) |
| 16 | 2.81(1H,s) | 2.86(1H,s) | 2.95(1H,s) |
| 19 | 1.19(3H,s) | 1.04(3H,s) | 1.14(3H,s) |
| 21 | 1.80(3H,s) | 1.82(3H,s) | 1.69(3H,s) |
| 22 | 4.55(1H,m) | 4.58(1H,brs) | 4.55(1H,d,3.8) |
| 25 | 2.86(1H,d,4) | 2.92(1H,d,4) | 2.61(1H,m) |
| 27 | 3.56(1H,d,14) | 3.62(1H,d,12) | 1.15(3H,d,7.6) |
|  | 4.24(1H,dd,14,4) | 4.30(1H,dd,12,4) |  |
| 28 | 1.15(3H,s) | 1.16(3H,s) | 1.30(3H,s) |

表 4-9　已知酸浆苦素类化合物 [1]H-NMR 数据（其三）（DMSO）（C-14 与 C-27 环合型）

| 编号 | 酸浆苦素 M | 酸浆苦素 P | 酸浆苦素 Q |
|---|---|---|---|
| 2 | 3.42(1H,m) | 5.76(1H,brd,10) | 4.69(1H,dd,6,1.5) |
|  | 2.62(1H,dd,20,5) |  |  |
| 3 | 5.96(1H,m) | 6.57(1H,ddd,10,5,2) | 6.68(1H,dd,8,6) |
|  | 6.08(1H,brd,10,H-4) |  | 6.76(1H,dd,8,1.5,H-4) |
| 6 | 5.70(1H,brd,6) | 5.73(1H,d,10) | 4.00(1H,m) |
| 7 | 2.09(1H,m)/2.44(1H,m) | 5.96(1H,dd,10,4.5) | 1.74(1H,m)/2.10(1H,m) |
| 16 | 2.78(1H,s) | 3.01(1H,s) | 2.83(1H,s) |

续表

| 编号 | 酸浆苦素 M | 酸浆苦素 P | 酸浆苦素 Q |
| --- | --- | --- | --- |
| 19 | 1.18(3H,s) | 0.97(3H,s) | 1.31(3H,s) |
| 21 | 1.76(3H,s) | 1.69(3H,s) | 1.75(3H,s) |
| 22 | 4.48(1H,d,3) | 4.62(1H,m) | 4.55(1H,m) |
| 25 | 2.70(1H,q,7) | 2.96(1H,d,2.5) | 2.89(1H,d,4) |
| 27 | 1.14(3H,d,7) | 4.06(1H,dd,12,2.5) | 3.59(1H,dd,13.5,4) |
| | | 4.24(1H,d,12) | 4.26(1H,d,13.5) |
| 28 | 1.27(3H,s) | 1.15(3H,s) | 1.15(3H,s) |

表 4-10 已知酸浆苦素类化合物 [1]H-NMR 数据（其四）（DMSO）（C-14 与 C-27 环合型）

| 编号 | 酸浆苦素 R | 酸浆苦素 S |
| --- | --- | --- |
| 2 | 5.83(1H,dd,10,2.5) | 2.84(1H,dd,17,6)/1.92(1H,d,17) |
| 3 | 7.06(1H,ddd,10,5.5,2) | 1.35(1H,m) |
| 6 | 5.57(1H,dd,3,1.5) | 3.18(1H,m) |
| 7 | 1.98(2H,m) | 1.52(1H,ddd,13,10.5,2.5)/2.17(1H,dm,13) |
| 16 | 2.90(1H,s) | 2.85(1H,s) |
| 19 | 1.14(3H,s) | 0.83(3H,s) |
| 21 | 1.59(3H,s) | 1.78(3H,s) |
| 22 | 4.41(1H,dd,3,1.5) | 4.57(1H,dd,3.5,2) |
| 25 | 2.71(1H,brd,4) | 2.90(1H,d,4.5) |
| 27 | 4.05(1H,dd,11.5,4) | 3.60(1H,d,13) |
| | 4.71(1H,d,11.5) | 4.26(1H,dd,13,4.5) |
| 28 | 1.36(3H,s) | 1.15(3H,s) |

（3）1-酮基-2-烯型

具有 1-酮基-2-烯型的化合物，如酸浆苦素 A、酸浆苦素 B、酸浆苦素 C、酸浆苦素 N、酸浆苦素 O 及酸浆苦素 R 等。因为 $\Delta^{2,3}$ 和 C＝O（C-1）形成共轭，H-2 较 H-3 位于高场，化学位移在 $\delta$ 5.80 左右，且与 H-3、H-4 偶合，表现为双二重峰（dd）或多重峰（m），H-3 化学位移约 $\delta$ 6.90，且与 H-2、H-4 偶合，表现为双二重峰（dd）或多重峰（m），C-5 和 C-6 之间存在双键，因此 H-6 的化学位移约为 $\delta$ 5.70，且与 H-7 偶合，表现为双峰（d）。其中酸浆苦素 A、酸浆苦素 N 及酸浆苦素 O 的 C-7 与游离羟基相连，C-7 位 H 的化学位移出现在 $\delta$ 4.50 左右。

（4）$\Delta^{3,4}$，$\Delta^{5,6}$ 共轭双键型

具有 $\Delta^{3,4}$，$\Delta^{5,6}$ 共轭双键结构的化合物有酸浆苦素 L 和酸浆苦素 M。其 C-2 位上的两个氢，受 C-1 位的 C＝O 和 $\Delta^{3,4}$，$\Delta^{5,6}$ 共轭双键的吸电子效应的影响，使 C-2 上的两个质子电子云密度增加，移向低场，化学位移分别位于 $\delta$ 3.80 和 $\delta$ 4.30 左右，且与 H-3、H-4 偶合，均表现为多重峰（m）。因为 $\Delta^{3,4}$，$\Delta^{5,6}$ 形成共轭双键，所以 H-3 较 H-4 位于高场，且与 H-2、H-4 偶合，使 H-3 裂分为多重峰（m），化学位移为 $\delta$ 5.60 左右。H-4 与 H-2、H-3 偶合为多重峰（m），且 $J_{3,4}$＝10.0Hz 左右。H-6 所处化学环境与 H-3 相似，化学位移约为 $\delta$ 5.70，且与 H-7 偶合为多重峰（m）。其中酸浆苦素 L 的 H-7 其化学位移约 $\delta$ 5.70，说明 C-7 是羟基取代碳；酸浆苦素 M 的 H-7 其化学位移约 $\delta$ 2.40，说明 C-7 是无羟基取代碳。

综上所述，酸浆苦素类化合物的 UV 光谱在 210～250nm 出现最大吸收波长，仅可判断 A 环 $\alpha,\beta$-不饱和酮结构的存在，对化合物结构的鉴定作用有限；IR 光谱可以判断其 $\alpha,\beta$-不

饱和酮、$\alpha,\beta$-不饱和酯和 $\delta$-内酯、羟基和乙酰基等官能团或结构片段的存在；MS 在该类化合物的结构解析中同样有非常重要的意义，特别是由 $\alpha,\beta$-不饱和 $\delta$-内酯碎片 $m/z$ 125 可初步判断该类化合物的类型；[1]H-NMR 和 [13]C-NMR 谱是解决结构的主要手段，由其特征信号可判断该类化合物的类型，并综合其他结构信息即可推断其结构；在结构鉴定中，应尽量综合各种波谱提供的信息，这将更加有助于化合物结构的鉴定。

### 三、醉茄内酯类化合物

醉茄内酯又称睡茄内酯，也是锦灯笼中研究较为深入的成分之一。现代科学对于醉茄内酯的研究已经涉及药理学的诸多方面，并确证了其具有抗炎、抗菌、抗肿瘤等方面的生物活性。醉茄内酯的基本母核结构如图 4-29 所示。

近些年来，国内外学者对于醉茄内酯的研究越来越多，每年都有不少新的结构被报道出来，到目前为止，共从锦灯笼中分离出约 8 个醉茄内酯类化合物。较为有代表性的化合物如下：Withaminimn、Withangulatin A、苦蘵内酯 B（Physagulin B）、苦蘵内酯 J（Physagulin J）、（20S，22R）-15$\alpha$-Acetoxy-5$\alpha$-chloro-6$\beta$，14$\beta$-dihydroxy-1-oxowitha-2，24-dienliode、Alkekenginin A、Alkekenginin B 和 Philadelphicalactone A 等。

① Withaminimn，分子式为 $C_{30}H_{40}O_8$，分子量为 528。结构式见图 4-30。

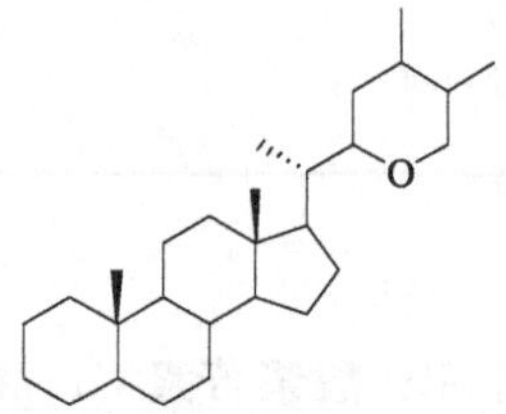

图 4-29　醉茄内酯母核基本结构

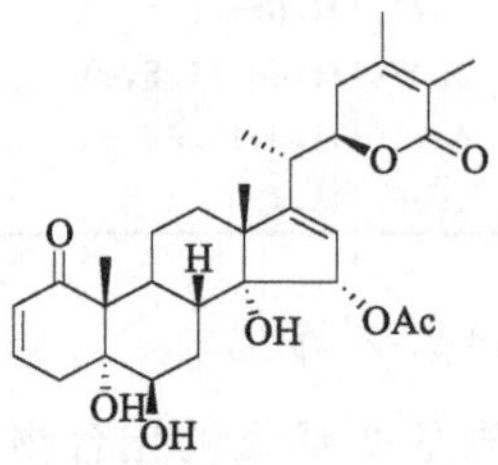

图 4-30　Withaminimn 的结构式

② Withangulatin A，分子式为 $C_{30}H_{38}O_8$，分子量为 526。结构式见图 4-31。

③ 苦蘵内酯 B，分子式为 $C_{30}H_{39}ClO_7$，分子量为 546。结构式见图 4-32。

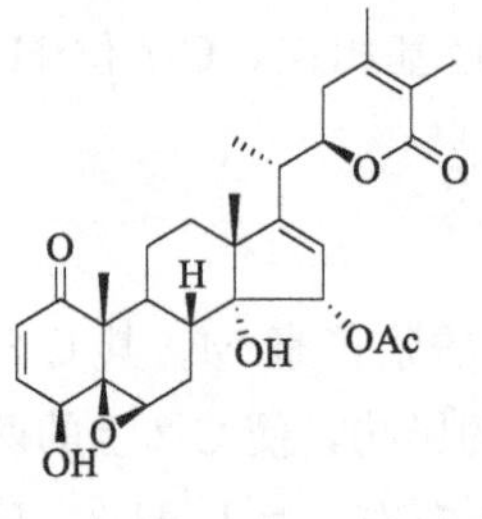

图 4-31　Withangulatin A 的结构式

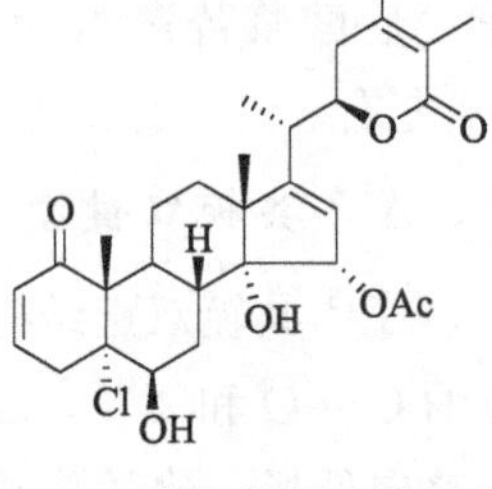

图 4-32　苦蘵内酯 B 的结构式

④ 苦蘵内酯 J，分子式为 $C_{30}H_{42}O_8$，分子量为 530。结构式见图 4-33。

⑤ （20S，22R）-15$\alpha$-Acetoxy-5$\alpha$-chloro-6$\beta$，14$\beta$-dihydroxy-1-oxowitha-2，24-dienliode，分子式为 $C_{30}H_{39}ClO_7$，分子量为 546。结构式见图 4-34。

⑥ Alkekenginin A，分子式为 $C_{30}H_{42}O_8$，分子量为 530。结构式见图 4-35。

⑦ Alkekenginin B，分子式为 $C_{33}H_{54}O_9$，分子量为 594。结构式见图 4-36。

⑧ Philadelphicalactone A，分子式为 $C_{28}H_{40}O_7$，分子量为 488。结构式见图 4-37。

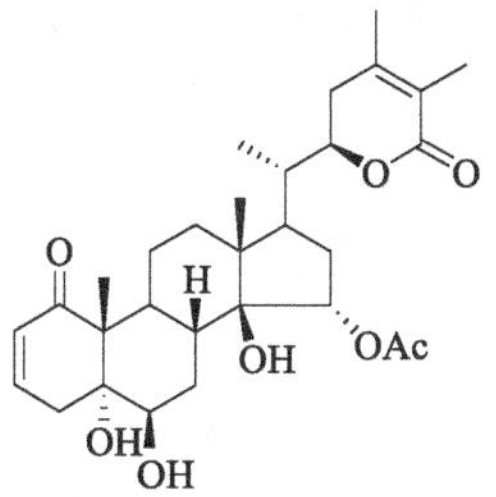

图 4-33 苦蘵内酯 J 的结构式

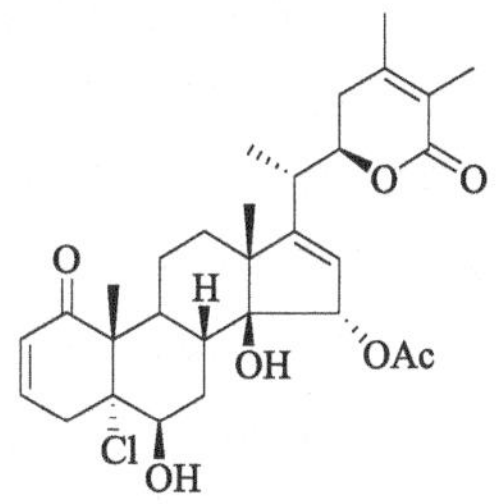

图 4-34 (20S,22R)-15α-Acetoxy-5α-chloro-6β,14β-dihydroxy-1-oxowitha-2,24-dienliode 的结构式

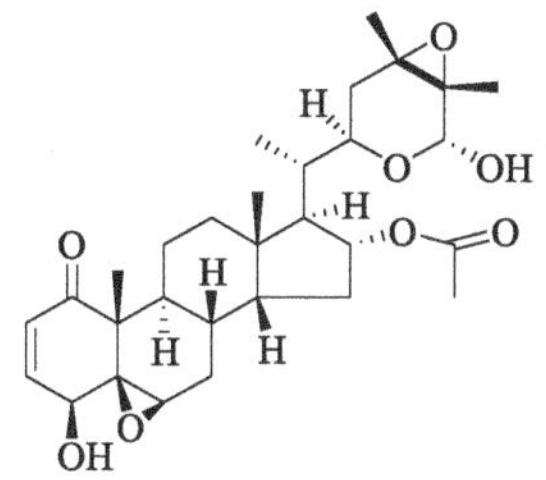

图 4-35 Alkekenginin A 的结构式

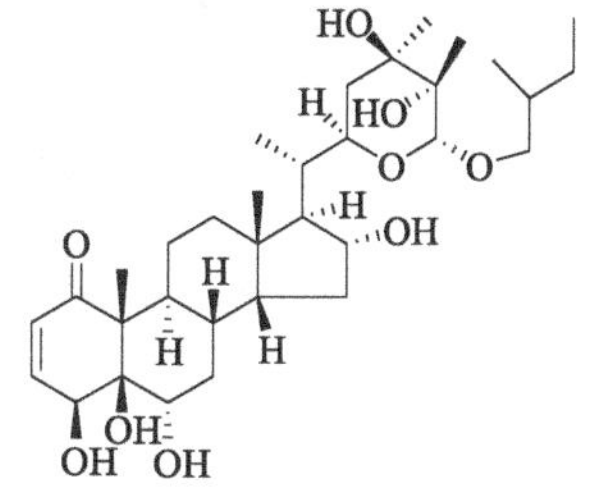

图 4-36 Alkekenginin B 的结构式

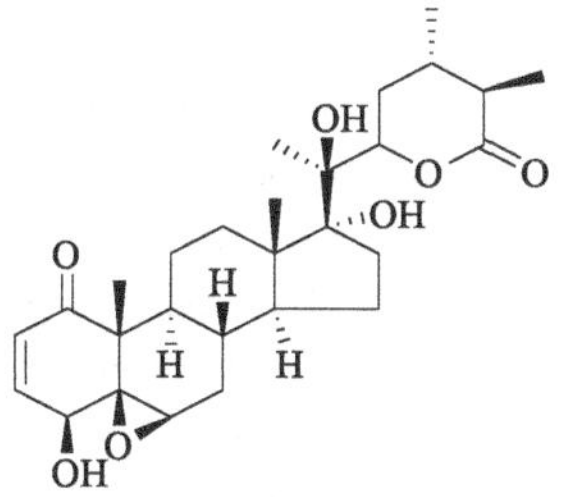

图 4-37 Philadelphicalactone A 的结构式

# 第二节 锦灯笼的黄酮类成分

黄酮类化合物是指两个具有酚羟基的苯环（A 环与 B 环）通过中央三碳原子相互联结而成的一系列化合物，其基本母核为 2-苯基色原酮。近年来，随着对黄酮类化合物研究的深入，其药用价值也逐渐被发掘。黄酮类化合物广泛存在于天然产物中，其生理活性较为广泛，具有明显的抗炎、抗菌、抗氧化、抗衰老、降血脂等作用，能够增加机体免疫力、治疗心脑血管疾病。目前，研究人员从锦灯笼的整株植物中分离得到的黄酮类化合物约有 23 个，其中在锦灯笼果实和宿萼中分布最为广泛，主要包括木犀草素及其苷类、槲皮素及其苷类、山奈酚及其苷类、杨梅素、芹菜素、商陆黄素等类别。

张初航[5] 用 80% 乙醇对 10kg 锦灯笼宿萼加热回流提取 3 次，每次 2h，滤液合并，减压浓缩至无醇味，将浸膏混悬于水中，依次用石油醚、乙酸乙酯、正丁醇进行萃取，回收溶剂，得石油醚部位浸膏 30g、乙酸乙酯部位浸膏 80g、正丁醇部位浸膏 200g。各部分浸膏经过反复硅胶柱色谱、Sephadex LH-20 柱色谱、ODS 柱色谱分离纯化后分离得到黄酮类成分10 个，分别鉴定为木犀草素（Luteolin）、槲皮素（Quercetin）、芹菜素（Apigenin）、山奈酚（Kaemferol）、杨梅皮素（Myricetin）、木犀草素-7-*O*-*β*-D-吡喃葡糖苷（Luteolin-7-*O*-*β*-D-glucopyranoside）、木犀草素-4′-*O*-*β*-D-吡喃葡糖苷（Luteolin-4′-*O*-*β*-D-glucopyranoside）、4′-甲氧基山柰酚-3-*O*-*β*-D-吡喃葡糖苷（Kaemferol-4′-metylether-3-*O*-*β*-D-glucopyranoside）、4′-甲氧基山柰酚-7-*O*-*β*-D-吡喃葡糖苷（Kaemferol-4′-metylether-7-*O*-*β*-D-glucopyranoside）、异槲皮苷（Isoquercitrin）。

舒尊鹏等[6] 采用硅胶、ODS柱色谱、Sephadex LH-20和半制备液相色谱等技术从锦灯笼大孔吸附树脂50%乙醇洗脱组分中首次分离得到金圣草素-7-*O*-*β*-D-葡萄糖苷（Chrysoeriol-7-*O*-*β*-D-glucoside）、芹菜素-7-*O*-*β*-D-葡萄糖苷（Apigenin-7-*O*-*β*-D-glucoside）、香叶木素-7-*O*-*β*-D-葡萄糖苷（Diosmetin-7-*O*-*β*-D-glucoside）三个黄酮类化合物。

部分黄酮类化合物信息见表4-11，黄酮类化合物木犀草素结构如图4-38，其他化合物结构详述如下。

**表4-11　锦灯笼中黄酮类化合物**

| 编号 | 英文名 |
|---|---|
| 1 | Luteolin |
| 2 | Luteolin-7-*O*-*β*-D-glucopyranoside |
| 3 | Luteolin-4′-*O*-*β*-D-glucopyranoside |
| 4 | Luteolin-7,4′-di-*O*-*β*-D-glucopyranoside |
| 5 | Luteolin-7,3′-di-*O*-*β*-D-glucopyranoside |
| 6 | 3′,7-Dimethyl quercetin |
| 7 | 3′,4′,7-Trimethyl quercetin |
| 8 | 3′,4′-Dimethyl quercetin |
| 9 | Quercetin-3-*O* -*β*-D-glucopyranoside |
| 10 | Quercetin-3,7-di-*O* -*β*-D-glucopyranoside |
| 11 | Kaempferol-3-*O* -*β*-D-glucose |
| 12 | 3,7-Di-*O* -*α*-L-rhamnopyransoyl kaempferol |
| 13 | Apigenin-*O* -*β*-D-glucopyranoside |
| 14 | Diosmetin-*O* -*β*-D-glucopyranoside |
| 15 | 3′,4′-Dimethoxymyricetin |
| 16 | Ombuine |
| 17 | 5,4′,5′-Trihydroxy-7,3′-dimethoxy-flavonol |
| 18 | Chrysoeriol |
| 19 | Chrysoeriol-*O* -*β*-D-glucopyanoside |
| 20 | Liquiritigenin |
| 21 | Wogoin |

（1）木犀草素，分子式为 $C_{15}H_{10}O_6$，分子量为286。结构式见图4-38。

（2）木犀草素-7-*O*-*β*-D-吡喃葡糖苷，分子式为 $C_{21}H_{20}O_{11}$，分子量为448。结构式见图4-39。

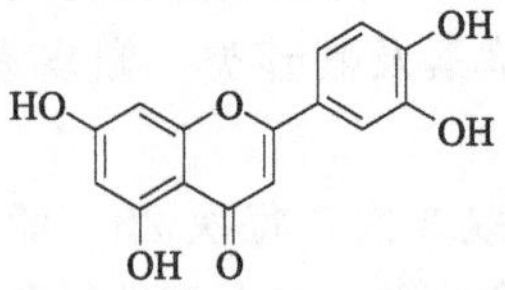


图4-38　木犀草素结构式

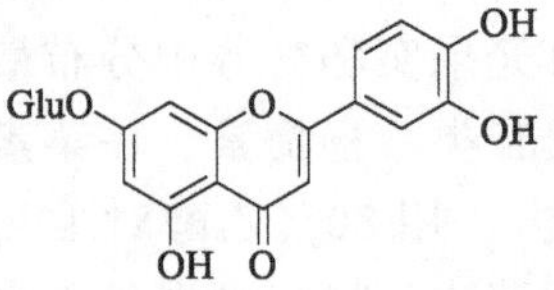


图4-39　木犀草素-7-*O*-*β*-D-吡喃葡糖苷结构式

（3）木犀草素-4′-*O*-*β*-D-吡喃葡糖苷，分子式为 $C_{21}H_{20}O_{11}$，分子量为448。结构式见图4-40。

（4）木犀草素-7,4'-二-$O$-$\beta$-D-吡喃葡糖苷，分子式为 $C_{27}H_{30}O_{16}$，分子量为 610。结构式见图 4-41。

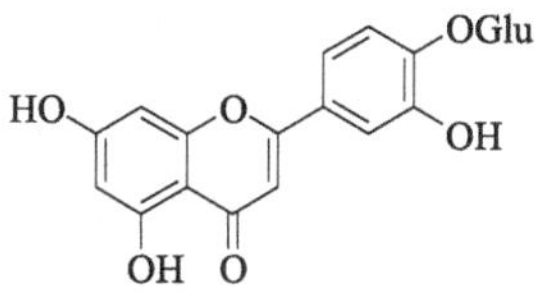

图 4-40　木犀草素-4'-$O$-$\beta$-D-吡喃葡糖苷结构式 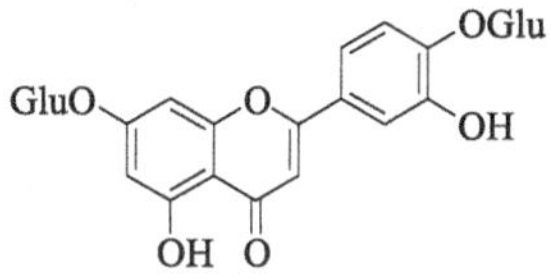　　图 4-41　木犀草素-7,4'-二-$O$-$\beta$-D-吡喃葡糖苷结构式

（5）木犀草素-7,3'-二-$O$-$\beta$-D-吡喃葡糖苷，分子式为 $C_{27}H_{30}O_{16}$，分子量为 610。结构式见图 4-42。

（6）3',7-二甲基槲皮素，分子式为 $C_{17}H_{14}O_7$，分子量为 330。结构式见图 4-43。

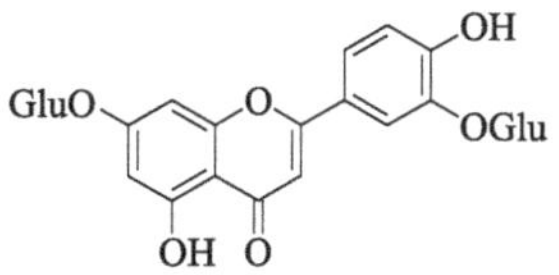

图 4-42　木犀草素-7,3'-二-$O$-$\beta$-D-吡喃葡糖苷结构式 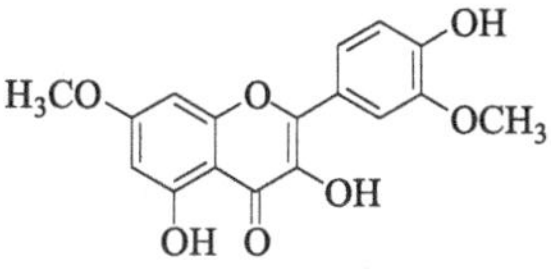　　图 4-43　3',7-二甲基槲皮素结构式

（7）3',4',7-三甲基槲皮素，分子式为 $C_{18}H_{16}O_7$，分子量为 344。结构式见图 4-44。

（8）3',4'-二甲基槲皮素，分子式为 $C_{17}H_{14}O_7$，分子量为 330。结构式见图 4-45。

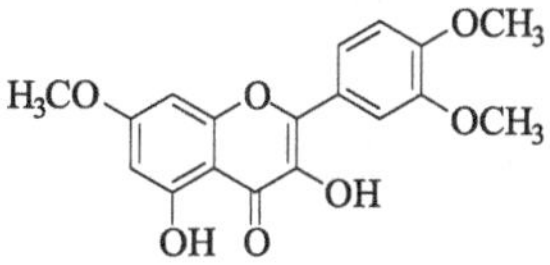

图 4-44　3',4',7-三甲基槲皮素结构式 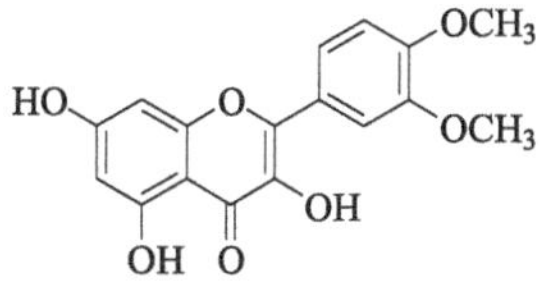　　图 4-45　3',4'-二甲基槲皮素结构式

（9）槲皮素-3-$O$-$\beta$-D-吡喃葡糖苷，分子式为 $C_{21}H_{20}O_{12}$，分子量为 464。结构式见图 4-46。

（10）槲皮素-3,7-二-$O$-$\beta$-D-吡喃葡糖苷，分子式为 $C_{27}H_{30}O_{17}$，分子量为 626。结构式见图 4-47。

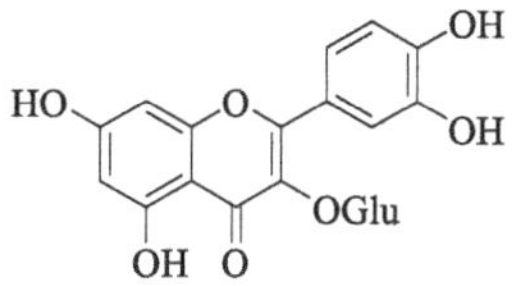

图 4-46　槲皮素-3-$O$-$\beta$-D-吡喃葡糖苷结构式 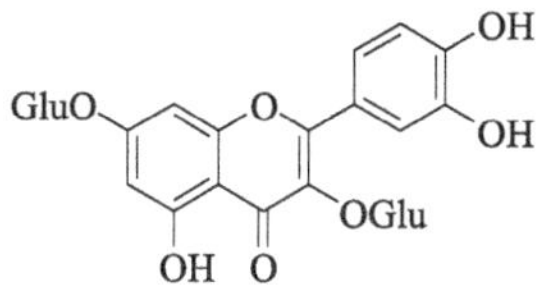　　图 4-47　槲皮素-3,7-二-$O$-$\beta$-D-吡喃葡糖苷结构式

（11）山奈酚-3-$O$-$\beta$-D-葡萄糖，分子式为 $C_{24}H_{26}O_{11}$，分子量为 490。结构式见图 4-48。

（12）3,7-二-$O$-$\alpha$-L-吡喃鼠李糖山奈酚，分子式为 $C_{27}H_{30}O_{14}$，分子量为 578。结构式见图 4-49。

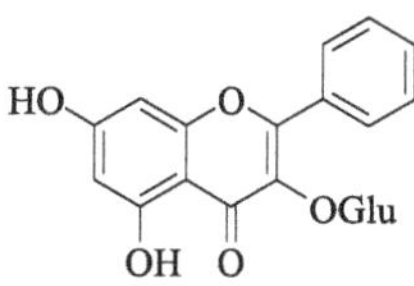

图 4-48　山奈酚-3-$O$-$\beta$-D-葡萄糖结构式 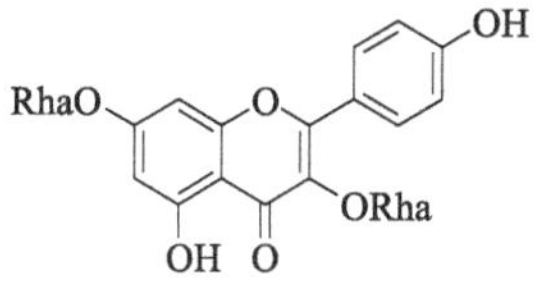　　图 4-49　3,7-二-$O$-$\alpha$-L-吡喃鼠李糖山奈酚结构式

（13）芹菜素-*O*-*β*-D-吡喃葡糖苷，分子式为 $C_{21}H_{20}O_{10}$，分子量为 432。结构式见图 4-50。

（14）香叶木素-*O*-*β*-D-吡喃葡糖苷，分子式为 $C_{22}H_{22}O_{11}$，分子量为 462。结构式见图 4-51。

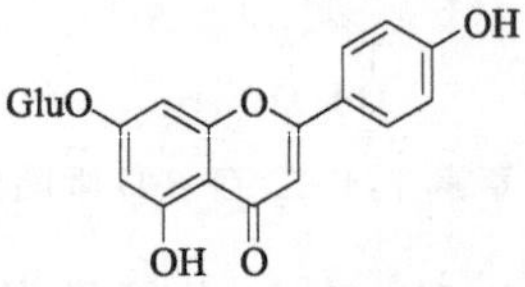

图 4-50　芹菜素-*O*-*β*-D-吡喃葡糖苷结构式 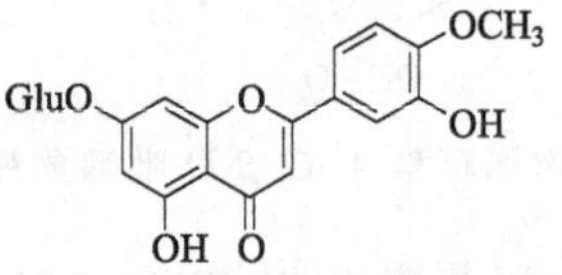　　图 4-51　香叶木素-*O*-*β*-D-吡喃葡糖苷结构式

（15）3′,4′-二甲氧基杨梅皮素，分子式为 $C_{17}H_{14}O_8$，分子量为 346。结构式见图 4-52。

（16）商陆素，分子式为 $C_{17}H_{14}O_6$，分子量为 314。结构式见图 4-53。

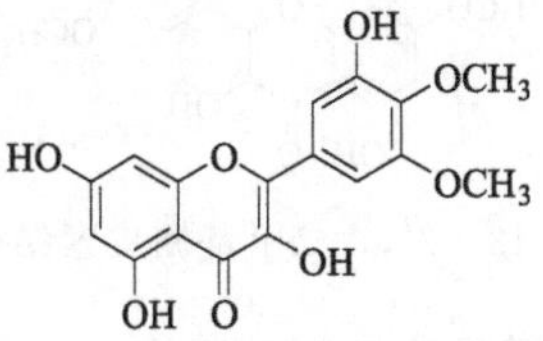

图 4-52　3′,4′-二甲氧基杨梅皮素结构式 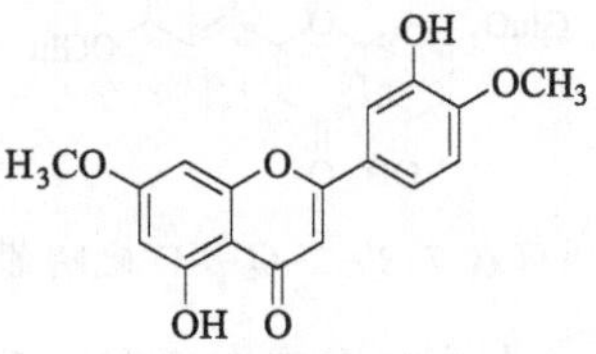　　　图 4-53　商陆素结构式

（17）5,4′,5′-三羟基-7,3′-二甲氧基-黄酮，分子式为 $C_{17}H_{14}O_8$，分子量为 344。结构式见图 4-54。

（18）金圣草素，分子式为 $C_{16}H_{12}O_6$，分子量为 300。结构式见图 4-55。

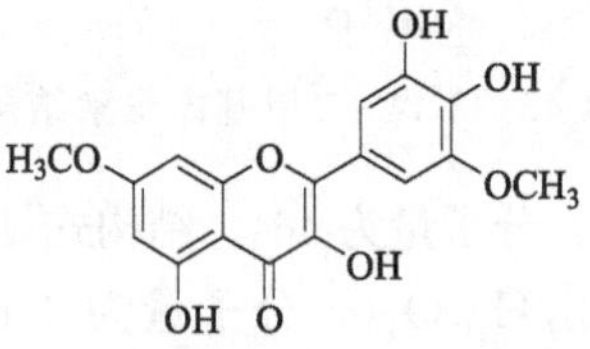

图 4-54　5,4′,5′-三羟基-7,3′-二甲氧基-黄酮结构式 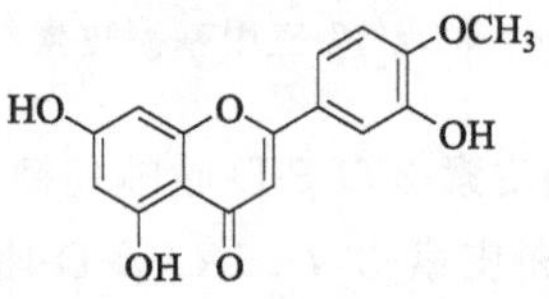　　图 4-55　金圣草素结构式

（19）金圣草素-*O*-*β*-D-葡糖苷，分子式为 $C_{22}H_{22}O_6$，分子量为 382。结构式见图 4-56。

（20）Liquiritigenin，分子式为 $C_{15}H_{12}O_4$，分子量为 256。结构式见图 4-57。

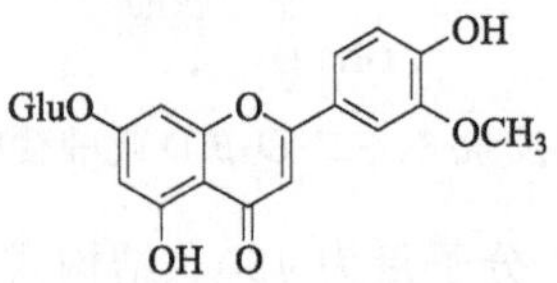

图 4-56　金圣草素-*O*-*β*-D-葡糖苷结构式 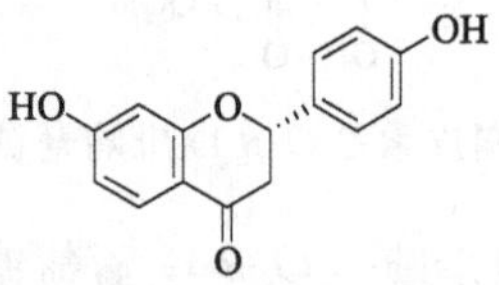　　　图 4-57　Liquiritigenin 结构式

（21）Wogoin，分子式为 $C_{16}H_{12}O_5$，分子量为 284。结构式见图 4-58。

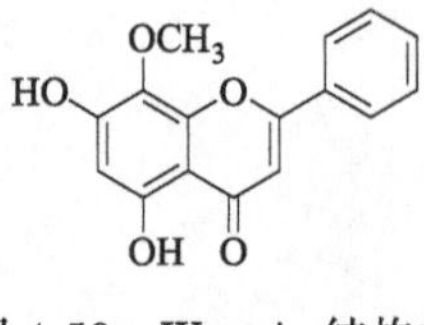

图 4-58　Wogoin 结构式

# 第三节　锦灯笼的生物碱类成分

生物碱是存在于植物中的一类含氮的碱性有机化合物，类似于碱的性质。生物碱大多具有复杂的环状结构，环内多包含氮素，具有显著的生物学活性，是中草药中有效成分之一。许多生物碱都有治病的功效，比如黄连根茎中的小檗碱是黄连的主要药效成分，具有抗菌消炎的作用，对于胃肠道急、慢性炎症具有显著的治疗作用；萝芙木中的利血平能降血压；罂粟果皮中所含的吗啡碱是著名镇痛剂；奎宁碱是有价值的解热药；三尖杉碱和长春花碱是治癌良药；秋水仙素（碱）能人工诱变产生多倍体。有的生物碱也可用来制作农业用的杀虫剂。生物碱类物质一般多存在于植物的根部或者主秆的下半部分。锦灯笼全草的生物碱主要分布在其根部。至今，从锦灯笼根和地上部分分离得到约 15 个生物碱类化合物，主要包括：$N$-反式-阿魏酰酪胺（$N$-$trans$-Feruloyltyramine）、$N$-反式-对香豆酰酪胺（$N$-$trans$-$p$-Coumaroyltyramine）、打碗花精 A3（Calystegin A3）、打碗花精 A5（Calystegin A5）、打碗花精 B1（Calystegin B1）、打碗花精 B2（Calystegin B2）、打碗花精 B3（Calystegin B3）、$1\beta$-Amino-$2\alpha$，$3\beta$，$5\beta$-trihydroxycycloheptane、$3\alpha$-顺芷酸莨菪酯（$3\alpha$-Tigloyloxytrropane）和 Phygrine 等。部分生物碱类化合物信息见表 4-12。

表 4-12　锦灯笼中生物碱类化合物

| 编号 | 英文名 | 分子式 | 分子量 |
|---|---|---|---|
| 1 | $N$-$trans$-Feruloyltyramine | $C_{18}H_{19}O_4N$ | 313 |
| 2 | $N$-$p$-Coumaroyltyramine | $C_{17}H_{17}O_3N$ | 283 |
| 3 | Calystegin A3 | $C_7H_{13}O_3N$ | 159 |
| 4 | Calystegin A5 | $C_7H_{13}O_4N$ | 175 |
| 5 | Calystegin B1 | $C_7H_{13}O_3N$ | 159 |
| 6 | Calystegin B2 | $C_7H_{13}O_4N$ | 175 |
| 7 | Calystegin B3 | $C_7H_{13}O_4N$ | 175 |
| 8 | $1\beta$-Amino-$2\alpha$，$3\beta$，$5\beta$-trihydroxycycloheptane | $C_7H_{15}O_3N$ | 161 |
| 9 | $3\alpha$-Tigloyloxytrropane | $C_{13}H_{21}O_2N$ | 223 |
| 10 | Phygrine | $C_{16}H_{28}O_2N_2$ | 280 |

部分生物碱类化合物结构如下：

（1）$N$-反式-阿魏酰酪胺，分子式为 $C_{18}H_{19}O_4N$，分子量为 313。结构式见图 4-59。

（2）$N$-反式-对香豆酰酪胺，分子式为 $C_{17}H_{17}O_3N$，分子量为 283。结构式见图 4-60。

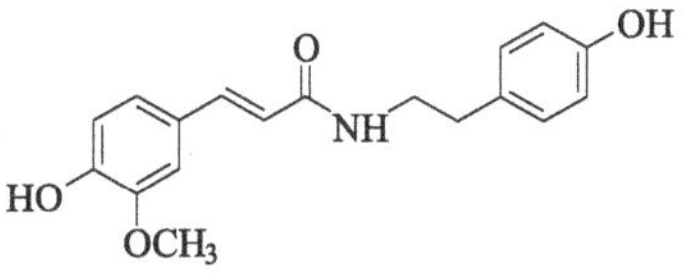

图 4-59　$N$-反式-阿魏酰酪胺的结构式

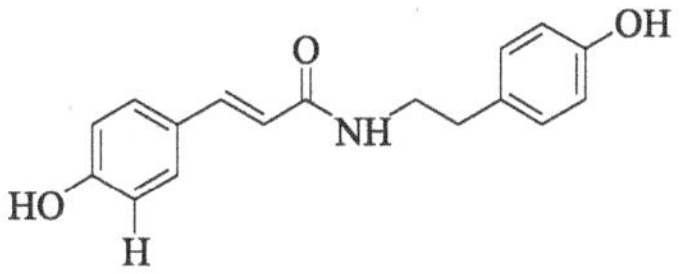

图 4-60　$N$-反式-对香豆酰酪胺的结构式

（3）打碗花精 A3，分子式为 $C_7H_{13}O_3N$，分子量为 159。结构式见图 4-61。

（4）打碗花精 A5，分子式为 $C_7H_{13}O_4N$，分子量为 175。结构式见图 4-62。

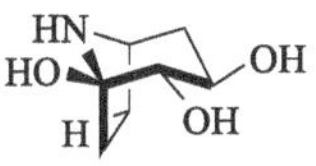

图 4-61　打碗花精 A3 的结构式

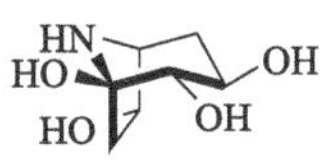

图 4-62　打碗花精 A5 的结构式

（5）打碗花精 B1，分子式为 $C_7H_{13}O_3N$，分子量为 159。结构式见图 4-63。

（6）打碗花精 B2，分子式为 $C_7H_{13}O_4N$，分子量为 175。结构式见图 4-64。

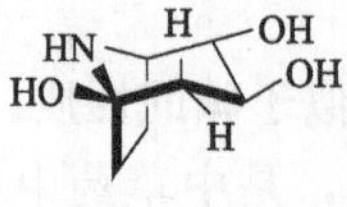

图 4-63　打碗花精 B1 的结构式 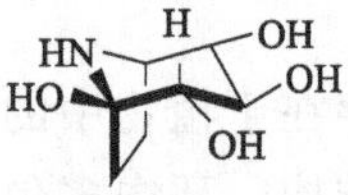　　　　　　图 4-64　打碗花精 B2 的结构式

（7）打碗花精 B3，分子式为 $C_7H_{13}O_4N$，分子量为 175。结构式见图 4-65。

（8）1$\beta$-Amino-2$\alpha$,3$\beta$,5$\beta$-trihydroxycycloheptane，分子式为 $C_7H_{15}O_3N$，分子量为 161。结构式见图 4-66。

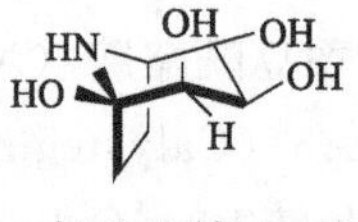

图 4-65　打碗花精 B3 的结构式 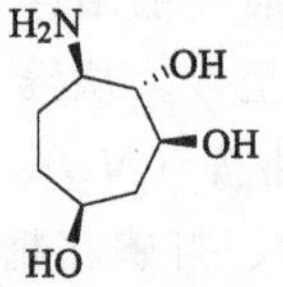　　　　　　图 4-66　1$\beta$-Amino-2$\alpha$,3$\beta$,5$\beta$-trihydroxycycloheptane 的结构式

（9）3$\alpha$-顺芷酸莨菪酯，分子式为 $C_{13}H_{21}O_2N$，分子量为 223。结构式见图 4-67。

（10）Phygrine，分子式为 $C_{16}H_{28}O_2N_2$，分子量为 280。结构式见图 4-68。

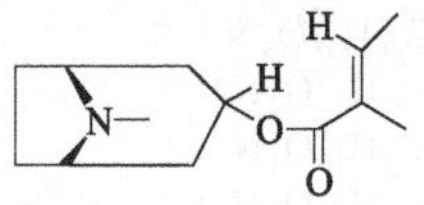

图 4-67　3$\alpha$-顺芷酸莨菪酯的结构式 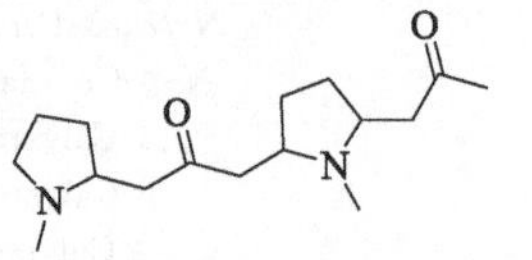　　　　　图 4-68　Phygrine 的结构式

（11）哌嗪类生物碱。近年来，哌嗪类生物碱在有机合成和医学中的应用已经引起了有机化学界和药学界的广泛关注。哌嗪环与传统的有机药物相比，具有更好的氮平衡对称结构。在有机合成中，作为活泼中间体，含哌嗪环的化合物可以进一步合成许多类型的有机化合物，这些化合物大多具有高效的药理活性，有些则已经开发成为临床药物。但目前关于锦灯笼的哌嗪类化合物研究较少，因此其具有较大的研究开发前景。

舒尊鹏等[7]从锦灯笼大孔吸附树脂 50％乙醇洗脱组分中分离得到的 13 个哌嗪类化合物，详细信息见表 4-13。

表 4-13　哌嗪类化合物一览表

| 编号 | 化合物 | 化学名 | 分子式 | 分子量 |
|---|---|---|---|---|
| 1 | 化合物 1 | (3$S$,6$R$)-3-异丙基-6-(2-甲基丙基)-2,5-哌嗪二酮 | $C_{11}H_{20}N_2O_2$ | 212 |
| 2 | 化合物 2 | (3$S$,6$S$)-3-异丁基-6-异丙基-2,5-哌嗪二酮 | $C_{11}H_{20}N_2O_2$ | 212 |
| 3 | 化合物 3 | (3$S$,6$S$)-3,6-二(2-甲基丙基)-2,5-哌嗪二酮 | $C_{12}H_{22}N_2O_2$ | 226 |
| 4 | 化合物 4 | (3$S$,6$S$)-3,6-二异丙基-2,5-哌嗪二酮 | $C_{10}H_{18}N_2O_2$ | 198 |
| 5 | 化合物 5 | (3$S$,6$R$)-3-(2-甲基丙基)-6-苄基-2,5-哌嗪二酮 | $C_{15}H_{20}N_2O_2$ | 260 |
| 6 | 化合物 6 | (3$S$,6$S$)-3-异丁基-6-苄基-2,5-哌嗪二酮 | $C_{15}H_{20}N_2O_2$ | 260 |
| 7 | 化合物 7 | (3$S$,6$S$)-3-异丙基-6-对羟基苄基-2,5-哌嗪二酮 | $C_{14}H_{18}N_2O_3$ | 262 |
| 8 | 化合物 8 | (3$S$,6$R$)-3-异丙基-6-对羟基苄基-2,5-哌嗪二酮 | $C_{14}H_{18}N_2O_3$ | 262 |
| 9 | 化合物 9 | (3$S$,6$S$)-3-(2-甲基丙基)-6-对羟基苄基-2,5-哌嗪二酮 | $C_{15}H_{20}N_2O_3$ | 276 |

续表

| 编号 | 化合物 | 化学名 | 分子式 | 分子量 |
|---|---|---|---|---|
| 10 | 化合物 10 | (3S,6S)-3-异丁基-6-对羟基苄基-2,5-哌嗪二酮 | $C_{15}H_{20}N_2O_3$ | 276 |
| 11 | 化合物 11 | (3S,6S)-3-异丙基-6-苄基-2,5-哌嗪二酮 | $C_{14}H_{18}N_2O_2$ | 246 |
| 12 | 化合物 12 | (3S,6R)-3-异丁基-6-(2-甲基丙基)-2,5-哌嗪二酮 | $C_{12}H_{22}N_2O_2$ | 226 |
| 13 | 化合物 13 | (3S,6S)-3-苄基-6-(对羟基苄基)-2,5-哌嗪二酮 | $C_{18}H_{18}N_2O_3$ | 310 |

部分哌嗪类化合物结构如下：

① (3S,6R)-3-异丙基-6-(2-甲基丙基)-2,5-哌嗪二酮，分子式为 $C_{11}H_{20}N_2O_2$，分子量为 212。结构式见图 4-69。

② (3S,6S)-3-异丁基-6-异丙基-2,5-哌嗪二酮，分子式为 $C_{11}H_{20}N_2O_2$，分子量为 212。结构式见图 4-70。

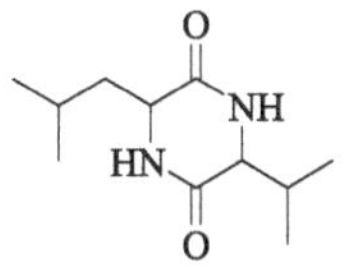

图 4-69　(3S,6R)-3-异丙基-6-
(2-甲基丙基)-2,5-哌嗪二酮的结构式

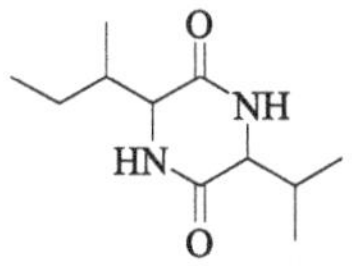

图 4-70　(3S,6S)-3-异丁基-6-
异丙基-2,5-哌嗪二酮的结构式

③ (3S,6S)-3,6-二异丙基-2,5-哌嗪二酮，分子式为 $C_{10}H_{18}N_2O_2$，分子量为 198。结构式见图 4-71。

④ (3S,6R)-3-(2-甲基丙基)-6-苄基-2,5-哌嗪二酮，分子式为 $C_{15}H_{20}N_2O_2$，分子量为 260。结构式见图 4-72。

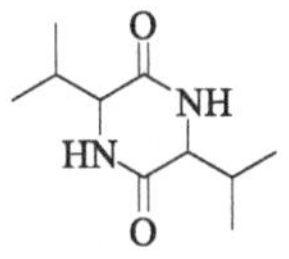

图 4-71　(3S,6S)-3,6-二异丙基-2,5-哌嗪
二酮的结构式

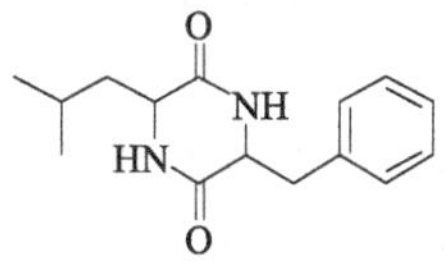

图 4-72　(3S,6R)-3-(2-甲基丙基)-6-
苄基-2,5-哌嗪二酮的结构式

⑤ (3S,6S)-3-异丁基-6-苄基-2,5-哌嗪二酮，分子式为 $C_{15}H_{20}N_2O_2$，分子量为 260。结构式见图 4-73。

⑥ (3S,6S)-3-异丙基-6-对羟基苄基-2,5-哌嗪二酮，分子式为 $C_{14}H_{18}N_2O_3$，分子量为 262。结构式见图 4-74。

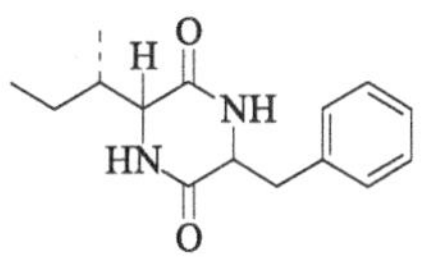

图 4-73　(3S,6S)-3-异丁基-6-苄基-2,5-
哌嗪二酮的结构式

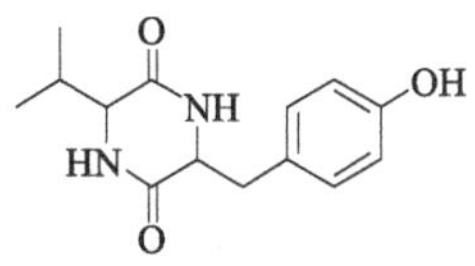

图 4-74　(3S,6S)-3-异丙基-6-对羟基苄基-2,5-
哌嗪二酮的结构式

⑦ (3S,6S)-3-异丁基-6-对羟基苄基-2,5-哌嗪二酮，分子式为 $C_{15}H_{20}N_2O_3$，分子量为 276。结构式见图 4-75。

⑧（3S,6S）-3-异丙基-6-苄基-2,5-哌嗪二酮，分子式为 $C_{14}H_{18}N_2O_2$，分子量为 246。结构式见图 4-76。

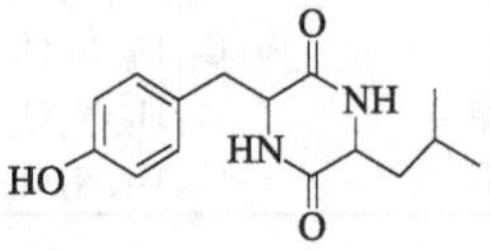

图 4-75　（3S,6S）-3-异丁基-6-对羟基苄基-2,5-哌嗪二酮的结构式

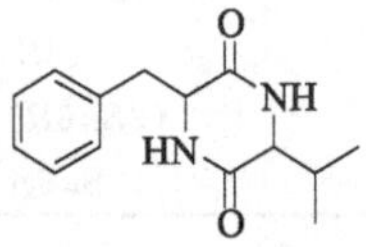

图 4-76　（3S,6S）-3-异丙基-6-苄基-2,5-哌嗪二酮的结构式

⑨（3S,6R）-3-异丁基-6-（2-甲基丙基）-2,5-哌嗪二酮，分子式为 $C_{12}H_{22}N_2O_2$，分子量为 226。结构式见图 4-77。

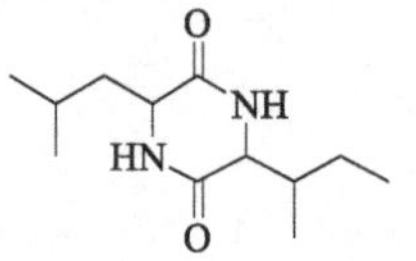

图 4-77　（3S,6R）-3-异丁基-6-（2-甲基丙基）-2,5-哌嗪二酮的结构式

# 第四节　锦灯笼的多糖类成分

多糖是由多个单糖分子缩合脱水而成，是一类分子结构复杂且庞大的糖类物质。近几年来，人们逐渐发现多糖类化合物具有多种的生物功能，在生命现象中参与了细胞的多种活动，从而引起分子生物学家的普遍关注。随着生物高分子研究技术的新手段新方法在多糖类研究上的应用，使国内外对多糖及糖复合物的研究有了空前的发展，多糖研究成为生命科学领域研究的又一个前沿和热点。锦灯笼多糖是从锦灯笼的果实、宿萼和茎中提取的植物多糖，已被证明其具有增强免疫、降血糖、抗炎和抗氧化的作用。研究锦灯笼的多糖化合物，并从锦灯笼中提取多糖化合物，制成各种制剂，在治疗疾病方面具有广阔的应用前景。

周正辉等[8] 采用水提醇沉法提取锦灯笼根茎中的粗多糖，利用不同乙醇浓度分级醇沉制得精制多糖，再通过葡聚糖凝胶（Sephadex G-200）色谱法获得 2 个均一多糖（$P_I$、$P_{II}$）。研究者采用高效液相色谱法测定均一多糖的纯度及分子质量，PMP 柱前衍生法测定单糖组成，红外光谱和 $^{13}C$ 核磁共振分析均一多糖结构。实验结果表明：$P_I$、$P_{II}$ 均为均一性良好的多糖，峰位分子质量分别为 211257Da、109441Da，重均分子质量（$M_w$）分别为 330156Da、172900Da，数均分子质量（$M_n$）分别为 223934Da、79693Da，分布宽度（$M_w/M_n$）分别为 1.47435、2.16959；$P_I$ 主要由甘露糖、葡萄糖醛酸、半乳糖醛酸、葡萄糖、半乳糖、木糖及阿拉伯糖组成，质量比为 1.00∶14.94∶7.22∶48.45∶12.62∶6.96∶3.23，它们的残基都是由 β-糖苷键连接；$P_{II}$ 主要由甘露糖、鼠李糖、葡萄糖醛酸、葡萄糖、半乳糖及阿拉伯糖组成，质量比为 1.00∶2.58∶2.22∶7.04∶3.11∶1.35，残基是由 β-糖苷键连接。均一多糖 $P_I$、$P_{II}$ 为首次从锦灯笼根茎中分离得到的一种新的酸性杂多糖。

杨婧婧[9] 将锦灯笼茎用热水煮提后，用碱提法提取，经浓缩、醇沉、反复冻融、脱蛋白、QAE Sephadex A-25 柱色谱以及高效液相纯化等步骤，得到碱提水溶性多糖，命名为 ASP。高效液相色谱分析表明 ASP 为均一组分，分子质量约为 31kDa。气相色谱分析表明

ASP 单糖组成为鼠李糖、阿拉伯糖、木糖、半乳糖、葡萄糖、半乳糖醛酸，各单糖摩尔比为 1.0：2.5：0.8：2.7：4.4：1.4。经部分酸水解、高碘酸氧化、Smith 降解以及甲基化分析结果表明，ASP 主链主要由 Glc(1→3)、Gal(1→3)、Xyl(1→2)、Ara(1→2)、Rha(1→2) 和 GalA (1→3) 构成，分支点由 Gal (1→2,6) 构成，末端残基为 Glc。

尚东杰[10] 将锦灯笼茎经过水提醇沉、反复冻融、酶法和 Sevage 法联合脱蛋白、QAE Sephadex A-25 柱色谱及高效液相（HPLC）制备柱纯化得到了一种水溶性多糖，命名为 WSP。经纯度测定表明为均一组分，分子质量约为 7kDa。通过气相色谱分析（GC）结果表明单糖组成为鼠李糖、阿拉伯糖、半乳糖、葡萄糖和半乳糖醛酸；单糖组成比例为 2.6：1.0：6.5：3.5：2.4。经部分酸水解，高碘酸氧化和 Smith 降解，以及甲基化分析结果表明：主链主要由 Ara(1→2)、Gal(1→3) 和 GalA(1→3) 组成。支链由 Glc(1→3)、Rha(1→2)、GalA (1→3) 构成。分支点由 Glc(1→2,4)、Rha(1→2,4) 构成。末端残基为 Gal、GalA。

佟海滨[11] 将成熟的锦灯笼果实通过热水煮提、过滤、滤液浓缩后，利用乙醇沉淀得到粗多糖（PPS）；粗多糖经反复冻融、链蛋白酶酶解、Sevage 法脱蛋白、乙醇分级、凝胶柱色谱方法纯化得水溶性多糖 PPSB；经 DEAE-纤维素、Sephrose CL-6B 柱色谱和高效液相色谱分析，结果证明 PPSB 为均一组分，分子质量 27kDa；气相色谱分析结果表明 PPSB 是一种含有 GalA 酸性杂多糖，其单糖组成主要为阿拉伯糖、半乳糖、葡萄糖、半乳糖醛酸，其摩尔比依次为 2.6：3.6：2：1。PPSB 经部分酸水解、高碘酸氧化、Smith 降解、甲基化、GC-MS 分析、IR 分析等方法，确定其分子大体结构为：主链主要由 Ara(1→5) 和 Gal (1→6) 交替连接组成，其间有痕量的 GalA(1→3)；支链由 Gal(1→3)，Gal(1→4)，Glc (1→4) 构成；分支点由 Glc(1→4,6)，Gal(1→3,6) 构成；末端残基为 Gal、Glc。结果如表 4-14。

表 4-14　锦灯笼不同部位多糖单糖组成

| 样品名称 | 分子质量 | 单糖组成 | 提取部位 |
|---|---|---|---|
| P$_I$ | — | 甘露糖：葡萄糖醛酸：半乳糖醛酸：葡萄糖：半乳糖：木糖：阿拉伯糖＝1.00：14.94：7.22：48.45：12.62：6.96：3.23 | 根茎 |
| P$_{II}$ | — | 甘露糖：鼠李糖：葡萄糖醛酸：葡萄糖：半乳糖：阿拉伯糖＝1.00：2.58：2.22：7.04：3.11：1.35 | 根茎 |
| ASP | 31kDa | 鼠李糖：阿拉伯糖：木糖：半乳糖：葡萄糖：半乳糖醛酸＝1.0：2.5：0.8：2.7：4.4：1.4 | 茎 |
| WSP | 7kDa | 鼠李糖：阿拉伯糖：半乳糖：葡萄糖：半乳糖醛酸＝2.6：1.0：6.5：3.5：2.4 | 茎 |
| PPSB | 27kDa | 阿拉伯糖：半乳糖：葡萄糖：半乳糖醛酸＝2.6：3.6：2：1 | 果实 |

不同产地锦灯笼药材的宿萼及果实中的多糖含量也可能不同。徐保利等[12] 采用分光光度法，经蒽酮-硫酸和 3,5-二硝基水杨酸（DNS）显色，于 620nm 和 540nm 处对锦灯笼药材宿萼及果实的多糖和还原糖含量进行测定，结果如表 4-15。

表 4-15　不同产地锦灯笼多糖和还原糖测定结果

| 序号 | 地　点 | 宿萼/(mg/g) | | 果实/(mg/g) | | 总量/(mg/g) |
|---|---|---|---|---|---|---|
| | | 多糖 | 还原糖 | 多糖 | 还原糖 | |
| s1 | 黑龙江省齐齐哈尔富裕县富海镇 | 2.75 | 76.59 | 5.60 | 203.98 | 288.92 |
| s2 | 黑龙江省伊春市西林区新村 | 0.46 | 84.61 | 6.14 | 209.38 | 300.58 |
| s3 | 黑龙江省尚志市一面坡镇 | 3.67 | 15.58 | 9.23 | 317.08 | 345.56 |
| s4 | 吉林省公主岭市南崴子镇 | 0.93 | 61.25 | 6.67 | 189.60 | 258.45 |

续表

| 序号 | 地　点 | 宿萼/(mg/g) | | 果实/(mg/g) | | 总量 /(mg/g) |
|---|---|---|---|---|---|---|
| | | 多糖 | 还原糖 | 多糖 | 还原糖 | |
| s5 | 吉林省梨树县郭家店镇 | 0.32 | 100.25 | 4.32 | 199.96 | 304.85 |
| s6 | 吉林省梨树县石岭子镇 | 1.11 | 17.96 | 7.30 | 207.07 | 233.34 |
| s7 | 吉林省延边朝鲜族自治州敦化市江源镇二合店镇 | 6.40 | 33.53 | 2.75 | 200.62 | 243.30 |
| s8 | 吉林省延边朝鲜族自治州敦化市大浦柴河镇 | 0.14 | 87.64 | 8.48 | 199.07 | 295.33 |
| s9 | 吉林省东辽县渭津镇 | 0.78 | 64.64 | 8.39 | 199.09 | 272.90 |
| s10 | 吉林省辽源市东丰县 | 1.30 | 50.51 | 7.99 | 187.61 | 247.41 |
| s11 | 吉林省辽源市东丰县小四平镇 | 3.09 | 24.81 | 4.61 | 203.92 | 236.43 |
| s12 | 吉林省梅河口市市郊 | 2.86 | 64.97 | 4.02 | 183.79 | 255.64 |
| s13 | 吉林省梅河口市山城镇 | 3.33 | 49.86 | 6.72 | 213.27 | 273.08 |
| s14 | 吉林省白山市江源区湾沟林业局大湖林场 | 2.42 | 146.53 | 5.23 | 182.78 | 336.97 |
| s15 | 吉林省白山市江源区湾沟林业局二门寺村 | 4.50 | 18.51 | 6.33 | 192.16 | 221.48 |
| s16 | 吉林省白山市江源区大华村 | 2.75 | 7.13 | 4.35 | 200.79 | 215.01 |
| s17 | 吉林省通化县 | 1.32 | 137.50 | 10.45 | 321.57 | 470.84 |
| s18 | 吉林省通化县大泉源满族朝鲜族乡新胜村 | 0.34 | 42.57 | 5.12 | 192.26 | 240.29 |
| s19 | 辽宁省铁岭市西丰县尚文村柳河屯 | 3.27 | 24.26 | 5.52 | 200.71 | 233.77 |
| s20 | 辽宁省抚顺清原满族自治县土口子乡 | 0.64 | 51.78 | 5.17 | 184.26 | 241.84 |
| s21 | 辽宁省抚顺清原满族自治县英额门镇 | 0.59 | 114.68 | 4.74 | 181.97 | 301.99 |
| s22 | 辽宁省抚顺清原满族自治县县城北山 | 0.72 | 85.51 | 5.09 | 199.96 | 291.28 |
| s23 | 辽宁省抚顺清原满族自治县北三家乡 | 3.42 | 50.96 | 5.61 | 227.55 | 287.55 |
| s24 | 辽宁省沈阳市东陵 | 1.60 | 9.24 | 4.90 | 188.02 | 203.76 |
| s25 | 辽宁省沈阳市苏家屯白清寨一年生 | 5.44 | 22.75 | 3.66 | 185.96 | 217.82 |
| s26 | 辽宁省沈阳市苏家屯白清寨二年生 | 3.60 | 62.88 | 6.98 | 189.02 | 262.48 |
| s27 | 辽宁省沈阳市苏家屯白清寨野生 | 0.69 | 119.49 | 3.39 | 207.57 | 331.14 |
| s28 | 辽宁省锦州市黑山县励家镇崔岗子村 | 3.08 | 54.25 | 2.47 | 195.35 | 255.15 |
| s29 | 辽宁省锦州市黑山县励家镇 | 1.54 | 70.29 | 11.73 | 255.86 | 339.43 |
| s30 | 辽宁省抚顺新宾满族自治县永陵镇 | 1.45 | 97.49 | 11.82 | 283.15 | 393.92 |
| s31 | 辽宁省抚顺新宾满族自治县前进村 | 0.44 | 57.71 | 3.71 | 200.75 | 262.61 |
| s32 | 辽宁省本溪桓仁满族自治县古城镇福尔江村 | 6.22 | 53.16 | 3.87 | 210.48 | 273.73 |
| s33 | 辽宁省本溪桓仁满族自治县双岭子六队 | 1.13 | 84.76 | 4.70 | 189.31 | 279.90 |
| s34 | 辽宁省抚顺清原满族自治县土口子乡 | 0.89 | 84.08 | 5.79 | 196.08 | 286.85 |
| s35 | 辽宁省本溪本溪县小市镇谭家堡村 | 0.92 | 115.13 | 5.76 | 188.64 | 310.44 |
| s36 | 辽宁省盘锦市大洼区新开镇田家村 | 3.22 | 56.94 | 5.54 | 184.49 | 250.18 |
| s37 | 辽宁省凌源市三十家子镇东坡子村石桥子组 | 0.99 | 78.11 | 5.59 | 183.72 | 268.42 |
| s38 | 辽宁省鞍山市千山 | 3.69 | 1.32 | 4.15 | 195.34 | 204.50 |
| s39 | 辽宁省营口市西市区启文小区 | 9.67 | 34.61 | 3.16 | 218.75 | 266.18 |
| s40 | 辽宁省营口盖州市高屯镇泉眼沟 | 0.43 | 48.80 | 5.48 | 208.65 | 263.36 |
| s41 | 辽宁省营口盖州市榜式堡镇和美村 | 1.57 | 76.91 | 6.73 | 229.58 | 293.02 |
| s42 | 辽宁省营口盖州市榜式堡镇泉眼沟 | 1.47 | 84.30 | 7.27 | 190.94 | 301.21 |
| s43 | 辽宁省营口市熊岳镇 | 1.12 | 104.05 | 6.85 | 207.24 | 341.60 |
| s44 | 辽宁省丹东东港市汤池镇石宝村六组 | 2.41 | 51.25 | 5.46 | 189.26 | 250.06 |
| s45 | 山西省大同市云州区渔儿涧村 | 3.11 | 30.65 | 4.53 | 207.24 | 245.53 |
| s46 | 山西省潞城区石窟乡 | 1.20 | 107.22 | 3.47 | 189.26 | 301.15 |
| s47 | 于清源购买 | 0.43 | 55.38 | 6.33 | 193.09 | 255.23 |
| s48 | 于哈尔滨购买 | 0.78 | 118.35 | 4.11 | 194.56 | 317.81 |
| s49 | 于沈阳早市购买 | 2.74 | 5.55 | 5.92 | 190.14 | 204.36 |
| s50 | 于黑龙江伊春市购买 | 0.79 | 98.97 | 2.88 | 215.75 | 318.40 |
| s51 | 于天津医药集团达仁堂药店购买 | 1.86 | 79.97 | — | — | 81.83 |
| s52 | 于烟台亚泰大药房有限公司第一分店购买 | 2.22 | 115.11 | — | — | 117.33 |

由表 4-15 看出，不同产地锦灯笼药材中的还原糖与多糖含量的系统聚类分析结果打破了其所在区域的划分，糖总量为 200～300mg/g。

# 第五节　锦灯笼的甾醇类成分

甾醇类化合物具有改善机体胆固醇水平、调节免疫活性、抗肿瘤、抗炎、抗氧化等多种生物活性。锦灯笼的果实、种子和花萼中均含有甾醇类成分，已报道的有：谷固醇（Sitosterol）、豆固醇（Stigmasterol）、Saringosterol、酸浆甾醇 A（Physanol A）、酸浆甾醇 B（Physanol B）、禾本甾醇（Gramisterol）、钝叶醇（Obtusifoliol）、环木菠萝烷醇（Cycloartanol）和环木菠萝烯醇（Cycloartenol）等。

梁慧[13] 首次采用紫外分光光度法，对锦灯笼果实乙醇提取物经大孔吸附树脂吸附，不同浓度乙醇洗脱得到的各部位进行了总甾醇的含量测定，测定出 30％、50％、70％、90％乙醇洗脱部位的总甾醇含量分别为 4.52％、4.94％、15.07％、35.40％。

## 一、含量测定方法学考察

研究人员选取了锦灯笼果实醇提物乙醇洗脱部位样品进行方法学考察。

### 1. 线性范围考察

精密量取对照品溶液 30μL、60μL、90μL、120μL、150μL 置于试管中，水浴加热，蒸除甲醇，于 60℃干燥后，分别精密加入 5％香草醛-冰醋酸溶液 0.2mL 和高氯酸 0.8mL，振摇，置 60℃恒温水浴箱上，加热 15min，取出，立即冷却，另加入冰醋酸 4mL，摇匀，在560nm 波长处测定吸收度（A），绘制标准曲线。测定结果见表 4-16。

**表 4-16　标准曲线数据**

| 取样量/μL | 30 | 60 | 90 | 120 | 150 |
|---|---|---|---|---|---|
| 浓度/(mg/mL) | 0.005484 | 0.010968 | 0.016452 | 0.021936 | 0.02742 |
| A | 0.161 | 0.276 | 0.413 | 0.554 | 0.689 |

标准曲线方程 $Y=A+BX$

式中，$A=0.0184$；$B=24.325$；$r=0.9994$。

回归线性方程为 $Y=24.325X+0.0184$

对照品在 0.00548～0.02742mg/mL 范围内线性良好。

### 2. 精密度试验

精密吸取同一供试品溶液 0.2mL，连续测定 5 次吸收度，结果见表 4-17。

**表 4-17　精密度试验结果**

| 类别 | 1 | 2 | 3 | 4 | 5 | 平均值 | RSD/％ |
|---|---|---|---|---|---|---|---|
| A | 0.389 | 0.391 | 0.402 | 0.393 | 0.395 | 0.394 | 1.3 |

测定结果表明，本方法精密度良好。

### 3. 稳定性试验

精密吸取同一供试品溶液 0.2mL，在配制后 0min、30min、60min、90min、120min、

150min 后分别测定吸收度，计算平均值及 RSD，结果见表 4-18。

表 4-18　稳定性试验结果

| 类别 | 0 | 30 | 60 | 90 | 120 | 150 | 平均值 | RSD/% |
|---|---|---|---|---|---|---|---|---|
| A | 0.395 | 0.395 | 0.394 | 0.394 | 0.392 | 0.390 | 0.393 | 0.6 |

测定结果表明，本方法 2h 内稳定性良好。

### 4. 重复性试验

取锦灯笼果实醇提物 90％乙醇洗脱部位干膏粉末样品 5 份，分别用甲醇溶解，过滤，定容，配成 10mL 供试品溶液。精密吸取供试品溶液 1mL、0.7mL、0.3mL、0.2mL 置于试管中，水浴蒸干，于 60℃干燥后，依次加入 0.2mL 5％香草醛冰醋酸溶液和 0.8mL 高氯酸，于水浴 60℃加热 15min，冷却后加入 4mL 冰醋酸，摇匀，在 560nm 波长处测定吸收度，计算含量结果见表 4-19。

表 4-19　重复性试验结果

| 测定次数 | 1 | 2 | 3 | 4 | 5 | 平均值 | RSD/% |
|---|---|---|---|---|---|---|---|
| 一 | 11.53 | 10.96 | 10.87 | 11.00 | 11.10 | | |
| 二 | 0.391 | 0.385 | 0.398 | 0.397 | 0.391 | 35.78% | 1.4 |
| 三 | 36.10 | 34.92 | 36.52 | 35.92 | 35.40 | | |

测定结果表明，本方法重复性良好。

### 5. 加样回收试验

精密称定已知含量的锦灯笼果实醇提物乙醇洗脱部位干膏粉末（35.78％）11mg，精密加入 $\beta$-谷甾醇对照品溶液 1.0mL（3.930mg/mL），用甲醇溶解，过滤，定容，配成 10mL 供试品溶液。按上述方法进行含量测定，结果见表 4-20。

表 4-20　回收试验测定结果

| n | 取样量/mg | 供试品含量/mg | 对照品加入量/mg | 实测总量/mg | 回收率/% | 平均回收率/% | RSD/% |
|---|---|---|---|---|---|---|---|
| 1 | 11.53 | 4.125 | 3.930 | 8.073 | 100.46 | | |
| 2 | 10.96 | 3.921 | 3.930 | 7.795 | 98.58 | | |
| 3 | 10.87 | 3.889 | 3.930 | 7.856 | 100.94 | 100.17 | 1.1 |
| 4 | 11.00 | 3.936 | 3.930 | 7.912 | 101.17 | | |
| 5 | 11.10 | 3.972 | 3.930 | 7.891 | 99.72 | | |

测定结果表明，回收率在 98.58％～101.17％之间，RSD 为 1.1％，符合相关规定。

## 二、测定结果

锦灯笼果实醇提物经大孔树脂吸附 30％、50％、70％、90％乙醇洗脱所得不同部位中总甾醇的含量测定，结果见表 4-21。

表 4-21　不同部位中总甾醇的含量测定结果

| 样品名称 | 30％部位 | 50％部位 | 70％部位 | 90％部位 |
|---|---|---|---|---|
| 样重/mg | 8.52 | 11.55 | 11.43 | 11.10 |
| 取样/mL | 1.00 | 0.70 | 0.30 | 0.20 |
| 吸收度 A | 0.203 | 0.217 | 0.266 | 0.391 |
| 含量/% | 4.52 | 4.94 | 15.07 | 35.40 |

由上表可知，锦灯笼果实醇提物经大孔吸附树脂富集纯化后，甾醇主要集中在 90% 和 70% 乙醇洗脱部位，总甾醇含量分别为 35.40%、15.07%。

（1）谷固醇，分子式为 $C_{29}H_{50}O$，分子量为 414。结构式见图 4-78。

（2）豆甾醇，分子式为 $C_{29}H_{48}O$，分子量为 412。结构式见图 4-79。

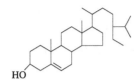

图 4-78　谷固醇的结构式

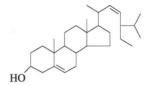

图 4-79　豆甾醇的结构式

（3）Saringosterol，分子式为 $C_{29}H_{48}O_2$，分子量为 428。结构式见图 4-80。

（4）酸浆甾醇 A，分子式为 $C_{36}H_{50}O_4$，分子量为 546。结构式见图 4-81。

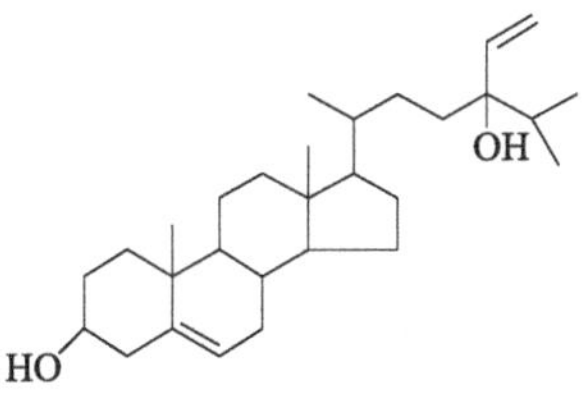

图 4-80　Saringosterol 的结构式

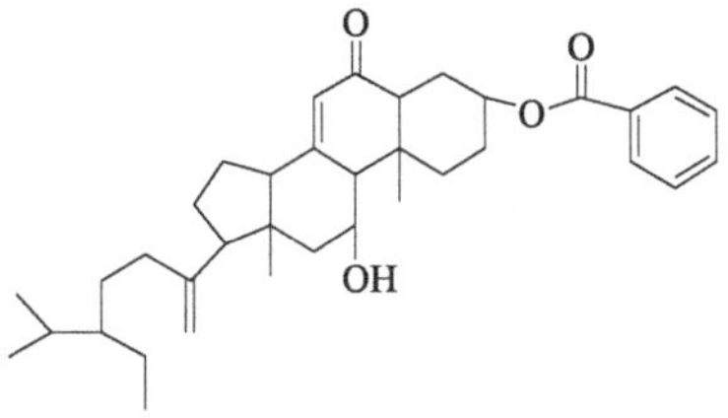

图 4-81　酸浆甾醇 A 的结构式

（5）酸浆甾醇 B，分子式为 $C_{36}H_{52}O_4$，分子量为 548。结构式见图 4-82。

（6）禾本甾醇，分子式为 $C_{29}H_{48}O$，分子量为 412。结构式见图 4-83。

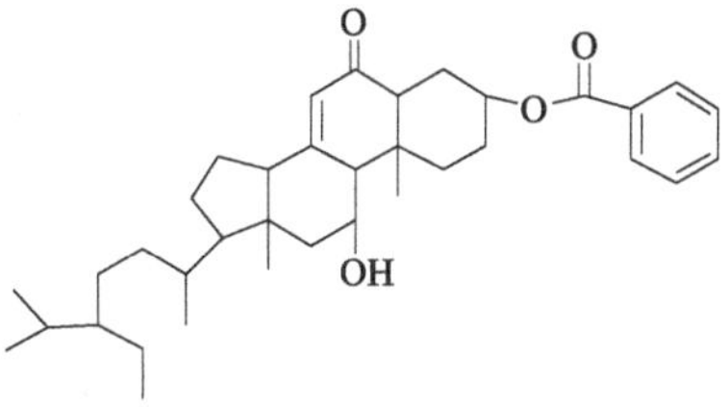

图 4-82　酸浆甾醇 B 的结构式

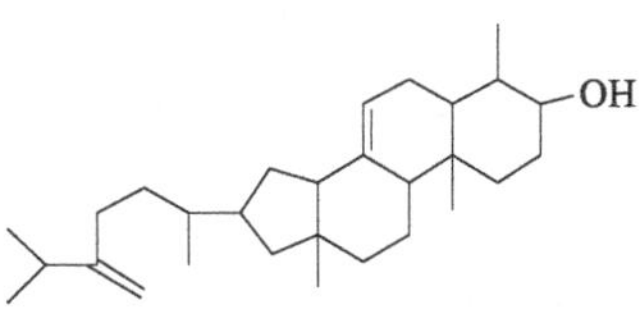

图 4-83　禾本甾醇的结构式

（7）钝叶醇，分子式为 $C_{30}H_{50}O$，分子量为 426。结构式见图 4-84。

（8）环木菠萝烷醇，分子式为 $C_{30}H_{52}O$，分子量为 428。结构式见图 4-85。

（9）环木菠萝烯醇，分子式为 $C_{30}H_{50}O$，分子量为 426。结构式见图 4-86。

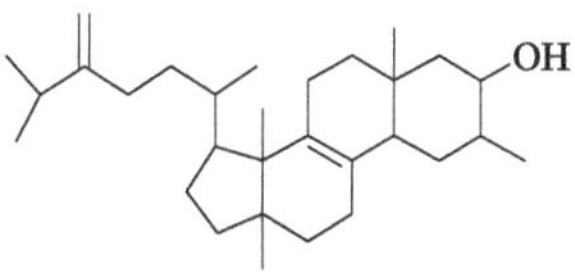

图 4-84　钝叶醇的结构式

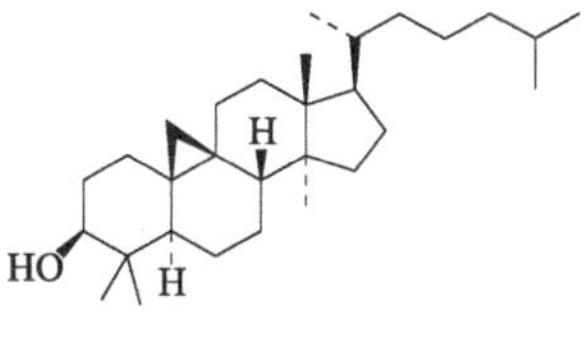

图 4-85　环木菠萝烷醇的
结构式

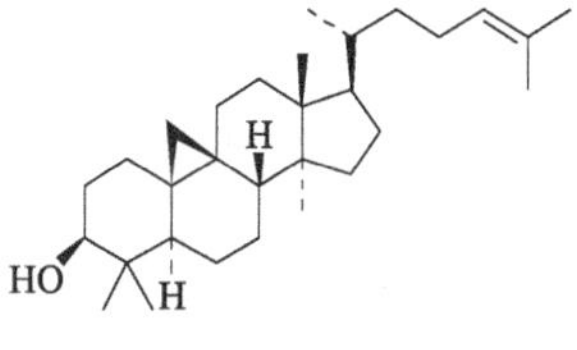

图 4-86　环木菠萝烯醇
的结构式

## 第六节　锦灯笼的挥发油类成分

挥发油，又称精油，是存在于植物体内的一类具有挥发性的、可随水蒸气蒸馏且与水不相溶的油状液体。其应用历史悠久，据甲骨文字记载早在殷商时期古人便有运用熏疗、艾蒸等方式防病治病的方法。挥发油类化合物够降低血压、改善心肌缺血、抗心律失常，并且具有平喘、抑制中枢神经系统、提高机体免疫功能及抗炎镇痛等药理作用。赵倩[14] 采用 GC-MS 联用技术，分析了锦灯笼宿萼中的挥发油类化学成分，鉴定了其中的 16 个化合物，发现脂肪酸类为主要成分，其中辛酸占 42.08%，棕榈酸占 22.81%，如表 4-22 所示。

表 4-22　锦灯笼挥发油化学成分

| 编号 | 化合物 | 分子式 | 峰面积/% | 色谱保留值/min | 分子离子峰 | 最强碎片峰 |
|---|---|---|---|---|---|---|
| 1 | 辛酸 Octanoic Acid | $C_8H_{16}O_2$ | 42.08 | 6.583 | 144 | 60 |
| 2 | 3,7 二甲基-(E)-2,6-二烯-1-辛醇<br>3,7-Dimethyl-(E)-2,6-octanoic-1-ol | $C_{10}H_{18}O$ | 1.34 | 7.892 | 154 | 69 |
| 3 | 9-烯-十八酸 Oleic Acid | $C_{18}H_{34}O_2$ | 3.10 | 8.208 | | 41 |
| 4 | 2,4-二烯-癸醛 2,4-Decadienal | $C_{10}H_{16}O$ | 0.56 | 9.158 | 152 | 81 |
| 5 | 6,10-二甲基-(Z)-5,9-二烯-2-十一酮<br>6,10-Dimethyl-(Z)-5,9-undecadien-2-one | $C_{13}H_{22}O$ | 0.36 | 12.592 | 194 | 43 |
| 6 | 4-(2,6,6-三甲基环己烯)-(E)-3-烯-丁-2-酮<br>4-(2,6,6-Trimehylcyclohexen-1-yl)-(E)-3-buten-2-one | $C_{13}H_{20}O$ | 0.44 | 13.492 | 192 | 43 |
| 7 | 6,11-二甲基-2,6,10-三烯-十二醇<br>6,11-Dimethyl-2,6,10-dodecatrien-1-ol | $C_{14}H_{24}O$ | 0.62 | 17.150 | | 69 |
| 8 | 十四酸 Tetradecanoic Acid | $C_{14}H_{28}O_2$ | 0.36 | 20.483 | 228 | 73 |
| 9 | 2,3,5,8-四甲基-癸烷<br>2,3,5,8-Tetramethyl-decane | $C_{14}H_{30}$ | 0.36 | 21.525 | | 57 |
| 10 | 6,10,14-三甲基-2-十五酮<br>6,10,14-Trimethyl-2-pentadecanone | $C_{18}H_{36}O$ | 2.5 | 22.242 | 268 | 43 |
| 11 | 6,10,14-三甲基-5,9,13-三烯-2-十五酮<br>6,10,14-Trimethyl-5,9,13-petadecatrien-2-one | $C_{18}H_{30}O$ | 2.33 | 23.658 | 262 | 69 |
| 12 | 1-氯十八烷 1-Chloro-octadecane | $C_{18}H_{37}Cl$ | 0.41 | 23.750 | | 43 |
| 13 | 14-甲基-十五酸甲酯<br>Pentadecanoic Acid,14-methyl-,methylester | $C_{17}H_{34}O_2$ | 0.41 | 23.983 | 270 | 74 |
| 14 | 棕榈酸 Hexadecanoic Acid | $C_{16}H_{32}O_2$ | 22.81 | 25.008 | 256 | 73 |
| 15 | 1,(E)-11,(Z)-13-十八三烯<br>1,(E)-11,(Z)-13-Octadecatriene | $C_{18}H_{32}$ | 2.68 | 28.383 | | 67 |
| 16 | (Z)-9-十八烯醛(Z)-9-Octadecenal | $C_{18}H_{34}O$ | 1.07 | 28.442 | | 55 |

# 第七节 锦灯笼的其他类成分

## 一、氨基酸类

氨基酸是人体必需的营养成分,当缺乏氨基酸时,人体正常的生长发育就会受到抑制甚至导致疾病。锦灯笼的果实和宿萼中均含有氨基酸类成分。王永辉等[15] 采用日立 L-8800 型氨基酸自动分析仪对锦灯笼果皮、果肉、果汁、果籽中 18 种氨基酸的含量及其品质进行了初步测定和探讨。

### 1. 锦灯笼果皮、果肉和果汁中的氨基酸质量分数

研究人员利用自动分析仪所测定的 18 种氨基酸在锦灯笼果皮、果肉和果汁中均可检出,但在含量和组成上有所差异。如表 4-23 所示,18 种氨基酸总量和 7 种必需氨基酸总量的高低顺序均为果皮>果肉>果汁。锦灯笼果汁中 18 种氨基酸的质量分数比较低,要比果皮、果肉中的相应氨基酸质量分数低 1~2 个数量级。从果皮、果肉、果汁中的单种氨基酸的绝对质量分数来看,谷氨酸、天冬氨酸、丙氨酸、亮氨酸、赖氨酸、甘氨酸含量较多,而蛋氨酸、色氨酸、组氨酸含量较少。

### 2. 锦灯笼果皮、果肉和果汁中的氨基酸组成比

以锦灯笼果皮、果肉、果汁中 18 种氨基酸的总量为 100,计算果皮、果肉、果汁中每种氨基酸组成比,结果见表 4-24。从表 4-24 可以看出锦灯笼果皮、果肉、果汁中必需氨基酸的比例均在 20% 以上,其中谷氨酸、天冬氨酸所占比例较高,而果皮中色氨酸所占比例较低,果肉中半胱氨酸所占比例较低,果汁中色氨酸、酪氨酸所占比例较低。

表 4-23　锦灯笼不同部位氨基酸平均质量分数　　　　　　　单位: g/kg

| 氨基酸名称 | 果皮 | 果肉 | 果汁 |
| --- | --- | --- | --- |
| 异亮氨酸(Ile)[a] | 0.32 | 0.19 | 0.07 |
| 亮氨酸(Leu)[ac] | 0.69 | 0.39 | 0.17 |
| 赖氨酸(Lys)[ac] | 0.64 | 0.25 | 0.12 |
| 蛋氨酸(Met)[ac] | 0.13 | 0.1 | 0.05 |
| 苯丙氨酸(Phe)[ac] | 0.34 | 0.22 | 0.08 |
| 苏氨酸(Thr)[a] | 0.44 | 0.25 | 0.11 |
| 缬氨酸(Val)[a] | 0.42 | 0.27 | 0.15 |
| 组氨酸(His) | 0.19 | 0.15 | 0.08 |
| 胱氨酸(Cys)[c] | 0.17 | 0.04 | 0.05 |
| 酪氨酸(Tyr)[c] | 0.43 | 0.16 | 0.03 |
| 丙氨酸(Ala)[b] | 0.71 | 0.44 | 0.3 |
| 精氨酸(Arg)[bc] | 0.45 | 0.39 | 0.07 |
| 天冬氨酸(Asp)[bc] | 1.21 | 0.71 | 0.55 |
| 谷氨酸(Glu)[bc] | 1.66 | 1.22 | 0.85 |
| 甘氨酸(Gly)[bc] | 0.69 | 0.3 | 0.13 |
| 脯氨酸(Pro) | 0.51 | 0.26 | 0.15 |
| 丝氨酸(Ser) | 0.64 | 0.36 | 0.23 |
| 色氨酸(Trp) | 0.08 | 0.05 | 0.03 |
| 18 种氨基酸总量 | 9.72 | 5.75 | 3.22 |
| 必需氨基酸总量 | 2.98 | 1.67 | 0.73 |
| 鲜味氨基酸总量 | 4.72 | 3.06 | 1.9 |

续表

| 氨基酸名称 | 果皮 | 果肉 | 果汁 |
|---|---|---|---|
| 药效氨基酸总量 | 6.41 | 3.14 | 2.1 |
| 支链氨基酸总量 | 1.43 | 0.85 | 0.39 |
| 芳香族氨基酸总量 | 0.85 | 0.43 | 0.21 |
| 支/芳比值 | 1.68 | 1.98 | 1.86 |

注：a 为必需氨基酸；b 为鲜味氨基酸；c 为药效氨基酸。

### 3. 锦灯笼果皮、果肉和果汁中的鲜味氨基酸

鲜味氨基酸包含有谷氨酸、天冬氨酸、精氨酸、丙氨酸和甘氨酸 5 种，味道鲜美的程度由食物中鲜味氨基酸的含量和组成来决定。从表 4-24 可以看出，锦灯笼果皮、果肉和果汁中所含鲜味氨基酸总量分别占其 18 种氨基酸总量的 48.56％、53.22％、59.01％，组成比都比较高。这是锦灯笼味道特别鲜美的重要原因之一。

### 4. 锦灯笼果皮、果肉和果汁中的药效氨基酸

从表 4-23 可以看出，锦灯笼果皮中的药效氨基酸总量较高，而果汁中的药效氨基酸总量最低。由表 4-24 可见，锦灯笼果皮、果肉和果汁中的药效氨基酸组成比分别为 65.95％、54.61％和 65.22％，组成比都比较高。

表 4-24　锦灯笼果皮、果肉和果汁中的氨基酸　　　　　　　　单位：％

| 氨基酸名称 | 果皮 | 果肉 | 果汁 |
|---|---|---|---|
| 异亮氨酸(Ile)[a] | 3.29 | 3.3 | 2.17 |
| 亮氨酸(Leu)[ac] | 7.1 | 6.78 | 5.28 |
| 赖氨酸(Lys)[ac] | 6.58 | 4.35 | 3.73 |
| 蛋氨酸(Met)[ac] | 1.34 | 1.74 | 1.55 |
| 苯丙氨酸(Phe)[ac] | 3.5 | 3.83 | 2.48 |
| 苏氨酸(Thr)[a] | 4.53 | 4.35 | 3.42 |
| 缬氨酸(Val)[a] | 4.32 | 4.7 | 4.66 |
| 组氨酸(His) | 1.95 | 2.61 | 2.48 |
| 胱氨酸(Cys)[c] | 1.75 | 0.7 | 1.55 |
| 酪氨酸(Tyr)[c] | 4.42 | 2.78 | 0.93 |
| 丙氨酸(Ala)[b] | 7.3 | 7.65 | 9.32 |
| 精氨酸(Arg)[bc] | 4.63 | 6.78 | 2.17 |
| 天冬氨酸(Asp)[bc] | 12.45 | 12.35 | 17.08 |
| 谷氨酸(Glu)[bc] | 17.08 | 21.22 | 26.4 |
| 甘氨酸(Gly)[bc] | 7.1 | 5.22 | 4.04 |
| 脯氨酸(Pro) | 5.25 | 4.52 | 4.66 |
| 丝氨酸(Ser) | 6.58 | 6.26 | 7.14 |
| 色氨酸(Trp) | 0.82 | 0.87 | 0.93 |
| 必需氨基酸组成比 | 30.66 | 29.04 | 22.67 |
| 鲜味氨基酸组成比 | 48.56 | 53.22 | 59.01 |
| 药效氨基酸组成比 | 65.95 | 54.61 | 65.22 |
| 支链氨基酸组成比 | 14.71 | 14.78 | 12.11 |
| 芳香族氨基酸组成比 | 8.74 | 7.48 | 6.52 |

注：a 为必需氨基酸；b 为鲜味氨基酸；c 为药效氨基酸。

### 5. 锦灯笼果皮、果肉和果汁中的支/芳比值

支/芳比值即支链氨基酸和芳香族氨基酸含量的比值。由表 4-23 可见，锦灯笼果皮中的

支链氨基酸总量和芳香族氨基酸总量最多；而支/芳比值的高低顺序为果肉、果汁和果皮。含高支链氨基酸、低芳香氨基酸的食物具有保肝作用。

测定结果表明 18 种氨基酸总量及药效氨基酸总量都以果皮中最高，其次是果肉和果汁。这说明锦灯笼的不同部位在营养学和医学上都有很高的研究价值。

## 二、无机元素

无机元素是我们生命活动中不可缺少的重要物质，它不仅有助于骨骼和牙齿的生长发育，还参与完成神经传导、肌肉收缩、心脏搏动、血液凝固和酸碱平衡等过程。锦灯笼果实和宿萼中同样含有多种无机元素。

吕春平等[16] 采用 ICP-AES 法检测了锦灯笼果实及其干燥宿萼中无机元素的含量，已检测出其中含有的铝、铁、钙、镁、硼、磷、钛、钡、铅、锌、铜、铬、钒、锰、镍、钒、锆、钇、铍、镉、钴、镧、锶、钼共 24 种元素的含量，如表 4-25、表 4-26。锦灯笼果实和宿萼中有满足人体所必需的矿物质，特别是其中镁的含量较高。镁是机体多种酶的激活剂，能提高人体内多种酶的活性，加速人体内的新陈代谢，充分发挥各种酶的生理功能。人体缺镁时，体内卵磷脂的合成就会受到抑制，甚至可能会影响到胆固醇代谢，使血液中胆固醇含量过多，导致动脉粥样硬化。

表 4-25　锦灯笼果实中无机元素含量/$\times 10^{-6}$

| Ca | Mg | B | Ba | Fe | Be |
|---|---|---|---|---|---|
| 137.4 | 421 | 2.58 | 0.47 | 7 | $2.0\times10^{-3}$ |
| Cd | Co | Cu | Cr | In | La |
| $3.5\times10^{-3}$ | $4.5\times10^{-3}$ | 1.21 | 1.49 | 0.27 | 0.2 |
| Mn | Mo | Ni | P | Sr | Pb |
| 2.16 | 0.12 | 0.24 | $1.03\times10^{3}$ | 0.55 | |
| Ti | Zn | Zr | V | Y | Al |
| — | 2.44 | $8.9\times10^{-2}$ | — | | |

表 4-26　锦灯笼宿萼中无机元素含量/$\times 10^{-3}$

| Ca | Mg | B | Ba | Fe | Be |
|---|---|---|---|---|---|
| 7.01 | 4.91 | $1.9\times10^{-2}$ | $2.3\times10^{-2}$ | 0.84 | $2\times10^{-4}$ |
| Cd | Co | Cu | Cr | In | La |
| $1.6\times10^{-4}$ | $1.8\times10^{-4}$ | $1.0\times10^{-2}$ | $1.6\times10^{-2}$ | $1.5\times10^{-3}$ | 0.02 |
| Mn | Mo | Ni | P | Sr | Pb |
| $2.4\times10^{-2}$ | — | $3.8\times10^{-3}$ | 3.14 | $1.3\times10^{-2}$ | $4.4\times10^{-3}$ |
| Ti | Zn | Zr | V | Y | Al |
| $9.6\times10^{-3}$ | $2.6\times10^{-2}$ | — | $2.9\times10^{-4}$ | | 0.43 |

## 三、色素类

色素是食品的重要添加剂之一，天然色素安全无毒性，同时兼有营养和药理作用。锦灯笼的果实、宿萼、叶和根中均含有色素类物质，其中锦灯笼果实主要含酸浆红素、类胡萝卜素等。类胡萝卜素是一种重要的天然色素，惠伯棣等[17] 应用 UV-Vis 和 HPLC 对锦灯笼浆果实和宿萼中类胡萝卜素的含量和组成进行了分析，结果表明，锦灯笼浆果及宿萼中类胡萝卜素的含量分别为 2.1937mg/g 和 8.1869mg/g（按干重），其中 $\beta$-胡萝卜素为其主要成分。

# 第八节　锦灯笼生物活性成分常用的提取分离手段与方法

锦灯笼药用历史悠久，早在古代就已经有了提取其有效成分的通用方法。从二十世纪开始，科研人员对于锦灯笼的研究就已经在日本开展，最初始的提取方法为水提法，这与中国的中药煎煮有异曲同工之妙。随着人们科研意识的提高，水提法逐渐被醇提法所取代，因为更多的科学研究表明，在中药材中的有效成分，大部分都有易溶于醇的性质，水作为提取溶剂的局限性是其被取代的根本原因之一。随着吸附填料的开发问世，科研人员在提取物的分离上也有了进步。起初人们利用常规硅胶的吸附性，用配制不同比例的乙醇水溶液进行淋洗，可以将提取的含锦灯笼提取物的粗液大致分成很多份，这一时期普遍被使用的都是敞口常压的分离柱管。接着科研人员发现常压已经无法满足日常科研活动中的分离纯化工作，这就推动了各种新型仪器的相继问世。特别是在二十世纪中后期，分离相关仪器设备的相继问世，各种耐中高压的材料涌现在科研人员面前，越来越多的仪器设备可供大家选择。如我们常见的利用率最高的仪器高压分离的 HPLC 和中压制备系统等。

## 一、锦灯笼生物活性成分常用的提取方法

随着提取技术手段的不断优化，目前锦灯笼生物活性成分常用的提取方法有煎煮法、浸渍法、回流提取法、超声波提取法、微波提取法等。

### 1. 煎煮法

煎煮法是将药材加水煎煮取汁的方法。该法是最早使用的简易浸出方法，至今仍是制备浸出制剂最常用的方法。在提取过程中大部分成分可被不同程度地提取出来，且提取时间短，生产效率高，溶剂易得价廉。但是水不溶性有效成分损失较多，对于挥发性成分及加热易被破坏的成分不宜使用，而且煎出液容易霉败变质。

### 2. 浸渍法

浸渍法是简便而常用的一种方法，常用于制备酊剂。浸渍法是将药材粗粉或碎块置于有盖的容器中，加入定量合适的溶剂（一般为水或乙醇），盖严，在室温或加热条件下浸泡一定时间（一日至数日），使其中所含成分溶出，并将其减压浓缩的一种提取方法。此法简单易行，适用于含有大量淀粉、树胶、黏液质和果胶等成分的植物材料。但浸渍法提取时间较长，效率低；用水作溶剂时还要注意提取液的防腐问题。

### 3. 回流提取法

回流提取法是用乙醇等易挥发的有机溶剂提取原料成分，将浸出液加热蒸馏，使其中挥发性溶剂馏出后又被冷却，重复回流浸出容器中浸提原料，这样周而复始，直至有效成分提取完全的方法。该方法提取产率较高，但因为药材需要长时间加热，所以不适合受热易分解成分的提取。

#### 4. 超声波提取法

超声波是一种高频机械波，这种特殊的物理环境使细胞中的有效成分能够直接与溶剂接触并溶解在其中，提高有效成分的提取率。超声波提取法有很多优点，例如无须加热，可避免加热因素引起的药物成分结构发生变化，能用于热敏性成分的提取，且提取时间短，提取率高。因此超声波提取法可以作为实验室和生产中的模拟工艺。但是超声波提取法也有很多局限性，例如对容器壁的厚薄及容器放置位置要求较高，否则会影响药材浸出效果。超声提取技术工程放大也是一个难题，而且超声波发生器工作噪声比较大，所以限制了该技术在国内的工业化推广应用，这些问题都有待于进一步解决。

#### 5. 微波提取法

微波提取法最早是于 1986 年用微波炉从土壤中萃取分离有机化合物，之后迅速扩展到包括植物药提取等众多领域。微波是一种频率在 300MHz～300GHz 之间的电磁波，它具有波动性、高频性、热特性以及非热特性四大基本特性。微波提取技术具有设备简单，节省时间、投资少、适用范围广、萃取效率高、重现性好、节省试剂以及污染小等优点。然而微波提取也存在着不足，如微波辐射不均匀，容易造成局部温度过高，导致有效成分的变性、损失。其对富含淀粉或树胶的物料提取，则容易导致提取物的变形和糊化，不利于胞内物质的释放。另外，微波提取对提取溶剂的选择也有一定的要求，如溶剂必须是透明或半透明的，介电常数在 8～28 范围内等。

## 二、锦灯笼生物活性成分常用的分离方法

科技的日益进步使得有效成分的分离技术也在不断地更新迭代，目前锦灯笼生物活性成分的分离方法一般可分为大孔吸附树脂色谱法、硅胶柱色谱法和膜分离法等。

#### 1. 大孔吸附树脂色谱法

大孔吸附树脂是 20 世纪 60 年代发展起来的一种新型吸附剂，它是一类不含交换基团且具有大孔结构的高分子材料，具有理化性质稳定、比表面积大、吸附容量大、选择性好、吸附速度快、解吸条件温和、再生处理方便、使用周期长、易于构成闭路循环、节省费用等诸多优点。但由于大孔吸附树脂应用时间较短，其应用和性能研究中尚存在一些不足。例如，大孔吸附树脂分离纯化技术在树脂材料方面缺乏统一、严格的质量控制标准，在制药工业生产应用中缺乏规范化的技术要求，对其预处理、再生纯化工艺条件缺乏规范化评价指标。

#### 2. 硅胶柱色谱法

硅胶柱色谱法的分离原理是根据物质在硅胶上吸附力的不同而分离，一般情况下极性较强的物质易被硅胶吸附，极性较弱的物质不易被硅胶吸附，整个分离过程即吸附、解吸附、再吸附、再解吸附的过程。其主要特点是通过对混合物质中的不同成分吸附保留时间的差异，达到分离提纯的目的。因此常用于中草药有效成分的分离提纯。依其纯度又分为工业级粗孔柱色谱硅胶、试剂级柱色谱硅胶。硅胶柱色谱法流动相的选择一般是极性小的用乙酸乙酯-石油醚系统洗脱；极性较大的用甲醇-氯仿系统洗脱；极性大的用甲醇-水-正丁醇-乙酸系统洗脱；如果产生拖尾现象可以加入少量氨水或冰醋酸。

### 3. 膜分离法

膜分离法是一项高新技术，虽然在二百多年以前人们已发现膜分离现象，但直到 20 世纪 60 年代开始，美国埃克森公司第一张工业用膜的诞生，膜技术才进入快速发展时期。膜分离过程以选择性透过膜为分离介质，当膜两侧存在某种推动力（如压力差、浓度差和电位差等）时，原料侧组分选择性地透过膜，以达到分离、纯化的目的。不同的膜过程使用的膜不同，推动力也不同。膜分离产物可以是单一成分，也可以是某一分子量区段的多种成分。膜技术按被分离物质分子量的大小分为微滤（$>0.1\mu m$）、超滤（$10\sim100nm$）、纳滤（$1\sim10nm$）和反渗透（$<1nm$）等，中药领域主要应用微滤和超滤两种方法。微滤过程处理中药水溶液，可除去大量亚微粒、微粒及絮状沉淀。超滤过程可除去提取液中的淀粉、树胶、果胶、黏液质、蛋白质等可溶性大分子杂质。大多数膜分离过程中物质不发生相变，分离系数较大，操作温度为常温，所以膜分离过程具有节能、高效等特点。膜分离技术具有过程简单、无二次污染、分离系数大、无相变、高效、节能等优点，操作无须特许条件，可在常温下进行，也可直接放大。目前膜分离技术在各个方面的应用研究很热门，但膜的污染、堵塞、原料液的黏度高等问题使膜通量衰减严重，无法继续分离，影响了膜分离在实际操作中迅速应用发展。

接下来将简单介绍锦灯笼中不同化学成分常用的提取分离方法及其相关研究。

## 三、锦灯笼各生物活性成分的提取与分离

### 1. 甾体类

甾体类化合物是天然产物中广泛出现的成分之一，几乎所有生物体自身都能合成甾体化合物。因其具有较好的生物活性，甾体化合物的提取分离、合成以及应用研究已成为药物开发领域十分活跃的研究项目，其也被称为 20 世纪研究极为透彻的药物之一。

于婷[18] 采用乙醇提取法进行提取以及大孔树脂法进行纯化，对锦灯笼甾体类化合物的最佳提取及纯化工艺进行探究。研究人员采用正交设计法考查了乙醇浓度、加醇量、提取时间对提取效果的影响。结果表明最佳工艺为：浓度为 70%，乙醇用量为锦灯笼样品的 4 倍，提取时间为 3h。同时，研究者还采用不同型号的大孔吸附树脂对锦灯笼果实乙醇提取物通过正交试验进行了纯化工艺的优化研究，考察样液浓度、药材与树脂的比例关系、洗脱液浓度等因素对纯化的影响。实验结果表明，以 D101-A 的富集纯化效果最好，最佳纯化工艺为：D101-A 树脂柱，药材与树脂比为 1：2，药液浓度为 20%，洗脱液为 70% 的乙醇。通过乙醇提取、大孔树脂吸附除杂富集等工艺处理后，甾体类化合物的得率得到了很大程度的提高。

### 2. 黄酮类

黄酮类化合物是一类重要的天然有机化合物，对其提取、分离及纯化方法的相关研究报道很多，一般采用溶剂浸提法、微波法、超声波法、超临界流体萃取法、酶提法、超滤法、大孔树脂法等。

王隶书等[19] 以锦灯笼总黄酮的提出量为评价指标，以提取次数、提取时间、固液比为考察因素，采用正交试验法优选锦灯笼总黄酮的提取工艺。实验结果表明，锦灯笼醇提最优

提取工艺为：药材经 80％乙醇回流提取 2 次，每次 2h，每次加醇量为药材量的 8 倍，锦灯笼总黄酮的提取率为 0.153g/25g。

徐保利等[20] 在单因素基础上，通过正交试验考察乙醇体积分数、料液比、提取时间以及提取次数 4 个因素对锦灯笼果实总黄酮提取量的影响，用紫外-可见分光光度计对锦灯笼果实总黄酮含量进行测定，得到最佳提取工艺。锦灯笼果实总黄酮最佳提取工艺为乙醇体积分数 60％、料液比 1∶30、提取时间 30min、提取 3 次，得锦灯笼总黄酮平均提取量 2.00mg/g。

闫平等[21] 采用 Box-Behnken 设计响应面法优化锦灯笼的回流提取法最佳提取工艺，以总黄酮提取率为响应值，考察料液比、提取时间、提取次数、乙醇体积分数四个因素对锦灯笼总黄酮提取率的影响。在单因素实验的基础上，采用响应面法中的 Box-Behnken 模式对锦灯笼总黄酮的提取工艺参数进行优化分析。实验表明最佳工艺参数为料液比（锦灯笼粉末的质量∶水的体积)1∶20、提取时间 1.0h、提取次数 2 次、乙醇体积分数为 80％，在此条件下提出总黄酮的平均值可达到 2.016mg/g。

王晓林等[22] 采用微波协同双水相法探索锦灯笼宿萼总黄酮的提取工艺条件，通过单因素实验和正交试验对锦灯笼宿萼中总黄酮的提取工艺进行优化。实验结果表明，微波协同双水相提取锦灯笼宿萼总黄酮的最佳工艺条件：正丙醇-水的比为 0.7、微波提取时间 20min、料液比 1∶50（质量/体积，g/mL）、硫酸铵质量浓度为 0.35g/mL，微波功率为 400W，锦灯笼宿萼总黄酮的提取率为 7.31mg/g。

王晓林等[23] 接着以总黄酮吸附率、解吸率为指标，在单因素实验基础上，利用五因素四水平正交试验研究 D101 型大孔吸附树脂纯化锦灯笼宿萼总黄酮的工艺条件。结果表明将 pH＝10 的锦灯笼宿萼总黄酮提取液采用树脂吸附 3h，并用体积为 35 倍树脂质量［解吸液体积（mL）∶树脂质量（g）＝35∶1］，体积分数 80％的乙醇溶液解吸 7h 时，锦灯笼宿萼浸膏中总黄酮的得率由 11.45％提高到 45.56％。

### 3. 多糖类

多糖是锦灯笼宿萼的主要活性成分之一。传统的植物多糖提取方法多采用水提法，提取率较低，近年来采用超声波辅助提取法大大提高了植物多糖的提取率，而采用超声辅助酶法提取植物多糖取得了更好的效果。

闫平等[24] 采用超声波协同纤维素酶法探究提取锦灯笼果实多糖的最佳工艺条件，通过单因素实验与 Plackett-Burman 实验设计分析各因素显著性，再采用 Box-Behnken 中心组合设计原理进行响应面分析优化。实验表明最佳工艺参数为：料液比［锦灯笼粉末的质量（g）∶水的体积（mL）］为 1∶15.6、$w$（纤维素酶）＝3.4％、超声时间 30min、酶解时间 60min、pH＝5.0 和超声温度 50℃，锦灯笼多糖得率为 13.78％。王晓林等[23] 以多糖提取率为考察指标，通过单因素实验与正交试验探讨复合酶的最佳配比，并考察提取温度、酶解时间、体系 pH、液料比等因素对锦灯笼宿萼多糖提取效果的影响。结果表明超声波协同复合酶法提取锦灯笼宿萼多糖的最佳提取工艺条件为：提取温度 40℃、酶解时间 60min、液料比为 7∶1(质量/体积，g/mL)，多糖得率为 21.98％。

果胶是一种多糖，其组成有同质多糖和杂多糖两种类型。它们多存在于植物细胞壁和细胞内层。张超等[25] 以吉林地区的锦灯笼皮为原料，利用微波辅助复合酶法对锦灯笼皮中果胶进行工艺优化研究。研究了微波辐射时间、加酶比例（$m_{半纤维素}$∶$m_{纤维素}$）、复合酶用量

（$m_{半纤维素}$：$m_{纤维素}$＝1：1）、微波功率、料液比、酶解温度、pH 值、酶解时间对果胶提取的影响。研究人员采用 Box-Behnken Design 响应面优化得到最佳工艺条件为微波辐射时间 3.35min、加酶比例 1：1.27、复合酶用量（1：1.27）7.78mg、微波功率 399.39W。在此条件下验证果胶得率为 9.368%，总半乳糖醛酸得率为 63.02%。通过工艺优化研究可知，果胶的实际得率远小于其预测得率。

### 4. 生物碱类

由于取代基团、位置及连接方式的不同，哌嗪类生物碱药物大多具有作用起效快、副作用小、毒性低、无成瘾性等特点，也因此受到许多科研工作者的重视。故在此主要介绍哌嗪类生物碱的提取分离方法。

舒尊鹏等[7] 将锦灯笼 6kg，用 70% 乙醇回流提取 2 次，每次 2h，减压回收溶剂得到乙醇提取物 1.5kg。再将其进行大孔吸附树脂柱色谱，依次用水及 50% 乙醇、95% 乙醇洗脱，分别得到水洗脱组分、50% 乙醇洗脱组分和 95% 乙醇洗脱组分。其中 50% 乙醇洗脱组分（100g）经过硅胶柱色谱，二氯甲烷-甲醇（9：1→0：1）梯度洗脱，分离得到 9 个组分 Fr. 2-1～Fr. 2-9。Fr. 2-3 通过硅胶柱色谱，用二氯甲烷-甲醇（10：1→1：1）梯度洗脱得到 5 个组分 Fr. 2-3-1～Fr. 2-3-5，其中 Fr. 2-3-1 经过 ODS 柱色谱及 HPLC 法得到化合物 5（33mg），Fr. 2-3-4 经过反复 ODS 柱色谱及 HPLC 法得到化合物 7（20mg）、化合物 10（30mg）、化合物 13（21mg）。Fr. 2-4 经过硅胶柱色谱，二氯甲烷-甲醇（9：1→1：1）梯度洗脱得到 7 个组分 Fr. 2-4-1～Fr. 2-4-7，其中 Fr. 2-4-1 经过 ODS 柱色谱及 HPLC 法得到化合物 2（32mg）、化合物 4（25mg）、化合物 6（28mg）、化合物 11（20mg）、化合物 12（18mg），Fr. 2-4-2 经过 ODS 柱色谱及 HLPC 法得到化合物 1（13mg）、化合物 3（46mg），Fr. 2-4-5 经过硅胶柱色谱得到化合物 9（18mg），Fr. 2-4-7 经过硅胶柱色谱得到化合物 8（23mg）。得到的具体化合物如表 4-27。

表 4-27　哌嗪类化合物一览表

| 编号 | 化合物 | 化学名 | 分子式 | 分子量 |
| --- | --- | --- | --- | --- |
| 1 | 化合物 1 | (3S,6R)-3-异丙基-6-(2-甲基丙基)-2,5-哌嗪二酮 | $C_{11}H_{20}N_2O_2$ | 212 |
| 2 | 化合物 2 | (3S,6S)-3-异丁基-6-异丙基-2,5-哌嗪二酮 | $C_{11}H_{20}N_2O_2$ | 212 |
| 3 | 化合物 3 | (3S,6S)-3,6-二-(2-甲基丙基)-2,5-哌嗪二酮 | $C_{12}H_{22}N_2O_2$ | 226 |
| 4 | 化合物 4 | (3S,6S)-3,6-二异丙基-2,5-哌嗪二酮 | $C_{10}H_{18}N_2O_2$ | 198 |
| 5 | 化合物 5 | (3S,6R)-3-(2-甲基丙基)-6-苄基-2,5-哌嗪二酮 | $C_{15}H_{20}N_2O_2$ | 260 |
| 6 | 化合物 6 | (3S,6S)-3-异丁基-6-苄基-2,5-哌嗪二酮 | $C_{15}H_{20}N_2O_2$ | 260 |
| 7 | 化合物 7 | (3S,6S)-3-异丙基-6-对羟基苄基-2,5-哌嗪二酮 | $C_{14}H_{18}N_2O_3$ | 262 |
| 8 | 化合物 8 | (3S,6R)-3-异丙基-6-对羟基苄基-2,5-哌嗪二酮 | $C_{14}H_{18}N_2O_3$ | 262 |
| 9 | 化合物 9 | (3S,6S)-3-(2-甲基丙基)-6-对羟基苄基-2,5-哌嗪二酮 | $C_{15}H_{20}N_2O_3$ | 276 |
| 10 | 化合物 10 | (3S,6S)-3-异丁基-6-对羟基苄基-2,5-哌嗪二酮 | $C_{15}H_{20}N_2O_3$ | 276 |
| 11 | 化合物 11 | (3S,6S)-3-异丙基-6-苄基-2,5-哌嗪二酮 | $C_{14}H_{18}N_2O_2$ | 246 |
| 12 | 化合物 12 | (3S,6R)-3-异丁基-6-(2-甲基丙基)-2,5-哌嗪二酮 | $C_{12}H_{22}N_2O_2$ | 226 |
| 13 | 化合物 13 | (3S,6S)-3-苄基-6-(对羟基苄基)-2,5-哌嗪二酮 | $C_{18}H_{18}N_2O_3$ | 310 |

Fr. 2-1～Fr. 2-9、Fr. 2-3-1～Fr. 2-3-5、Fr. 2-4-1～Fr. 2-4-7 为该纯化工艺的中间产物（参见图 4-87）。

### 5. 色素类

色素对于人类肿瘤、衰老、心血管病等疾病的预防与治疗具有重要的意义，因此备受人

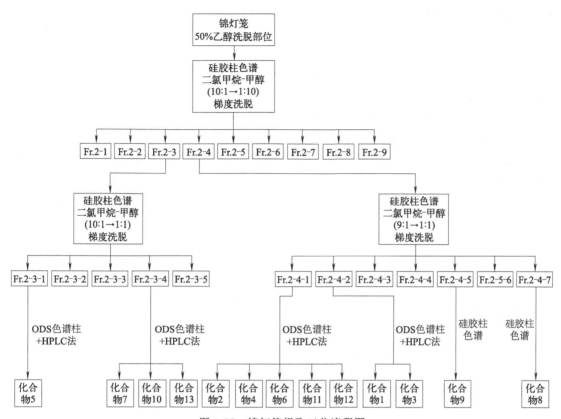

图 4-87　锦灯笼提取工艺流程图

们青睐。色素常用的提取分离方法有溶剂浸提法、超声波提取法、大孔吸附树脂色谱法等。

　　张巍等[26]以锦灯笼为材料，采用可见分光光度法测定类胡萝卜素含量，并对锦灯笼色素的提取工艺进行初步探索，同时探讨 pH、金属离子、光、热、氧化剂对色素稳定性的影响。研究者结合单因素实验和正交试验，确定提取锦灯笼色素的最佳工艺条件为：以丙酮石油醚混合液（1∶2）为提取剂常温下进行提取，料液比 1∶20（质量/体积，g/mL），提取功率 500W、提取时间 25min。类胡萝卜素耐高温，光、酸碱以及 $H_2O_2$ 对其稳定性影响较大。

　　程瑛琨等[27]采用大孔吸附树脂色谱法对锦灯笼宿萼中色素的最佳提取工艺及该色素的稳定性进行研究，并考察了 5 种大孔树脂的吸附性能。结果表明，HPD100A 对酸浆宿萼色素的精制效果较好，最佳工艺条件为：温度 20℃，pH 6.0，上柱流速为 1.5mL/min，以无水乙醇、丙酮阶段洗脱时能达到较好的纯化效果。

### 6. 脂肪酸类

　　目前植物油的提取主要采用传统的压榨法和溶剂萃取法。其中压榨法效率较低，溶剂萃取法残留溶剂则容易造成污染。超临界 $CO_2$ 萃取法是近年来开发的一项化工分离新技术。与传统方法相比，超临界萃取能保持脂肪油的纯天然特性。近年来，超临界 $CO_2$ 萃取法已广泛应用于植物脂肪酸的提取中。刘春红[28]采用超临界 $CO_2$ 萃取技术提取锦灯笼脂肪酸，经皂化和甲酯化，用 GC-MS 联用法分析和鉴定了脂肪酸组成。结果表明从锦灯笼中共检测出 15 种脂肪酸成分，主要为软脂酸甲酯（20.29%）和硬脂酸甲酯（14.60%）等。其中不饱和脂肪酸和饱和脂肪酸的含量分别为 60.88% 和 39.12%。

## 7. 皂苷类

皂苷是一类非挥发性的表面活性化合物，在自然界中分布广泛，主要存在于植物中。因其水溶液具有起泡性，故称之为皂苷，具有抗肿瘤、降血脂、抗氧化、抗菌抗炎等多种生物学功效。因其绿色、无毒害等特点，受到越来越多专家学者的关注。

孟庆然等[29] 以锦灯笼宿萼为原料，采用回流提取工艺研究了乙醇浓度、浸提时间、浸提温度和料液比对皂苷得率的影响。在单因素实验的基础上进行了正交试验，得到最优提取工艺组合为：浓度为 80% 的乙醇，提取温度 60℃，提取时间 120min，1：9 的料液比。此条件下总皂苷的得率为 4.283mg/g。由方差分析可得，时间对皂苷提取率的影响差异不显著，故可缩短时间至 105min。

张振学等[30] 通过单因素实验和正交试验对锦灯笼宿萼中皂苷的水浴回流提取工艺条件进行了优化，对最佳工艺条件下提取物进行了筛选研究。优化的提取工艺条件为：乙醇浓度 80%、提取时间 105min、提取次数 3 次、料液比 1：45。该条件下皂苷提取率平均值为 35.4mg/g，RSD 为 1.27%。

## 参考文献 REFERENCES

[1] 张楠，储小琴，蒋建勤. 锦灯笼醋酸乙酯部位化学成分的研究 [J]. 中草药，2015，46(8)：1120-1124.

[2] 夏自飞. 小酸浆、苦蘵中酸浆苦素类及醉茄内酯类化学成分研究 [D]. 苏州：苏州大学，2016.

[3] 马哲. 锦灯笼宿萼化学成分的分离与鉴定 [D]. 沈阳：辽宁中医药大学，2007.

[4] Chen R, Liang J Y, Liu R. Two Novel Neophysalins from Physalis alkekengi L. var. franchetii [J]. Helvetica Chimica Acta, 2007, 90(5):963-966.

[5] 张初航. 锦灯笼的活性成分能及质量评价研究 [D]. 沈阳：沈阳药科大学，2009.

[6] 舒尊鹏，徐炳清，邢娜，等. 锦灯笼化学成分 [J]. 中国实验方剂学杂志，2014，20(21)：99-102.

[7] 舒尊鹏，李新莉，徐炳清，等. 锦灯笼中哌嗪类化学成分研究 [J]. 中草药，2014，45(4)：471-475.

[8] 周正辉，焦连庆，于敏，等. 锦灯笼根茎均一多糖 $P_I$、$P_{II}$ 的制备及其结构研究 [J]. 吉林农业大学学报，2012，34(3)：289-293.

[9] 杨婧婧. 锦灯笼茎碱提水溶性多糖的结构及免疫增强作用研究 [D]. 长春：东北师范大学，2012.

[10] 尚东杰. 锦灯笼茎水溶性多糖的结构研究及活性初探 [D]. 长春：东北师范大学，2011.

[11] 佟海滨. 锦灯笼水溶性多糖的结构及其降血糖活性研究 [D]. 长春：东北师范大学，2007.

[12] 徐保利，李先宽，王冰. 不同产地对锦灯笼药材糖类成分的影响 [J]. 辽宁中医杂志，2014，41(5)：988-991.

[13] 梁慧. 锦灯笼果实化学成分的研究 [D]. 沈阳：辽宁中医药大学，2007.

[14] 赵倩. 锦灯笼化学成分的研究 [D]. 沈阳：沈阳药科大学，2005.

[15] 王永辉，张振华，金宏，等. 锦灯笼果不同部位氨基酸的测定与分析 [J]. 氨基酸和生物资源，2009，31(1)：81-83.

[16] 吕春平，李娟，吕冬梅. 锦灯笼中无机元素含量测定 [J]. 广东微量元素科学，2000(06)：55-56.

[17] 惠伯棣，钟粟，朱蕾，等. 类胡萝卜素生物合成的分子生物学研究 [J]. 食品工业科技，2003(5)：106-109.

[18] 于婷. 锦灯笼果实的化学成分及纯化工艺研究 [D]. 沈阳：辽宁中医药大学，2008.

[19] 王隶书，王海生，范艳君，等. 锦灯笼总黄酮提取工艺的优化研究 [J]. 时珍国医国药，2011，22(1)：74-75.

[20] 徐保利，管慧洁，李慧，等. 锦灯笼果实总黄酮提取工艺 [J]. 中国实验方剂学杂志，2011，17(21)：33-35.

[21] 闫平，郑蕾，赵宁，等. 响应面法优化锦灯笼总黄酮的提取工艺 [J]. 化工科技，2017，25(3)：49-54.

［22］ 王晓林，王文姣，钟方丽，等．微波协同双水相提取锦灯笼宿萼总黄酮及其抗氧化活性［J］．华中师范大学学报(自然科学版)，2016，50(3)：383-388.

［23］ 王晓林，钟方丽，陈帅，等．超声波协同复合酶法提取锦灯笼宿萼多糖工艺优化［J］．南方农业学报，2015，46(6)：1079-1084.

［24］ 闫平，张彦，张寒，等．超声波协同酶法提取锦灯笼果实多糖工艺的研究［J］．化工科技，2017，25(2)：26-30.

［25］ 张超，王英臣．微波辅助复合酶提取锦灯笼皮果胶的工艺优化［J］．农业与技术，2016，36(7)：5-10+77.

［26］ 张巍，田仲，王芳．超声波法提取锦灯笼色素及稳定性的研究［J］．安徽农业科学，2013，41(10)：4596-4598+4601.

［27］ 程瑛珺，李仁柯，李蕾，等．大孔树脂法精制酸浆宿萼色素的研究［J］．离子交换与吸附，2009，25(5)：463-469.

［28］ 刘春红．锦灯笼种子油超临界 $CO_2$ 萃取及脂肪酸成分 GC/MS 分析［J］．长春大学学报，2011，21(8)：55-56+81.

［29］ 孟庆然，耿红兰，任石涛，等．锦灯笼酸浆宿萼皂苷提取工艺的研究［J］．山西农业大学学报(自然科学版)，2012，32(4)：341-345.

［30］ 张振学，刘鹏，那天娇，等．锦灯笼宿萼中皂苷的提取工艺优化及其清除 DPPH 自由基活性研究［J］．宁夏农林科技，2015，56(4)：52-54+58.

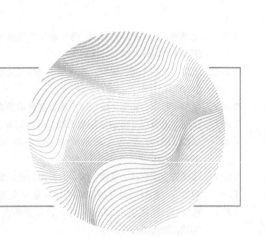

# 第五章
# 锦灯笼的药理
# 作用研究

随着研究技术的不断发展，国内外学者对锦灯笼提取物及所含的多种化学成分，主要包括酸浆苦素类、黄酮类、苯丙素类、多糖类以及丰富的无机元素等进行了大量的研究，发现锦灯笼在抗炎、抗氧化、抗菌、抗肿瘤、降血糖等方面均具有药理活性[1,2]。为了使锦灯笼药理活性得到进一步开发，本章对其药理作用研究的进展作如下总结。

## 第一节 锦灯笼的抗炎作用

现代药理学研究表明，锦灯笼提取物在体内外试验中均表现出显著的抗炎活性，且越来越多的研究发现锦灯笼中酸浆苦素类及黄酮类成分是其发挥抗炎作用的主要活性物质。

### 一、锦灯笼总提取物的抗炎作用

Shu 等[3] 发现锦灯笼 50%乙醇提取物（50-EFP）具有显著的抗炎活性。在 LPS 刺激的单核细胞中，50-EFP 可以浓度依赖方式抑制多种细胞因子和炎症介质的产生和表达，包括 NO、$PGE_2$、iNOS、COX-2、TNF-α、IL-1β 及 IL-6，其抗炎的机制是抑制核转录调节因子 κB（NF-κB）的活化和核转位。NF-κB 是一种在真核细胞中广泛存在的多功能核转录因子，通常以 p50-p65 异二聚体的形式与其抑制性蛋白（inhibitor kappa B，IκB）结合而呈非活化状态。NF-κB 活化能活化 IκB 激酶复合物，使 IκB 磷酸化而降解，诱导 NF-κB 进入细胞核内与其相关基因位点的结合，诱导炎症反应[4]。结果表明 50-EFP 可显著抑制 IκB 的磷酸化及 NF-κB 的核易位。进一步实验证明，50-EFP 的抗炎活性在体内也能表现出来。在耳水肿模型和棉球肉芽肿组织模型中，50-EFP 均显示出能显著降低急、慢性炎症反应的能力。

Hong 等[5] 使用 RAW 264.7 细胞和 OVA 诱发哮喘的鼠模型研究了锦灯笼甲醇提取物（PA）的抗炎作用。在 LPS 刺激的 RAW 264.7 细胞中，NO、IL-6 和 TNF-α 的产生增加，同时 iNOS 及 MMP-9 过表达，MAPK 的磷酸化增加。研究表明，LPS 刺激会加速炎症反应中 MAPK 的磷酸化，而 MAPK 的磷酸化会上调 iNOS 及 MMP-9 的表达，这有助于促炎介质 NO、IL-6 及 TNF-α 的产生。而 PA 治疗可逆转 LPS 刺激的 RAW 264.7 细胞中 MMP-9 及 iNOS 的过表达，降低 NO、IL-6 及 TNF-α 的产生。同时，PA 还可显著抑制 MAPK 的磷酸化，从而抑制 AP-1 的激活。AP-1 是参与转录 iNOS 和 MMP-9 的关键转录因子。另外，上述结果与体内试验的结果一致。与 OVA 刺激的小鼠相比，PA 显著减少了炎症细胞向气道的浸润和减弱了气道高反应性，降低了 IL-4、IL-5、IL-13 和 IgE 水平，有效地抑制了由 OVA 引发的气道炎症和黏液产生。同时，PA 治疗显著降低了肺组织中 MMP-9 及 iNOS 的表达。总之，PA 通过抑制 MMP-9 和 iNOS 的表达，可抑制 LPS 刺激的 RAW 264.7 细胞中促炎介质的产生以及 OVA 激发诱导的气道炎症，这与 MAPK/AP-1 信号激活的减少有关。

Moniruzzaman 等[6] 评估了锦灯笼总提取物及其衍生组分的抗炎作用，并用 BV2 小胶质细胞阐述了在细胞内的相关分子机制。结果表明，在 LPS 处理 BV2 细胞中，所有组分都可抑制 NO、TNF-α、IL-6 及 ROS 的产生。其中，乙酸乙酯（PAF-EA）和丁醇组分（100μg/mL）表现出对 NO、TNF-α、IL-6 及 ROS 产生的显著抑制，但 PAF-EA 组分更显著。进一步研究锦灯笼抗炎活性在细胞内的信号通路，发现在 $10 \sim 100 \mu g/mL$ 浓度下，PAF-EA 组分以浓度依赖式抑制 LPS 诱导的 NF-κB 核易位。同时，PAF-EA 组分处理也显著抑制 Akt、MEK、ERK 和 p38MAP 激酶的磷酸化。这些激酶的磷酸化与 NF-κB 激活有关。因此，在存在 PI3K 抑制剂 LY294002、MEK1/2 抑制剂 U0126 和 p38MAP 激酶抑制剂 SB203580 的情况下，均可有效抑制 LPS 处理的细胞中 NF-κB 的核转位及促炎介质的产生。其中，LY294002 更有效地抑制了促炎介质的产生，U0126 更有效地抑制了 NF-κB 易位与 TNF-α 的产生。综合这些结果，研究者发现 PAF-EA 部分的抗炎作用是通过破坏 Akt 和 MAP 激酶途径抑制 NF-κB 易位来介导的，进而减少促炎介质的产生。另外，研究人员还对其细胞毒性作用进行了研究，结果表明乙酸乙酯及丁醇组分未表现出细胞毒性，而总甲醇提取物仅在 100μg/mL 时显示出细胞毒性（细胞活力降低 13%）。

## 二、锦灯笼酸浆苦素类的抗炎作用

吕春平等[7] 采用水浸、醇沉、氯仿萃取的方法对锦灯笼宿萼中的有效成分进行提取分离，通过鉴定确认其中主要成分为酸浆苦素。在此基础上，研究人员选用二甲苯致小鼠耳郭肿胀模型、蛋清致大鼠足爪肿胀模型为急性炎症模型，大鼠棉球肉芽肿胀模型为慢性炎症模型，研究锦灯笼宿萼提取物的抗炎作用。结果表明锦灯笼提取物小剂量组（0.75g/kg）与大剂量组（1.5g/kg）均明显减轻二甲苯所致小鼠耳肿胀，抑制了蛋清所致大鼠足爪肿胀，抑制了肉芽肿的形成，且呈剂量相关性。Lin 等[8] 在角叉菜胶诱导的小鼠后爪水肿研究中，发现用酸浆苦素 A（4μmol/L）预处理可显著降低 NO 和 $PGE_2$ 的产量，其抑制率分别为 74.78% 和 50.26%；并能够抑制炎性细胞因子 IL-1β、IL-6 及 TNF-α 的产生，抑制率分别为 96.45%、89.72% 及 39.87%。炎性细胞因子、NO 和 $PGE_2$ 的表达分别受 iNOS 和 COX-2 的调节；同样的，酸浆苦素 A 也显著降低了 iNOS 和 COX-2 蛋白及 mRNA 的表达。NF-κB、MAPK 及 AP-1（包括 c-Fos 和 c-Jun 亚家族）在促进 LPS 产生炎性因子 iNOS 和 COX-2 中起着至关重要的作用。进一步的机制研究发现，酸浆苦素 A 能够显著抑制核因子 NF-κB p65 的表达及核移位，抑制 IκB 磷酸化和降解，抑制 JNK 的磷酸化，抑制 c-Jun 和 c-Fos 蛋白在细胞核中的表达和转运，从而通过 IκB/NF-κB 和 JNK/AP-1 炎症信号通路抑制炎症介质的产生。Ji 等[9] 在酸浆苦素的抗炎作用研究中也得到了类似的结果，锦灯笼中的酸浆苦素 A、酸浆苦素 G、酸浆苦素 L、酸浆苦素 O 以及异酸浆苦素 A 可有效抑制 LPS 诱导的 RAW 264.7 巨噬细胞中的 NO 产生，抑制率分别为 90.33%、77.42%、70.97%、87.10% 和 83.88%。其中，酸浆苦素 A 是通过抑制 IκB/NF-κB 炎症信号通路，并抑制促炎因子 iNOS 和 COX-2 的水平来发挥抗炎作用。

陈雷等[10] 研究了酸浆苦素 A、木犀草苷与木犀草素三者联合用药对 LPS 诱导的单核巨噬细胞 RAW 264.7 细胞的抗炎活性，结果表明酸浆苦素 A（0.78μmol/L）单独用药对 LPS 诱导 RAW 264.7 细胞产生 NO 及 TNF-α 的抑制率分别为 36.48%±9.10% 和 72.39%±2.19%。而酸浆苦素 A 与不同浓度的木犀草苷、木犀草素联合用药 24h，均有明显协同作用；酸浆苦素 A 与木犀草素、木犀草苷联合用药可明显抑制 LPS 诱导的 iNOS 高表达，且联合用药强度明显优于单独用药。另外，酸浆苦素 A、木犀草素与木犀草苷联合用药及单独用药在 0.39063～25μmol/L 浓度范围内，对 RAW 264.7 细胞正常增殖均无明显抑制作用，无细胞毒性。李萍等[11] 采用大鼠腹腔经糖原诱导的中性粒细胞，以酵母多糖（OPZ）激活，用 Fura-a/AM 荧光探针测定细胞内 $Ca^{2+}$。结果表明较小浓度 OPZ 即可使中性粒细胞内钙离子浓度升高，当 OPZ 为 0mg/mL、1mg/mL、2mg/mL、4mg/mL 时，钙离子分别为（142.58±48.03)nmol/L、(293.62±87.89)nmol/L、(303.83±78.59)nmol/L、(276.44±30.43)nmol/L，但继续增高 OPZ 浓度对细胞内钙离子浓度无明显影响。说明 OPZ 激活的中性粒细胞内 $Ca^{2+}$ 升高有一定限制，其途径可能为通过磷酸肌醇途径产生磷酸甘油，磷酸甘油激活磷脂酶 C，反馈性降低磷酸肌醇的降解，从而使细胞内 $Ca^{2+}$ 不过度升高。酸浆苦素 B 能够有效抑制多形核中性粒细胞内钙离子水平的升高，从（293.62±87.89)nmol/L 降为（196.58±28.64)nmol/L，从而减轻 OPZ 对多形核中性粒细胞的激活，起到抑制炎症作用。

糖皮质激素受体（GR）属于核激素受体超家族中的一员，与配体结合后，GR 会改变细胞代谢和基因表达。GR 可在各种哺乳动物细胞中引起免疫炎症反应的抑制作用，GR 的抗炎作用是由 GR 与 DNA 结合转录因子如 NF-κB 和激活蛋白-1（AP-1）的相互作用介导的，从而抑制相应的炎症信号传导级联[12]。Vieira 等[13] 提出酸浆苦素 B 及酸浆苦素 F 的体内抗炎作用主要与糖皮质激素受体（GR）的激活有关。他们发现酸浆苦素 B 和酸浆苦素 F 可降低 TNF-α 浓度，并提高组织中的 IL-10（一种抗炎细胞因子）浓度，效果与地塞米松类似。进一步评估酸浆苦素与 GR 的相互作用，用糖皮质激素受体拮抗剂 RU486 预处理，发现酸浆苦素 B 及酸浆苦素 F 抗炎作用被逆转，且酸浆苦素不会改变内源性皮质酮的释放，这表明酸浆苦素 B 及酸浆苦素 F 确实是通过 GR 发挥作用。Brustolim 等[14] 发现酸浆苦素 B 及酸浆苦素 F 对巨噬细胞和淋巴细胞活化的体外抑制活性不受 RU486 的阻断，这两个结果相互矛盾。为此，研究者对酸浆苦素 F 是否激活糖皮质激素受体（GR）进行了确认。选用含有编码黄色荧光蛋白（YFP）-GR 融合蛋白的质粒转染 COS-7 细胞，并进行核易位分析。实验结果表明，未处理或用酸浆苦素 F（3.8μmol/L）处理的细胞的 YFP 染色主要在细胞质中，而在地塞米松处理的细胞中，YFP 染色集中在细胞核中，表明 GR 的激活和易位，说明两个不同结果的原因可能在于在体内 RU486 的抑制作用依赖于内源性皮质激素，从而更容易影响酸浆苦素的抗炎作用；因此，酸浆苦素 B 及酸浆苦素 F 的抗炎作用可能至少部分依赖于糖皮质激素作用机制。Pinto 等[15] 以 12-O-十四烷酰佛波醇-13-乙酸酯（TPA）诱导的急性皮炎小鼠耳模型和噁唑酮诱导的慢性皮炎小鼠耳模型为研究对象，分别评估了酸浆苦素 E 对两种模型的抗炎作用。在应用 TPA 4h 后，小鼠表现出急性耳水肿反应，并诱导了相关炎症因子 TNF-α 和 MPO 活性增加。给予酸浆苦素 E（0.125mg/耳、0.25mg/耳及 0.5mg/耳）可显著减轻小鼠耳水肿反应 33%、38% 及 39%，MPO 活性分别降低 47%、61% 及 68%。同时，研究人员还发现使用糖皮质激素受体拮抗剂米非司酮预处理小鼠能够拮抗酸浆苦素 E 的作用。以上研究证明，酸浆苦素类成分的抗炎作用与激动糖皮质激素受体有关。

## 三、锦灯笼黄酮类的抗炎作用

黄酮类化合物在植物中广泛存在，且大多数黄酮类化合物都具有抗炎作用，但其作用机制尚未完全阐明，其中一个重要的机制是通过抑制类花生酸生成酶，包括磷脂酶 A2、环加氧酶和脂加氧酶，从而降低前列腺素和白三烯的浓度[16]。

武乾英[17] 研究了锦灯笼多酚的抗炎作用。结果显示，在细胞毒性方面，当浓度为 0～500$\mu$g/mL 时，多酚对 RAW 264.7 细胞的增殖无影响，且细胞形态未发生明显变化；当浓度为高于 500$\mu$g/mL，多酚则会抑制 RAW 264.7 细胞的增殖，细胞形态受损；而当浓度为 1136.35$\mu$g/mL 时，RAW 264.7 细胞的存活率为 50%。进一步的 ELISA 与 RT-PCR 结果表明，锦灯笼多酚可显著抑制 LPS 诱导的 RAW 264.7 巨噬细胞中 NO、$PGE_2$、IL-1$\beta$、TNF-$\alpha$ 及 IL-6 产生及其 mRNA 的表达，且呈浓度依赖性；蛋白免疫印迹分析发现不同浓度锦灯笼多酚以浓度依赖性抑制 LPS 诱导的小鼠巨噬细胞 RAW 264.7 中 iNOS 的蛋白质表达。

姚苗苗[18] 用 80% 乙醇回流提取锦灯笼得到醇提物 P，检测发现其中木犀草苷含量为 1.39%；再采用 D-101 大孔树脂分离 P，得到 5 种馏分 P1、P2、P3、P4 和 P5，其中 P1 极性最大，P2、P3、P4 极性依次减小，P5 极性最小。按《中国药典》的方法测定 P1～P4 中木犀草苷含量分别为 0.022%、2.548%、0.72% 及 0.018%，P5 中由于木犀草苷含量太低未检测到。研究人员还用 P、P1、P2、P3、P4 和 P5 分别与 LPS 共同处理 RAW 264.7 细胞，发现不同馏分的细胞毒性有所差别，P2 和 P3 的最大安全浓度均为 64$\mu$g/mL，P5 为 32$\mu$g/mL，P 和 P4 为 8$\mu$g/mL；P1 毒性最大，为 0.03125$\mu$g/mL。进一步研究各馏分的抗炎效果，发现 P3 可以有效降低 LPS 诱导的细胞上清中 TNF-$\alpha$、IL-6 及 NO 的含量，并可显著降低 TNF-$\alpha$、IL-6 及 iNOS mRNA 的表达量。

Chen 等[19] 发现木犀草素可抑制 LPS 诱导的 RAW 264.7 细胞中 NO、$PGE_2$、iNOS、COX-2、TNF-$\alpha$ 及 IL-6 的表达和产生，且其在 MH-S 巨噬细胞中的抑制作用强于在外周巨噬细胞 RAW 264.7 中的作用，这意味着肺泡巨噬细胞对于木犀草素更敏感。同时，RT-PCR 分析结果表明木犀草素可抑制 TNF-$\alpha$、IL-6、iNOS 以及 COX-2 基因的表达。此外，研究者还发现 LPS 诱导的 ROS 在最初的 5min 内产生，I$\kappa$B 会在 10～20min 内降解，NF-$\kappa$B 与 AP-1 DNA 结合活性将在 30min 内增加。以上结果表明，LPS 可能通过 ROS 的产生诱导 NF-$\kappa$B 活化，木犀草素可能通过清除 ROS 介导 NF-$\kappa$B 和 AP-1 信号传导的抑制，从而降低下游产物（包括肺泡 MH-S 巨噬细胞中的 iNOS、COX-2、TNF-$\alpha$ 及 IL-6）。

Li 等[20] 探究了木犀草素对角叉菜胶致急性大鼠爪水肿模型、棉球致慢性大鼠肉芽肿模型及卡拉胶诱导的气囊模型的抗炎作用。结果表明口服木犀草素（10mg/kg、50mg/kg）可有效抑制角叉菜胶所致脚部水肿；在 1mg/kg、10mg/kg 及 50mg/kg 实验剂量下木犀草素显著抑制了棉球诱导的肉芽肿形成；角叉菜胶-气囊模型的特点是炎症发展过程中白细胞浸润和炎症介质渗出。木犀草素通过显著抑制白细胞的积累和降低渗出液中 6-keto-PGF$_{1\alpha}$ 浓度，抑制了渗出液的发展；对 COX 进一步的活性分析发现，木犀草素降低了血浆中 PGI$_2$ 的浓度（作为 COX-2 活性的量度），并且其对血浆中 TXB2 的产生（作为 COX-1 活性的量度）没有影响，说明木犀草素对 COX-2 具有选择性抑制作用。RT-PCR 检测发现，当 RAW 264.7 细胞暴露于 LPS 时，会引发炎症反应，导致 COX-2 mRNA 表达上调；木犀草

素在 $10\mu mol/L$ 及 $100\mu mol/L$ 浓度下则能够显著降低 COX-2 mRNA 的表达。这些结果综合说明了木犀草素在体内对抗炎症的效果，其可能在炎症发展的一个或多个步骤中起作用，且诱导 COX-2 表达的下调是其抗炎活性背后机制的一个重要因素。

木犀草苷为木犀草素-7-$O$-葡萄糖苷，其在抗炎方面也表现出良好的活性。李惠香等[21]利用 LPS 诱导体外炎症模型，检测了木犀草素和木犀草苷对 LPS 诱导巨噬细胞 RAW 264.7 释放炎症介质 NO 的抑制作用，以及对 LPS 诱导巨噬细胞 iNOS 和 COX-2 蛋白高表达的影响，探讨木犀草素和木犀草苷的体内、体外抗炎活性和分子机制并对比了二者之间的活性差异。体内抗炎活性试验研究表明：木犀草素（5mg/kg）组在 1h 时对角叉菜胶所致大鼠足跖肿胀具有一定的抑制作用，而木犀草苷无明显的抑制作用；木犀草素（20mg/kg）组对乙酸所致小鼠腹腔毛细血管通透性增加有显著抑制作用，且作用强度优于木犀草苷（20mg/kg）组；体外抗炎活性结果表明，木犀草素和木犀草苷通过抑制 iNOS 蛋白表达减少炎症介质 NO 的产生，并且与木犀草素和木犀草苷对 LPS 诱导 RAW 264.7 细胞产生 NO 的抑制作用相一致；木犀草素能显著抑制 COX-2 蛋白的高表达，而木犀草苷对 COX-2 蛋白高表达无明显抑制作用，表明木犀草素可通过抑制 iNOS、COX-2 炎性蛋白呈现抗炎作用，而木犀草苷仅通过抑制 iNOS 蛋白的表达来缓解炎症反应。以上实验证明木犀草素的抗炎活性明显优于木犀草苷，这可能与其化学结构相关，7 位羟基为木犀草素的抗炎活性基团，其抗炎活性明显优于 7 位的糖苷基；当木犀草苷在体内糖苷酶的作用下水解糖苷键，可转化为木犀草素进一步发挥作用。

芹黄素与木犀草素结构相似，也具有相似的抗炎活性。Funakoshi-tago 等[22] 采用角叉菜胶小鼠爪水肿模型验证了芹黄素的抗炎机制，结果显示，芹黄素以一种不依赖于 I$\kappa$B 降解抑制 NF-$\kappa$B 的转录激活而发挥抗炎作用。

## 四、锦灯笼其他成分的抗炎作用

锦灯笼中含有的苯丙素类成分也具有抗炎活性，如阿魏酸、绿原酸等。研究表明[23]，阿魏酸和异阿魏酸可剂量依赖性地抑制呼吸道合胞病毒（RSV）感染的 RAW 264.7 细胞中炎症蛋白 2（MIP-2）的产生。将细胞暴露于 RSV 20h 后，条件培养基中的 MIP-2 水平增加至 $(20.4\pm0.8)$ng/mL；在 $5\mu mol/L$、$50\mu mol/L$ 和 $500\mu mol/L$ 的剂量下，异阿魏酸分别能够将 MIP-2 水平降低至对照的 61.8%、58.0% 和 35.6%，在最低剂量（$5\mu mol/L$）下异阿魏酸仍能发挥明显的抑制作用；而采用 $50\mu mol/L$ 和 $500\mu mol/L$ 剂量的阿魏酸处理可下调 MIP-2 水平至对照组的 74.4% 和 42.8%。另外，研究人员通过细胞毒性测定发现，在最高剂量（$500\mu mol/L$）下，阿魏酸及异阿魏酸处理后的细胞存活率都超过 95%。另有研究报道，绿原酸可抑制氧化应激诱导的肠上皮细胞中 IL-8 的产生，其还显著抑制了活化 B 细胞的 NF-$\kappa$B 转录活性、p65 亚基的核易位及 I$\kappa$B 激酶的磷酸化；此外，在 I$\kappa$B 激酶的上游，蛋白激酶 D（PKD）也受到抑制[24]。

有研究发现，锦灯笼的复方制剂也能表现出明显的抗炎效果。锦黄咽炎片是由锦灯笼、黄芩组成的复方制剂，是治疗急性咽炎疗效确切、生物利用度高、取效迅捷、毒副作用小的中药现代复方制剂。范晓东等[25] 研究了锦黄咽炎片对二甲苯致小鼠耳肿胀及蛋清致小鼠足肿胀的抗炎作用，实验结果表明，锦黄咽炎片对两种模型小鼠肿胀有明显的抑制作用，且呈一定的量效关系，其抗炎作用强度与复方草珊瑚相当。

## 第二节 锦灯笼的抗氧化作用

现代药理学研究表明，锦灯笼具有良好的抗氧化作用，有助于增加体内抗氧化酶的活性，清除体内自由基。

### 一、锦灯笼总提取物的抗氧化作用

杨春荣等[26] 对锦灯笼甲醇及乙醇提取物清除 1,1-二苯基苦基苯肼（DPPH）自由基的能力进行了评价，结果显示，锦灯笼在体外有良好的抗氧化活性，且作用效果随浓度增大而增强，10mg/mL 浓度的甲醇、乙醇提取物的自由基清除率可分别达到 94.86% 和 91.94%。用锦灯笼提取物浓度的常用对数与清除率作回归分析，经计算锦灯笼乙醇提取物清除 DPPH 自由基的 $IC_{50}$（清除率达到 50% 时的样品浓度）为 169.14mg/mL，甲醇提取物清除 DPPH 自由基的 $IC_{50}$ 为 109.71mg/mL。锦灯笼不同提取物在实验浓度范围内与清除 DPPH 自由基呈现出良好的量效关系，随浓度的增大，抑制能力逐渐增强。锦灯笼 80% 乙醇提取物清除 DPPH 自由基的能力稍弱于 80% 甲醇提取物。

### 二、锦灯笼酸浆苦素类的抗氧化作用

抗氧化酶是机体防御氧化应激的重要物质，包括超氧化物歧化酶（SOD）、过氧化氢酶（CAT）及谷胱甘肽过氧化物酶（GSH-Px）等。当体内抗氧化酶含量下降时，体内受外界刺激产生过量自由基造成的氧化损伤就不能被有效抑制，各种常见疾病由此产生。Lin 等[8] 用角叉菜胶诱导小鼠爪水肿模型探究了酸浆苦素 A 抗氧化活性，结果显示酸浆苦素 A（5~10mg/kg）可使 CAT 的活性增加至 4.25%~4.92%，SOD 的活性从 19.24% 增至 22.91%，GSH-Px 的活性从 18.31% 增至 22.36%，得出酸浆苦素 A 可通过上调抗氧化酶活性来发挥抗氧化作用。Helvaci 等[27] 使用定性 DPPH 自由基和 TBA（硫代巴比妥酸）分析法评估了酸浆苦素 D 的抗氧化活性。DPPH 自由基测试结果显示，酸浆苦素 D 具有使自由基猝灭的活性；在 TBA 测定中，与没食子酸丙酯相比，酸浆苦素 D 的抗氧化活性较低，$IC_{50}$ 值为 ≥ $(10\pm2.1)\mu g/mL$。

### 三、锦灯笼黄酮类的抗氧化作用

钟方丽等[28] 用 80% 乙醇提取得到锦灯笼宿萼总黄酮提取液，并通过 $NaNO_2$-Al $(NO_3)_3$-NaOH 法测定锦灯笼宿萼提取液中的总黄酮含量为 0.596mg/mL。进一步采用分光光度法测定锦灯笼宿萼总黄酮提取液的还原力和其对 $NaNO_2$ 及各种自由基（包括 DPPH·、·OH、$O_2^{-}$·、$ABTS^{+}$·）的清除能力，结果显示，不同浓度锦灯笼宿萼总黄酮提取液均表现出对 DPPH·、·OH 等的清除能力和还原能力。当质量浓度为 0.6mg/mL 时，其对 DPPH·、·OH 的清除率分别为 89.00%、54.20%。当质量浓度为 0.12mg/mL 时，其对 $O_2^{-}$·、$ABTS^{+}$· 的清除率分别为 58.74%、94.25%，还原力为 0.938；当质量浓度为 0.20mg/mL、用量 1.8mL 时，对 $NaNO_2$ 的清除率为 89.49%；其还原能力及对各种自由基的清除能力均随质量浓度的增加均逐渐增强；对 ·OH、$ABTS^{+}$· 的清除能力明显强于维生素 C 溶液；对 DPPH·、$O_2^{-}$·、$NaNO_2$ 的清除能力低于维生素 C 溶液；还原力与维生素

C 溶液相当。

武乾英等[29] 采用亚铁离子还原能力分析法（FRAP）对锦灯笼黄酮提取物的体外抗氧化能力进行分析。结果显示，随着黄酮浓度的增加，其 FRAP 值也在不断增加，即抗氧化活性不断增加。锦灯笼黄酮还原亚铁离子的能力与其浓度总体呈依赖关系。当其浓度为 10mg/mL 时，FRAP 值为 0.495mmol/mL，表明其有潜在的体外抗氧化能力。

李群等[30] 考察了锦灯笼茎叶黄酮的体内外抗氧化活性。体外抗氧化活性测定结果表明，黄酮浓度在 6.25～800.00μg/mL 时，对 $NO_2^-\cdot$ 清除率随浓度上升，并在 800.00μg/mL 时达到最大（81.36%）；对 $ABTS^+\cdot$ 清除率亦呈上升趋势，最大值为 91.49%（800.00μg/mL）；对亚油酸脂质过氧化的抑制率也逐渐增大，并在黄酮浓度 800.00μg/mL 时达到最大（85.26%）。锦灯笼黄酮（800.00μg/mL）在体外表现出的总抗氧化能力最强，达到 26.73U/mL。在体内，锦灯笼茎叶黄酮也表现出良好的抗氧化活性，其可增加小鼠的胸腺系数和脾脏系数（$P<0.05$），显著提高血清总抗氧化能力、GSH-Px 和 SOD 活性（$P<0.05$），降低 MDA 含量（$P<0.01$），且存在剂量效应关系。

李成华[31] 采用 54% 乙醇提取锦灯笼不同部位的总黄酮，得到锦灯笼总黄酮提取量（$10.13\pm0.11$）mg/g，叶总黄酮提取量为 11.08mg/g，茎总黄酮提取量 5.74mg/g，果实总黄酮提取量为 1.63mg/g。锦灯笼不同部位总黄酮抗氧化能力不同，研究者采用 DPPH 法、ABTS 法及 FRAP 法 3 种方法综合评价锦灯笼不同部位提取物黄酮的体外抗氧化能力。结果显示，茎总黄酮对 DPPH 自由基清除能力最强，其次是宿萼，再次是叶，最后是果实；锦灯笼的果实与茎对 ABTS 自由基的清除活性较强；FRAP 法测得宿萼、茎、叶总黄酮抗氧化活性能力较强。

木犀草素为锦灯笼黄酮类成分的代表性成分，最新研究表明木犀草素在体内具有显著的抗氧化活性，可应用于预防和治疗过度运动导致疲劳和疲劳相关的器官氧化损伤。Duan 等[32] 以雄性 Sprague-Dawley 大鼠（20～22 周龄）为研究对象，采用强迫大鼠每隔一天进行一次游泳的方式，持续 3 周，造成疲劳模型。每次游泳后 1h 后注射蒸馏水、木犀草素（25～75mg/kg）或抗坏血酸（100mg/kg）。实验结果表明，口服木犀草素可显著提高运动耐力；能量代谢标志物肝糖原及肌糖原的水平升高；并降低了大鼠的血清乳酸、乳酸脱氢酶和血尿素氮水平。此外，通过酶活性测定、RT-PCR 和蛋白质印迹检测发现，木犀草素可增强抗氧化酶的活性和抗氧化能力，降低促炎细胞因子的水平，如 TNF-α、IL-1β 和 IL-6；并增加肝脏和骨骼肌中的 IL-10 水平。以上实验表明，锦灯笼中的木犀草素具有良好的抗氧化活性，可防止脂质过氧化，保护细胞免受力竭运动后大鼠肝脏和骨骼肌的氧化应激损伤。

## 四、锦灯笼多糖的抗氧化作用

Ge 等[33,34] 采用酶法提取锦灯笼中的多糖，得到 4 种多糖组分（PAVF Ⅰ、PAVF Ⅱ-a、PAVF Ⅱ-b 和 PAVF Ⅲ）。其中，PAVF Ⅰ（107kDa）主要含有阿拉伯糖；PAVF Ⅱ-a（500kDa）主要含有木糖、果糖、葡萄糖；PAVF Ⅱ-b（170kDa）主要包含鼠李糖、甘露糖和果糖；PAVF Ⅲ（420kDa）主要含有鼠李糖、果糖、葡萄糖和半乳糖。体外抗氧化活性测定显示，三种纯化多糖组分（PAVF Ⅰ、PAVF Ⅱ-a 及 PAVF Ⅱ-b）表现出较强的 DPPH 自由基、羟基自由基和超氧阴离子清除活性，抗氧化活性高于粗多糖，PAVF Ⅰ 表现出最好的活性。锦灯笼果实多糖可使 D-半乳糖诱导的衰老小鼠血清中 SOD 和 GSH-Px 活性升高，并下调 MDA 水平和 MAO（单胺氧化酶）活性，且呈浓度依赖性。

王文祥[35] 选用酸加酶的热水浸提法提取锦灯笼多糖，考察了锦灯笼多糖体内外抗氧化活性。体外抗氧化活性实验表明，当粗多糖浓度增加到 0.4mg/mL 时，其对 DPPH 自由基的清除能力为 42.98%；当浓度为 0.25mg/mL 时，其对 ABTS 自由基的清除能力为 34.58%；当浓度从 1mg/mL 增加到 10mg/mL 时，粗多糖对羟基自由基的清除能力从 14.80% 提高到 60.25%。随后，再对锦灯笼粗多糖进行纯化，得到多糖组分 Phy-1，其多糖含量为 96%；纯化后的多糖各项体外抗氧化能力明显高于酸浆粗多糖，在多糖含量提高后其抗氧化活性随之增加，Phy-1（0.4mg/mL）对 DPPH 自由基的清除能力达到 62.81%，比纯化前酸浆多糖的清除能力提高了 19.83%；Phy-1（0.75mg/mL）对 ABTS 自由基的清除率为 79.44%，粗多糖为 51.64%；Phy-1（10mg/mL）的清除能力为 67.94%，而此时粗多糖仅为 60.25%。Phy-1 经过体外模拟胃肠消化之后，小分子质量的多糖含量增加，多糖的重均分子质量转移到了 108kDa 和 16kDa 左右，多糖分子质量减小。在相同浓度下，消化后的 Phy-1 对 DPPH 的清除率降低了 12.59%，对 ABTS 自由基的清除能力降低了 15.86%，对羟基自由基的清除率也明显低于消化前。这可能由于消化过程中破坏了多糖的高级结构。红外分析发现其具有多糖的特征吸收峰，并含有吡喃糖环结构。采用凝胶渗透色谱测定 Phy-1 的分子质量，发现其分子质量主要分布在 110kDa 和 22kDa 左右，以此推测 Phy-1 中大分子多糖成分及其所结合的抗氧化基团部分具有较强的抗氧化活性。其体外抗氧化活性在体内试验中也得到一致结果，口服锦灯笼多糖的实验组小鼠血清和肝脏的抗氧化酶活力都高于模型组，且 MDA 含量低于模型组，说明其多糖具有一定的体内抗氧化活性，有助于增加体内抗氧化酶的活性，清除体内的自由基。

### 五、锦灯笼其他成分的抗氧化作用

类胡萝卜素是锦灯笼中含有的天然植物色素，具有良好的抗氧化作用，且安全性良好。宋春梅等[36] 研究发现锦灯笼类胡萝卜素能显著抑制 DPPH 自由基、羟基自由基，并能有效抑制红细胞膜的氧化损伤，保护细胞膜，显著抑制过氧化氢所致的红细胞溶血，对体外温育和过氧化氢诱导的肝匀浆 MDA 生成也有抑制作用；同时可减轻 VC-Fe$^{2+}$ 系统诱导的肝线粒体肿胀，且对羟基自由基所致氧化损伤抑制作用随时间延长增加。

锦灯笼中绿原酸、阿魏酸等成分，其分子中含有的酚羟基结构易于与自由基反应，具有显著的抗氧化活性。绿原酸能够螯合金属离子和清除自由基，如超氧阴离子、过氧化氢、羟基自由基、次氯酸、过氧亚硝酸盐阴离子和一氧化碳[37]。胡宗福等[38] 发现绿原酸是很好的预防性抗氧化剂，其能够有效抑制脂质过氧化的作用，且抑制程度也与浓度呈剂量-效应关系。当绿原酸浓度大于等于 0.02mg/mL 时对 $O_2^-\cdot$ 有明显的清除作用；而对 $\cdot OH$ 的清除作用，浓度小于 0.1mg/mL 时清除效果不理想，甚至产生促氧化作用，绿原酸浓度为 0.1mg/mL 时才能对 $\cdot OH$ 产生明显且稳定的清除作用；绿原酸对活性氧 $H_2O_2$ 的清除能力较强，0.1mg/mL 时最大清除率达到 95.43%；即使浓度为 0.005mg/mL 时，最大清除率也达到 76.26%。

## 第三节　锦灯笼的抗菌、抗病毒及抗虫作用

现代药理学研究表明，锦灯笼乙醇提取物、锦灯笼酸浆苦素类成分及黄酮类成分等对多种细菌、真菌、病毒以及寄生虫均有良好的抑制作用。

## 一、抗菌作用

在抗细菌方面，锦灯笼50％乙醇提取物（50-EFP）在体内和体外均显示显著的抗菌活性。Shu 等[3] 采用肉汤稀释法体外评价 50-EFP 的抗菌活性发现，可明显抑制金黄色葡萄球菌、表皮葡萄球菌、腐生葡萄球菌、屎肠球菌、绿脓杆菌、肺炎链球菌及大肠杆菌的生长，其最小抑菌浓度（MIC）和最小杀菌浓度（MBC）值分别介于 $0.825 \sim 1.65$ mg/mL 和 $1.65 \sim 13.20$ mg/mL 之间。研究者还通过金黄色葡萄球菌或铜绿假单胞菌对小鼠诱导的脓毒症模型考察了 50-EFP 的体内抗菌活性，发现感染金黄色葡萄球菌或铜绿假单胞菌的未治疗对照组的死亡率在 24h 内为 100％。在 160mg/kg、320mg/kg 和 640mg/kg 的剂量下，50-EFP 在金黄色葡萄球菌感染的小鼠中分别显著降低死亡率至 33.3％、33.3％和 58.3％。同样，在 160mg/kg、320mg/kg 和 640mg/kg 的剂量下，50-EFP 将绿脓杆菌感染小鼠的死亡率分别降低至 50％、58.3％和 58.3％。

锦灯笼宿萼提取物也存在抗菌活性成分。赵红丹[39] 采用纸片扩散法考察了锦灯笼宿萼乙醇提取物经大孔树脂吸附不同浓度乙醇洗脱得到的 4,7-二脱氢新酸浆苦素 B 的体外抑菌作用，发现不同浓度醇洗脱部位和 4,7-二脱氢新酸浆苦素 B 对金黄色葡萄球菌、甲型链球菌、乙型链球菌的生长均有不同程度的抑制作用，而对绿脓杆菌、大肠杆菌及白色念珠菌的生长无明显抑制作用。这表明锦灯笼宿萼醇提物经大孔树脂吸附、不同浓度乙醇洗脱所得各部位和从锦灯笼中分离得到的单体化合物 4,7-二脱氢新酸浆苦素 B 存在不同程度抗菌作用，对部分革兰氏阳性菌（$G^+$）有较强抑制作用，对受试革兰氏阴性菌（$G^-$）无抑制作用，对受试真菌无抑制作用。

Helvaci 等[27] 使用圆盘扩散法和肉汤微稀释法，检测了锦灯笼提取物及酸浆苦素 D 单体对五种革兰氏阳性及五种革兰氏阴性菌的抗菌活性，结果显示锦灯笼甲醇提取物对革兰氏阳性细菌具有显著的抑制作用，尤其是蜡状芽孢杆菌、枯草芽孢杆菌和粪肠球菌，在 $500\mu g/(\text{mL} \cdot \text{盘})$ 时抑菌圈分别为（$31.8 \pm 1.9$）mm、（$28.8 \pm 1.5$）mm 及（$28.2 \pm 1.8$）mm。甲醇提取物还可抑制革兰氏阴性菌的生长，尤其是铜绿假单胞菌、肺炎克雷伯菌和大肠埃希菌（又称大肠杆菌），其抑菌圈直径分别为（$16.6 \pm 3.2$）mm、（$15.0 \pm 1.2$）mm 及（$14.6 \pm 1.1$）mm。而从甲醇提取物中分离的酸浆苦素 D 对革兰氏阳性菌具有抑菌活性，对革兰氏阴性菌无效。与甲醇提取物相比，二氯甲烷提取物对所有微生物的敏感性均较低。MIC 测定发现锦灯笼甲醇提取物的 MIC 值为 $32 \sim 128\mu g/mL$，酸浆苦素 D 对革兰氏阳性菌的 MIC 为 $32 \sim 128\mu g/mL$。范晓东等[25] 研究了锦黄咽炎片（含锦灯笼、黄芩）对金黄色葡萄球菌、甲型链球菌、乙型链球菌、大肠杆菌及变形杆菌的抑菌活性，结果显示，锦黄咽炎片具有明显的抑菌活性。

## 二、抗真菌作用

在抗真菌方面，杨春等[40] 对锦灯笼不同溶剂提取物对多种植物病原真菌在体内、体外的抗菌活性进行了对比实验。结果显示，与其余几种溶剂的提取物相比，乙酸乙酯提取物的抗菌活性最强，尤其对苹果树腐烂病菌和番茄早疫病菌的抑制效果最为明显，96h 时的抑菌率分别高达 73.53％和 83.41％。锦灯笼乙酸乙酯提取物对供试菌有较强的毒力，其中对番茄早疫病菌的毒力最强，$EC_{50}$ 为 0.79g/L；对苹果树腐烂病菌和葡萄圆斑根腐病菌的 $EC_{50}$ 分别为 1.30g/L 和 1.44g/L。锦灯笼乙酸乙酯提取物对番茄果实上寄生的早疫病菌具有良好的防治效果，实验发现 10g/L 的该提取物对番茄早疫病菌的预防效果达到 50％以上，治疗效果也达到 65％以上。另外，在体外评估锦灯笼提取物及酸浆苦素 D 对 5 种真菌（白色念珠菌、克柔念珠菌、光滑念珠菌、近平滑念珠菌及热带念珠菌）的抗菌活性发现，锦灯笼甲醇提取物对受试真菌表现出中等影响，产生的抑菌圈直径为（9.6±2.2）～（14.2±0.8）mm，而从甲醇提取物中分离的酸浆苦素 D 和二氯甲烷提取物对真菌无明显抑菌活性[27]。

## 三、抗支原体作用

在抗支原体方面，姚苗苗[18] 用 80％乙醇提取锦灯笼得到 P、P1、P2、P3、P4 及 P5，并研究了其对鸡毒支原体（MG）-F 的体外抑制作用。结果显示，P、P2 和 P3 对 MG-F 的 MIC 为 0.625mg/mL，P4 的 MIC 为 1.25mg/mL，P5 的 MIC 为 2.5mg/mL，泰乐菌素的 MIC 为 0.3125μg/mL；P2 和 P3 的 MMC 最小，为 5mg/mL，P 和 P4 的 MMC 为 10mg/mL，P5 的 MMC 为 20mg/mL，泰乐菌素的 MMC 为 0.625μg/mL。在 MIC 浓度下，P4 可以抑制浓度 $\leq 10^6$ CCU/mL 的 MG 生长，P2、P3 和 P5 可以抑制浓度 $\leq 10^5$ CCU/mL 的 MG 生长。

## 四、抗病毒作用

在抗病毒方面，锦黄咽炎片（含锦灯笼、黄芩）具有体外抗流感病毒效果，其对流感病毒作用 48h 即可降低流感病毒的感染力，表现出较强的抗流感病毒作用[25]。锦灯笼中的木犀草素在体外具有抗柯萨奇 B 组 3 型（coxsackie groupB$_3$，CoxB$_3$）病毒的作用。何丽娜等[41] 研究了木犀草素对感染 CoxB$_3$ 病毒 Hela 细胞的预防性和治疗性保护作用，对 CoxB$_3$ 病毒的直接作用以及对细胞感染后不同阶段的保护作用。结果表明木犀草素在 19.5～625μg/mL 范围内细胞有不同程度的圆缩、脱落；在 CoxB$_3$ 病毒吸附细胞 1h 后给药，在 0.30～9.75μg/mL 浓度范围内木犀草素能明显地提高 Hela 细胞存活数，显示出良好的抗 CoxB$_3$ 病毒作用，其作用随药物浓度的增加而相应增强；在木犀草素与 CoxB$_3$ 病毒混合培养条件下，在 0.15～9.75μg/mL 浓度范围内，各组 Hela 细胞存活数量增加，显著降低病毒活性，减轻病毒毒力，抑制病毒增殖。通过连续观察 CoxB$_3$ 病毒感染 Hela 细胞后不同时段投予木犀草素对细胞病变的保护程度，研究发现不同时间投予木犀草素均对病变有明显抑制，但随着给药时间的推延，其保护作用相对逐渐减弱，说明早期给药能够抑制病毒在细胞内的增殖。此外，锦灯笼中含有的绿原酸及其衍生物，对多种类型的病毒具有良好的抗病毒活性，其中包括人类免疫缺陷病毒（human immunodeficiency virus，HIV）、甲型流感病毒、单纯疱疹病毒（herpes simplex virus，HSVs）以及乙型肝炎病毒（hepatitis B virus，HBV）[42]。

## 五、抗虫作用

在抗虫方面，酸浆苦素 B 和酸浆苦素 F 具有抗利什曼原虫及抗克氏锥虫活性。Meira 等[43] 研究发现酸浆苦素 B 和酸浆苦素 F 在体外具有抗克氏锥虫的活性，对锥虫的锥鞭体和上鞭体形式最有效。电子显微镜检查显示与酸浆苦素 B 和酸浆苦素 F 一起孵育的锥虫动质体被破坏，高尔基体和内质网发生改变，并诱导了自噬。这可能由于酸浆苦素抑制了 T. cruzi 蛋白酶活性引起了高尔基体改变。Guimarães 等[44] 的研究显示，酸浆苦素 B、酸浆苦素 F 在体外能够降低巨噬细胞感染利什曼原虫的百分率，减少细胞内寄生虫的数量，其 $IC_{50}$ 值分别为 0.21μmol/L 和 0.18μmol/L。Sá 等[45] 用酸浆苦素 D、酸浆苦素 F 处理被伯氏疟原虫感染的小鼠实验中，发现酸浆苦素 D 具有抗疟原虫活性，在剂量为 100mg/kg 时，在感染第 8 天用酸浆苦素 D 治疗可降低寄生虫血症水平约 65％，在感染 24 天前用酸浆苦素 D 治疗，小鼠死亡率降低了 25％。但酸浆苦素 F 却显示增加了寄生虫血症的水平与死亡率，这可能是由于酸浆苦味素 F 具有免疫抑制活性，破坏抗疟免疫应答所造成的。

# 第四节　锦灯笼的抗肿瘤作用

现代药理研究表明，锦灯笼提取物，尤其是酸浆苦素类成分在体内外对鼻咽癌、肝癌、肺癌、乳腺癌、卵巢癌、前列腺癌等癌症的肿瘤细胞具有显著的药理活性，且主要是通过促肿瘤细胞凋亡，阻滞细胞周期等途径发挥抗肿瘤作用[46,47]。

## 一、促细胞凋亡作用

细胞凋亡一般是指机体细胞在发育过程中或在某些因素作用下，通过细胞内基因及其产物的调控而发生的一种程序性细胞死亡。细胞凋亡对于多细胞生物个体生长发育的正常进行，自稳平衡的保持都起重要作用。而异常调控的细胞凋亡则与疾病的发生发展有关。

辛秀琴等[48] 考察 5％锦灯笼水煎液在体外抑制人肺肿瘤（SPC-A-1）的增殖抑制作用及凋亡的影响。通过 MIT 法及 FCM 法研究证明，锦灯笼在体外有明显抑制肿瘤细胞生长的作用，并随着药物浓度增加，其抑制增殖的效果亦增加，当水煎液浓度为 25mg/mL 时对肿瘤的抑制率达到了 79.9％。SPC-A-1 细胞经不同浓度的锦灯笼水煎液作用 24h 后，出现凋亡峰，25mg/mL、12.5mg/mL、6.25mg/mL 锦灯笼作用 SPC-A-1 细胞的凋亡率分别为30.5％、14％、10.3％，且呈剂量依赖性。

方春生等[49] 观察了酸浆苦素 B 在体外对人肝癌细胞 HepG2 和胃癌细胞 SGC7901 的增殖抑制作用。MTT 实验结果显示酸浆苦素 B 对 HepG2 和 SGC7901 的生长均有明显的抑制作用，并具有一定的时间剂量依赖关系，且高浓度（40μg/mL）酸浆苦素 B 的抑制作用优于阳性对照药羟基喜树碱，倒置相差显微镜结果也显示其显著改变了细胞形态，细胞皱缩程度明显变小，与邻近细胞分离，胞浆内有颗粒物生成，并证实了 MTT 实验结果的可靠性；DAPI 染色结果表明酸浆苦素 B 可促进 HepG2 和 SGC7901 细胞凋亡，20μg/mL 酸浆苦素 B 组可见细胞核体积变小、皱缩，部分碎裂，染色体 DNA 呈深染的团块状、颗粒状分布，提示其出现了明显的细胞凋亡现象。当酸浆苦素 B 浓度为 40μg/mL 时，细胞数量已经明显减少，细胞核体积减小，可见致密深染的荧光。

Li 等[50] 采用 MTT 法，检测酸浆苦素 B、酸浆苦素 D、酸浆苦素 A、酸浆苦素 L、酸浆苦素 X 及 4,7-二脱氢新酸浆苦素 B 对人宫颈癌细胞系 Hela、人肝癌细胞系 SMMC-7721 及人肝癌细胞系 HL-60 的体外抑制活性。实验结果显示，酸浆苦素 B 对这三种肿瘤细胞的抑制作用最为显著，且呈浓度依赖性，其 $IC_{50}$ 值分别为 0.51mmol/L、0.86mmol/L 和 1.12mmol/L。此外，酸浆苦素 A、酸浆苦素 D 及 4,7-二脱氢新酸浆苦素 B 也表现出良好的细胞毒性作用，$IC_{50}$ 值范围为 3.06～9.25mmol/L。据报道，酸浆苦素 F 可以诱导 HTLV-1 感染的外周血单核细胞（PBMC）超微结构的变化，如致密的细胞核、线粒体受损，增强自噬小体的形成并产生髓鞘样物质，显著降低 IL-2、IL-6、IL-10、TNF-α 及 IFN-γ 的产生，浓度依赖性地降低 HTLV-1 感染细胞的自发增殖特性，诱导 HTLV-1 感染的 PBMC 凋亡，其 $IC_{50}$ 值为（0.97±0.11）mmol/L[51]。

### 1. 线粒体凋亡途径

细胞凋亡主要存在两种途径，包括外源性的死亡受体途径及内源性的线粒体途径，两种途径相互作用、互相影响，在细胞的凋亡过程中共同发挥作用。线粒体是执行凋亡的重要部位，而 Bcl-2 蛋白家族是调节线粒体通透性的关键蛋白质。Bcl-2 蛋白家族通过形成同源（Bcl-2/Bcl-2，Bax/Bax）和异源（Bcl-2/Bax）二聚体对细胞凋亡进行调控，Bcl-2 同源二聚体抑制细胞凋亡，Bax 同源二聚体促进细胞凋亡。Noxa 作为 Bcl-2 家族中促凋亡成员之一，其与抗凋亡蛋白（如 Mcl-1）的亲和性较高。当 Noxa 与 Mcl-1 结合后，可改变线粒体膜的通透性，从而诱导细胞色素 C 释放至胞质，线粒体内凋亡途径被激活，并迅速启动半胱氨酸蛋白酶（Caspase）级联反应酶解死亡程序，裂解细胞骨架和细胞核蛋白基质，促进细胞凋亡。

赵珍东等[52] 发现酸浆苦素 B 可显著抑制细胞增殖，诱导细胞凋亡，且呈剂量依赖性。实验表明，随着酸浆苦素 B 浓度的增加，AO 染色细胞形态呈现凋亡特征；酸浆苦素 B 作用于乳腺癌细胞（MDA-MB-231）后，与对照组比较，细胞线粒体膜电位明显下降，细胞内 ROS 水平上升，具有显著性差异（$P < 0.05$）；酸浆苦素 B 作用于细胞 24h 后，能促进促细胞凋亡蛋白 Bax 的表达，提高激活型半胱氨酸蛋白酶-3（Cleaved-caspase-3）的表达，降低抗细胞凋亡蛋白 Bcl-2、pro-Caspase-3（半胱氨酸蛋白酶-3 前体）蛋白表达水平（$P < 0.05$）。

Vandenberghe 等[53] 采用 DLD-1 4Ub-Luc 测定法探究酸浆苦素 B 对肠癌 DLD-1 细胞中泛素-蛋白酶体通路的影响。DLD-1 4Ub-Luc 细胞表达的 4Ub-Luc 蛋白需通过泛素-蛋白酶体途径才能被快速降解，用泛素-蛋白酶体途径抑制剂处理后，与未处理的细胞相比，4Ub-Luc 蛋白在 DLD-1 4Ub-Luc 细胞中积累，萤光素酶产生的生物发光信号增加了 80 倍。DLD-1 4Ub-Luc 测定法可以鉴定出泛素-蛋白酶体途径的新型抑制剂。结果表明，酸浆苦素 B 可诱导 DLD-1 4Ub-Luc 细胞的生物发光增加，产生泛素化蛋白质的积累，并抑制 TNF-α 诱导的 NF-κB 活化。此外，酸浆苦素 B 具有一定的细胞毒性，在 DLD-1 4Ub-Luc 细胞中能够触发细胞凋亡并诱导促凋亡蛋白 Noxa。以上实验证明酸浆苦素 B 能够抑制泛素-蛋白酶体通路，抑制 TNF-α 和 NF-κB，激活 Noxa 相关凋亡通路从而诱导细胞凋亡。

Hsu 等[54] 在酸浆苦素 B 对人黑色素瘤细胞（A375 和 A2058）的抗增殖作用研究中发现，酸浆苦素 B 对 v-raf 鼠肉瘤病毒癌基因同源物 B1（BRAF）突变的黑色素瘤 A375 和 A2058 细胞表现出细胞毒性（$IC_{50}$ 值低于 $4.6\mu g/mL$），可检测到细胞凋亡标志物磷脂酰丝氨酸。进一步的研究表明，酸浆苦素 B 在 2h 内可诱导促凋亡蛋白 Noxa 的表达以及后续触发 Bax 和 Caspase-3 在 A375 细胞中的表达。

### 2. MAPK 诱导凋亡途径

丝裂原活化蛋白激酶（MAPK）是细胞内的一类丝氨酸/苏氨酸蛋白激酶，其主要含有细胞外信号调节蛋白激酶（ERK）、c-jun 氨基酸末端激酶（JNK）以及 p38 丝裂原活化蛋白激酶（p38MAPK），参与主要的细胞反应，如分化、增殖、存活、迁移和细胞死亡。He 等[55] 通过 MTT 法评估 A375-S2 细胞中的细胞活力，并通过相差显微镜和荧光显微镜、siRNA 转染、流式细胞术和蛋白质印迹分析研究了酸浆苦素 A 参与诱导 A375-S2 细胞死亡的机制。结果发现，酸浆苦素 A 可上调 p53 及 Noxa 的表达，抑制 MMP 水平，促进 ROS 的产生，导致发生线粒体功能障碍，进而降低 A375-S2 细胞的存活比例，并诱导细胞凋亡和自噬。此外，酸浆苦素 A 诱导的细胞凋亡是由 p53-Noxa 通路的激活和细胞内活性氧（ROS）生成触发的。而 ROS 清除剂 NAC 和 GSH 的预处理完全抑制了诱导的 ROS 生成和细胞凋亡，应用 p53 抑制剂 PFT-α 或转染 Noxa-siRNA 也会导致相同的结果。此外，使用特异性自噬抑制剂 3MA 或 p38 抑制剂 SB203580 或 NF-κB 抑制剂 PDTC 阻断 p38-NF-κB 通路，均能有效降低酸浆苦素 A 诱导的凋亡。

Han 等[56] 探索了酸浆苦素 B 对人前列腺癌 CWR22Rv1、C42 细胞的作用，结果表明酸浆苦素 B 通过激活 c-jun 氨基末端蛋白激酶或激活胞外信号调节激酶，并下调前列腺素受体的表达，从而诱导该肿瘤细胞凋亡，其活性与同类化合物酸浆苦素 A 相比明显更强。Ma 等[57] 探索了酸浆苦素 B 对人结肠癌细胞 HCT116 作用，结果表明酸浆苦素 B 能诱导 HCT116 细胞凋亡，促进激活型 Caspase-3 及聚（ADP-核糖）聚合酶（PARP）蛋白表达，同时亦能诱导细胞自噬。酸浆苦素 B 能够呈剂量依赖性地促进 p38、ERK 和 JNK 的磷酸化，而 p38 抑制剂 SB202190、ERK 抑制剂 U0126、JNK 抑制剂 SP600125 则能够部分降低酸浆苦素 B 促进 PARP 表达的活性。此外，酸浆苦素 B 呈剂量依赖性地增加了细胞中线粒体 ROS 的产生，其作用能被 ROS 清除剂 NAC 所逆转。

Zhu 等[58] 通过体内外试验观察不同剂量酸浆苦素 A 对非小细胞肺癌（NSCLC）细胞（包括 H292、H358、H1975、H460 及 A549 细胞）和鼠 NSCLC H292 细胞增殖的影响。结果显示，15μmol/L 的酸浆苦素 A 以剂量依赖的方式显著增加 H292、H358 和 H1975 细胞的凋亡，其抑制率分别为 41.7%、62.2%、36.6%。免疫组化方法检测到细胞凋亡标志物（如 PARP、Cleaved-caspase-3 及 Cleaved-caspase-9）水平随着酸浆苦素 A 剂量的增加而显著增加。Tyr705 和 Ser727 是 STAT3 活性的关键磷酸化位点。研究者发现，经酸浆苦素 A 处理 4h 后，细胞内 Tyr705-p-STAT3 磷酸化被显著抑制，而 Ser727-STAT3 磷酸化水平没有改变。进一步用 STAT3-siRNA 敲低 STAT3 的表达，发现酸浆苦素 A 的促凋亡作用显著增强。此外，免疫荧光检测发现酸浆苦素 A 显著降低了 H292 细胞中 p-STAT3 的核易位及 STAT3 转录活性，并下调了下游靶基因 Bcl-2 及 XIAP 的表达。酪氨酸激酶（JAK）可诱导 STAT3 的 Tyr705 磷酸化，实验中酸浆苦素 A 以剂量依赖性方式抑制 JAK2 及 JAK3 的酪氨酸磷酸化，说明酸浆苦素 A 诱导的 p-STAT3 抑制是由 JAK 活性降低介导的。体内试验表明，酸浆苦素 A 具有与常规化疗药物顺铂相似的抗肿瘤活性，且没有体重减轻的副作用。蛋白质免疫印迹结果表明，酸浆苦素 A 可以降低 Tyr705-p-STAT3 的水平，增加 Caspase-3 的激活，从而诱导肺癌细胞的凋亡。综合以上实验结果，可认为酸浆苦素 A 对非小细胞肺癌细胞具有明显的体外抗增殖作用，对小鼠移植性肿瘤 H292 亦有一定的抑制作用[59]。

## 二、细胞周期阻滞作用

细胞周期是指细胞从一次分裂完成开始到下一次分裂结束所经历的全过程，生理状态下细胞周期是一个循环周期。细胞周期检查点是细胞增殖调控的关键位点，依据细胞周期的顺序循环分为：$G_1$ 期检查点，S 期检查点，$G_2$ 期检查点和 M 期检查点。任一检测点出现异常，细胞都有可能发生癌变。细胞周期的进程受多种因素调节，例如细胞周期蛋白依赖性激酶（CDK）、细胞周期蛋白（cyclin）和 CDK 激活酶。Cao 等[60] 探究了酸浆苦素 B 对人肺癌 A549 细胞的影响。实验结果表明酸浆苦素 B 能够以剂量依赖的方式抑制人肺癌 A549 细胞的增殖。流式细胞仪检测发现，酸浆苦素 B 处理 12h 后 $G_2$/M 期细胞增多，处理 24h 和 48h 后亚 $G_1$ 期的细胞比例明显增加，S 期细胞明显减少，A549 细胞周期阻滞于 $G_2$/M 期。

p53 是一种肿瘤抑制因子，细胞周期停滞和细胞凋亡是 p53 激活的主要结果。p53 激活后会高度诱导 p21 mRNA 的表达，p21 积累可导致周期蛋白复合物下调，从而在阻断细胞周期。实验中，酸浆苦素 B 降低了 CDK1 和 cyclinB1 的表达，同时使 p21 的表达增加，而 p53 并未在 mRNA 或蛋白质水平上调，表明酸浆苦素 B 以一种不依赖 p53 介导的机制诱导 A549 细胞的周期阻滞。细胞周期的进行需要线粒体供应大量的能量。酸浆苦素 B 能够下调呼吸链复合物亚基 ND4 及 ND6 表达量，造成 A549 细胞线粒体呼吸功能缺陷，并在 24h 内抑制线粒体 ATP 合成效率。此外，酸浆苦素 A 可以降低线粒体膜电位电势，促进细胞线粒体内超氧化物的产生；酸浆苦素 B 上调细胞色素 c 的表达、活化 Caspase-9、Caspase-3 以及 PARP 蛋白，且用 Caspase 广谱抑制剂 Z-VAD-fmk 预处理能显著减弱酸浆苦素 B 诱导的 A549 细胞凋亡作用。

Wang 等[61] 研究显示，酸浆苦素 B 以浓度和时间依赖性方式降低了三种人乳腺癌细胞系 MCF-7、MDA-MB-231 及 T-47D 的细胞活力，当酸浆苦素 B 浓度为 $40\mu mol/L$ 时，作用 24h 后的三种乳腺癌细胞几乎全部死亡，Hoechst 33342 染色后可观察到细胞核严重碎裂，并伴有凋亡小体的形成；流式细胞仪检测发现在 $2.5\sim10\mu mol/L$ 浓度范围内，MCF-7 细胞中 $G_2/M$ 期细胞增多。在细胞凋亡过程中，Caspase 级联反应激活，Caspase-3、Caspase-7 和 Caspase-9 裂解激活，进而使 PARP 裂解并产生 89kDa C 端片段。用酸浆苦素 B 处理，在 MCF-7 细胞中 Cleaved-PARP、Cleaved-caspase-3、Cleaved-caspase-7 和 Cleaved-caspase-9 的蛋白表达均显著增加；进一步研究表明，酸浆苦素 B 的作用与 MCF-7 中 p53 的激活和 Akt 的抑制有关。此外，通过蛋白质印迹分析检测细胞周期相关蛋白质的表达，发现酸浆苦素 B 能够上调 p53 和 p21$^{Waf1/Cip1}$ 的表达，同时下调 MCF-7 细胞中 cdc2 和 p-cdc2 的表达；用特异性 siRNA 沉默 p53 基因导致 MCF-7 细胞中 p53 蛋白水平的显著降低，与正常对照细胞相比，酸浆苦素 B 诱导的细胞凋亡作用显著降低；酸浆苦素 B 还能够抑制 Akt 和 PI3K 的磷酸化，并增加糖原合酶激酶 $3\beta$（GSK-$3\beta$）的磷酸化。总之，酸浆苦素 B 可通过调节 p53 依赖性凋亡通路诱导细胞周期停滞并触发乳腺癌细胞凋亡。

Kang 等[62] 探究了酸浆苦素 A 对非小细胞肺癌 A549 细胞株增殖和细胞周期分布的影响及其潜在机制，结果发现，酸浆苦素 A 以剂量和时间依赖性方式抑制 A549 细胞生长，用 $28.4\mu mol/L$ 酸浆苦素 A 处理 A549 细胞 24h 后能够导致大约 50% 的细胞死亡。经酸浆苦素 A 处理后，细胞内 ROS 的量和 $G_2/M$ 细胞的比例均增加；添加 ROS 清除剂 NAC 后，酸浆苦素 A 对 $G_2/M$ 的阻滞效果减弱。MAPK 信号通路调节真核细胞周期，MAPK 的激活对于 $G_2$ 到 M 的进展至关重要。实验中酸浆苦素 A 以时间依赖性方式触发 ERK 及 p38 磷酸化，并且 ERK 抑制剂 PD98059 和 p38 抑制剂 SB203580 能部分逆转酸浆苦素 A 诱导的细胞生长抑制。此外，只有用 p38 抑制剂可部分减少酸浆苦素 A 诱导的 ROS 产生和 $G_2/M$ 细胞周期阻滞，而 ERK 不参与。因此，酸浆苦素 A 通过 p38 MAPK/ROS 通路在 A549 细胞中诱导 $G_2/M$ 细胞周期停滞。

## 第五节　锦灯笼对心血管系统的作用

据文献报道，锦灯笼及其成分具有良好的改善心血管疾病的作用，如调血脂、抗动脉粥样硬化、保护心肌、降血糖等[63]。

## 一、降血糖作用

锦灯笼药食两用历史悠久，有明确的降血糖活性。研究发现，锦灯笼果实或带果实的宿萼水提醇沉液及醇提液对血糖调节具有双向作用，在一定剂量作用下表现出明显的抑制血糖升高的效果，但超过一定剂量时，反而会使血糖升高。锦灯笼的果实水提醇沉液、带果实的宿萼水提醇沉液及带果实的宿萼醇提液对肾上腺素诱发的小鼠糖尿病模型有明显的降血糖效果，以每天 0.75g/kg 的剂量预防给药，表现出明显抑制血糖升高的作用，其中锦灯笼果实水提醇沉液的效果尤为显著。而当给药剂量增加 1 倍时，却均无显著差异。锦灯笼果实水提醇沉液对四氧嘧啶诱发的小鼠糖尿病模型，以 0.75g/(kg·d) 剂量治疗给药，与模型组相比具有极显著性差异，而低 [0.3g/(kg·d)] 和高 [1.5g/(kg·d)] 剂量给药则均无显著性差异，后者血糖值还高于模型组，表现出升高血糖活性。此外，实验中有部分小鼠死亡，高剂量时更为明显，提示锦灯笼的宿萼可能具有一定的毒性[64]。从锦灯笼宿萼乙醇提取物中分离提纯出的宿萼皂苷，可显著降低四氧嘧啶诱导的小鼠糖尿病的血糖浓度，并改善"三多一少"症状，如恢复体重、减少饮水量等，与消渴丸作用效果相当。刘雅丽[65] 研究发现，不同浓度的锦灯笼宿萼皂苷 [75mg/(kg·d)、150mg/(kg·d) 及 300mg/(kg·d)] 均有明显的降血糖作用，给药后的糖尿病模型鼠其血糖浓度分别降低了 24.2%、32.2% 和 26.0%。灌胃给予不同浓度锦灯笼宿萼皂苷可显著缓解糖尿病小鼠体重的减轻及饮水量的增加，促进小鼠从糖尿病中恢复；尤其当剂量为 150mg/(kg·d) 时，其降糖效果及缓解糖尿病小鼠患病症状的能力与消渴丸相当。

锦灯笼具有丰富的植物多糖，有学者对其降血糖作用也进行了研究。佟海滨[66] 将成熟的锦灯笼果实通过热水煮提，浓缩其滤液，经乙醇沉淀得到粗多糖（PPS），粗多糖经反复冻融、链蛋白酶酶解、Sevag 法脱蛋白、乙醇分级、凝胶柱色谱方法纯化得水溶性多糖（PPSB）。分析其结构特征，发现 PPSB 是一种含有 GalA 酸性杂多糖，分子质量为 27kDa，其单糖组成主要为 Ara、Gal、Glc 和 GalA（摩尔比依次为 2.6∶3.6∶2∶1）；药理实验发现 PPSB 对正常小鼠及四氧嘧啶诱导的糖尿病小鼠均有降糖效果。在正常小鼠中，PPSB 低剂量组（50mg/kg）、高剂量组（100mg/kg），对正常小鼠的降糖率分别为 9.1% 和 9.4%；PPSB 对四氧嘧啶诱导的糖尿病小鼠经连续灌胃 7 天后，低剂量组、高剂量组测得血糖值分别为 12.01mmol/L 和 11.24mmol/L，与糖尿病模型组相比，血糖浓度分别降低了 26.5% 和 31.2%。同时，PPSB 还能缓解糖尿病小鼠"三多一少"症状。经连续 7 天灌胃 PPSB 处理，糖尿病小鼠的体重增量由于模型组，有助于糖尿病小鼠体重的恢复。在饮水量方面，PPSB 高、低剂量组在第 3 天后饮水量开始下降；在实验的最后阶段，给药组糖尿病小鼠的饮水量要明显低于糖尿病对照组。以上实验证明，锦灯笼多糖有一定的降血糖效果，并能缓解糖尿病症状，有着广阔的开发前景。

胰岛素是机体内胰岛 $\beta$ 细胞分泌的唯一具有降血糖作用的激素，胰岛素合成和分泌不足，是导致糖尿病的重要因素之一。因此，改善胰岛的病理损伤，促进胰岛细胞的功能恢复，增加胰岛素的分泌量，增加组织对糖的转化利用以及增加肝糖原合成，可达到改善糖尿病的作用。吴红杰等[67] 研究了锦灯笼宿萼不同提取物对链脲佐菌素（STZ）诱导的糖尿病肾病大鼠的血糖影响。结果表明，与模型组比较，锦灯笼宿萼水提取物和 70% 乙醇提取物对高血糖小鼠的糖耐量具有明显改善作用，能够降低蔗糖和葡萄糖负荷后小鼠的血糖；可显著降低 STZ 诱导的糖尿病肾病大鼠的血糖值及尿量；锦灯笼宿萼水提取物和乙醇提取物的降糖作用与阿卡波糖的相似，都能够提高正常小鼠蔗糖及葡萄糖负荷剂量后的耐糖量。因此认为锦灯笼宿萼不同提取物可通过抑制 $\alpha$-葡萄糖苷酶活性（AGI），抑制淀粉、蔗糖、麦芽糖的分解，从而延迟多糖、双糖转化为葡萄糖，降低餐后血糖和缓解高胰血症。此外，实验中糖尿病模型由 STZ 诱导，STZ 是一种导致 DNA 和线粒体破坏的细胞毒性物质，造成机体 $\beta$ 细胞大量损伤，胰岛素合成和分泌减少，引起糖代谢紊乱。而锦灯笼宿萼醇提物能够降低 STZ 所致的糖尿病肾病大鼠血糖水平，说明其还可能通过改善胰岛 $\beta$ 细胞损伤，增加胰岛素分泌，增加组织对糖的转化利用以及增加肝糖原合成来改善糖尿病症状。

分布于骨骼肌、脂肪及心肌中的葡萄糖转运蛋白 4（GLUT4），是在胰岛素作用下葡萄糖通过细胞膜所必需的载体，在维持葡萄糖稳态方面起着重要作用。GLUT4 在胰岛素刺激下从细胞质转移到细胞表面才能发挥葡萄糖运输功能。据报道，PI3K 的激活，尤其是 Akt 是胰岛素刺激 GLUT4 转化所必需的[68-70]。Guo 等[71] 评估了锦灯笼宿萼多糖（PPSC）的降血糖活性，结果显示 PPSC 可上调糖尿病小鼠 PI3K、Akt 及 GLUT4 mRNA 的表达水平，提示 PPSC 的降血糖作用可能是通过上调 PI3K/Akt 信号通路使葡萄糖摄取增加导致的。此外，PPSC 治疗可显著加速糖尿病小鼠体重的增加，有效降低糖尿病小鼠空腹血糖（FBG）及糖化血清蛋白（GSP）水平，增加胰岛素水平，这是 PPSC 保护胰岛 $\beta$ 细胞的结果。通过实验结果还可推断 PPSC 可能作为 $\beta$ 细胞的胰岛素促泌剂，诱导更多胰岛素样活性，促进外周葡萄糖摄取或利用。

李素娟[72] 的研究也得到了类似的结果。锦灯笼宿萼多糖以剂量依赖性的方式显著缓解了实验小鼠的糖尿病状态，其降糖机制可能为通过保护、修复胰岛细胞，促进胰岛素的分泌，使靶器官和外周组织对糖的利用和代谢增强，降低血糖。实验证明锦灯笼宿萼多糖可显著提高糖尿病小鼠肌肉及脂肪组织中葡萄糖转运蛋白表达量；还可增强糖尿病小鼠肝糖原含量，肝及葡萄糖激酶的含量，调节肝脏糖代谢，改善小鼠糖代谢紊乱，从而降低血糖浓度的作用；此外，锦灯笼宿萼多糖可激活胰岛素信号通路，上调胰岛素信号通路关键分子 GLUT4、Akt、PI3K 和 InsR mRNA 表达量，进一步增加血清胰岛素刺激的葡萄糖转运，使机体对胰岛素敏感度增强，最终达到降血糖目的。

## 二、调血脂作用及防治脂肪肝作用

血浆高密度脂蛋白胆固醇（HDL-C）、甘油三酯（TG）、低密度脂蛋白胆固醇（LDL-C）和极低密度脂蛋白（VLDL）是反应机体脂质代谢的主要指标。其中，TC 以脂蛋白的形式存在于 LDL-C，LDL-C 水平与血脂异常发生呈正相关，而 HDL-C 可通过胆固醇逆转减少外周组织脂质沉积。因此，提高血浆 HDL-C 水平可降低脂代谢紊乱的发生率。

刘敏等[73] 观察了锦灯笼水提物对高脂模型大鼠血脂水平的影响。研究发现，与模型组比较，锦灯笼中剂量组（7.5g/kg）大鼠血清 TC、TG 和 LDL-C 浓度均降低，且与药物对照组（辛伐他汀，15mg/kg）对血脂水平调节效果相近；锦灯笼高剂量组（37.5g/kg）和锦灯笼低剂量组（1.5g/kg）大鼠血清 TG 浓度显著降低，TC 和 LDL-C 浓度有所降低，但无统计学差异。可能是因为中剂量组所选用的剂量为人体剂量换算而成，剂量较为合适，效果明显；而在 HDL-C 浓度调节方面，则未表现出相关性。

李方莲等[74] 发现锦灯笼提取物可使血清 TC 和 LDL-C 含量显著降低，HDL-C 水平含量虽提高不明显，但有上升趋势。锦灯笼对 HDL-C 水平的影响及其机制有待于进一步研究。常燕[75] 以锦灯笼宿萼总皂苷为实验材料，在急性和亚急性毒理学研究基础上，评价酸浆宿萼总皂苷对高脂血症小鼠血清 TC、TG、LDL-C 和 HDL-C 四个指标的影响，进一步研究锦灯笼宿萼总皂苷对血脂相关基因 HSL、FAS、LDLR、C/EBPα、TGH 和 HMG-CoA mRNA 表达的影响。急性毒理学试验表明，锦灯笼宿萼总皂苷无明显的急性毒性，其对小鼠的 $LD_{50}$ ＞21.50g/kg BW，同时，高剂量（21.50g/kg）锦灯笼宿萼总皂苷对小鼠体重增长有一定的抑制作用；亚急性毒理学试验中，高剂量（4.3g/kg）的锦灯笼宿萼总皂苷可在不影响大鼠总摄食量的前提下，明显抑制大鼠体重的平均增加量，降低食物利用率；血液学、生化指标及组织病理切片结果表明，各剂量大鼠组，随着灌胃剂量的升高，体内与炎症相关的指标凸显，尤其高剂量（4.3g/kg）会对大鼠组肝脏会造成轻微损伤；在降脂效果上，与模型组小鼠相比，锦灯笼宿萼总皂苷中、高剂量组（200mg/kg、500mg/kg）均可显著降低高脂血症小鼠的体重、TC、TG、LDL-C 水平，同时还提高 HDL-C 水平；不同剂量的锦灯笼宿萼总皂苷分别对高血脂小鼠肝脏组织和脂肪组织中与脂代谢相关基因表达呈现出不同的调控。它能够促进肝脏组织中 TGH mRNA、LDLR mRNA 及脂肪组织中 TGH mRNA、HSL mRNA、C/EBPα mRNA 的表达，抑制肝脏组织中 HMG-CoA mRNA 的表达，同时抑制肝脏和脂肪组织中 FAS mRNA 的相对表达，并呈一定的组织差异性。杨昇卉[76]发现木犀草素-7-O-β-D-葡萄糖苷可以显著降低高脂饮食所致高血脂小鼠血液中甘油三酯（TG）、TC 及 LDL-C 含量，推测以此为代表的黄酮类化合物可能是锦灯笼降脂的主要药效物质。

### 三、舒血管作用

刘晓丹等[77] 研究发现，锦灯笼水提物能够对大鼠胸主动脉产生非内皮依赖性的血管舒张作用。实验结果表明，锦灯笼水提物能够缓解苯肾上腺素（PE）和氯化钾（KCl）诱导的血管收缩，且在内皮完整及去内皮血管上锦灯笼舒血管作用无明显差异，在内皮完整血管上不能被一氧化氮合酶抑制剂左旋硝基精氨酸甲酯（L-NAME）阻断，提示锦灯笼水提物的舒血管作用不依赖于血管内皮，而是直接作用于血管平滑肌上。$K^+$ 通道在调节血管平滑肌收缩及血管张力中具有重要作用，激活血管平滑肌上的 $K^+$ 通道，细胞膜发生超极化，抑制细胞外钙内流，引起血管舒张；而 $K^+$ 通道抑制剂四乙基铵（TEA）、4-氨基吡咯胺（4-AP）及格列本脲对锦灯笼舒血管作用无干扰，提示锦灯笼水提物的血管舒张作用与 $K^+$ 通道无关。PE 是通过胞内肌浆网中 $Ca^{2+}$ 释放及胞外 $Ca^{2+}$ 内流而引发血管收缩的；但用无钙液孵育，细胞外液无 $Ca^{2+}$ 存在，锦灯笼水提物舒血管作用明显减弱，提示其舒血管作用可能与抑制钙离子内流有关；此外，锦灯笼水提物可使 PKC 激动剂 PDBu 预收缩的血管舒张，说明锦灯笼水提物可抑制 PKC 信号传导途径，实现对血管的舒张作用。由此可知，锦灯笼水提物具有非内皮依赖性血管舒张功能，并且可能与抑制外钙内流和 PKC 信号通路有关。

木犀草素也具有舒血管作用。汪丽燕等[78] 研究发现木犀草素对麻醉犬具有明显扩张冠脉血流量及降低冠脉血管阻力的作用，对于家兔的心脏，呈搏动旺盛作用，并能引起微弱的血管收缩及血压亢进。

### 四、抗动脉粥样硬化作用

动脉粥样硬化（AS）是一种慢性炎症性动脉疾病，其发病机制包括脂质积累、内皮功能障碍、细胞增殖及迁移、炎症等。许多研究证明木犀草素具有抗炎作用，并能够抑制细胞增殖和迁移。Luo 等[79] 研究显示，木犀草素可下调 AKT 信号通路，抑制血管平滑肌细胞的增殖和迁移。$H_2O_2$ 可以引起血管平滑肌细胞的迁移。木犀草素可阻断 $H_2O_2$ 触发的 Src 磷酸化，抑制 NF-κB 的核易位。另外，木犀草素与 Src 的 ATP 结合口袋结合可直接抑制 Src 磷酸化，当 ATP 的浓度从 $400\mu g$ 增加到 $800\mu g$ 时，其对 Src 的抑制被取消。炎症和氧化应激是 AS 疾病发展的主要加速因素。Tristetraprolin（TTP）是一种 RNA 结合蛋白，参与调节炎性细胞因子 mRNA 的降解。木犀草素可促进 TTP 表达，抑制 p38 和 MK2 磷酸化水平，从而抑制巨噬细胞中 TNF-α 和 IL-6 mRNA 的表达。NOX4 是 ROS 产生的主要来源，木犀草素可通过下调 NOX4 的表达减弱 TNF-α 诱导的氧化应激，并抑制 NF-κB 的活化。综合以上研究结果可以发现，木犀草素通过调节 AKT 和 Src 抑制血管平滑肌细胞的增殖和迁移，并通过激活与炎性因子 mRNA 稳定性和 NOX4/ROS-NF-κB 通路相关的 TTP 从而减少炎症和氧化损伤，达到抗动脉粥样硬化的作用。

## 五、心肌保护作用

研究表明，木犀草素具有抗心肌缺血/再灌注、抗心肌损伤等作用。木犀草素可通过上调 AKT、增加 Bcl-2 蛋白和降低 Bax 蛋白来抑制细胞凋亡，从而减轻心肌细胞凋亡。心肌肌浆网 $Ca^{2+}$-$Mg^{2+}$-ATPase（SERCA2a）是参与 $Ca^{2+}$ 从细胞溶质到肌浆网摄取的关键蛋白质。PI3K/Akt 信号通路的激活，提高了 SERCA2a 活性；同时，木犀草素通过抑制 p38MAPK 通路，增强 SERCA2a 的活性，降低 $Ca^{2+}$ 过载，改善心肌细胞功能。此外，木犀草素还通过 HO-1 增强 Nrf2 与 ARE 的结合，阻断氧化应激，并上调心肌 eNOS 通路，抑制线粒体通透性转换孔开放的活性，防止自由基引起的损伤[79]。Yan 等[80] 研究显示，木犀草素可减轻在心脏低温保存期间大鼠心脏钙超载现象，并抑制心肌细胞钙循环，对心肌细胞具有保护作用。进一步对其机制的研究证明，木犀草素可通过抑制心肌细胞钙循环，线粒体 $Ca^{2+}$ 单向转运蛋白和钙调蛋白的重要调节蛋白和酶的积累，下调心肌细胞中蛋白激酶 A 的活性，并增加 $Ca^{2+}$-$Mg^{2+}$-ATPase 活性，改善大鼠心肌细胞的 $Ca^{2+}$ 超负荷。这一作用对于心脏移植手术中心脏储藏、运输时对心肌细胞的保护具有重要意义。

## 六、强心作用

研究表明锦灯笼的醚溶性和水溶性成分对蛙心均有加强收缩作用，但醚溶性成分的作用较强；用量大时，其心脏在收缩期即静止。锦灯笼的醚溶性和水溶性成分对家兔的心脏搏动有旺盛作用，并能引起微弱的血管收缩及血压亢进；然而，服用过量锦灯笼时，就会发生中枢性麻痹及全身痉挛、呼吸静止及心脏的扩张期静止等现象[46]。

# 第六节　锦灯笼对呼吸系统的作用

锦灯笼味苦、寒，入肺经，在明代李时珍所著《本草纲目》中记载其具有清肺治咳、利湿除热、利湿化痰、治疳等功效，是临床应用于治疗痰热咳嗽、咽痛喑哑等呼吸系统疾病常用有效中草药之一。

## 一、祛痰平喘作用

张秀芝[81] 利用酚红可从气管排泌的特点，采用小鼠酚红祛痰法来研究锦灯笼的祛痰效果。结果显示，锦灯笼提取物在高剂量（2.1g/kg）时能使小鼠气管段酚红分泌增加，具有增加局部血液循环，促进腺体分泌而显示较好的清咽利喉功效。并在研究其治疗咽炎作用机制中，发现锦灯笼提取物是通过抗菌、降低毛细血管通透性、提高血清免疫球蛋白含量等多途径发挥其治疗咽炎的作用。

包春玲[82]采用卵清蛋白致敏法制备小鼠哮喘模型，探究锦灯笼水提物治疗儿童过敏性支气管哮喘的疗效。结果显示，锦灯笼可减轻肺组织病变，减少炎性细胞浸润。嗜酸性粒细胞（EOS）在气道内的浸润是哮喘的特征之一，锦灯笼能有效降低致敏哮喘小鼠血中白细胞数和嗜酸性粒细胞数，提示锦灯笼能有效加速 EOS 凋亡，减轻炎症反应；免疫组化检测发现锦灯笼高浓度组小鼠肺中白细胞介素 5（IL-5）和 γ 干扰素（IFN-γ）表达减少，但 IFN-γ 降低的程度不及 IL-5。IL-5 在哮喘发病过程中占重要地位，阻断 IL-5 进而抑制 EOS 在肺内聚集对治疗哮喘有重要意义。IFN-γ 由活化 T 细胞产生，被称为"抗哮喘因子"。高剂量锦灯笼组减弱 IL-5 和 IFN-γ 的表达强度有所不同，提示锦灯笼能够选择性地减弱肺组织中 Th1、Th2 表达强度（Th2 减弱远远大于 Th1），逆转失衡的 Th1/Th2 比值，最终治疗哮喘。另外，锦灯笼对致敏哮喘小鼠的治疗作用存在明显的量效关系，且疗效与经典方剂小青龙汤相当。刘欢欢等[83,84]研究发现，锦灯笼能明显改善哮喘小鼠的临床症状，延长哮喘小鼠的引喘潜伏期，降低哮喘小鼠外周 EOS 计数，抑制哮喘小鼠肺组织组胺的释放；对肺组织 HE 和甲苯胺蓝染色结果表明，锦灯笼能明显缓解哮喘小鼠肺组织的炎症反应，抑制肥大细胞聚集和脱颗粒现象，提高肥大细胞完整率，减少肺组织损伤；此外，通过电镜观察到锦灯笼可使致敏小鼠肺泡 II 型上皮细胞线粒体肿胀、板层体空泡化现象减轻，结构基本恢复正常。

## 二、对急性肺损伤的作用

急性肺损伤（ALI）是一种常见的临床危重呼吸系统疾病，其病死率极高，严重威胁重症患者的生活质量乃至生命。有研究表明，锦灯笼对急性肺损伤有明显的治疗作用。Yang等[85]通过构建系统药理学（即综合网络药理学-经典药效学-代谢组学-分子生物学技术）的研究模式，研究了锦灯笼总提物抗 ALI 的药效作用及分子机制。网络药理学分析得出，锦灯笼的主要有效组分可能为酸浆苦素类及黄酮类成分，其核心作用靶标为 PTGS2；药效学实验显示，锦灯笼可显著改善小鼠病理状态及肺组织的病理损伤，同时降低细胞因子 TNF-α、IL-1β 及 IL-6 的产生和炎症介质 PGE2 的高表达，并显著降低 MDA 及 ROS 等氧化因子的水平，增强抗氧化酶 SOD、GSH-Px 的活性；代谢组学结果揭示了锦灯笼能显著改善 ALI 小鼠的代谢紊乱状态，纠正 ALI 状态下的能量代谢及氨基酸代谢失衡；最后利用分子生物学技术对锦灯笼的作用机制进行验证，得出锦灯笼可通过抑制 NF-κB 信号通路及细胞凋亡并激活 Nrf2 信号通路共同发挥抗急性肺损伤作用。

# 第七节 锦灯笼对消化系统的作用

现代药理学研究表明，锦灯笼中多糖及酸浆苦素类成分在调节肠道菌群、缓解炎性肠病等方面均有良好的药理作用。

## 一、调节肠道菌群作用

有研究表明，锦灯笼也具有良好的肠道菌群调节作用。乳酸菌黏附于肠上皮细胞表面，在维持人体肠道微生态平衡、促进宿主的消化、吸收和肠胃功能等方面发挥重要作用。姜琦等[86] 研究了不同浓度锦灯笼水提液对乳酸菌生长的促进作用。结果表明，2%和5%浓度的锦灯笼水提液对乳酸菌生长具有明显的促进作用，其中5%锦灯笼水提液促进乳酸菌生长的效果最好，菌数是对照组菌数的1.6倍左右。但随着药物浓度的增加，其促生长作用也逐渐减弱，其原因可能为德氏乳酸杆菌的增殖主要利用糖类，对蛋白质的利用率低。当锦灯笼含量低时，多糖含量较多而蛋白质较少，促进其增殖；当锦灯笼含量高时，蛋白质起了主要作用，抑制德氏乳酸杆菌的增殖；所以低浓度的锦灯笼水提液能够促进乳酸菌的增殖，而高浓度则抑制其生长。而且中药成分较为复杂，其中可能同时存在某些促生长因子或抑制因子，其对乳酸菌生长的调控作用受药液种类、浓度及菌种耐受性等多种因素的影响。总之，锦灯笼能够通过促进乳酸菌的生长，调节肠道微生态平衡。

研究发现，多糖与酸浆苦素类成分为锦灯笼调节肠道菌群的主要有效成分。Li 等[87] 通过体外试验检测了不同浓度的锦灯笼总酸浆苦素提取物对德氏乳杆菌和大肠埃希氏菌的生长影响，结果表明中间浓度（0.78～1.56mg/mL）的总酸浆苦素提取物促进了德氏乳杆菌的生长，但抑制了大肠杆菌的生长，其抑菌活性随提取物浓度增加而增加。杨光[88] 也运用PCR-DGGE 和 Real-time PCR 技术分析探讨了锦灯笼多糖对小鼠肠道菌群失调的调节作用；结果显示，锦灯笼多糖能促进乳酸杆菌的生长，抑制大肠杆菌的生长，且小鼠的体内试验显示适当浓度的锦灯笼多糖能够促进肠道益生菌的生长，以此改善肠道菌群的紊乱。

抗菌药物是临床治疗感染性疾病的主要药物，长期大量使用会导致肠道菌群失调，引起二重感染。锦灯笼等中药微生态制剂若与抗菌药物合用，将可能减弱抗菌药物对肠道菌群的杀灭作用。王春阳等[89] 利用聚合酶链反应-变性梯度凝胶电泳（PCR-DGGE）技术获得了肠道菌群指纹图谱，进行相似性及优势条带的序列分析，研究锦灯笼对抗菌药物致菌群失调的作用。结果表明灌胃抗菌药物前，小鼠肠道内普雷沃氏菌和乳酸杆菌是优势菌型；灌胃抗菌药物后，小鼠肠道细菌数量明显减少，肠道菌群失调；给予锦灯笼提取物则能明显促进乳酸杆菌和拟杆菌的生长，维持肠道菌群平衡。

## 二、缓解炎性肠病作用

沈琪[90] 研究发现，锦灯笼提取物能够改善结肠炎小鼠的粪便性状、缓解小鼠体重下降，降低小鼠疾病活动指数和黏膜损伤指数，减轻溃疡性结肠炎小鼠肠道中炎性细胞的浸润、黏膜充血和出血，其中，给药高剂量组（1g/kg BW）的小鼠在给药7天后体重能恢复至造模初期水平；检测小鼠结肠组织中 SOD、CAT、GSH-Px 的活性发现，锦灯笼提取物高剂量组给药3天后能显著增加 SOD、CAT、GSH-Px 的活性，而低、中剂量组 SOD、CAT、GSH-Px 的活性上升无显著性差异，提示其作用与剂量有关；RT-qPCR 检测结果表明，与3.0%葡聚糖硫酸钠（DSS）模型组对比，锦灯笼低剂量组（0.25g/kg BW）在第7天时能显著降低 IL-6 和 IL-1β mRNA 表达水平（$P < 0.05$），而中、高剂量组在3天、5天时即测得 IL-6 和 IL-1β mRNA 表达水平下降明显（$P < 0.01$）。这些实验结果说明，锦灯笼提取物可能是通过机体的抗氧化机制和抑制小鼠结肠组织中炎性因子 IL-6 和 IL-1β mRNA 的表达，减少炎性因子的分泌，进而缓解 DSS 诱导的结肠炎，从而发挥抗炎作用。

## 第八节　锦灯笼的免疫调节作用

锦灯笼中含有丰富的多糖,具有良好的免疫作用。疫苗佐剂是能够非特异性地改变或增强机体对抗原的特异性免疫应答、发挥辅助作用的一类物质。理想的疫苗佐剂能强烈引发体液和细胞免疫(Th1 和 Th2)应答,使疫苗的效力最大化。Yang 等[91] 的研究表明在用 pD-HSP90C 免疫的小鼠中,给予适当剂量的锦灯笼水溶性多糖可显著增强特异性抗体 IgG 的反应,促进 Th1 和 Th2 的应答,说明该多糖是一种潜在的核酸疫苗佐剂。另有研究发现,将锦灯笼果实多糖与含有编码白色念珠菌 HSP90 表位 C 的重组 DNA 疫苗共同免疫小鼠,小鼠血清中特异性抗体 IgG、IgG1 及 IgG2b 滴度及 IL-2、IL-4 含量明显高于单独免疫组。同时,锦灯笼果实多糖能够显著增强小鼠 Th1、Th2 免疫应答,减少白色念珠菌感染小鼠肾脏菌落数,改善肾脏受损程度,提高核酸疫苗小鼠抗白色念珠菌感染的能力,发挥佐剂的作用[92,93]。进一步研究锦灯笼果实多糖佐剂效应的作用机制,发现锦灯笼果实多糖可促进树突状细胞(DC)表面共刺激 CD80、CD86 的表达,诱导 DC 细胞成熟,DC 的成熟是启动特异性免疫应答的关键。TLRs 受体是连接非特异性免疫与特异性免疫应答的桥梁,锦灯笼果实多糖以 TLR4 为作用靶标,激活 MAPKs/NF-κB 信号通路,诱导 DC 细胞分泌细胞因子,发挥免疫增强作用[94,95]。

锦灯笼中的酸浆苦素类成分也具有免疫调节作用。于有军[96] 对锦灯笼提取物酸浆苦素 H 的免疫调节机制进行了探索,发现酸浆苦素 H 可阻滞 T 细胞细胞周期,抑制 T 细胞过度增殖,并显著降低体内炎症因子 IL-2 及 IL-6 的水平,调节 Th1/Th2 平衡。

## 第九节　锦灯笼的其他作用

除前述药理活性外,锦灯笼的利尿、避孕、镇痛等药理作用也有相关文献报道,但其部分药理作用机制尚未完全明确,有待进一步挖掘。

### 一、利尿作用

武蕾蕾等[97] 的研究显示,与生理盐水阴性对照组对比,锦灯笼醇提取物高、中、低三个剂量组均有增强大鼠肾脏排尿功能的作用,其中,锦灯笼醇提取物的三个剂量组在 2h 时的尿量值与生理盐水阴性对照组比较有明显的差异;醇提物中、低剂量组在 3h 时还有明显利尿作用,在 5h 后大鼠尿量与生理盐水组无明显差异,而氢氯噻嗪仍然有利尿作用。综合结果,锦灯笼醇提物对大鼠有明显利尿作用,但与氢氯噻嗪相比,后者利尿作用相对时间较锦灯笼醇提取物时间较长,利尿作用较强,起效时间较快。

### 二、避孕作用

Vessal 等[98] 的研究表明,成年雌性大鼠在连续 8 次腹腔注射锦灯笼水提取物(1.5g/mL)后进入间情期,停止注射 8 天后大鼠可恢复正常的发情周期,提示锦灯笼水提物对发情周期的影响是可逆的。经锦灯笼提取物处理后,大鼠出生的幼崽数量减少了 96%。与对照组相比,锦灯笼提取物对大鼠体重、子宫重量、血浆蛋白水平或血浆总肌酸激酶活性没有影响，但血浆孕酮水平降低 44％，其能够时间依赖性地抑制子宫肌酸激酶 BB-isosyme（一种雌激素诱导的蛋白质），使其活性降低 55％～82％。

## 三、镇痛作用

龚珊等[99] 运用 3 个疼痛测定方法探究锦灯笼的镇痛作用。结果表明，在灌胃锦灯笼（800mg/kg）60min 后，可明显提高小鼠热板法舔爪阈值，提高大鼠电刺激（嘶叫法）的痛阈至（47±0.18）mA，小鼠的扭体次数与对照组相比明显减少，扭体反应明显被抑制，说明其镇痛作用以灌胃后 1h 为佳，可维持镇痛效果持续 1h 以上。另外，腹腔注射纳洛酮（1mg/kg，0.5mL/只）预处理能翻转锦灯笼的镇痛作用，提示其镇痛机制中可能有内源性阿片样物质的参与。李岩等[100] 发现锦灯笼宿萼提取物显著减少 15min 内的扭体次数，并能够延长首次扭体出现的时间。

据报道，酸浆苦素 A 也有镇痛作用。赵娜[101] 采用小鼠扭体法和热板法对酸浆苦素 A 的镇痛作用进行研究。同时，用分子对接技术对酸浆苦素 A 与花生四烯酸（AA）3 条通路上的 7 个主要蛋白质靶标 PLA2、COX-1、COX-2、5-LOX、LTA4H、CYP450（2vn0、5a5i）进行分子对接研究，初步探讨酸浆苦素 A 的潜在镇痛作用机制。结果显示，酸浆苦素 A 可明显减少小鼠扭体次数，提高小鼠痛阈，且其作用与剂量呈一定的相关性。分子对接结果表明，酸浆苦素 A 可以嵌入 AA 通路上 5 个蛋白质靶标（COX-1、5-LOX、LTA4H 及 CYP450）的催化位点内部，说明酸浆苦素 A 能够通过调节环氧化酶和脂氧合酶，阻断 AA 转化为 PG 和白三烯，从而减少炎症介质合成，发挥抗炎镇痛作用。其中，酸浆苦素 A 结构中 C-1、C-15、C-26 位的羰基氧，C-14 与 C-17 间的连氧，C-13、C-14 位的羟基在受体-配体结合过程中发挥着重要作用，是酸浆苦素 A 发挥抗炎镇痛活性的重要活性基团。

## 四、兴奋子宫作用

有研究发现，锦灯笼中的酸浆根素（Hystonin）可使离体的家兔子宫肌肉发生紧张性的收缩，这是由于交感神经末梢的麻痹所引起的现象，其果实则具有催产作用[63]。

综合以上国内外学者对锦灯笼的药理研究可以发现，锦灯笼多个药用部位提取物中所含的酸浆苦素、黄酮、生物碱及多糖类成分都具有广泛的药理作用，其中包括抗炎、抗氧化、抗肿瘤、降血糖、祛痰平喘等，在临床应用及药品开发方面具有广阔的发展前景。

参考
文献　REFERENCES

[1] 朱凡凡,陈喆.锦灯笼药理作用及临床应用研究进展[J].甘肃中医学院学报,2015,32(2):66-69.

[2] 高品一,金梅,杜长亮,等.中药锦灯笼的研究进展[J].沈阳药科大学学报,2014,31(9):732-737.

[3] Shu Z,Xing N,Wang Q,et al. Antibacterial and anti-inflammatory activities of *Physalis Alkekengi Var. franchetii* and its main constituents [J]. *Evidence-based Complementary and Alternative Medi*,2016,2016(4):1-10.

[4] 王晓晨,吉爱国.NF-κB 信号通路与炎症反应[J].生理科学进展,2014,45(1):68-71.

[5] Hong J,Kwon O,Shin I,et al. Anti-inflammatory activities of *Physalis Alkekengi Var. franchetii* extract through the inhibition of Mmp-9 and Ap-1 activation [J]. *Immunobiology*,2015,220(1):1-9.

[6] Moniruzzaman M,Bose S,Kim Y,et al. The ethyl acetate fraction from *Physalis Alkekengi* inhibits lps-induced

pro-inflammatory mediators in Bv2 cells and inflammatory pain in mice [J]. *Journal of Ethnopharmacology*, 2016, 181: 26-36.

[7] 吕春平,王宏芳,李静,等. 锦灯笼抗炎作用实验研究 [J]. 现代预防医学,2007,12(34):2213-2214.

[8] Lin Y, Hsiao Y, Ng K, et al. Physalin a attenuates inflammation through down-regulating C-jun Nh2 kinase phosphorylation/activator protein 1 activation and up-regulating the antioxidant activity [J]. *Toxicology and Applied Pharmacology*, 2020, 402: 115115.

[9] Ji L, Yuan Y, Luo L, et al. Physalins with anti-inflammatory activity are present in *Physalis Alkekengi Var. franchetii* and can function as michael reaction acceptors. [J]. *Steroids*, 2011, 77(5): 441-447.

[10] 陈雷,何玉静,宁立华,等. 锦灯笼抗炎药效药物质基础及其作用机制 [C]//2012 年中国药学大会暨第十二届中国药师周论文集,中国药学会;江苏省人民政府:中国药学会,2012:7.

[11] 李萍,盛巡,王晓中,等. 活化嗜中性粒细胞 [Ca$^{2+}$] i 的变化及锦灯笼酸浆苦素 B 的影响 [J]. 中国病理生理杂志,1996,1996(6):660.

[12] Petta I, Dejager L, Ballegeer M, et al. The interactome of the glucocorticoid receptor and its influence on the actions of glucocorticoids in combatting inflammatory and infectious diseases. [J]. *Microbiol Mol Biol Rev*, 2016, 80(2): 495-522.

[13] Vieira AT, Pinho V, Lepsch LB, et al. Mechanisms of the anti-inflammatory effects of the natural secosteroids Physalins in a model of intestinal ischaemia and reperfusion injury. [J]. *Br. J. Pharmacol.*, 2005, 146(2): 244-251.

[14] Brustolim D, Vasconcelos JF, Freitas LAR, et al. Activity of Physalin F in a collagen-induced arthritis model [J]. *Journal of Natural Products*, 2010, 73(8): 1323-1326.

[15] Pinto N, Morais T, Carvalho K, et al. Topical Anti-inflammatory potential of Physalin E from Physalis angulata on experimental dermatitis in mice [J]. *Phytomedicine*, 2010, 17(10): 740-743.

[16] Kim HP, Son KH, Chang HW, et al. Anti-inflammatory plant flavonoids and cellular action mechanisms. [J]. *J. Pharmacol. Sci.*, 2004, 96(3): 229-245.

[17] 武乾英. 酸浆多酚抗炎活性的研究 [D]. 太原:山西农业大学,2017.

[18] 姚苗苗. 锦灯笼醇提物的生物活性研究 [D]. 太原:山西农业大学,2017.

[19] Chen C, Peng W, Tsai K, et al. Luteolin suppresses inflammation-associated gene expression by blocking Nf-kappab and Ap-1 activation pathway in mouse alveolar macrophages. [J]. *Life Sci.*, 2007, 81(23): 1602-1614.

[20] Li Z, Zhou Y, Zhang N, et al. Evaluation of the anti-inflammatory activity of luteolin in experimental animal models. [J]. *Planta Med.*, 2007, 73(3): 221-226.

[21] 李惠香,张倩,柳亚男,等. 木犀草素与木犀草苷的抗炎活性对比研究 [J]. 烟台大学学报(自然科学与工程版),2018,31(2):114-120.

[22] Funakoshi-tago M, Nakamura K, Tago K, et al. Anti-inflammatory activity of structurally related flavonoids, apigenin, luteolin and fisetin [J]. *International Immunopharmacology*, 2011, 11(9): 1150-1159.

[23] Sakai S, Ochiai H, Nakajima K, et al. Inhibitory effect of ferulic acid and isoferulic acid on the production of macrophage inflammatory protein-2 in response to respiratory syncytial virus infection in RAW 264. 7 cells [J]. *Mediators Inflamm.*, 1999, 8(3): 173-175.

[24] Shin HS, Satsu H, Bae M, et al. Catechol groups enable reactive oxygen species scavenging-mediated suppression of Pkd-nfkappab-il-8 signaling pathway by chlorogenic and caffeic acids in human intestinal cells. [J]. *Nutrients*, 2017, 9(2): 165.

[25] 范晓东,王俊平,范纯富. 锦黄咽炎片主要药效学观察 [J]. 实用药物与临床,2007,10(2):66-68.

[26] 杨春荣,单静颖,郑素芹. 锦灯笼提取物对 DPPH 自由基清除作用的探讨 [J]. 黑龙江医药科学,2008,167(3):42.

[27] Helvaci S, Kökdil G, Kawai M, et al. Antimicrobial activity of the extracts and Physalin D from Physalis alkekengi and evaluation of antioxidant potential of Physalin D. [J]. *Pharm Biol*, 2010, 48(2): 142-150.

[28] 钟方丽,王文姣,王晓林,等. 锦灯笼宿萼总黄酮体外抗氧化活性 [J]. 大连工业大学学报,2017,36(6):397-401.

[29] 武乾英,王晓闻,郭瑜,等. 酸浆果实中多酚的提取及其抗氧化能力研究 [J]. 食品研究与开发,2017,38(10):33-37.

[30] 李群,孙明哲,吴威,等. 酸浆茎叶黄酮精制工艺及抗氧化活性研究 [J]. 食品与机械,2018,34(10):158-162.

［31］ 李成华．酸浆宿萼总黄酮提取工艺优化及其抗氧化活性［J］．北方园艺，2018，2018(23)：124-131．

［32］ Duan F，Guo Y，Li J，et al. Antifatigue effect of luteolin-6-c-neohesperidoside on oxidative stress injury induced by forced swimming of rats through modulation of Nrf2/{are} signaling pathways［J］．*Oxidative Medicine and Cellular Longevity*，2017，2017：3159358．

［33］ Ge Y，Duan Y，Fang G，et al. Study on biological activities of *Physalis Alkekengi Var. francheti* Polysaccharide［J］．*Journal of the Science of Food and Agriculture*，2009，89(9)：1593-1598．

［34］ Ge Y，Duan Y，Fang G，et al. Polysaccharides from fruit calyx of *Physalis Alkekengi Var. Francheti*：isolation，purification，structural features and antioxidant activities［J］．*Carbohydrate Polymers*，2009，77(2)：188-193．

［35］ 王文祥．酸浆多糖的提取及抗氧化性质研究［D］．天津：天津科技大学，2019．

［36］ 宋春梅，张岚，葛红娟，等．酸浆类胡萝卜素的体外抗氧化活性研究［J］．时珍国医国药，2011，22(12)：2943-2944．

［37］ 席利莎，木泰华，孙红男．绿原酸类物质的国内外研究进展［J］．核农学报，2014，28(2)：292-301．

［38］ 胡宗福，于文利，赵亚平．绿原酸清除活性氧和抗脂质过氧化的研究［J］．食品科学，2006(2)：128-130．

［39］ 赵红丹．锦灯笼宿萼化学成分及有效部位研究［D］．沈阳：辽宁中医药大学，2008．

［40］ 杨春，李婷，蒋凌芸，等．锦灯笼提取物对 6 种植物病原真菌的抑制作用研究［J］．山西农业大学学报(自然科学版)，2019，39(1)：7-12．

［41］ 何丽娜，何紫冰，杨军．木犀草素体外抗柯萨奇 B$_3$ 病毒的作用［J］．中国现代应用药学，2000(5)：362-365．

［42］ 王庆华，杜婷婷，张智慧，等．绿原酸的药理作用及机制研究进展［J］．药学学报，2020，55（10）：2273-2280．

［43］ Meira CS，Guimarães ET，Bastos TM，et al. Physalins B and F，seco-steroids isolated from *Physalis Angulata* L.，strongly inhibit proliferation，ultrastructure and infectivity of trypanosoma cruzi［J］．*Parasitology*，2013，140(14)：1811-1821．

［44］ Guimaraes ET，Lima MS，Santos LA，et al. Activity of physalins purified from physalis angulata in in Vitro and in Vivo models of cutaneous leishmaniasis［J］．*Journal of Antimicrobial Chemotherapy*，2009，64(1)：84-87．

［45］ Sà MS，Menezes MND，Krettli AU，et al. Antimalarial activity of physalins B，D，F，and G［J］．*Journal of Natural Products*，2011，74(10)：2269-2272．

［46］ 王明东，杨松松．锦灯笼化学成分及药理作用综述［J］．辽宁中医学院学报，2005，7(4)：341-342．

［47］ Zhang CH，Wang ZT，Yang YP，et al. A novel cytotoxic neophysalin from *Physalis Alkekengi Var. francheti*［J］．*Chinese Chemical Letters*，2009，20(11)：1327-1330．

［48］ 辛秀琴，刘峰，黄淑玉，等．锦灯笼体外抗肺癌作用［J］．中国老年学杂志，2010，30(17)：2486-2487．

［49］ 方春生，杨燕军．酸浆苦素 B 的体外抗肿瘤活性研究［J］．广州中医药大学学报，2015，32(4)：652-655，660，782-783．

［50］ Li X，Zhao J，Yang M，et al. Physalins and withanolides from the fruits of *Physalis Alkekengi L. var. franchetii* (mast.) Makino and the inhibitory activities against human tumor cells［J］．*Phytochemistry Letters*，2014，10：95-100．

［51］ Pinto LA，Meira CS，Villarreal CF，et al. Physalin F，a seco-steroid from *Physalis Angulata* L.，has immunosuppressive activity in peripheral blood mononuclear cells from patients with Htlv1-associated myelopathy［J］．*Biomedicine & Pharmacotherapy*，2016，79：129-134．

［52］ 赵珍东，方春生，谢小霞，等．酸浆苦味素 B 对人乳腺癌 MDA-MB-231 细胞的抑制作用［J］．中成药，2017，39(7)：1502-1506．

［53］ Vandenberghe I，Créancier L，Vispé S，et al. Physalin B，a novel inhibitor of the ubiquitin-proteasome pathway，triggers noxa-associated apoptosis.［J］．*Biochem Pharmacol*，2008，76(4)：453-462．

［54］ Hsu C，Wu Y，Farh L，et al. Physalin B from physalis angulata triggers the noxa-related apoptosis pathway of human melanoma A375 cells.［J］．*Food Chem Toxicol*，2012，50(3)：24-619．

［55］ He H，Zang L，Feng Y，et al. Physalin a induces apoptosis via p53-noxa-mediated ros generation，and autophagy plays a protective role against apoptosis through p38-nf-κb survival pathway in A375-s2 cells［J］．*Journal of Ethnopharmacology*，2013，148(2)：544-555．

［56］ Han H，Qiu L，Wang X，et al. Physalins a and b inhibit androgen-independent prostate cancer cell growth through activation of cell apoptosis and downregulation of androgen receptor expression［J］．*Biological* and Pharmaceutical Bulletin,2011,34(10):1584-1588.

［57］ Ma Y,Han W,Li J,et al. Physalin B not only inhibits the ubiquitin-proteasome pathway but also induces incomplete autophagic response in human colon cancer cells in vitro［J］. Acta Pharmacologica Sinica,2015,36(4):517-527.

［58］ Zhu F,Dai C,Fu Y,et al. Physalin a exerts anti-tumor activity in non-small cell lung cancer cell lines by suppressing Jak/stat3 signaling［J］. Oncotarget,2016,7(8):9462-9476.

［59］ 陈喆,朱凡凡,余立雁,等. 酸浆苦素A在制备JAK2-STAT3信号通路抑制剂和抗肿瘤药物中的应用［P］.

［60］ Cao C,Zhu L,Chen Y,et al. Physalin B induces $G_2$/M cell cycle arrest and apoptosis in A549 human non-small-cell lung cancer cells by altering mitochondrial function［J］. Anti-cancer Drugs,2019,30(2):128-137.

［61］ Wang A,Wang S,Zhou F,et al. Physalin B induces cell cycle arrest and triggers apoptosis in breast cancer cells through modulating p53-dependent apoptotic pathway［J］. Biomedicine & Pharmacotherapy,2018,101:334-341.

［62］ Kang N,Jian J,Cao S,et al. Physalin a induces $G_2$/M phase cell cycle arrest in human non-small cell lung cancer cells:involvement of the p38 mapk/ros pathway.［J］. Mol. Cell. Biochem. ,2016,415(1):145-155.

［63］ 郭颖,刘静,聂黎行,等. 锦灯笼的研究进展［J］. 中药材,2012,35(12):2039-2045.

［64］ 王和平,徐美术,孙亮,等. 锦灯笼降血糖作用的实验研究［J］. 中医药信息,2004,2004(1):53-54,60.

［65］ 刘雅丽,韩书影,赵后,等. 锦灯笼宿萼皂苷降血糖作用研究［J］. 东北师大学报(自然科学版),2010,42(2):105-109.

［66］ 佟海滨. 锦灯笼水溶性多糖的结构及其降血糖活性研究［D］. 长春:东北师范大学,2007.

［67］ 吴红杰,陈大忠. 锦灯笼宿萼不同提取物对小鼠耐糖量及糖尿病肾病大鼠血糖水平影响［J］. 安徽医药,2018,22(7):1245-1248.

［68］ 赵平,熊明睿,杨新洲,等. 调节GLUT4转位化合物及相关的信号通路研究进展［J］. 生命的化学,2017,37(3):361-366.

［69］ Li S,Chen H,Wang J,et al. Involvement of the Pi3k/akt signal pathway in the hypoglycemic effects of tea polysaccharides on diabetic mice［J］. International Journal of Biological Macromolecules,2015,81:967-974.

［70］ Jiang ZY,Zhou QL,Coleman KA,et al. Insulin signaling through Akt/protein kinase B analyzed by small interfering ma-mediated gene silencing［J］. Proceedings of the National Academy of Sciences,2003,100(13):7569-7574.

［71］ Guo Y,Li S,Li J,et al. Anti-hyperglycemic activity of polysaccharides from calyx of Physalis alkekengi Var. franchetii Makino on alloxan-induced mice.［J］. Int J Biol Macromol,2017:249-257.

［72］ 李素娟. 酸浆宿萼多糖降血糖机理研究［D］. 太原:山西农业大学,2014.

［73］ 刘敏,徐斌,杜鹃,等. 酸浆水提物对高脂模型大鼠血脂水平的影响［J］. 江苏农业科学,2014,42(10):310-313.

［74］ 李方莲,范恩学,徐丹,等. 中药挂金灯的降血脂作用的实验研究［J］. 中国老年学杂志,2006,26(1):91-92.

［75］ 常燕. 酸浆宿萼总皂苷毒理学及降脂效果研究［D］. 太原:山西农业大学,2015.

［76］ 杨异卉. 锦灯笼降血脂活性评价及药效成分追踪［D］. 哈尔滨:哈尔滨医科大学,2012.

［77］ 刘晓丹,潘振伟,庄须国,等. 锦灯笼水提物对大鼠胸主动脉的舒张作用及机制［J］. 中草药,2008,39(11):1709-1712.

［78］ 汪丽燕,韩传环,王萍. 木犀草素对冠脉血流动力的实验研究［J］. 中国药理学通报,1992,8(5):388-389.

［79］ Luo Y,Shang P,Li D. Luteolin:a flavonoid that has multiple cardio-protective effects and its molecular mechanisms.［J］. Front Pharmacol,2017,8:692.

［80］ Yan Q,Li Y,Yan J,et al. Effects of luteolin on regulatory proteins and enzymes for myocyte calcium circulation in hypothermic preserved rat heart.［J］. Exp Ther Med,2017,15(2):1433-1441.

［81］ 张秀芝. 锦灯笼有效成分抗炎作用实验研究［D］. 长春:吉林大学,2008.

［82］ 包春玲. 锦灯笼对致敏哮喘小鼠的疗效观察［D］. 延吉:延边大学,2008.

［83］ 刘欢欢,郝秀芳. 酸浆对致敏小鼠哮喘的疗效观察［J］. 中成药,2009,31(2):285-287.

［84］ 刘欢欢. 中药—酸浆抗过敏作用的实验研究［D］. 延吉:延边大学,2006.

［85］ Yang Y,Ding Z,Wang Y,et al. Systems pharmacology reveals the mechanism of activity of Physalis Alkekengi L. Var. franchetii against lipopolysaccharide-induced acute lung injury［J］. Journal of Cellular and Molecular Medicine, 2020, 24(9):5039-5056.

[86] 姜琦, 风兰, 辛毅, 等. 锦灯笼和枸杞子水提液对乳酸菌的促生作用 [J]. 安徽中医药大学学报, 2014, 33(2):79-81.

[87] Li X, Zhang C, Wu D, et al. In vitro effects on intestinal bacterium of physalins from Physalis Alkekengi Var. francheti [J]. Fitoterapia, 2012, 83(8):1460-1465.

[88] 杨光. 酸浆多糖对小鼠肠道菌群失调的调节作用研究 [D]. 大连:大连医科大学, 2014.

[89] 王春阳, 王晓欣, 曹雪姣, 等. 锦灯笼提取物对抗菌药物致小鼠肠道菌群失调的预防作用 [J]. 中国药房, 2014, 25 (35):3282-3284.

[90] 沈琪. 锦灯笼提取物对 DSS 诱导小鼠结肠炎治疗作用的研究 [D]. 太原:山西农业大学, 2019.

[91] Yang J, Yang F, Yang H, et al. Water-soluble polysaccharide isolated with alkali from the stem of Physalis Alkekengi L.:structural characterization and immunologic enhancement in DNA vaccine [J]. Carbohydrate Polymers, 2015, 121:248-253.

[92] 杨慧敏. 锦灯笼果实多糖在核酸疫苗中免疫增强作用研究 [D]. 长春:东北师范大学, 2012.

[93] 李永刚. 锦灯笼果实水溶性多糖免疫增强作用研究 [D]. 长春:东北师范大学, 2009.

[94] 孙浩. 锦灯笼果实多糖对小鼠髓源树突状细胞表型影响及其作用受体初探 [D]. 长春:东北师范大学, 2014.

[95] 侯新影. 锦灯笼果实多糖通过小鼠树突状细胞表面 TLR4 增强免疫作用机制研究 [D]. 长春:东北师范大学, 2017.

[96] 于有军. 酸浆属植物中免疫抑制活性物质的筛选及药理学研究 [D]. 上海:华东理工大学, 2009.

[97] 武蕾蕾, 才玉婷, 常乐. 锦灯笼醇提取物对大鼠的利尿作用研究 [J]. 牡丹江医学院学报, 2012, 33(2):5-6.

[98] Vessal M, Mehrani H, Omrani GH. Effects of an aqueous extract of physalis alkekengi fruit on estrus cycle, reproduction and uterine creatine kinase bb-isozyme in rats [J]. Journal of Ethnopharmacology, 1991, 34(1):69-78.

[99] 龚珊, 单立冬, 张玉英, 等. 挂金灯镇痛作用的实验观察 [J]. 苏州大学学报(医学版), 2002, 22(4):380-382.

[100] 李岩, 冯会红, 蒋雨薇, 等. 酸浆对炎症及花生四烯酸代谢途径的影响 [J]. 北京理工大学学报, 2015, 35(7):762-766.

[101] 赵娜. 酸浆苦素 A 的镇痛功效及药动学研究 [D]. 天津:天津中医药大学, 2020.

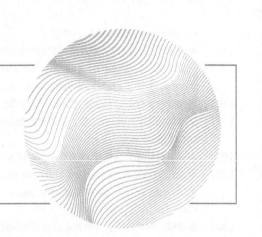

# 第六章
# 锦灯笼的应用

锦灯笼为茄科酸浆属植物酸浆中带果实的宿萼，是一种药食两用的中药材。根据现有研究表明，锦灯笼作为一味清热解毒药，为中医临床所常用；而其又可作为一种营养价值高的食物，常出现在百姓的餐桌上。本章主要从锦灯笼的常用方剂、临床应用及常用食疗方等方面展开详细的介绍。

## 第一节　锦灯笼的常用方剂

锦灯笼性味苦寒，归肺经，有清热解毒、利咽化痰、利尿通淋、祛湿止痒的功效，常用于咽疼音哑、痰热咳嗽、小便不利、热淋涩痛的治疗，外用可治天疱疮、湿疹等。它能够与多种中药配伍使用，具有广泛的临床应用价值。

本节主要从锦灯笼的四个传统功效对其常用方剂进行分类，还列出了其他比较特殊的用途。其发挥清热解毒的功效时，锦灯笼常与清热解毒药（金银花、连翘、大青叶等）、解表药（薄荷、牛蒡子、蝉蜕等）等配伍使用，其主要用于治疗感冒、口腔溃疡等。而发挥利咽化痰的功效时，多是在清热的基础上，再与理气药（橘红、枳实、香橼等）、化痰止咳平喘药（贝母、瓜蒌、竹茹、桔梗、苦杏仁等）、补阴药（沙参、百合、麦冬、玉竹等）配合使用，主要作用于咽喉、扁桃体等部位；在某些情况下，锦灯笼清热解毒和利咽化痰的功效是相辅相成的，因此，这两个部分会有相似和交叉之处。在"利尿除湿"和"祛湿止痒"部分，锦灯笼主要与清热燥湿药（黄柏、龙胆、白鲜皮等）、祛风湿药（徐长卿、防己、五加皮等）、利水渗湿药（茯苓、车前子、茵陈等）相互组合。根据不同的治疗目的和作用特点，还可配伍活血化瘀、益气健脾、养心安神等中药，以辨证论治。本小节从历年发表的文献和专利中，总结了包含有锦灯笼的常用方剂，可为锦灯笼在临床上的实际应用提供一定的参考价值。

### 一、清热解毒

#### 1. 外感发热

（1）锦莲清热方

【来源】该方记载于王昕旭[1] 2010 年发表的文献《锦莲清热方治疗"上感"伴发热的临床观察》。

【组成】半枝莲 25g，锦灯笼 10g，黄芪 20g，金银花 15g，连翘 15g，板蓝根 25g，荆芥 10g，防风 10g，甘草 6g。

【用法用量】水煎服。每日 1 剂，分 2 次服用。

【功效】清热解毒，疏风解表。

【主治】急性上呼吸道感染伴发热。

【方证原理】方中半枝莲清热解毒，锦灯笼、板蓝根清热解毒利咽；现代医学研究表明这三种药物均有抗病毒、抑菌的作用。金银花、连翘具有疏散风热、清热消肿的功效，且连翘固有"疮家圣药"之称，配伍荆芥、防风可增强解表宣散之力。黄芪扶助正气，既可鼓邪外出，又可避免因药物过于寒凉而伤及阳气，可增强机体免疫力。甘草用于调和诸药。本方既可清热解毒，疏风退热，又可益气固表，增强机体免疫力，达到标本同治的目的。

【临床治疗】2009 年 1 月—2009 年 12 月收治上呼吸道感染的患者 144 例。其中治疗组 78 例（男 41 例，女 37 例）；对照组 66 例（男 34 例，女 32 例）。治疗组、对照组均在上呼吸道感染急性期伴发热时接受治疗。治疗组服用锦连清热方，每日 1 剂，一日 2 次；连续服用 2 天。对照组使用抗病毒药物治疗，发热在 38.5℃ 以上者服用少量退热药，血象示白细胞总数升高、中性粒细胞升高者口服或静滴抗生素。疗效判定标准如下：①显效：服药 1 天后体温降至正常不反复者；②有效：服药 2 天后体温降至正常不反复者；③无效：服药 2 天后体温未降至正常。结果显示，治疗组病例显效 45 例，有效 29 例，无效 4 例，有效率 94.87%，未发现不良反应；对照组显效 20 例，有效 34 例，无效 12 例，有效率 81.82%，未发现不良反应。两者之间有显著性差异（$P<0.05$）。

（2）抗感颗粒

【来源】2015 年南京多宝生物科技有限公司发明人李洋[2] 申请的专利《一种用于治疗呼吸道感染的药物制剂》，专利号 CN105168835A。

【组成】走马箭 25g，楮实 18g，鹅哥舌 22g，锦灯笼 25g，马齿苋 25g，白术 28g，贝母 15g，全瓜蒌 15g，前胡 20g，薄荷 25g，葛根 20g，牛膝 25g，黄芪 20g，党参 15g，酸枣仁 15g，大青叶 15g，杜仲 25g，桑叶 15g，甘草 5g。

【用法用量】制成颗粒剂，规格为每袋 10g。一日 3 袋，分早、中、晚 3 次饭前半小时服用，5 天为一疗程。

【功效】清热解毒，疏肝理气。

【主治】呼吸道感染。临床表现为：年长儿症状较轻，有流涕、鼻塞、咳嗽、咽痛或发热，部分病例伴腹痛；婴幼儿起病较急，伴呕吐、腹泻，高热时可致高热惊厥。

【方证原理】中医认为，呼吸道感染多为先天禀赋不足，或喂养不当、营养不良，或其他病影响，或药物使用不当、损伤正气，从而导致自身正气不足为肺经蕴热。走马箭、楮实、鹅哥舌、锦灯笼、马齿苋、白术、贝母、全瓜蒌、前胡等药具有清热解毒、宣肺定喘、疏肝理气的功效，为君药；薄荷、葛根、牛膝、黄芪、党参、酸枣仁、大青叶、杜仲、桑叶等为臣药，可疏风散热、止咳化痰；甘草为佐使药，全方相互配伍，清热解毒、疏肝理气，治疗呼吸道感染或有佳效。

【临床治疗】呼吸道感染临床诊断标准如下。临床表现：①年长儿症状较轻，可有流涕、鼻塞、咳嗽、咽痛或发热，部分病例可伴腹痛。②婴幼儿起病较急，可伴呕吐，腹泻，高热时可致惊厥。③体检：大多数病例一般情况较好，咽部充血，部分病例可见疱疹溃疡或扁桃体红肿及渗出，可伴颌下淋巴结肿大。辅助检查：①血常规：白细胞计数在病毒感染时偏低，或在正常范围内，细胞感染者一般可增多，中性偏高。②胸部 X 线检查正常，如发热持续不退或咳嗽较重者，可作胸部 X 线检查，以排除下呼吸道感染。③有条件的可作相关病原学检测。

发明人分别收集 60 例轻中度呼吸道感染患者，按随机分为治疗组 30 例，对照组 30 例；治疗组与对照组在性别、人数、年龄、病情等资料均无显著性差异的情况下，具有可比性。按专利方法制备颗粒剂的临床样品，治疗组口服本方颗粒；空白组口服安慰剂颗粒剂。5 天为一疗程，一天 3 袋，分早、中、晚 3 次饭前半小时服用。结果显示，治疗组病例痊愈 18 例，有效 37 例，无效 5 例，有效率 91.7%；对照组痊愈 1 例，有效 3 例，无效 56 例，有效率 6.7%。可见，本发明制得的药物能够安全有效治疗呼吸道感染，且无毒副作用。

### （3）风热感冒治疗方

【来源】该方由吉林修正药业新药开发有限公司的郭文英等[3] 发明，记载于专利《一种治疗风热感冒的中药及制备方法》，专利号 CN104623082A。

【组成】金银花 10g，连翘 10g，锦灯笼 9g，紫萁贯众 8g，黄芩 8g，甘草 6g。

【用法用量】制成片剂、颗粒剂、胶囊剂等，本品服用量为每次 6g（不计辅料），一日 3 次。

【功效】清热解毒，宣肺泄热。

【主治】风热证。症见身热较著，微恶风、头胀痛、咳嗽、咽痛等。

【方证原理】本方所治之证，系由温热病邪侵犯上焦肺卫而致发热、微恶寒、头痛、咳嗽、咽喉疼痛等，属中医温病之范畴。热、毒是温病重要且首要的病理因素。由于热从毒生、热盛者即为毒，故清热法和解毒法常并称。温病以发热为主症，热盛则病进，热清则病退。因此，治疗温病的关键在于清热解毒、祛邪解表。

方中金银花、连翘为君药，二者均可入肺经清热解毒，又能轻宣透表，且性味辛凉而不伤阴，适用于外感风热或温病初起表里俱热者。温病初起，邪在于肺，肺与皮毛相合，通过肌表来透散，锦灯笼可以辅助君药透表祛邪，使得邪有处可去，是为臣药。温邪上受，首先犯肺，所以本方佐以紫萁贯众、黄芩，以增强清肺利咽之效。甘草清热解毒，调和诸药，用作使药。本方六味药物相辅相成，重在清热解毒、宣肺泄热，散外邪与清内热并用，卫气同治，表里双解，可用于治疗温病初起邪在卫分，还可以预防病邪传入气分。

【临床治疗】本实验共入组病例 500 例，其中实验组 300 例，阳性对照组 100 例，安慰剂组 100 例，阳性对照药为上海强生制药有限公司的泰诺。诊疗效果划分标准如下。①痊愈：用药 72h 后单项症状疗效指数减少≥95%；②显效：用药 72h 后，70%≤单项症状疗效指数减少<95%；③有效：用药 72h 后，30%≤单项症状疗效指数减少<70%；④无效：用药 72h 后单项症状疗效指数减少<30%或病情加重。结果显示，实验组病例痊愈 127 例，显效 140 例，有效 27 例，无效 6 例；阳性对照组痊愈 24 例，显效 55 例，有效 20 例，无效 1 例；安慰剂组痊愈 2 例，显效 2 例，有效 2 例，无效 94 例。以上数据表明本药物可显著治疗风热感冒。

### （4）流行性感冒治疗方

【来源】该方来源于济宁市传染病医院的发明人冯佳[4]，于 2011 年申请专利《一种治疗流行性感冒的药剂》，专利号 CN102416097A。

【组成】大青叶 15g，锦灯笼 25g，桑叶 20g，北豆根 30g，川芎 10g，石南藤 10g，麦冬 8g，女贞子 15g，厚朴 15g。

【用法用量】制成散剂。一天 2 次，每次 1 袋，治疗 3 天为一个疗程。

【功效】清热解毒，祛风止痛。

【主治】流行性感冒。症见急性起病，发热伴恶寒，头痛，全身酸痛，乏力，口苦口干，恶心，食欲减退，可有肋腹胀痛、呕吐、腹泻，可伴咽痛、咳嗽痰多、鼻塞流涕、流泪等症，舌苔厚腻，脉滑数。

【方证原理】方中桑叶甘寒质轻，可疏散风热、清肺润燥，且其甘润益阴以清肝明目，用于温病初起。大青叶苦寒，主清心胃二经之实火热毒，又入血分而能凉血消斑，使气血两清，用治温病热入营血、气血两燔。锦灯笼、北豆根苦寒，可清热泻火解毒，麦冬养阴润肺，厚朴燥湿消痰、下气平喘，用于治疗咽喉肿痛、咳嗽痰多。川芎辛温升散，能上行头目，祛风止痛，与石南藤、女贞子合用以缓解头晕头痛的症状。诸药配合使用，起到清热泻火、祛风止痛的作用。

【临床治疗】参照《中药新药临床研究指导原则》及中医温病辨证方法属暑湿或湿热阻滞少阳证者纳入研究范围。选取符合标准的患者 50 例，其中男 25 例，女 25 例，年龄 25～51 岁，平均 32 岁。疗效判定标准如下：①痊愈：用药 24～48h 内体温恢复正常且不再上升，症状、体征消失。②显效：用药 24～48h 内体温恢复正常且不再上升，主要症状、体征部分消失或明显减轻。③有效：用药 48～72h 内体温恢复正常且不再上升，主要症状、体征部分消失。④无效：症状、体征等无改善。经过一个疗程的观察，发现全部患者均符合痊愈的疗效标准，并且在整个治疗期间未观察到明显的不良反应。

### 2. 溃疡

（1）金莲愈溃饮加减

【来源】金莲愈溃饮是民间流传验方，2005 年由王山峰等[5] 记录于论文《金莲愈溃饮治疗白塞病 7 例》。

【组成】金莲花 9g，南（北）沙参 15g，丹皮 9g，耳环石斛 12g，山萸肉 9g，枸杞子 9g，锦灯笼 9g，花粉 15g，黄芪 9g，马蔺子 9g。

【用法用量】水煎服。每日 1 剂，早晚 2 次，10 剂为一个疗程。

【功效】益气养阴，清热解毒。

【主治】白塞病。症见目赤肿痛，口腔及阴部溃疡，下肢结节红斑，皮疹瘙痒，腹痛、腹胀、泄泻，身倦乏力等。

【方证原理】白塞病是一种原因未明的慢性血管炎症系统性疾病，临床主要表现为复发性口腔溃疡、生殖器溃疡、眼炎及皮肤损害，同时也伴有神经、血管、关节、胃肠道等全身多个器官的损害，以青壮年男性为多见。白塞病属于中医"狐惑"的范畴，最早记载于张仲景的《伤寒杂病论》，曰："狐惑之为病，状如伤寒，默默欲眠，目不得闭，卧起不安，蚀于喉为惑，蚀于阴为狐。"引起该病的主要原因为脾肾阴虚、湿热蕴毒。肺胃有热，循经上扰而致口腔溃疡；肝经热盛，火性炎上，循经上下侵蚀而致目赤肿痛、阴部溃疡；侵入血分，气血凝滞，可见血管炎、皮肤结节红斑、皮疹瘙痒等；肠胃痞塞而运化不通，则见腹痛、腹胀、泄泻等诸症。故治疗该病，重在补阴虚、清湿热、祛血瘀。

在该方中，南北沙参、耳环石斛、山萸肉、枸杞子、黄芪为补益之品，可益气养阴、滋补肝肾。金莲花、丹皮、锦灯笼、马蔺子为清热之品。丹皮清热凉血、活血化瘀，对痈肿疮毒具有一定治疗效果；金莲花性味苦寒，具有明目、消炎、消肿止痛的功效，从而可收敛溃疡；马蔺子性味甘平，可生津止渴、清热利湿；锦灯笼清热解毒作用强，与上述药物配伍使用共清上焦之湿热蕴毒。

【临床治疗】本方1995—2001年间共有临床治疗7例，其中男5例，女2例，年龄18～43岁，平均31岁；病程3～4年，平均3年，使用该方治疗前均已确诊为白塞病。使用金莲愈溃饮治疗一个疗程后，7例患者溃疡基本消失，未出现新的溃疡，下肢结节红斑消退，食纳尚好。继续服用一个疗程，精神体力好转，大便正常，低热已退。

（2）口腔溃疡治疗方

【来源】该方来源于刘学键[6] 在2013年申请的专利《一种治疗口腔溃疡的中药组合物》，专利号CN103585433A。

【组成】黄芩15g，金银花6g，石榴皮10g，锦灯笼10g，天门冬10g，蒲公英20g，蝉蜕20g，荷叶10g，白芍5g，薄荷5g，珍珠草15g，牛蒡子7g，黄连10g，甘草10g，三七10g，山楂20g，柴胡10g，丹参6g，五倍子5g，泽泻10g，苍术30g。

【用法用量】制成合剂。水煎服，每日1剂，一日2次。

【功效】清热解毒，祛湿健脾。

【主治】复发性口腔溃疡。实火者症见溃疡起病急，发病快，溃疡充血发红明显，可见黄色假膜覆盖，疼痛明显，伴舌质红、苔黄燥或厚腻，便秘等；虚火者症见溃疡病程缠绵，溃疡灰白或污浊，溃疡周围色淡或不红，伴体虚，苔少或光剥及明显全身虚热证表现等。

【方证原理】复发性口腔溃疡在中医理论中属于"口疮""口疡""口疳"等的范畴，其最早记载于《素问·气交变大论》，曰："岁金不及，炎火上行，民病口疮，甚则心痛。"该病病因复杂，其病机主要有虚实之分。实火者多由于平素过食辛辣厚味，嗜饮烈酒，以致脾胃运化失司，湿浊不化，蕴而为热，热盛化火；或外感风热，火毒上泛口腔，熏灼于口。虚火者多由于素体阴虚或久病阴虚，加以思虑过度，情志郁结，阴虚火旺，循经上炎，熏蒸于口而致口疮。

黄芩、黄连性味苦寒，有清热燥湿、泻火解毒之功效，黄芩尤善清上焦之湿热，黄连则长于清中焦之湿热；苍术苦温燥湿以祛湿浊，辛香健脾以和脾胃；加以泽泻利水渗湿，泻热化浊，四药合用，可有效祛除湿热邪气。火热上炎，当因势利导，使郁热之邪从上而解，故采用金银花、蝉蜕、薄荷、牛蒡子、柴胡，以疏散腠理，透邪外出。金银花、薄荷、蝉蜕、牛蒡子疏散风热，兼可清利头目；柴胡辛散苦泄，善于解表退热和疏散少阳半表半里之邪，兼可疏肝解郁。蒲公英为清热解毒，消痈散结之佳品，《本草正义》言其："治一切疔疮痈疡红肿热痛诸证。"配以锦灯笼、珍珠草增强清热之功，加以石榴皮、五倍子收敛止血，促进口疮愈合。久病邪毒入络，血瘀脉阻，故在清热的同时还参以三七、丹参、白芍、山楂以通行血脉，散瘀止痛。枯燥易伤津耗液，故采用天门冬养阴润燥生津，加以荷叶消暑利湿，健脾升阳。甘草调和诸药。合而用之，共奏祛风清热、祛湿健脾、活血化瘀之功效。

【临床治疗】本组观察病例50例，其中男性38例，女性12例，年龄15～45岁，平均年龄32岁。诊断为口腔溃疡的标准如下：口腔的唇、颊、软腭或齿龈等处的黏膜出现单个或多个大小不等的圆形或椭圆形溃疡，溃疡面直径为1～10mm，表面覆盖灰白或黄色假膜，中间凹陷，边界清楚，周围黏膜红而微肿，溃疡处局部明显灼痛，严重者还会影响食欲、淋巴肿大，对日常饮食造成极大不便。患者内服由本方制成的口腔溃疡合剂，水煎服，每日 1 剂，一日 2 次，连续给药 4 天。结果发现，在 50 例中有 41 例治愈，口腔内溃疡面消失、无红肿、无灼痛，淋巴正常；其余 9 例情况好转，溃疡面个数减少、直径缩小，灼痛与淋巴肿痛减轻。

（3）口腔溃疡治疗方

【来源】该方由济宁市妇幼保健院孔德红[7] 于 2012 年发明，专利名《一种治疗口腔溃疡的药剂》，专利号 CN102600365A。

【组成】细辛 15g，锦灯笼 25g，栀子 20g，金银花 30g，白芨 10g，吴茱萸 10g，青黛 8g，黄芩 15g，马勃 15g。

【用法用量】制成散剂（相当于生药量 14.8g）。一天 2 次，每次 1 袋，治疗 3 天为一个疗程。

【功效】清热解毒，消肿止痛。

【主治】口腔溃疡。

【方证原理】方中锦灯笼清热解毒、利咽喉；金银花性味甘寒，可清热解毒，散痈消肿，透热达表；黄芩主清中上焦之湿热蕴毒；栀子清心除烦、凉血解毒；青黛咸寒入血分，有凉血消肿之功，诸药共同用于治疗火毒炽盛之痈肿疮毒、红肿热痛者。白芨、马勃有收敛止血、消肿生肌之功，能够促进口腔溃疡愈合。细辛可祛风通窍止痛，吴茱萸疏肝解郁止痛，且细辛、吴茱萸均性温热，可制约本方中众多药物的寒凉之性，从而有效治疗口腔溃疡。

## 3. 其他炎症

### 结膜炎治疗方

【来源】该方出自吉林大学周鸿雁等[8] 2017 年申请的专利《一种治疗结膜炎的中药组合物及制备方法》，专利号 CN107007731B。

【组成】锦灯笼 10g，密蒙花 8g，决明子 10g，熟地黄 8g，蝉蜕 5g，梅片 5g，炙甘草 5g，谷精草 10g，知母 10g，白芷 5g，槟榔 5g。

【用法用量】按专利方法制得提取液 30mL，结膜囊冲洗双眼约 100mL，每日 2 次，3 天为一个疗程。

【功效】清热泻火，明目退翳。

【主治】结膜炎。症见眼部有异物感、灼热感或痒痛，自觉流泪，干涩红肿，结膜充血，分泌物多等。

【方证原理】结膜炎有急性和慢性之分，其中急性结膜炎属中医天行赤目、暴风客热等范畴，在日常生活中常被称为"红眼病"，其发病原因为外感风热疫毒，侵犯头目导致，春夏两季多发，多为双眼同时或先后发病。慢性结膜炎则与中医记载的"时复症"相似，其发病机制多由于肺卫不固，风热外侵，上犯白睛，往来于胞睑肌肤腠理之间；或脾胃湿热内蕴，复感风邪，风湿热邪相搏，滞于胞睑、白睛；或肝血不足，虚风内动，上犯于目而致。故该病治疗原则多以清热泻火，祛风止痒为主。

本方锦灯笼性味苦寒，清热泻火力强。密蒙花与决明子性味甘寒，均可清泻肝火，明目退翳，适用于肝火上炎之目赤肿痛、羞明多泪，及肝虚有热之目生翳障、视物昏花。《本草求真》[9]中记载"决明子，除风散热。凡人目泪不收，眼痛不止，多属风热内淫，以致血不上行，治当即为驱逐；按此苦能泄热，咸能软坚，甘能补血，力薄气浮，又能升散风邪，故为治目收泪止痛之要药。"蝉蜕与谷精草长于疏散风热，用于风热上扰引起的目赤翳障。再加以熟地黄、知母滋阴润燥，养阴生津。梅片、白芷、槟榔乃辛散之品，可行气通窍止痛，炙甘草和中缓急，调和诸药。全方清热泻火，能够有效缓解眼部疲劳，消除眼部干涩红肿、眼痒、视物模糊等不适症状。

【临床治疗】为了验证本方中药组合物的治疗效果，发明人选取 100 例急性结膜炎患者进行临床试验，症状体征为：发病急，病程短，自觉流泪、有异物感、干涩红肿、灼热感或痒痛，结膜充血等。按照专利方法制备出中药组合物 30mL，加入 500mL 生理盐水中，每次冲洗双眼结膜囊约 100mL，每日 2 次，疗程 3 天，观察眼部症状及体征变化，疗程结束后判断疗效。结果发现本方治疗结膜炎有效率为 100%，疗效显著。一个月后随访上述患者，症状均没有复发。

## 二、利咽化痰

### 1. 咳痰

#### (1) 橘红化痰丸

【来源】该方出自天津中新药业集团股份有限公司达仁堂制药厂潘勤等[10]申请的专利《一种化痰平喘的中药组合物及其制备方法》，专利号 CN102145113A。

【组成】橘红 75g，锦灯笼 100g，川贝母 75g，炒苦杏仁 100g，罂粟壳 75g，五味子 75g，白矾 75g，甘草 75g。

【用法用量】温开水送服或嚼服，一次 1 丸，一日 2 次。

【功效】滋阴清热，敛肺止咳，化痰平喘。

【主治】阴虚肺热咳嗽。主治肺气不敛，痰浊内阻，咳嗽频作，咯痰，气促喘急，胸膈满闷等。

【方证原理】痰是一种津液代谢失常的病理性产物，亦是与咳嗽最相关的致病因素。《丹溪心法》[11]曰："痰之为物，随气升降，无处不到……凡痰之为患，为喘为咳，为呕为利，为眩为晕，心嘈杂、怔忡、惊悸，为寒热肿痛，为痞膈，为壅塞；或胸胁间漉漉有声；或背心一片常为冰冷；或四肢麻痹不仁。"痰证形成的内因多由于七情过激，脏腑气机不畅，加之饮食不节，色欲过度，导致脾胃中焦之气虚乏，运动失常，使津液不得输布，凝聚而成痰；而外因多由于六淫伤卫，以致玄府不通，当发汗时不发汗，蓄而成痰。痰随气升降，无处不到，气滞则痰聚，气顺则痰消。故有"治咳者，治痰为先，治痰者，下气为上"的说法。《素问·宣明五气》中记载：五气所病……肺为咳。肺主气，司呼吸，上连气道喉咙，开窍于鼻，外合皮毛，为五脏六腑之华盖，其气贯百脉而通他脏。由于肺体清虚，不耐寒热，故为娇脏。痰壅滞于肺，肺失宣降，则咳嗽频作；痰阻于气道，肺失清肃，故痰不易出、气促喘急；痰热内结，气机不畅，则胸膈满闷；咽干舌红则是阴虚内热之象。

方中橘红药性辛、苦、温，能理气化痰，宽中健胃。《药品化义》[12]中记载："橘红，辛能横行散结，苦能直行下降，为利气要药。盖治痰须理气，气利痰自愈，故用入肺脾，主一切痰病，功居诸痰药之上。"配以苦杏仁降气止咳平喘，二药共为君药以宣畅气机，使气顺则痰降，气化则痰消。川贝母甘寒质润，尤善清热润肺化痰；锦灯笼清热解毒利咽，二药合用增强止咳化痰之功，并去除君药温燥伤津之性，共为臣药。五味子、罂粟壳、白矾乃酸涩之品，可敛耗散之肺气，聚四逸之邪，使痰浊出而止咳，共为佐药。以甘草配诸味，甘酸化液以滋肺润燥并调和诸药，以消除苦寒、燥热之弊端。以上诸药合用共奏滋阴清热、敛肺止咳、化痰平喘之功效，用于肺肾阴虚，咳嗽频作，痰不易出，气促喘急，胸膈满闷，咽干舌红的治疗。

（2）林杰豪治咳方

【来源】该方为北京中医医院内科林杰豪自拟的经验方[13]。

【组成】石韦 45g，鱼腥草 30g，蒲公英 30g，锦灯笼 6g，五味子 6g。

【用法用量】水煎服，每日 1 剂。

【功效】清热利湿，化痰止咳。

【主治】湿热痰阻证。症见咳嗽频作，痰多而黏，如涕如脓，早晚咳甚，胸闷不舒，咽干咽痒，局部充血，尿少，舌苔白腻，脉沉细等。

【方证原理】本证由痰湿化热，湿热熏蒸，肺失宣肃，通调失司所致。石韦味苦，性微寒，归肺、膀胱经，具有清肺化痰、利水通淋的功效。《本草从新》记载其可"清肺金以资化源，通膀胱而利水道"，从而导热下行，使痰热分消，是为君药。鱼腥草、蒲公英为臣药，可清热解毒、消痈排脓、利湿通淋，以增强疗效。五味子味酸收敛，甘温而润，能上敛肺气，下滋肾阴，治疗久咳虚喘，加上锦灯笼利咽化痰，共为佐药。上述药物合用达到清热利湿，通调水道的作用。

【临床治疗】李某，男，39 岁。患慢性气管炎而经常咳嗽、咯痰已 5 余年。每受凉后急性发作而咳嗽加重，久治无效。就诊时症状为咳嗽频作，痰多而黏，如涕如脓，早晚咳甚，影响睡眠休息，胸闷不舒，咽干痒，局部充血，尿少，舌苔白腻，脉沉细。证为痰湿化热，湿热熏蒸，肺失宣肃，通条失司。该患者服药 1 剂，当天晚上咳嗽即止，夜能安卧入睡，服完 3 剂咳痰诸症消失。

（3）房铁生治咳方

【来源】该方为北京市怀柔区杨宋镇社区卫生服务中心房铁生的自拟方[14]。

【组成】乌梅 10g，防风 10g，五味子 10g，银柴胡 10g，蝉蜕 6g，沙参 10g，麦冬 10g，生甘草 6g，夜交藤 60g，磁石 30g，锦灯笼 10g，炙麻黄 10g，麻黄根 15g，桂枝 20g，黄芩 10g，海浮石 15g，法半夏 6g，苏子 20g，厚朴 10g，炮姜 10g。

【用法用量】水煎服，每日 1 剂。

【功效】宣肺化痰，止咳安神。

【主治】阴虚久咳。症见咳嗽频作，口干咽干咽痒，咳痰不爽，入睡困难，舌质红，苔薄黄，脉滑等。

【方证原理】内外之邪侵袭肺卫，肺失宣降，肺气上逆而为咳嗽。若初感外邪未及时治疗，邪气留恋于肺，则伤津耗液。乌梅、五味子味酸涩，可收敛肺气，生津止渴，常用于治疗肺虚久咳及虚热烦渴。防风辛甘性味，乃风药中之润剂，能祛风解表；蝉蜕则疏散风热，利咽开音。炙麻黄发汗解表，宣肺平喘，而麻黄根则固表止汗，加以桂枝调和营卫。银柴胡甘寒益阴，清热凉血。沙参、麦冬养阴清热，润肺化痰。锦灯笼、黄芩、海浮石主入肺经，善清泻肺火而化痰。厚朴、法半夏燥湿化痰，和胃降逆，苏子降肺气而止咳平喘，从而调畅气机。夜交藤、磁石养心安神，纳气平喘。诸药合用，宣肺化痰、止咳安神于一方，故临床应用效果明显。

【临床治疗】患者，男，54岁。于2015年11月22日初诊，主诉咳嗽反复发作2月余。2个月前不明原因反复咳嗽、入睡困难、早醒、服用通宣理肺丸等效果不明显。就诊时咳嗽频作，夜重昼轻，口干咽干咽痒，咳痰不爽，不易咳出，入睡困难，早醒，醒后不能入睡，二便正常，舌质红，苔薄黄，脉滑。中医诊断为咳嗽，西医诊断为支气管炎。服用本方7剂后，患者咳嗽明显减轻，入睡情况好转，二便调。加桑白皮20g，继续服用3天，咳嗽未发，睡眠明显改善，临床痊愈。

（4）治疗痰热互结型梅核气的组方

【来源】本方出自章财华[15]发明的专利《一种治疗痰热互结型梅核气的中药》，专利号CN104189435A。

【组成】绿萼梅12g，香橼10g，青头菌10g，八月札12g，篦天剑15g，雪山甘草10g，锦灯笼8g，芥蓝10g，美穗草10g，平贝母12g，水蔓青10g，吊兰10g，莳萝苗10g，芒果核10g，焦山楂10g，灵芝12g，甘草6g。

【用法用量】制成胶囊剂、散剂、颗粒剂。口服，每日分早、中、晚3次服用。

【功效】清热化痰，疏肝和胃。

【主治】痰热互结型梅核气。症见咽喉阻塞不畅，咯吐不出，呕之不下，口苦而黏，胸胁闷痛，嗳气呃逆，食纳呆滞，嘈杂吞酸，舌苔黄腻，脉弦滑数等。

【方证原理】梅核气是指咽中异物感，如有梅核梗阻，以咯之不出、咽之不下为主要特征的咽部疾病。《黄帝内经》最早记载该病的症状，如《素问·咳论》[16]曰："心咳之状，咳则心痛，喉中介如梗状，甚则咽肿喉痹。"中医认为，平素情志抑郁，思虑过度，导致肝失条达肝气郁结，气机阻滞，肝气上逆阻结咽喉而为病；或因思虑伤脾，脾失健运，聚湿生痰，痰气互结咽喉而为病。此病患者饮水、吃饭无异常，咽喉异物感会因情绪刺激而加重，并且常伴胸胁不舒、嗳气、口干等症状。治疗当以清热化痰、疏肝和胃为主。

方中绿萼梅、香橼气味芳香，具有疏肝解郁、理气化痰的功效；青头菌善泻肝经之郁火，且散热舒气；八月札则可舒肝和胃、除烦利尿，此四药合用使肝气条达，情志舒畅。篦天剑清热理气健脾，锦灯笼、芥蓝、美穗草、平贝母、水蔓青、吊兰、莳萝苗清热化痰，芒果核、焦山楂健胃消食，灵芝则益气血、安心神，加以甘草调和诸药。各药相互配合，协同作用，共奏清热化痰、疏肝和胃之功效。

【临床治疗】发明人于2008年2月—2013年3月间共收集了80例痰热互结型梅核气的门诊患者，年龄20～48岁，其中女性71例，男9例。症状表现为患者常精神抑郁，并觉胸胁满闷或疼痛，或乳房及少腹胀痛，郁怒，嗳气频作，食纳呆滞；咽喉内有异物感或咽喉阻塞不畅，如梅核堵塞，咯吐不出，呕之不下，烦躁易怒，口苦而黏，胸胁闷痛，嗳气呃逆，嘈杂吞酸，舌苔黄腻，脉弦滑数。随机分为治疗组40例，对照组40例。实验方法：治疗组服用由本方药物制成的胶囊剂，早晚各1次，10天为一个疗程。对照组服用半夏厚朴汤（张仲景《金匮要略》）加减，处方为法半夏12g，厚朴10g，茯苓15g，香附12g，紫苏12g，白芍15g，薄荷（后下）6g，甘草6g，生姜3片，水煎服，日服1剂，10天为一个疗程。结果发现治疗组总有效率为95%，对照组总有效率为87.5%。由此可见，本方能够安全有效治疗痰热互结型梅核气。

典型病例介绍如下。康某，女，36 岁，山东省烟台市栖霞人，2009 年 5 月就诊。患者主要症状表现为：两年多来，常感到精神抑郁，有时胸胁满闷或疼痛，有时乳房及少腹胀痛，郁怒，嗳气频作，食纳呆滞。近一年来，总是感到咽喉内有异物感，如梅核堵塞，咯吐不出，呕之不下，烦躁易怒，口苦而黏，胸胁闷痛，嗳气呃逆，嘈杂吞酸。期间曾因咽炎吃过许多种药，但没有治愈。其舌苔黄腻，脉弦滑数。经检查咽喉、食管均无异常。诊断为痰热互结型梅核气。服用本方药物 10 天后，咽喉内的异物感、堵塞感、黏附感明显改善，又继续服用了 5 天，咽喉内的异物感、堵塞感、黏附感等症状全部消失，痊愈。随访半年没有复发。

**2. 咽炎**

（1）金灯山根口服液

【来源】本方来源于著名中医喉科专家张赞臣教授创立的经验名方"金灯山根汤"，为了方便临床应用，上海中医药大学曙光医院耳鼻咽喉科将汤方剂型改革，制成口服液，并进行了临床验证及有关药效学实验研究[17]。

【组成】锦灯笼 9g，山豆根 9g，牛蒡子 9g，桔梗 4.5g，射干 4.5g，甘草 3g。

【用法用量】口服。每天 3 次，每次 1 支，连续服用 5 天为一疗程。

【功效】疏风清热，化痰利咽。

【主治】咽喉实热证。症见咽痛且咽部充血红肿，发热畏寒，小便黄赤，大便干燥，舌红苔黄等。

【方证原理】本方适用于各种咽喉实热证，包括急喉痹、乳蛾、喉风、咽喉肿痛等。方中锦灯笼又名挂金灯，其性味苦寒，善清肺胃之热，能消郁结，止喉痛，为治喉症的专药；山豆根亦为苦寒之品，功善清肺火，解热毒，利咽消肿，为治疗咽喉肿痛的要药，二药配合可增强清热解毒、消肿利咽之功，共为君药。牛蒡子升散之中有清降之性，可疏散风热，清利咽喉；而射干则长于清肺泻火，降气消痰，二药药性均寒凉滑利，能清肠通便，引火下泄，起到"釜底抽薪"的作用。桔梗宣畅肺气，兼以排脓消痈，为手太阴肺经之引经药，引诸药直达病所；配合甘草调和诸药，缓急止痛。

【临床治疗】观察金灯山根口服液治疗咽部急性感染的临床疗效。方法：设治疗组 75 例，青霉素对照组 35 例，均用药 5 天。结果显示：①金灯山根口服液总有效率为 93.3%，与普鲁卡因青霉素肌内注射治疗对照组的总有效率 94.3% 比较，二者疗效无显著性差异。且金灯山根口服液在治疗急性咽炎、急性扁桃体炎、扁桃体周围炎三种疾病的疗效上亦无显著性差异，说明该药物对咽部急性感染性疾病确有显效。②金灯山根口服液在改善咽痛症状，消退咽黏膜、咽侧索、扁桃体、咽后壁淋巴滤泡充血肿胀方面的作用与西药对照组比较无显著性差异，但口服液能使高热体温下降，其退热效果优于西药对照组（$P < 0.05$）。③该药物的不良反应较小，75 例患者中仅有 2 例患者反映服药后有轻微恶心，胃内不适，其可能与药物性味较苦寒、患者空腹服药有一定的关系。由此可见，金灯山根口服液治疗咽部急性感染性疾病疗效显著，服用方便，无过敏等毒副反应，显示了中药的整体优势。

（2）地苓灯笼膏

【来源】此方出自 2018 年广东岭南职业技术学院杜睿杰等[18] 申请的专利《一种利咽润喉的地苓灯笼膏及其制作方法》，专利号 CN108703367A。

【组成】地菍 32～36g，锦灯笼 29～33g。

【用法用量】加入适量白糖或冰糖制成膏剂。含服或开水冲服。

【功效】清咽利喉，清肺止咳。

【主治】用于咽喉干痒痛、牙龈发炎肿痛、口腔溃疡等症。

【方证原理】咽喉为肺胃所属，咽接食管，通于胃；喉接气管，通于肺。如外感风热等邪熏灼肺系，或肺、胃二经郁热上壅，而致咽喉肿痛，属实热证；如肾阴不能上润咽喉，虚火上炎，亦可致咽喉肿痛，属阴虚证。

本配方中的地菍，其性凉，味甘、涩，归心、肝、脾、肺经，是野牡丹科的匍匐状小灌木，果实为球状浆果，具有活血止血、消肿祛瘀、清热解毒之功效。锦灯笼性寒，味酸甜，略有苦味，为茄科植物一年生草本，具有清热解毒、镇咳润喉、抑菌等功效，其宿存花萼可药用，有清热解毒之功效，可治疗咳嗽、咽喉肿痛等。锦灯笼和地菍二者协同使用不仅增强了消肿止痛的功效，更是增加了其营养保健价值。

（3）解毒利咽片

【来源】其出自 2020 年北京同仁堂科技发展股份有限公司、北京中研同仁堂医药研发有限公司解素花等[19] 申请的专利《一种解毒利咽的中药组合物及其制备方法与用途》，专利号 CN107095936A。

【组成】锦灯笼 15g，板蓝根 15g，穿心莲 10g，牛蒡子 10g，桔梗 6g，薄荷 6g，甘草 10g。

【用法用量】可制成多种剂型。若制成片剂，则一日 2 次，一次 2 片。

【功效】清热疏风，解毒利咽。

【主治】急性咽炎（风热证）。

【方证原理】急慢性咽炎相当于中医中的急慢喉痹，从中医理论上看，该病多因风热邪毒从口鼻侵入，内犯于肺，宣泄失司，致咽喉肿塞而痹痛；或邪热壅盛，由肺卫传里；或过食辛热之品，肺胃蕴热，复感外邪，内外邪热搏结，蒸灼咽喉，使咽喉肿痛而成喉痹。故选择能够疏风清热、解毒利咽、消肿止痛的有效药物是治疗本病的关键。

锦灯笼苦寒而归肺经，具有清热利咽的功效；板蓝根也为苦寒之品，归心、胃经，善于清解实热火毒、凉血消肿，二者共为君药。臣药以穿心莲清热燥湿、凉血消肿；牛蒡子发散风热、利咽透疹。桔梗性平，味苦辛，具有宣肺、利咽、祛痰、排脓的功效；薄荷性凉，味辛，具有宣散风热、清头目的功效，二者为佐药。最后选用生甘草为使药，各药在特定的配比下相互配合、共同作用，使全方具有清热疏风、解毒利咽的功效，共同作用于咽喉部位，从而发挥治疗急性咽炎、风热证的作用。

（4）锦黄咽炎片

【来源】其出自辽宁中医学院中药科技开发中心[20]。

【组成】锦灯笼 1000g，黄芩 250g。

【用法用量】含服。每片相当于生药 1.25g，一次 2 片，每隔 2h 一次，一日 6 次。

【功效】清热解毒，消肿利咽。

【主治】急性咽炎（风热证）。

【方证原理】方中锦灯笼具有清热解毒、利咽化痰之功效。《本草纲目拾遗》[21] 中记载："天灯笼草主治虽多，唯咽喉是其专治，用之功最捷。"书中所指的"天灯笼草"即为锦灯笼。汪连仕的《采药书》也强调锦灯笼"专治锁缠喉风"。黄芩具有清热燥湿、泻火解毒之功效，尤善清泻肺火及上焦实热，普遍用于与急性咽炎直接相关的多种病症，是治疗上焦风热和上焦实热的首选。该方药简效宏，疗效确切，乃治疗急性咽炎之要方。

（5）清咽利喉颗粒

【来源】该方出自 2009 年吉林敖东延边药业股份有限公司解钧秀等[22] 申请的专利《一种具有清利咽喉和消肿止痛功效的药物组合物》，专利号 CN101721614A。

【组成】金银花 417g，麦冬 333g，生地 333g，山豆根 167g，玄参 250g，青果 250g，射干 167g，锦灯笼 250g，桔梗 167g，甘草 167g，玉竹 333g，木蝴蝶 250g，薄荷脑 2g。

【用法用量】制成颗粒剂，6g/袋。该药物成人服用量为一次 6g，一日 3 次，相当于每日服用生药量为 55.55g。

【功效】疏风清热，解毒利咽，消肿止痛。

【主治】急慢喉痹虚火上炎证。症见咽部红肿疼痛，吞咽不利，干燥灼热，呛咳无痰，或有少量黏痰，频频求饮，饮量不多，午后及黄昏时症状明显，舌红，苔薄少，脉细数。

【方证原理】在清咽利喉颗粒的组方中，以金银花为君药，其性味甘寒，芳香疏泄，具有清解热毒之功效，善于疏散肺经热邪，尤可化解咽肿喉痹之痛而不伤气，疏泄宣发而不伤阴，常用于风热外感之证，为疏风清热解毒之良药。臣药以射干能疏散风热，利咽祛痰；山豆根性味大苦大寒，善清肺热，泻胃火，消瘀滞，利咽喉；锦灯笼清利咽喉，生津止渴；木蝴蝶疏肝清胃，行气消肿；青果清热解毒，利咽开音。生地既苦寒清热，又甘寒质润，玄参滋阴清热，加上麦冬和玉竹之养阴清热润肺之功，共同发挥清肺热而不伤肺阴，润肺燥而不留余邪的功效，共为佐药。桔梗质轻叶浮，归肺经，为"开提肺气之圣药"，中医传统称之"舟楫之剂""载诸药上浮"，即桔梗为肺经的引经药，意在借其升扬之力，以助药力直达病所。薄荷脑宣窍开壅，引使以达病所。诸药合用共奏疏风清热、解毒利咽、消肿止痛之功。

（6）咽喉清口含片

【来源】其出自 2006 年邱书奇[23] 申请的专利《一种治疗咽喉炎、扁桃体炎的中药复方制剂及其制备方法》，专利号 CN1899501。

【组成】金银花 125g，玄参 125g，青果 125g，胖大海 125g，诃子 125g，射干 25g，桔梗 125g，山豆根 25g，金果榄 25g，锦灯笼 25g，罗汉果 125g，川贝母 25g，薄荷脑 1.5g，薄荷油 3.0mL，冰片 2.5g。

【用法用量】制成口含片剂，规格 0.5g/片，每片含生药 4g。口腔含服 1 片/次，每天 8 片，5 天为一疗程。

【功效】清热解毒，利咽化痰。

【主治】急慢性咽喉炎。

【方证原理】当风热邪毒侵袭咽喉，内伤于肺，以肺经之热为主，此时，邪在卫表，故病情较轻。若误治、失治，或肺胃邪热壅盛传至里，则出现胃经热盛之证候，病情较重。且邪热伤阴，阴虚咽燥。故方中用金银花清热解毒，疏散风热；玄参清热凉血，滋阴解毒，二者共为君药，既疏风散热，又养阴润燥，符合中医"既病防变"的原则。正如《本草拾遗》言金银花"主热毒"。《本草纲目》言玄参"滋阴降火，解斑毒，利咽喉"。热毒日久，燔灼津液，津液亏少，凝结成痰，故用青果、胖大海清热利咽，生津止渴，润肺开音兼解毒；以诃子加强利咽开音之功；以射干清热利咽祛痰。四药合为臣药。方中桔梗开宣肺气，祛痰利咽；热毒壅结导致咽喉肿痛，故用山豆根清热解毒，利咽消肿；金果榄、锦灯笼均有清热解毒、利咽化痰之功，合用加强君臣之药的力量，罗汉果清热润肺，用于肺火燥咳、咽痛失音，川贝母清热化痰，润肺止咳，散结消肿，适用于肺热、肺燥及阴虚所导致之咳嗽，以上六味药共为佐药。薄荷、冰片辛凉发散，芳香通窍，引药入经，为使药。综观全方，以清热解毒、化痰利咽为主，并且兼以滋阴润燥、生津散结，故本方主要适用于肺胃实热型急慢性咽喉炎。

（7）治疗慢性咽炎的浓缩丸

【来源】其出自 2016 年黄再军[24] 申请的专利《一种治疗慢性咽炎的浓缩丸及其制备方法》，专利号 CN106138675B。

【组成】黄芩 15g，南沙参 16g，玄参 16g，百合 16g，冬桑叶 12g，炙枇杷叶 12g，丹参 12g，锦灯笼 15g，西青果 7g，五味子 7g，绿萼梅 7g，橘络 7g，丝瓜络 7g，生甘草 7g。

【用法用量】制成浓缩丸，每瓶 30g，口服一次 5g，一日 3 次（每日所服剂量相当于生药 156g）。

【功效】清热利咽，泻火养阴。

【主治】慢性咽炎。症见咽部干燥，灼热疼痛，梗阻不利，干咳痰少而稠，或干燥少津，手足心热，舌红，脉细数等。

【方证原理】中医学认为，慢性咽炎系脏腑阴虚、虚火上扰所致，故宜治以滋阴清热。方中黄芩性味苦寒，主入肺经，善清泻肺火及上焦实热，常用治肺热咳嗽。南沙参、玄参、百合均属滋养肺阴之品，南沙参养阴清肺，益胃生津；玄参清热生津，滋阴润燥；百合作用平和，润肺清肺之力虽不及前二者，但却兼具养阴清心，宁心安神的功效，三药既甘寒养阴保津，又有清泻肺热之功。佐以冬桑叶疏散风热，清肺润燥；炙枇杷叶清肺和胃，降气化痰；锦灯笼则擅于清肺利咽化痰，共同保持肺脏的清虚之性。丹参主入心经，清热凉血，活血散瘀，防止热陷血分。五味子收敛肺气，绿萼梅芳香行气，化痰散结。使以橘络化痰止咳，丝瓜络生津止渴，且二药具有通络之功，可引方中诸药以达病所；生甘草则用以调和诸药。

【临床治疗】参照《耳鼻咽喉科专病中医临床诊治》标准，对 138 位慢性咽炎患者进行跟踪治疗，随机分为治疗组 75 例，对照组 63 例。治疗组服用由专利方法制得的浓缩丸，每次服 5g，一日 3 次；对照组服用玄麦甘桔颗粒，每次 10g，每日 3 次。治疗组和对照组均以 10 天为一疗程。疗效标准：①痊愈：咽部症状消失，咽后壁黏膜恢复正常，3 个月无复发；②有效：咽部症状明显改善或偶然出现治愈，咽部黏膜趋于正常；③无效：咽部症状无明显改善，咽部黏膜仍充血增生或干燥均无好转。结果显示，治疗组总有效率 98.7%，痊愈率 90.7%；对照组总有效率 90.5%，痊愈率 44.4%。

（8）治疗慢性咽炎的组方

【来源】其出自 2015 年苏州卫生职业技术学院叶蓓[25] 申请的专利《一种治疗慢性咽炎的中药组合物及其制备方法》，专利号 CN104998115A。

【组成】瓜蒌皮 3～7g，胖大海 5～10g，麦冬 4～9g，海桐皮 3～7g，茜草 3～9g，乌骨藤 4～10g，岗梅根 2～6g，扁豆花 5～10g，水柏枝 3～7g，竹茹 4～8g，锦灯笼 2～8g。

【用法用量】粉碎成粉末，水煎煮，每天服用 1 次，一次 200mL。

【功效】清热利咽，生津止渴。

【主治】慢性咽炎。症见咽部干燥，灼热疼痛，梗阻不利，干咳痰少而稠，或干燥少津，手足心热，舌红，脉细数等。

【方证原理】方中瓜蒌皮味甘性寒，长于清肺理气宽胸，以化痰行滞；胖大海药性甘凉，长于清热润肺利咽。麦冬乃养阴润肺之上品，《医学衷中参西录》[26] 言其："能入胃以养胃液，开胃进食，更能入脾以助脾散精于肺，定喘宁嗽。"海桐皮、乌骨藤祛风通络，水柏枝祛风解表，而茜草则入血分，能散能敛，可升可降，具有凉血止血、活血祛瘀之功。岗梅根、竹茹、锦灯笼清热之力较强，其中岗梅根善于润肺止渴，竹茹长于降逆止呕，锦灯笼则可利咽化痰，再加以扁豆花解暑化湿、和中健脾，以除烦止渴，而无温燥助热伤津之弊。诸药合用可有效治疗慢性咽炎。

（9）治疗急性咽炎和急性扁桃体炎的组方

【来源】其出自 2004 年马耀茹等[27] 申请的专利《治疗急性咽炎和急性扁桃体炎的口服或口含药物》，专利号 CN1616002。

【组成】野菊花 10g，黄芩 6g，射干 6g，锦灯笼 5g，玄参 5g。

【用法用量】将上述各组分按常规方法制成片剂或颗粒剂或胶囊剂或糖浆剂。每日服 3 次，每次口服或口含片剂 4 片或口服胶囊剂 4 粒或颗粒剂 1 袋或糖浆剂 10mL。片剂每片 0.75g，每克含中药原料 2.12g；胶囊剂每粒 0.3g，每克含中药原料 5.3g；颗粒剂每袋重 3g，每克含中药原料 2.12g；糖浆剂每瓶 10mL，每毫升含中药原料 0.636g。

【功效】疏风清热，解毒利咽。

【主治】主治急性咽炎、急性扁桃体炎。

【方证原理】野菊花辛散苦降，归肺、肝经，有清热解毒，疏风平肝的功效，兼可利咽止痛，是为君药。黄芩性味苦寒，善清泻肺火及上焦实热，配以射干、锦灯笼清肺泻火，利咽化痰，以增强主药清热利咽的功效。苦寒之品易化燥伤津，故用甘咸性寒的玄参以滋养肺阴。诸药合用，达到疏风清热，解毒利咽之功效。

【临床治疗】本方分别应用于 40 例急性咽炎、30 例急性扁桃体炎的初期临床观察试验。患者口服本方制得的药物片剂 1～2 片，每天 4～6 次，用药 3～7 天。治疗急性咽炎 40 例总有效率为 97.5%，治疗急性扁桃体炎 30 例总有效率为 100%。

典型病例一：雷某，女，24 岁，学生。主诉咽喉疼痛伴吞咽不利 1 天。一天前因受凉后出现发热，恶寒，咽部疼痛，吞咽时加剧，伴有干涩，头痛，身倦乏力，周身酸疼，咳嗽有痰。检查：咽部微红，扁桃体肿大，隐窝有黄白色脓点，下颌淋巴结肿大且压痛，体温 38.5℃。血常规检查：白细胞 $12.5 \times 10^{12}$，中性粒细胞 83%，淋巴细胞 17%。西医诊断为急性扁桃体炎，中医辨证为风热证。使该患者口服本方制得的药物片剂，一次 4 片，一日 3 次。服药后第二天即感觉咽部疼痛、头痛、周身酸痛等症状减轻。嘱其连服 5 天，诸症皆愈。

典型病例二：党某，男，59 岁。主诉咽喉疼痛，吞咽时加剧 3 天。自述三天前因天热，晚上睡觉时受凉，第二天即出现咽部疼痛，干燥灼热，饮水难解，干咳无痰，吞咽时咽部疼痛加剧。查咽部充血明显，悬雍垂红肿，舌红，苔薄黄，脉浮数。西医诊断为急性咽炎，中医辨证为风热证。使该患者口服本方制得的药物片剂，一次 4 片，一日 3 次。患者服药 3 天后复诊，所有症状全部消失。

### 3. 扁桃体炎

（1）解毒爽咽饮

【来源】该方记录于青岛市中医院胡娟[28] 1997 年发表的文献《解毒爽咽饮治疗扁桃体

周围脓肿 160 例》。

【组成】金银花 30g，蒲公英 15g，地丁 15g，天花粉 12g，浙贝母 12g，薄荷 6g，牛蒡子 12g，锦灯笼 15g，玄参 12g，生地黄 15g。

【用法用量】水煎服，每日 1 剂。

【功效】清热解毒，消肿利咽。

【主治】扁桃体周围脓肿。症见初起发热恶寒，继而咽喉疼痛增剧，吞咽困难，口涎外溢，语言含糊不清，张口困难等。

【方证原理】扁桃体周围脓肿属中医"喉关痈"的范畴，多因肺胃素有积热，内外热毒搏结，上蒸于咽喉，致气血凝滞，热毒壅聚于咽喉，灼伤血肉，以致腐坏成痈成肿。治疗宜清热解毒、消肿利咽。

方中金银花甘寒，可清热解毒，消炎退肿，是治疗一切内痈外痈的要药；与蒲公英、地丁合用，以增强消痈散结之功效。天花粉、浙贝母清热消肿排脓，未成脓者可使消散，脓已成者可溃疮排脓，用于风热上攻之咽喉肿痛。薄荷、牛蒡子疏散风热，消肿利咽，与锦灯笼合用增强清利咽喉之功。玄参、生地黄甘寒质润，既能清热凉血，又能养阴生津。诸药相互配合使用，可达到清热解毒、消肿利咽的作用。

【临床治疗】根据《中医病证诊断疗效标准》规定，选择符合标准的患者共 160 例，其中男 92 例，女 68 例，年龄最小 15 岁，最大 62 岁，平均 38.5 岁，以中青年多见。疗效标准：①治愈：用药 3～6 天内咽痛、发热等症状消失，咽部检查及白细胞总数、分类恢复正常。②好转：用药 5～7 天，咽痛及发热等症状减轻，咽部红肿范围缩小。③未愈：用药后症状及体征无明显改善。治疗结果显示，治愈 106 例，好转 43 例，未愈 11 例，总有效率 93.1%。

（2）清蛾汤

【来源】该方为山东滕州市中医医院倪昭海等[29] 的自拟方剂，载于 2004 年发表的论文《清蛾汤治疗小儿急性扁桃体炎 82 例》。

【组成】金银花 10～15g，连翘 5～10g，山豆根 5～10g，山栀 5～10g，板蓝根 10～15g，锦灯笼 3～5g，牛膝 3～10g，青黛 3～10g，薄荷 3g，玄参 5～10g，甘草 3g。

【用法用量】每日 1 剂，药材先提前用温水浸泡 60min，再用水煎煮 2 次并浓缩取汁 100～500mL，分 2～3 次温服，每 6～8h 服用 1 次，服药 3 日为一疗程。

【功效】清热利咽，泻火养阴。

【主治】小儿急性扁桃体炎。症见咽喉肿痛，口干口渴，吞咽困难，尿赤便秘，舌红苔黄，脉洪数等，发病以春秋两季最多见。

【方证原理】小儿急性扁桃体炎属于中医"乳蛾""喉蛾"的范畴，清代高秉钧所著《疡科心得集》[30] 中记载："夫风温客热，首先犯肺，化火循经，上逆入络，结聚咽喉，肿如蚕蛾，故名乳蛾。"该病发病的外因多为风热之邪入侵肺系，搏结于喉核，致使脉络受阻，肌膜受灼，喉核红肿疼痛，状如蚕蛾；内因多为饮食不节，过食炙煿，肺胃蕴热，或脾胃积热，火热上炎，熏灼喉核，化为火毒。治疗宜以清热解毒为主。

金银花、连翘、山豆根、板蓝根、锦灯笼、青黛清热解毒，利咽消肿；山栀清热凉血，善清三焦之火热；玄参清热解毒，养阴生津；薄荷发散风热以利咽喉；牛膝善苦泻下降，能引血下行，以降上炎之火；甘草清热解毒，调和诸药。诸药相伍，共奏清热泻火、解毒利咽之功，则三焦之热邪得尽而病瘥。

【临床治疗】将青蛾汤应用于临床治疗。选取符合标准的门诊患者82例，其中男53例，女29例；年龄最小2岁，最大10岁；病程3～14天；临床起病即见高热咽痛，咽部及单侧（或双侧）扁桃体充血、肿大或表面有黄白色分泌物，舌质红、苔黄，脉洪数等。治疗时在本方的基础上，可随症加减：发热高者，加生石膏，或羚羊角粉冲服；纳呆苔腻者，加茯苓、山楂、乌梅；便秘者，加大黄；咳嗽者，加杏仁、枇杷叶。每日1剂，温水浸泡60min，水煎2次并浓缩取汁100～500mL，分2～3次温服，每6～8h服用1次，服药3日为一疗程。患者服药一疗程后，痊愈63例，可见全身症状，咽部及扁桃体肿大充血均消失，血常规正常；好转18例，可见全身症状、咽部及扁桃体肿大充血明显减轻；无效1例，其全身症状，咽部及扁桃体肿大充血无改善或加重。

典型病例：刘某，男，6岁。高热2天，咽喉肿痛，口干而渴，吞咽时疼痛加甚，尿赤便秘，舌质红、苔黄，脉洪数。检查发现体温38.5℃，咽部充血（＋＋＋），扁桃体肿大Ⅲ度，并有脓性分泌物；两侧下颌角淋巴结肿大有压痛；双肺呼吸音清，心音可，律齐，各瓣膜听诊区未闻及病理性杂音；肝脾未触及肿大。血常规：白细胞总数$13.8×10^9/L$，中性粒细胞0.78，淋巴细胞0.22。诊断为急性扁桃体炎，证属三焦热毒壅盛加之外感邪热化火劫伤阴津所致。处方：金银花、连翘、山豆根、山栀各10g，板蓝根15g，锦灯笼、玄参、青黛（包煎）各5g，牛膝9g，薄荷、甘草各3g。水煎服，每日1剂。服药3剂后体温正常，咽部充血、双侧扁桃体肿大及全身症状均消失，复查血常规正常；随访半年未见复发。

（3）风热乳蛾治疗方

【来源】该方出自2015年烟台瑞智生物医药科技有限公司孙丽[31]申请的专利《一种治疗肺胃热盛证型风热乳蛾的中药》，专利号CN105148097A。

【组成】玄明粉10g，生大黄10g，满天星10g，牛膝9g，夏枯草10g，锦灯笼9g，十大功劳10g，生石膏20g，淡竹叶10g，散血莲10g，甘草6g。

【用法用量】制成颗粒剂，每袋10g（相当于生药量11.4g）。饭后用开水溶化混匀后服用，一日3次，每次1袋，7天为一个疗程。

【功效】泄热解毒，利咽消肿。

【主治】肺胃热盛证型风热乳蛾（急性扁桃体炎）。

【方证原理】临床常见肺胃热盛证型风热乳蛾，患者在咽喉部两侧的喉核处见喉核红肿疼痛，表面或有黄白色脓样分泌物，因其形状如乳头或如蚕蛾，故称为乳蛾。因风热邪毒侵犯引起的乳蛾，属风热实证，称之为"风热乳蛾"，即急性扁桃体炎。风热乳蛾证型主要有肺经有热、肺胃热盛等多种类型，本方主要用于肺胃热盛证型风热乳蛾病。中医认为风热外邪从口鼻侵入，直达咽喉，搏结于喉核，故咽部疼痛剧烈；邪热传里，火为阳邪，火毒蒸腾，灼伤肌膜，则有黄白色脓点，甚至形成伪膜；热灼津液成痰，痰火郁结，故颌下有痰核；邪热传里，胃府热盛，则发热增高，口臭，腹胀；热盛伤津，则口渴引饮，痰稠而黄；热结于下，则大便秘结，小便黄赤；舌红，苔黄厚，脉洪数为肺胃热盛之象。

本方所采用的玄明粉清火消肿，泄热通便。生大黄具有清热解毒，泻下通便的功效。满天星清热利尿，解毒化痰。牛膝引火下行，夏枯草能够散结消肿。而锦灯笼利咽化痰。十大功劳泻火退热，化痰止咳。生石膏清热泻火，解肌除热。淡竹叶具有解热利尿功效，散血莲祛风清热，解毒。甘草清热又调和诸药。以上各种原料有机地组合在一起，各成分之间相互协调，相互作用，对肺胃热盛证型风热乳蛾病能够标本兼治，且对身体有良好的调理作用。

【临床治疗】典型病例一：梁某，女，18岁。高热5天，咽部疼痛剧烈，吞咽困难，有黄痰，伴有口臭、便秘，静滴抗生素治疗 3 天，仍高热不退。来我处就诊，查咽部有黄白色脓点，形成伪膜，舌红，苔黄厚，脉洪数，诊断为肺胃热盛证型风热乳蛾。服用本方 7 天，烧退，咽部疼痛减轻，进食时咽部感觉好转，痰减少，大便通畅，继续服用 7 天，症状完全消失。

典型病例二：高某，女，24 岁。既往急性扁桃体炎反复发作，5 天前发热，热势逐渐增高不减，咽部疼痛剧烈，有伪膜，吞咽困难，少许黄痰，小便黄赤，舌红，苔黄厚，脉洪数。诊断为肺胃热盛证型风热乳蛾。服用本方 7 天，烧退，仍有咽喉肿痛，痰多；继续服用本方 15 天，症状完全消失；继续服用 30 天后，未再复发。

（4）治疗小儿急性扁桃体炎的组方

【来源】该方出自 2012 年山东省泰安肿瘤防治医院郑慧等[32] 申请的专利《一种治疗小儿急性扁桃体炎的中药组合物》，专利号 CN102600391A。

【组成】麻黄 3g，炒杏仁 3g，石膏 8g，甘草 3g，桔梗 3g，麦冬 6g，生地黄 6g，元参 6g，牡丹皮 3g，木蝴蝶 3g，锦灯笼 3g，竹叶 4g，白茅根 10g，金银花 10g。

【用法用量】上述组方每日 1 剂，用水煎煮。每天服用 2～3 次，2 天为一疗程。

【功效】清热养阴，止咳平喘。

【主治】小儿急性扁桃体炎。

【方证原理】方中麻黄辛温，可解表散寒，宣肺平喘；石膏辛甘大寒，解肌清热，生津止渴，麻黄配石膏，能制其温燥之偏，而不减其定喘之功。炒杏仁苦温，降气止咳平喘，与麻黄相配则宣降相因，与石膏相伍则清肃协同。麦冬、生地、元参清热养阴生津，竹叶除烦止呕，木蝴蝶、锦灯笼清肺利咽，牡丹皮可助热退而阴生。白茅根、金银花性味甘寒，其中白茅根既可清胃热而止呕，又可清肺热而止咳；金银花则善于清热解毒，疏散风热。甘草、桔梗利咽止痛，兼可调和药性，是为佐使。诸药合用，达到清热养阴、止咳平喘的功效。

【临床治疗】临床记录了 2007—2012 年急性扁桃体炎患者 52 例，其中男 30 例，女 22 例，年龄 4～15 岁，平均 7.5 岁。本方每日 1 剂，熬制成汤剂给患者服用。每天服用 2～3 次，服用 2 天为一疗程，根据患者临床情况，服用 2～4 个疗程。经临床观察，47 例（90%）的患者服药 1 天后高烧退去，咽红症状消失，咽痛症状减轻；51 例（99%）患者持续服药 3 天后舌苔正常，诸症状消失。

典型病例一：张某，女，14 岁。就诊时，每日下午体温 39.5℃，已 3 天，咽痛、怕冷，阵发性头晕。注射青霉素 5 天，高烧不退。咽红，扁桃体肿大，有白色脓点，舌苔白、黄。中医诊断为喉蛾。服药 1 天后烧退，2 天后痊愈。

典型病例二：万某，男，5 岁。就诊时，高热，体温达 40℃，时有呕吐，咽痛明显，食欲不振。服药 1 天，呕吐停止，高烧退，服药 2 天后咽痛症状减轻，连续服药 4 天后诸症状消失痊愈。

### 4. 鼻咽炎

治疗鼻咽炎的嚼化缓释组方

【来源】该方出自 2013 年高真理[33] 申请的专利《一种治疗鼻咽炎的嚼化缓释中药及其制备方法》，专利号 CN103316202A。

【组成】全叶青兰 30g，冬凌草 27g，桑黄 20g，银杏叶 20g，鹅不食草 10g，芙蓉叶

10g，浮萍 10g，炒苍耳 10g，积雪草 20g，细辛 5g，麻黄 9g，川芎 9g，辛夷 10g，蜈蚣 5g，珍珠粉 6g，双花 10g，锻鱼脑石 10g，石菖蒲 10g，露蜂房 10g，丁香 6g，黄连 9g，蟾酥 1.5g，山豆根 9g，射干 9g，锦灯笼 15g，凤凰衣 6g，白芷 9g，蝉蜕 9g，马勃 10g，野生灵芝 15g，麝香 2g，牛黄 2g，猪胆汁拌藿香 9g，浙贝母 10g，猪牙皂 9g，锡类散 10g，冰硼散 10g，柿霜 20g。

【用法用量】制成药丸，采用口服噙化，成人一次 3～5g，一日 4 次，连续使用 7 天为一个疗程。或在鼻塞严重时，用热芝麻油将药丸研开调成油膏，用棉棒蘸取油膏涂抹鼻腔。

【功效】祛风宣肺，清热解表，抗敏除湿，清肝保脑，开窍驱浊，化腐生肌。

【主治】急慢性鼻咽炎。症见鼻塞，鼻流清涕或浊涕，常感咽部不适，甚至脓血咽干、咽疼。

【方证原理】鼻咽炎的病因多为机体抵抗力差，卫气不固，风寒或风热及浊气外邪首先侵犯肺之门户鼻咽所致。初期邪在气分，壅遏肺窍。久之由气分进入血分，因气滞致血瘀；或气血腐败而脓血外溢。鼻咽炎并不是简单的鼻炎加咽炎，而是由于鼻咽腔受到病毒、细菌的侵扰后引发的炎症。尤其是慢性鼻咽炎，难以治愈，易季节性复发。

方中全叶青兰味苦性温，有祛痰、止咳、平喘的功效；银杏叶入肺经，敛肺平喘；柿霜清上焦心肺热，生津利咽，化痰宁嗽；锦灯笼、山豆根、射干清热利咽化痰，六味药物合用可增强止咳平喘之功效。冬凌草活血止痛；桑黄止血活血；积雪草、凤凰衣清热利湿，解毒消肿，加以黄连、芙蓉叶、马勃、双花、猪胆汁拌藿香清肝利胆，降火消肿，再辅以露蜂房、蜈蚣、蟾酥散结化瘀，除息肉，通经络，化腐生肌，各药配合以恢复鼻咽部损伤，达到去腐、愈创、生肌的作用。浮萍、炒苍耳、细辛、麻黄、川芎、辛夷、白芷、蝉蜕，此七味具有疏风解表之功，可祛风寒风热之头痛，治鼻塞流涕不闻香臭之症。冰片、硼砂、藿香、麝香、猪牙皂、石菖蒲气味芳香，开窍辟秽；牛黄清心解毒，珍珠粉重镇安神，诸药合用，具有祛浊通窍之功。该方采用多组药物联用，协同促进，具有疏风清热、化痰止咳、开窍驱浊、化腐生肌之功，用于治疗急慢性鼻咽炎。

### 三、利尿除湿

#### 1. 盆腔炎

*治疗慢性盆腔炎的组方*

【来源】该方出自 2012 年周爱霞[34] 申请的专利《一种治疗慢性盆腔炎的药物》，专利号 CN102512563A。

【组成】连翘 6g，车前子 5g，杜仲 4g，黄柏 4g，锦灯笼 5g，旋覆花 6g，香附 4g，吴茱萸 2g，甘草 6g，当归 4g。

【用法用量】水煎煮服，每日 1 剂，每日 2 次，治疗 7 天为一个疗程。

【功效】清热利湿，行气止痛，活血化瘀。

【主治】慢性盆腔炎。症见少腹隐痛或胀痛，痛连腰骶，肛门坠胀，经量增多，经期延长，小便黄，大便不爽，神疲乏力等。

【方证原理】慢性盆腔炎是指女性内生殖器及其周围结缔组织、盆腔腹膜的慢性炎症，其主要临床表现为月经紊乱、白带增多、腰腹疼痛及不孕等，如果已形成慢性附件炎，则可触及肿块。根据本病的特点和临床症状，在古籍中有"热入血室""妇人腹痛""带下病"

"积聚""癥瘕"等散在的记述。其发生主要是由于女性经行产后，胞门未闭，正气未复，湿热之邪内侵机体，与冲任气血相搏结，蕴积于胞宫，气机阻滞，血行不畅，瘀血停聚。湿、热、瘀是该病的主要因素，故在治法上既要清湿又要祛瘀，缺一不可。

方中车前子甘淡性滑，凡湿热下注膀胱所致的诸种淋病均可应用；连翘、锦灯笼、黄柏苦寒沉降，利尿通淋，此四药合用，共治湿热蕴结下焦之证。旋覆花降肺胃之气，用于治疗胸胁痛；吴茱萸辛散苦降，可散肝经之寒邪，行气止痛；香附芳香辛行，可散肝气之郁结，调经止痛，《本草纲目》[35] 言："香附之气平而不寒，香而能窜，其味多辛能散，微苦能降，微甘能和。"此三药合用，使气行则血行，血行则瘀散。杜仲有补肝肾，强筋骨之功，可扶正固本，配以甘辛苦温的当归，养血活血，且兼顾湿热邪毒耗伤气血之虑；并使以甘草和中调药。诸药合用，湿去热清，气血调和。

【临床治疗】患者 50 例，年龄最小者 25 岁，年龄最大者 46 岁，平均年龄 29 岁，病程最短 1 个月，最长 5 年。所有病例均经妇科检查和二维超声检查（又称为 B 超）确诊。患者小腹痛甚，腰酸胀痛，在经前或经后加重，并伴随阴道、肛门坠痛，经前乳房胀痛，在劳累、久站、性交后加重，表现为月经过频或经量增多，带下量多色黄，舌质暗或有瘀点，脉弦紧或涩；妇科检查子宫多后倾，增大，子宫附件区有压痛，有的可触及条索状包块；B 超显示附件炎性包块后穹隆与直肠陷凹有不同程度积液。使用本方汤剂进行治疗，每日 2 次，每次 30mL，治疗 7 天为一个疗程。经过一个疗程的治疗，全部患者均符合痊愈的标准，即月经周期正常，腹痛消失，带下量正常无秽味；妇科检查双附件无异常包块及条索状物，无压痛，随访一年以上未复发。

## 2. 风湿

### 治疗风湿病的组方

【来源】该方出自 2013 年张留康[36] 申请的专利《一种治疗风湿病的药剂》，专利号 CN103142984A。

【组成】玄参 7g，干姜 13g，山茱萸 22g，桔梗 15g，白芷 21g，旋覆花 13g，王不留行 28g，牡丹皮 11g，防风 17g，茵陈 24g，茜草 27g，巴戟天 18g，白屈菜 17g，茯苓 23g，苍耳子 21g，草乌 16g，九里香 16g，牵牛子 17g，金沸草 19g，肿节风 15g，断血流 14g，番泻叶 21g，蓝布正 11g，漏芦 13g，满山红 23g，翻白草 24g，锦灯笼 14g，桑白皮 25g，野马追 26g，芡实 16g，羊踯躅 24g。

【用法用量】水煎服。每日 1 剂，每日 2 次，治疗 2 个月为一个疗程。

【功效】祛风除湿，养阴清热，化痰祛瘀。

【主治】风湿病。症见肌肉、筋骨、关节等部位疼痛、麻木、酸楚、重着、屈伸不利，甚至关节肿大、畸形等。

【方证原理】风湿病亦称"痹证""痹病"，是指以肌肉、关节疼痛为主的一类疾病，由风、寒、湿、热等外邪侵袭人体，闭阻经络，气血运行不畅导致。其在《黄帝内经》中称为"痹"，汉代张仲景在《金匮要略》[37] 中提出"风湿"的病名，曰："病者一身尽疼，发热、日晡所剧者，名风湿"。风湿病的内因多是患者本身血虚内热，又身处湿地，遇寒受冷，导致寒凉外搏，热血得寒，瘀浊凝涩；外因则多由于外感六淫、饮食不当、情志刺激等诸多因素影响到肺脾肾等脏器的气化功能，水液聚积于体内，痰浊和瘀血夹杂胶着，气血不通，经脉闭阻，由经入络、由筋入骨则发为痹。故治宜祛风湿、养阴血、清内热、化痰瘀。

方中白芷、防风、苍耳、草乌、羊踯躅、巴戟天、干姜，味辛性温热，祛风除湿、散寒止痛；翻白草、肿节风、茵陈、芡实清利湿热，配以桑白皮、锦灯笼、牵牛子、王不留行、茯苓、番泻叶通调水道而利水消肿，诸药合用使湿无所聚，共治风湿痹痛、关节疼痛。玄参咸寒入血分而能清热凉血，甘寒质润而能滋阴润燥，配以牡丹皮、断血流、茜草清热凉血，蓝布正补血养阴，山茱萸平补阴阳，可纠正患者血虚内热的症状。水液停聚而凝结成痰，故以桔梗、满山红、野马追、金沸草、旋覆花消痰行水除痞满。治痰需活血，气血流畅则津液循行，无痰以生则血活痰化，故以白屈菜、九里香、茜草、漏芦活血散瘀，通络止痛。该方重用利水除湿之品，兼以清热养阴，治痰与活血并进，标本兼顾，共治风湿痹症。

【临床治疗】选择 60 例风湿病患者，其中男 30 例、女 30 例，平均年龄 56 岁。参照美国风湿病协会制定的标准，即依据病史、物理诊断和放射学检查结果，膝关节痛同时具备以下 6 个条件中的 3 个即确定临床诊断：①放射学显示有骨赘形成；②晨起僵直少于 30min；③关节活动时有骨响声；④膝关节骨增大；⑤有骨压痛；⑥无明显的滑膜升温。使用专利方法制备汤剂，每日 2 次，每次口服 50mL，治疗 2 个月为一个疗程。经过一个疗程的观察，发现 60 位患者治疗效果均为显效，即膝关节疼痛症状消失，晨僵时间缩短或无晨僵，理化检查正常。

### 3. 结石

（1）治疗前列腺结石的组方

【来源】该方出自 2017 年李景醒[38] 申请的专利《一种治疗前列腺结石的中药》，专利号 CN109420021A。

【组成】萹蓄 10g，挂金灯（锦灯笼）12g，火炭母草 8g，紫杉 10g，腹水草 8g，排钱草 8g，节节花 8g，蚕豆壳 15g，红毛走马胎 12g，盾翅藤 15g，黄瓜 50g，蜈蚣七 5g，田螺 20g，通天草 8g，半边钱 8g，桃茎白皮 10g，千金藤 15g，黄花母根 15g，尿泡草 8g，鲤鱼 100g。

【用法用量】水煎服，每日 1 剂，分早晚 2 次饭后服用，7 天为一疗程。

【功效】清利湿热，逐瘀排石。

【主治】前列腺结石。

【方证原理】前列腺结石患者的证型主要为下焦湿热、瘀浊阻滞、肾气亏虚。其病因病机为：饮食不节，酿湿生热，湿热下注精室；或脾虚不运，聚湿生痰；或肝气郁结，气滞血瘀；或肾气虚衰，气化不利，日久而成结石。故治疗前列腺结石宜清热利湿、化痰祛瘀、温补肾阳。本方主要采用清热利湿的治法，方中所有组成成分均有利湿行水的作用，首先以萹蓄清脾胃之湿热，利大小肠，下膀胱结石。挂金灯、火炭母草、节节花、盾翅藤、田螺、通天草、桃茎白皮、千金藤，合用以清热利尿解毒。除此之外，腹水草、排钱草、半边钱兼可散瘀消肿，红毛走马胎、蜈蚣七兼可活血化瘀。诸药合用，有清利湿热、祛瘀导浊之功，针对前列腺结石之病机，可获良效。

（2）治疗胆结石的组方

【来源】该方出自 2015 年青岛市市立医院陶凤英等[39] 申请的专利《一种治疗胆结石的中药配方及其制备方法》，专利号 CN104645100A。

【组成】大金钱草 10g，玉米须 8g，水杨柳 5g，鸡肫草 5g，水飞蓟 4g，荸荠菜 4g，山莨菪 1g，连钱草 4g，佛手 4g，蒲公英 2g，香橼 4g，锦灯笼 4g，柴胡 4g，白芍 4g，枳壳 4g，香附 4g，炒白术 5g，陈皮 4g，云芝 4g，七叶胆 4g，小白棉 2g。

【用法用量】水煎服。一日 1 剂，一日 2 次。一个月为一疗程。

【功效】利胆排石，疏肝理气。

【主治】胆结石。

【方证原理】大金钱草，入肝、胆、肾、膀胱四经，具有清利肝胆湿热、利尿通淋之功用，常用于治疗肝胆结石及尿路结石，乃消石之要药。玉米须甘淡渗泄，专攻利水渗湿，水杨柳、鸡肫草、水飞蓟、连钱草、蒲公英、锦灯笼、苧苨菜也具有利水除湿的作用。山莨菪味苦辛、性温，有大毒，药理研究表明其具有明显的解痉镇静作用，因此该方用少量山莨菪来缓解胆结石引起的疼痛。以上诸药物合用，达到利胆排石之效。通利之药，常配以疏肝健脾药，使祛邪而不伤正。佛手、香橼、枳壳、陈皮为芸香科柑橘属的中药，佛手、香橼、陈皮味苦辛而性温，功擅治气疏肝、健脾养胃；枳壳微寒，行气止痛以疏理肝脾。柴胡入肝胆经，条达肝气而疏郁结；香附味辛入肝，长于疏肝行气止痛，以上药物共同协调肝与脾胃之气。理气止痛的药物大多具有芳香辛燥之弊端，易耗气伤阴，因此本方加入芍药来养血柔肝、缓急止痛，养肝之体，利肝之用，且防诸辛香之品耗伤气血。炒白术、七叶胆、云芝、小白棉可健脾益气，且增强机体免疫功能。本方以利胆排石、疏肝理气的药物为主，并辅以益脾止痛之药，以达到消除胆结石的效用。

【临床治疗】治疗 154 名胆结石患者，服用本中药配方，一日 1 剂，一日 2 次，1 个月为一个疗程。经过两个疗程后，痊愈 120 例，占 77.9%，有效 33 例，占 21.4%，无效 1 例，占 0.7%。

典型病例一：贾某，女，56 岁。因反复右上腹隐痛不适 1 年来院就诊，体格检查可知皮肤巩膜无黄染，右上腹轻压痛，无反跳痛，肝脾肋下未及。B 超辅助检查可见胆囊壁毛糙，胆囊结石（直径 1.0cm）。诊断为慢性胆囊炎，胆囊结石。遂使用本配方进行治疗，2 个疗程后 B 超复查结石排净，随访 1 年无复发。

典型病例二：石某，男，50 岁。因右上腹持续性疼痛 2 天，并疼痛加重，可放射到右肩胛部，尿液呈淡黄色到医院就诊。B 超诊断为胆囊多发性结石、最大约 6mm。遂使用本配方进行治疗，2 个疗程后 B 超复查结石排净，随访 1 年无复发。

## 四、祛湿止痒

### 1. 皮肤病

（1）治疗湿疹的组方

【来源】该方出自 2016 年苏州市天灵中药饮片有限公司李建华[40] 申请的专利《一种治疗湿疹的粉剂及其制备方法》，专利号 CN105963418A。

【组成】千里光 7g，马齿苋 7g，火炭母 8g，三白草 5g，三颗针 6g，儿茶 3g，功劳叶 20g，半边莲 8g，白矾 8g，龙胆 6g，紫草 6g，锦灯笼 20g。

【用法用量】制成粉剂，5 包，每包规格为 20g，敷于湿疹创面。

【功效】清热解毒，祛湿止痒。

【主治】湿疹。常表现为红斑、丘疹、水疱，常伴有脱屑、结痂。

【方证原理】湿疹是一种常见的过敏性炎症皮肤病，具有渗出性、瘙痒性、融合性、对称性，且有迁延难愈、反复发作的特点。本病在中医范畴中名为"湿疮"，根据其皮损形态和发病部位，又分为"浸淫疮""旋耳疮""乳头风""绣球风"等。湿疹的病因很复杂，普遍认为是由于机体外感风湿热邪，脏腑功能失调所致，《外科正宗》[41] 言："血风疮，乃风热、湿热、血热三者交感而生，发则瘙痒无度多无固定，破则流脂水……"

肺主气司呼吸，主皮毛，为水上之源。卫气护卫肌表，抵御邪气侵袭，当肺卫虚弱或正气不足时，机体抵御和驱除邪气能力下降，风湿邪易结于皮肤腠理之间。肺的宣发肃降能够输布卫气，调节腠理疏密，进而防止外邪的侵入。因此，全方药物多归肺经，且皆具有清热解毒之功。本方重用锦灯笼，以利尿通淋、祛湿止痒，加入擅于清热燥湿的功劳叶、三颗针，再配以千里光、火炭母增强利湿止痒的作用。马齿苋、三白草、半边莲有助于消肿；儿茶、白矾收湿敛疮而调理肌肤；紫草清热凉血而透疹消斑，诸药配伍，既具有清热利湿功效，又作用于皮肤表症，或可从根本上根除湿疹，防止复发。

【临床治疗】该治疗湿疹的粉剂通过多人试用，其中男 60 人，女 40 人，治愈率达 80%，好转率 15%，无效率 5%。总有效率达 95%。

典型病例一：钱某，男，22 岁。求诊时，面部有密集的粟粒大小的丘疹，丘疹顶端因搔抓抓破而呈明显的点状渗出及小糜烂面，边缘不清。采用上述粉剂敷于创面，1 天丘疹红色退去，2 天结痂，4 天愈合，对治疗效果非常满意。

典型病例二：肖某，女，48 岁。求诊时，小腿皮肤增厚、浸润，呈棕红色，表面粗糙，覆鳞屑，自觉瘙痒剧烈。采用上述粉剂敷于创面，3 天红色退去，5 天表面痂皮掉落，7 天皮肤平滑光润。

（2）治疗玫瑰糠疹的组方

【来源】该方出自 2017 年陈德进[42] 申请的专利《一种治疗玫瑰糠疹的组合物》，专利号 CN107753643A。

【组成】山栀 15g，桔梗 15g，皂角刺 15g，枇杷叶 30g，锦灯笼 15g，冬凌草 30g，香薷 20g，青蒿 20g，淫羊藿 15g，丹皮 20g，露蜂房 7g，紫草 20g，青黛 5g，延胡索 8g。

【用法用量】制成泡酒剂，每日早晚分别服用 1 次，每次 30～40mL；制成口服液，每日早中晚分别服用 1 次，每次 60～70mL；制成片剂，每日早中晚分别服用 1 次，每次 1～2 片；还可制成丸剂、胶囊剂等。

【功效】消炎止痒，活血化瘀。

【主治】玫瑰糠疹。

【方证原理】玫瑰糠疹是一种常见的皮肤病，因其皮疹呈玫红色，微微高出皮肤，呈大小不一的椭圆形，上面覆盖着一层糠状鳞屑，所以称为玫瑰糠疹。玫瑰糠疹好发于春秋两季，中青年人发病较多，女性稍多于男性。发病最初是在躯干部出现一个圆形淡红色斑，称为"母斑"。母斑不断扩大，甚至可达鸡蛋般大小，之后在躯干部陆续出现比较小的红斑，多时可蔓延至颈部及四肢近端，一般不发生在颜面部及小腿处。皮疹分批出现，所以可在患者身上同时看到玫瑰色、黄红色、黄褐色、淡褐色的皮疹。大多数患者感觉不到明显症状，有的自觉发痒，痒感轻重不等；个别患者有低烧、头痛、全身不适、咽喉痛、关节痛或淋巴结肿大等全身症状。

方中桔梗辛散苦泄、宣肺排脓；枇杷叶清降苦泄，专清肺热，它们共同作用于肺经，清利与宣透并施，宣通表里。皂角刺辛温而归肝胃经，具有消肿托毒之功，《医学入门》[43] 记载："皂刺，凡痈疽未破者，能开窍；已破者能引药达疮所，乃诸恶疮癣及疠风要药也。"加以香薷辛散芳化，开宣肺气而利水消肿，其功似麻黄，药力亦强，素称"夏月麻黄"。此外，本方采用了大量清热解毒的药物，用以消炎止痒、凉血活血。山栀清热利湿；锦灯笼祛湿止痒、消肿止痛；青蒿清透虚热、凉血除蒸；青黛凉血消斑；丹皮凉血消炎、活血化瘀；紫草入肝经血分，有凉血活血、解毒透疹之功；冬凌草则活血止痛。而延胡索性温，行血中气滞、气中血滞。再配以淫羊藿，走肝肾二经，补命门、益精气、强筋骨，提高机体免疫力。本方将具有清热解毒、活血化瘀、消肿止痒、提高免疫力等功效的药物进行组合，能有效降低玫瑰糠疹疾病的发生频率，达到治疗玫瑰糠疹疾病的目的。

【临床治疗】典型病例一：宋某，男，28岁。确诊患有玫瑰糠疹，出现头痛感冒的症状，采用西医的治疗方式，持续了2周，未见好转，按上方使用3天后，红斑减少，感冒好转，继续服用5天后，红斑消失，无复发现象。

典型病例二：刘某，男，30岁。确诊患有玫瑰糠疹，并有发烧的症状，发烧至39.5℃，采用西医的治疗方式，持续了1周，期间反复发作，按上方使用5天后，瘙痒感减退，红斑减少，体温恢复正常，继续服用5天后，红斑消失，无复发现象。

（3）治疗角化病的组方

【来源】该方出自2013年姜丹宁等[44]申请的专利《一种治疗角化病的中药》，专利号CN104645129A。

【组成】蒺藜12g，薏苡仁10g，锦灯笼20g，黑豆10g，大风子25g，白芨15g，当归30g，扁豆15g，紫草30g，黄精25g，大黄15g。

【用法用量】药材加水浸泡2h，煮沸后再用文火煮1h，取滤3000mL。待温时，将病损区浸入药液中，浸泡30min，每日1剂，每日2次，30天为一个疗程。

【功效】活血祛风，祛湿止痒。

【主治】角化病。

【方证原理】角化病是一种以表皮细胞角化不良为基本病理变化的遗传性慢性角化性皮肤病，临床上以皮脂溢出部位处角化性、脂溢性丘疹为特征。其主要好发于手臂、小腿、大腿的外侧面，像是角质堆积在毛囊处，严重时周围发红或肿胀，局部有轻微瘙痒，若强行去挤则会留下红色斑点。该病与毛囊周围角质增厚有关，导致毛囊口被过厚的角质堵塞，当气候较干燥寒冷时，角质增厚的情形会加重，症状也将更加明显。

大风子，味辛性热，有毒，多为外用，具有祛风燥湿、杀虫止痒的功效；蒺藜，辛、苦，微温，有小毒，活血祛风效果佳，可治身体风痒、燥涩顽痹。薏苡仁可利水渗湿、排脓散结，擅长祛筋骨肌肉之湿邪；锦灯笼祛湿止痒；扁豆化湿消肿；大黄药性峻烈，用其活血化瘀、涤荡邪滞。紫草则具有清热凉血、解毒透疹的功效。祛湿与凉血活血相辅相成，使湿热瘀毒同解。黑豆补肾养血；当归养血润燥；黄精补气养阴，使全方清利中有补益，邪正兼顾。

【临床治疗】典型病例一：张某，男，54岁。因双耳后出现丘疹38年，泛发全身伴刺痒4个月，前来就诊。患者38年前无明显诱因双耳后对称出现一钱币大范围、密集的针尖大淡褐色毛囊性丘疹，无明显自觉症状。4个月前，类似丘疹较快泛发全身，且表面出现油腻性污痂，散发臭味，伴刺痒，日晒后尤为明显。体检一般情况好，各系统检查未见异常。诊断为毛囊性角化病。本方局部外用，每日2次。4周后，皮损完全缓解，继续每月2次治疗维持15个月，皮损无复发。

典型病例二：林某，男，62岁。因左侧腹股沟黑色皮疹23年，明显增大4年，来院就诊。23 年前，患者无意中发现左侧腹股沟有一米粒大小的黑色皮疹，不高出皮肤，无自觉症状，未引起重视，以后皮疹缓慢增大，近 4 年增大明显，并逐渐高出皮面。洗澡后，高出皮面的部分可像结痂一样被剥除。去除后基底不易出血，但很快又有新痂形成。一年多来，小部分皮疹有时有轻微瘙痒，搔抓后有破溃、渗液，可不治而愈，但又可在另一处发生破溃。半年前在外院拟诊为角化病，给予伊曲康唑 200mg 每日 2 次口服，间断服用半年，但病情无好转。体检各系统检查未见异常。本方局部外用，每日 2 次。6 周后，皮损完全缓解，继续每月 2 次治疗维持 4 个月，皮损无复发。

（4）治疗黄褐斑的组方

【来源】该方出自 2015 年芜湖市第二人民医院李健[45] 申请的专利《一种治疗黄褐斑的外用药物组合物》，专利号 CN104784368A。

【组成】石见穿 35g，锦灯笼 15g，田基黄 35g，六方藤 35g，蒺藜 15g，桑叶 15g，刘寄奴 9g，黑牵牛 15g，枇杷叶 15g，蒲公英 12g。

【用法用量】制成软膏剂、擦剂、凝胶剂等外用制剂。每日早晚各用药 1 次。

【功效】活血化瘀，疏风清热。

【主治】黄褐斑。

【方证原理】黄褐斑俗称肝斑、蝴蝶斑，是常见的面部色素沉着性疾病，其是一种发生在面颊、额、鼻和口唇周围的大小不一的黄褐色或咖啡色斑。黄褐斑属中医"黧黑斑""面尘"的范畴，中医认为其病因病机与风邪、痰饮、气血不和有关。肝郁气滞，气血瘀阻，痰湿凝滞，则气血运行不畅，不能润养面部肌肤；脾失健运，痰湿内生，气血生化无源，不能上华肌肤，遂生褐斑。《普济方》[46] 载："夫风邪入于经络，血气凝滞，肌肉弗泽，发于疣目，肝肾阴血亏虚，水不制火，血弱不能外荣于肌肤，火燥结成黧斑。"《外科大成》[47] 指出："黧黑斑多生女子之面，由血热不华，火燥结成。"故本方治以活血散瘀、祛风除湿。本方重用石见穿、田基黄、六方藤，配以蒺藜、刘寄奴、黑牵牛，共奏活血化瘀、祛风除湿的功效，能有效扩张末梢血管，改善面部微循环，对色素沉着有一定的抑制作用。锦灯笼、桑叶、枇杷叶、蒲公英清热力较强，锦灯笼还可祛湿止痒，桑叶则清透疏散，诸药合用，或可减轻皮肤黄褐斑的现象。

【临床治疗】经确诊为女性黄褐斑的患者 52 例，随机分为治疗组 26 例，其中年龄 29～52 岁，平均（47.9±6.2）岁，平均病程（6.4±3.7）年；对照组 26 例，其中年龄 30～52 岁，平均（48.2±5.8）岁，平均病程（7.1±3.5）年。称取石见穿 35g、锦灯笼 15g、田基黄 35g、六方藤 35g、蒺藜 15g、桑叶 15g、刘寄奴 9g、黑牵牛 15g、枇杷叶 15g、蒲公英 12g，然后加入药材总重量 12 倍的纯化水，加热煎煮 2h，过滤，收集滤液；再在药渣中加入药材重量 10 倍量的纯化水煎煮 1.5h，过滤，收集滤液，将 2 次滤液合并，浓缩至半固态的浸膏，将浸膏冷冻干燥、粉碎，过 120 目筛，得到药粉。治疗组：取 3g 药粉于容器中，加入少量纯水调和成浓稠糊，加入少许蜂蜜拌匀敷上面膜，敷 30min 后洗净，隔日 1 次。对照组：采用 2%氢醌霜乳膏（商品名：千白），每日分早晚各 1 次外涂患处。两组均治疗护理 1 个月。结果显示治疗组治愈 5 例，皮损消失，颜面皮肤呈正常或接近正常肤色；显效 12 例，皮损消退 70%以上或斑色明显转浅，肤色接近正常；有效 8 例，皮损消退 30%～70%，斑色变浅；无效 1 例，治疗前后皮损无变化，或消退不到 30%；总有效率为 96.2%。对照组治愈 1 例，显效 9 例，有效 10 例，无效 6 例，总有效率为 76.9%。显然，治疗组的疗效明显优于对照组，证明该药物组方对于黄褐斑具有良好的治疗作用。

### 2. 脱发

**（1）具有养发功能的中药枕**

【来源】其出自 2016 年济南超舜中药科技有限公司杜德福[48] 申请的专利《一种具有养发护发功能的中药枕及其制备方法》，专利号 CN105456948A。

【组成】松叶 30g，枇杷叶 22g，落地生根 10g，锦灯笼 11g，透骨草 12g，郁金 13g，穿心莲 15g，紫苏叶 14g，灯心草 15g，冬凌草 22g，泽兰 16g，孔雀草 14g，枸骨叶 12g，甘草 15g。

【用法用量】药材粉碎制成中药枕。每天应枕用 8h 以上，使用 5～6 个月后，应按方更换枕芯。

【功效】养发护发。

【主治】脱发、毛发枯黄、睡眠质量差、心烦意乱等。

【方证原理】中医认为，脱发属于中医"斑秃""油风"等范畴，毛发正常生长需肾气强盛，亦需精血濡养，脱发病机包括肝肾不足、脾虚湿盛、气血亏虚、气血瘀滞等。松叶，味苦、温，归心、脾经，具有祛风燥湿、杀虫止痒、活血安神的功能，常用于失眠，《名医别录》称其"主风湿疮，生毛发，安五脏"。枇杷叶，为安胃气、润心肺、养肝肾之药；再配伍灯心草清降心火，枸骨叶养阴益肾，紫苏叶行气和胃，以消除失眠而心烦意乱的症状。透骨草祛风除湿而解毒化疹，且其穿透力强，可通经透骨，引诸药到达病灶处，配以锦灯笼祛湿止痒，孔雀草清热利湿，此三味药物有助于湿邪散去。落地生根、郁金、冬凌草可活血止痛，穿心莲凉血消肿，泽兰祛瘀消痈，共同改善气血瘀滞的症状。上述诸药配伍，各药分工明确而各司其职，相得益彰，具有良好的养发护发效果。

【临床治疗】典型病例一：刘某，女，30 岁。自述平时工作压力大，睡眠质量不高，经常感到头痛、头晕、心烦意乱，每天都有大量头发脱落，致使发量稀少，伴发质枯燥，严重影响其形象和心情。曾经使用过多种护发养发产品，效果不理想。使用本专利方法制得的中药枕半个月后，明显感到睡眠质量提高，头痛、头晕症状减轻，精神状态改善，掉发量大大减少，继续使用 2 个月后，掉发症状基本消失，而且有新发长出，头发变得亮丽有光泽，心情愉悦。

典型病例二：王某，男，44 岁。脱发半年余，头发稀疏，隐约可见头皮。自述平时极易心烦气躁，夜眠多梦，食欲下降，经常便秘。使用本专利方法制得的中药枕 1 个月后，食欲增加，睡眠质量有所提高，心态逐渐平稳，便秘症状基本消失，继续使用一个半月后，脱发症状基本消失，而且逐渐有新的头发长出，头发变得乌黑浓密，使用期间无任何不良反应。

**（2）治疗脂溢性脱发的组方**

【来源】该方出自 2015 年王亚鹤[49] 申请的专利《一种治疗脂溢性脱发的外用药剂》，专利号 CN105267536A。

【组成】锦灯笼 15g，槟榔花 9g，炒槐花 12g，地榆 12g，马齿苋 33g，翻白草 6g，鸡骨香 2g。

【用法用量】制成软膏剂、擦剂、凝胶剂等外用制剂。外用，每日早、中、晚各用药 1 次。

【功效】清热凉血，祛风润燥。

【主治】脂溢性脱发。

【方证原理】脂溢性脱发属于中医"发蛀脱发""蛀发癣"的范畴，是一种发生于青春期和青春期后的头发密度渐进性减少的疾病。该病与遗传、雄性激素代谢异常、皮脂溢出等密切相关，易感人群局部头皮的雄激素受体基因呈一个高表达状态，致使毛发脱落、毛囊萎缩、毛发纤细，直至毛囊消失。临床表现为患者头皮脂肪过量溢出，导致头皮油腻潮湿，加上尘埃与皮屑混杂，有时还伴有头皮瘙痒。脂溢性脱发可能与血热风燥有关，故本方重用马齿苋，以清热解毒、凉血消肿，是为主药。炒槐花、地榆、翻白草皆有凉血解毒之功，合用以清除机体血热之症状。血热生风，风动而痒；秋冬燥邪外浸，内外瘙痒更甚。因此用鸡骨香祛风活络，锦灯笼清热止痒，槟榔花清肺润燥。诸药合用，具有凉血祛风润燥的功效。

【临床治疗】由本组方药物制得的中药凝胶剂对脂溢性脱发患者的疗效研究。男性脂溢性脱发患者 34 例，患者前额对称脱发较头顶正中多，皮损处头发往往油腻发亮，或有大量头皮屑，呈灰白色碎小糠秕状；或头皮干燥，缺乏光泽，自觉瘙痒。患者外擦中药凝胶剂，每日早、中、晚各用药 1 次，每次用药 1～5min，连续涂擦用药 6 个月。痊愈 8 例，治疗后基本长出新发，头发瘙痒及油腻消失；显效 21 例，治疗后长出 2/3 以上新发，头皮瘙痒消失，油腻减少；无效 5 例，治疗后无好转；总有效率为 85.3%。

### 3. 脚气

（1）治疗水疱型脚气的中药足浴组方

【来源】该方出自 2012 年上海韬鸿化工科技有限公司宋国新等[50] 申请的专利《治疗水疱型脚气的中药足浴组合物》，专利号 CN102552609A。

【组成】关黄柏 5～15g，胡芦巴 5～15g，白鲜皮 5～15g，吴茱萸 5～15g，五加皮 5～15g，儿茶 5～15g，锦灯笼 5～15g，地肤子 5～15g，徐长卿 5～15g，大腹皮 5～15g，防己 5～15g，松花粉 40～60g，蛇床子 40～60g。

【用法用量】加 150～300 倍量水，在 100℃高温煎煮 30～60min，过滤去渣取药汁，将煎好的药汁倒入足浴盆中，控制足浴盆中的药汁水温为 38～42℃，足浴 20～30min，每日分 3 次使用。

【功效】祛湿止痒。

【主治】水疱型脚气。

【方证原理】脚气是一种极常见的真菌感染性皮肤病。医学上通常将脚气分为三种类型：糜烂型、水疱型、鳞屑角化型脚气。水疱型脚气好发于足缘、足底部，初起为壁厚饱满的小水疱，有的可融合成大疱，疱液透明，周围无红晕，自觉奇痒，搔抓后常因继发感染而引起丹毒、淋巴管炎等。鳞屑角化型脚气好发于足跟、足缘部，由于真菌感染引起皮肤干燥、角质粗厚、脱屑，易发生皲裂，但本型无水疱及化脓，病程缓慢，多常年不愈，大多数患者由糜烂型、水疱型转化而成。

在中医传统理论中，苦能燥湿，寒能清热，本方以关黄柏、白鲜皮清热燥湿，泻火解毒，再以锦灯笼、地肤子、防己清除皮肤中之湿热与风邪而达到止痒的功效。胡芦巴、吴茱萸性温热，可散寒止痛。徐长卿辛散温通，能祛邪行气血而止痛，配以蛇床子燥湿祛风，杀虫止痒，善治风淫湿侵所致的瘙痒性皮肤病。五加皮、大腹皮亦属辛温之品，有利水消肿的作用，用于治疗脚气浮肿。儿茶、松花粉止血生肌，收湿敛疮，促进伤口愈合。诸药合用，共奏祛湿止痒之功效，用于缓解水疱型脚气。

（2）治疗鳞屑角化型脚气的中药足浴组方

【来源】该方出自 2012 年上海韬鸿化工科技有限公司宋国新等[51] 申请的专利《治疗鳞屑角化型脚气的中药足浴组合物》，专利号 CN102552746A。

【组成】关黄柏 5～15g，胡芦巴 5～15g，土荆皮 5～15g，吴茱萸 5～15g，蒺藜 5～15g，薏苡仁 5～15g，锦灯笼 5～15g，亚麻子 5～15g，艾叶 5～15g，大腹皮 5～15g，老鹳草 5～15g，松花粉 40～60g，蛇床子 40～60g。

【用法用量】将药材加 150～300 倍量水，在 100℃高温煎煮 30～60min，过滤去渣取药汁，将煎好的药汁倒入足浴盆中，控制足浴盆中的药汁水温为 38～42℃，足浴 20～30min，每日分 3 次使用。

【功效】祛湿止痒。

【主治】鳞屑角化型脚气。

【方证原理】方中关黄柏、锦灯笼性味苦寒，可清热、祛湿、止痒。吴茱萸主入肝经，可治肝寒气滞诸痛，配以胡芦巴温肾助阳，使散寒止痛效果更佳。薏苡仁甘淡，可利水渗湿，解毒散结，《本草新编》[52] 言其："最善利水，不至损耗真阴之气，凡湿盛在下身者，最适用之。"加上土荆皮、艾叶、蒺藜祛风除湿止痒，大腹皮行气利水消肿，老鹳草祛风湿通经络，诸药合用使风湿之邪尽散。亚麻子有润滑、缓和刺激的作用，用于瘙痒、皮肤干燥等症状。松花粉收敛止血，燥湿敛疮；蛇床子温肾壮阳，燥湿祛风。以上药物合用，可治疗鳞屑角化型脚气。

## 五、其他功效

### 1. 妇康灵

【来源】该方出自 2019 年文一兵[53] 申请的专利《一种中药妇康灵根治妇女的更年期综合征的配方》，专利号 CN110755565A。

【组成】山楂 15g，麦芽 15g，谷芽 15g，鸡内金 15g，白术 10g，钩藤 8g，麦冬 10g，石决明 12g，仙茅 7g，龙眼 16g，泽兰 10g，元参 19g，黄柏 13g，大青叶 10g，穿心莲 12g，银柴胡 10g，金荞麦 12g，金莲花 12g，锦灯笼 10g，白头翁 12g，马齿苋 20g，防己 10g，白药子 6g，郁李仁 13g，肉苁蓉 12g。

【用法用量】各药材粉碎烹煮后，投入蜂蜜或饴糖，搅拌成糊状。每日 2 次，分别于早饭前和晚饭前服用，每次服用 35g，21 天为一个疗程。

【功效】健脾和胃，清热养阴。

【主治】妇女更期综合征。

【方证原理】妇女 45 岁后阴阳自然失调，阳不兴，阴难起，导致气血不足，不能滋养卵巢而使之退化甚至消失，故使内分泌功能失调和植物神经功能紊乱而闭经并表现一系列的综合征。本病是一种复杂的综合征，几乎各脏腑和经络，特别是消化道，皆易发生病变。因此，需要一种能有效缓和并治愈各病灶的药物。

方中山楂、麦芽、谷芽、鸡内金健脾和胃，白术健脾益气，龙眼补益心脾养血安神，肉苁蓉、仙茅补肾益精，以上药物合用心肾脾胃并补。钩藤与石决明共同除肝阳上亢之肝热头痛。泽兰活血化瘀，行水消肿，用于治疗月经不调。麦冬、灯心草、郁李仁、元参养阴生津，大青叶、穿心莲、金莲花、锦灯笼、金荞麦、马齿苋、白药子清热解毒，银柴胡清虚热，加以黄柏、白头翁、防己清下焦湿热。诸药合用，可有效改善妇女内分泌失调，提高免疫力。

### 2. 抗肿瘤组方

【来源】该方出自 2011 年斯热吉丁·阿不都拉[54] 申请的专利《一种清血消炎的抗肿瘤药物》，专利号 CN102886014A。

【组成】蓝堇草 48g，硫黄 36g，洋菝葜根 36g，诃子 18g，青果 18g，菟丝子 24g，黄诃子 36g，红玫瑰 33g，小茴香 24g，水龙骨 24g，茯苓 48g，土茯苓 48g，白花蛇 24g，薰衣草 12g，雄黄 250g，蛤蚧 12g，飞蛀 18g，没食子 24g，汞 600g，骆驼篷子 800g，罗马除虫菊根 900g，花椒 600g，姜黄 12g，儿茶 600g，全蝎 250g，锦灯笼 24g，朱砂 3g，珊瑚根 3g。

【用法用量】毒性成分无毒或微毒化处理后，制成片剂、丸剂、膏剂、散剂等，多采用内服方式，一天 3 次，每次最低剂量为 1g，一个疗程连用 30～45 天。

【功效】清血消炎，杀菌抗肿瘤。

【主治】肿瘤。

【方证原理】罗马除虫菊根可生干生热，祛寒强筋，开通阻滞，热身壮阳，通利经水，固精，祛风止痛，燥湿化痰，滋补神经，主治湿寒性或勃液质性疾病。骆驼篷子镇咳平喘祛风湿，花椒温中散寒除湿，儿茶收湿生肌敛疮。茯苓，古人称之为"四时神药"，具有利水渗湿、益脾和胃、宁心安神之功，不管风寒湿热诸疾，都能发挥其独特效果。雄黄具有解毒杀虫、燥湿祛痰之功，李时珍称其"乃治疮杀毒要药也"；汞杀虫攻毒，白花蛇祛风通络，全蝎息风镇痉，加以朱砂镇静安神，此诸药物合用有以毒攻毒之效。菟丝子在《神农本草经》中被列为上品，补肾益精，养肝明目；蛤蚧补肺益肾，飞蛀补虚益胃，没食子涩精固气，合用可强阴助阳，增强机体免疫力。红玫瑰、水龙骨、姜黄、珊瑚根、小茴香，具有活血行气止痛之功，可用于胸胁脘腹疼痛、经闭痛经、产后瘀阻、跌扑肿痛等。本方结合维吾尔医与中医药物的治疗方法，各个成分共同协作，一方面平衡人体酸碱度，对患者体内进行清血、杀菌、消炎、抗肿瘤的调理；另一方面，本方含多种毒性成分，对各成分进行无毒或微毒化处理后，仍能够保留以毒攻毒的效果，从而缩短肿瘤治疗疗程。

### 3. 治疗胃下垂的中药汤剂

【来源】出自 2013 年山东省海阳人民医院纪元等[55] 申请的专利《治疗胃下垂的中药汤剂》，专利号 CN103251871A。

【组成】白蔻仁 6g，云苓（茯苓）6g，莱菔子 9g，凌霄花 6g，黄芪 14g，五味子 5g，木槿花 8g，白芍 3g，鸡内金 3g，炙甘草 2g，元胡 3g，当归 5g，石斛 6g，薏苡仁 5g，郁李仁 6g，挂金灯（锦灯笼）2g，白芥子 5g，川芎 6g。

【用法用量】水煎服，每日 1 剂，早晚分 2 次服用，每次空腹服 150mL。15 天为一疗程。

【功效】补中益气固摄，疏肝行气和胃，化痰解郁消食。

【主治】胃下垂。

【方证原理】胃下垂在中医学中有"胃缓""胃下"等别称，据《灵枢·本藏》[56]中记载："脾应肉……肉䐃不称身者胃下，胃下者，下管约不利。"不仅指出胃下垂为胃的位置低下与身体不相协调，还指出其病机为胃壁肌肉薄而不坚实、升举乏力。治当以补脾益气，升阳举陷。黄芪，性温，味甘，《神农本草经》将其列为上品，《本草纲目》称其为补药之长，又有《药品化义》[57]载："黄芪，性温能升阳，味甘淡，用蜜炒又能温中，主健脾……在表助气为先，又宜生用。"可见其具有补气固表的功效。故本方重用黄芪，辅以补气健脾的云苓，补脾和胃益气复脉的炙甘草，益气固涩的五味子，以及益胃生津的石斛，对治疗脾胃虚弱、四肢倦怠、懒言短气、中气下陷有良好效果，可调整脾虚运化失常，有标本兼顾之功效。饮食不节，胃肠损伤，《素问》[58]言"饮食自倍，肠胃乃伤"。治疗中，在健脾益气促进胃肠蠕动的基础上加以消积化食。故采用白蔻仁，温中除吐逆，开胃消饮食；采用莱菔子、鸡内金消积导滞。若脾胃亏虚，运化不及，又可使水湿停聚，聚湿成痰；或气虚血行不畅而渐致血瘀，均阻滞脾胃气机，进一步损伤脾胃，加重胃下垂。本方中，凌霄花化瘀散结，木槿花、挂金灯清热利湿，薏苡仁健脾祛湿，郁李仁润肠通便，白芥子辛辣行散、豁痰利气，诸药共同调整水液代谢，使脾胃通降有序。另外，元胡、川芎具有活血行气止痛的功效，加以当归补血活血，白芍养血柔肝，合用可减轻胸胁与脘腹的疼痛。诸药合用，具有补中益气、和胃健脾、行气散瘀之功效，早、中、晚各期胃下垂皆适用。

【临床治疗】所选病例均结合临床症状体征，经X射线胃肠造影检查确定为胃下垂患者，属于中医"胃缓"范畴66例，其中男36例，女30例，年龄25~48岁；早期31例，中期25例，晚期10例。X射线造影检查可见胃角部低于髂嵴连线，胃幽门管低于髂嵴连线，胃呈长钩形或无力型，上窄下宽，胃体与胃窦靠近，胃角变锐；胃的位置及张力均降低，整个胃几乎位于腹腔左侧。使用本方进行治疗，每日1剂分2次口服，早晚各1次，每次空腹服150mL。同时配合运动疗法，仰卧起坐每日1~2次，每次10~20min，饭后1~2h进行。口服本方汤剂15天为一疗程，休息3~5日再进行下一疗程，治疗3个疗程。结果显示总有效率为90.9%。

# 第二节　锦灯笼的临床应用

锦灯笼是我国传统的中药之一，在几千年的中医学长期实践中总结得出其味苦、性寒，归肺经，具有清热解毒、利咽、化痰和利尿的功效。其在临床上主要用于呼吸道系统疾病、免疫性疾病及糖尿病等方面的治疗。

## 一、锦灯笼在呼吸道系统疾病中的临床应用

锦灯笼具有清热解毒、利咽的功效，所以在临床上常被用来治疗一些呼吸道的疾病，对肺热导致的咳嗽、咽干咽痛、声音沙哑和急性支气管炎等常见的呼吸道疾病都有很好的治疗作用。随着空气质量的下降和人们不良生活习惯的增加，呼吸道疾病的病发率有逐年上升的趋势。虽然临床上西医治疗呼吸道疾病时能在短时间起效，但是病情容易复发，且易产生耐药性和不良反应。所以现在人们更加倾向于用传统中药来治疗某些呼吸道疾病，虽然中药的起效不及西药快，但充分利用好中药能使某些呼吸道疾病得到根治。本节主要介绍锦灯笼在中医和西医临床中治疗某些呼吸道疾病的应用。

## 1. 疱疹性咽峡炎

疱疹性咽峡炎是一种常见的主要由人肠道病毒（human fentero virus，HFVs）引起的以急性发热和咽峡部疱疹性溃疡为特征的上呼吸道感染疾病。该病主要侵犯婴幼儿，好发于夏秋季，传染性强、流行快，同一患者可多次重复发生。其起病急骤，临床症状主要有高热、咽痛、烦躁不安、流涎、厌食、呕吐、全身不适、吞咽困难、精神萎靡和惊厥等，查体可见口腔内扁桃体前柱，软腭、悬雍垂、扁桃体等部位的疱疹[59]。咽峡部疱疹性溃疡常继发于急性鼻炎、肺炎、流行性感冒、疟疾、流行性脑膜炎，单独发病时常无全身症状。婴幼儿感染该病毒后因高热、空腔疼痛，而表现出进食时哭吵、不愿进食及影响睡眠。目前临床上对于疱疹性咽峡炎尚缺乏特异性的治疗，西医学以对症支持治疗和抗病毒治疗为主，但是存在明显的不良反应[60]。因此，临床上更加偏向于在毒副作用小的中药中寻求治疗方案。

黄向群[61]利用锦灯笼联合双黄连来治疗小儿疱疹性咽峡炎，在临床上通过雾化吸入的方式治疗了疱疹性咽峡炎患者 30 例，以更昔洛韦 5mg/(kg·d) 作为对照组共 30 例，采用静脉滴注及退热、镇静等对症治疗的方式。临床试验研究表明，应用锦灯笼联合双黄连作为治疗组在退热、消除咽峡部的疱疹等方面比对照组的疗效要更加显著。所以锦灯笼联合双黄连能够有效地治疗小儿疱疹性咽峡炎，且在临床上没有明显的不良反应。

## 2. 急性扁桃体炎

急性扁桃体炎是发病于腭扁桃体中的一种非特异性急性炎症，它常继发于上呼吸道感染，多伴有严重程度不同的咽部黏膜和淋巴组织炎症，是临床上常见的咽部疾病，症状常表现为咽痛、畏寒和发热等。其主要致病菌为乙型溶血性链球菌，金黄色葡萄球菌、肺炎链球菌等也可引起本病。若不及时进行治疗，急性扁桃体可引起局部或全身并发症，如扁桃体周围脓肿、中耳炎、鼻窦炎、心肌炎等。扁桃体反复发炎，则也会发展为慢性扁桃体炎。目前，治疗急性扁桃体炎多以抗生素为主，也可以结合局部治疗[62]。但抗生素的耐药性问题常使得抗生素治疗急性扁桃体炎的整体效果不佳[63]。近年来，不少相关研究已证明了中医药治疗此类疾病效果显著。锦灯笼是一味清热的中药，具有清热解毒、利咽的功效。在临床上，有应用锦灯笼或锦灯笼组方来治疗急性扁桃体炎的案例，均取得了良好的疗效。

吉毅祯[64]应用锦灯笼来治疗急性扁桃体炎，以煎服或冲茶服的方式给药 1～2 次，使 32 例急性扁桃体炎的患者痊愈，表明了锦灯笼对急性扁桃体炎具有显著的治疗效果，可以消除炎症、减轻疼痛并降低患者的体温。同时研究者发现，除了锦灯笼花萼之外，其全草也具有治疗急性扁桃体炎的作用，且二者的治疗效果几乎相同。在临床上，不仅用锦灯笼单味药来治疗急性扁桃体炎，还有一些锦灯笼组成的处方同样起到了很好的治疗效果。李金山[65]将锦灯笼和金果榄组成复方，加水煎服代茶饮来治疗急性扁桃体炎，平均在 2～3 天之内就能起效。

倪昭海等[29]采用清蛾汤方剂来治疗小儿急性扁桃体炎。清蛾汤为中药复方，由金银花、连翘、山豆根、山栀、板蓝根、锦灯笼、牛膝、青黛、薄荷、玄参和甘草组成，方中锦灯笼起清热解毒利咽作用，可消除患者扁桃体周围的脓肿并减轻其咽喉肿痛的症状。根据患者具体所表现的症状来对复方进行加减，以汤剂内服 3 天为一个疗程。在临床上用清蛾汤治疗小儿急性扁桃体炎 82 例患者取得了良好的效果，一个疗程后痊愈共 63 例，病情出现好转共 18 例，无效只有 1 例。故配伍有锦灯笼的清蛾汤也是临床上用于治疗急性扁桃体炎的有效组方之一。

胡娟等[28]采用解毒爽咽饮治疗扁桃体周围脓肿患者 160 例，解毒爽咽饮组成：金银花、蒲公英、地丁、天花粉、浙贝母、薄荷、牛蒡子、锦灯笼、玄参、生地黄。初起邪在表，加荆芥、防风、白芷；热毒传里，里热壅盛，加连翘、栀子、大黄；若痰涎壅盛者，加僵蚕、胆南星；脓已成者，加穿山甲、当归尾、乳香、没药、陈皮。用药 3～6 天内咽痛、发热等症状消失，咽部检查及白细胞总数、分类恢复正常。临床上共治愈 106 例，好转 43 例，无效 11 例，总有效率为 93.1%。

董中昌[66]发明了一种治疗急性扁桃体炎的药物，组方主要有金银花、大青叶、毛冬青、锦灯笼、桔梗、甘草、牛蒡子、玄参、牡丹皮、薄荷、黄芩、板蓝根、马勃，其中锦灯笼在组方中发挥清热解毒，利咽、化痰的作用。临床上，将该组方药物给 27 例患者服用，每次服用 1 剂，每天早晚各服 1 次，4 天为 1 个疗程，连续服用 2 个疗程，结果显效 23 例，显效率为 85.19%，好转 3 例，好转率为 11.11%，无效 1 例，总有效率为 96.3%。

### 3. 支气管炎

支气管炎是由微生物感染、物理或化学性刺激等引起的支气管黏膜及其周围组织的急性或慢性非特异性炎症，临床上的症状主要表现为咳嗽、咯痰、喘息等，同时患者可并发肺气肿等表现，该病发展到后期可形成阻塞性通气障碍，从而导致慢性阻塞性肺疾病的发生[67]。当出现急性呼吸道感染时，则症状迅速加剧。目前临床上主要采用具有镇咳、平喘功效的西药及抗生素类药物对支气管炎进行治疗，如左氧氟沙星片、盐酸氨溴索口服溶液等，其可有效抑制细菌解螺旋酶的活性，进而改善呼吸道感染，但部分患者由于长时间服用而出现恶心、呕吐、过敏等不良反应[68]。近年来，中医疗法在慢性支气管炎治疗中的应用日益广泛，且能达到根治的效果。

罗嘉辉[69]用含有锦灯笼的复方对急性与慢性支气管炎患者进行治疗，以汤剂内服，经 2 个月以上的治疗，使 3 例多年支气管炎患者痊愈，证明了含有锦灯笼的复方对急性与慢性的支气管炎有很好的疗效。

### 4. 急性咽喉炎

急性咽喉炎（acute laryngopharyngitis）是常见的多发性疾病，其通常是由病毒或细菌引起的咽喉黏膜、黏膜下组织和淋巴组织急性炎症，对咽喉部的淋巴组织造成影响[70]，多发于冬春两季。该病临床表现为咽喉痛、声音沙哑、咳嗽咳痰等症状，严重者可有发热、畏寒、食欲减退和四肢酸痛等表现。当致病菌及其毒素蔓延时，可能还会导致患者出现中耳炎、支气管炎、鼻窦炎等其他急性炎性并发症[71]。目前临床上针对急性咽喉炎的治疗主要采用激素或抗生素类药物，如地塞米松雾化吸入治疗，但长期服用抗生素则会产生抗药性及副作用，且可能对机体的健康造成影响[72]。中医在急性咽喉炎的治疗方面有着悠久的历史和丰富的经验，总结出了许多对急性咽喉炎有显著作用的中药，锦灯笼便是其中一味。

孙明香[73]发明了一种含有锦灯笼的中药喷剂，可用于治疗急性咽喉炎。在临床试验中分为实验组（使用含锦灯笼的中药喷剂）200 人、对照组（口服罗红霉素胶囊）200 人，分别给药 5 天以上进行观察。结果证明实验组治疗急性咽喉炎的疗效优于对照组，其治愈率为 84%，总有效率为 98%；而对照组的治愈率为 53%，总有效率为 75%，且治疗过程中部分病人出现抗药性及副作用。由此证明，含锦灯笼的中药喷剂对急性咽喉炎有良好疗效，可推广应用于临床。

以锦灯笼和黄芩制成的锦黄咽炎片[20] 是治疗急性咽炎的六类中药新药，清代赵学敏[74] 所著《本草纲目拾遗》中云：“按此草主治虽多，惟是其专治，用之功最捷”，而黄芩则普遍用于喉痹、咽喉肿痛、咽喉肿塞、伤寒咽喉痛、脾实热咽喉不利、伤寒后咽喉闭塞不通等与急性咽炎直接相关的多种病症，两者结合组方体现了少而精的组方原则。锦黄咽炎片的主要化学成分是酸浆苦素 B，具有清热解毒，消肿利咽的功能，用于风热证急性咽炎，是咽炎疗效确切、生物利用度高、取效迅捷、毒副作用小的中药现代复方制剂。

张剑华等[17] 以金灯山根口服液治疗咽部急性感染性疾病患者 75 例，并设青霉素对照组 35 例进行疗效对比。其中急性咽炎患者 37 例，痊愈 8 例，显效 15 例，有效 12 例，无效 2 例，总有效率 94.6%；急性扁桃体炎患者 32 例，痊愈 10 例，显效 15 例，有效 5 例，无效 2 例，总有效率 93.8%；扁桃体周围炎患者 6 例，痊愈 1 例，显效 3 例，有效 1 例，无效 1 例，总有效率 83.3%。用 Ridit 检验分析发现 $P > 0.05$，表明此口服液对三种疾病的疗效无显著性差异。与普鲁卡因青霉素肌内注射治疗总有效率 94.3% 对比，金灯山根口服液治疗咽部急性感染性疾病 75 例，总有效率 93.3%，二者疗效无显著差异。金灯山根口服液由挂金灯（即锦灯笼）、山豆根、牛蒡子、桔梗等药物组成，口服液中的挂金灯、山豆根两药均性味苦寒，二药配合应用能增强清热解毒，消肿止痛的功效；牛蒡子对咽喉疾病生用，辛散苦泄，对痰涎壅盛咽头堵塞者更有宣畅利咽作用；桔梗性苦、辛平，除能宣肺化痰利咽外，还可排脓消痈，又为手太阴肺经之引经药，借其提升之力，可引药直达病所而奏速效。药物有明显的消退炎症肿胀、抑病毒、抑菌、抗毒、解热、镇痛及非特异性免疫功能作用，可从多方面解除炎症的红肿热痛症状，与临床相吻合，这是抗生素单一作用所达不到的效果。

### 5. 慢性咽炎

慢性咽炎（chronic pharyngitis，CP）是发生于咽部黏膜、黏膜下及淋巴组织的上呼吸道慢性炎症，病变以咽黏膜肥厚或萎缩为主要特征，临床上的症状主要有咽喉部的红肿疼痛、咽干、吞咽时感觉不适，干咳少痰，多数还伴有发热、咳嗽等上呼吸道感染症状及食欲不振等全身症状。慢性咽炎是临床上较为常见的上呼吸道疾病，其病程较长，且复发率高，多见于成人，儿童也可出现。西医认为慢性咽炎的发病因素主要有感染性因素、过敏性因素、职业暴露、长期物理化学刺激等，其治疗大多采取局部治疗及抗生素类药物治疗，能够快速、有效应对疾病的症状，但疗效不明显、无法根治且有毒副作用[75]。中医治疗慢性咽炎积累了丰富的经验，疗效显著。

叶蓓[25] 发明了一种中药组合物治疗慢性咽炎，在临床试验中共设 5 个实验组，以锦灯笼及其他药物的用药剂量为区分，以汤剂给药，疗程为 20 天。结果显示，5 个实验组的有效治愈率均达到了 90% 以上。为克服汤剂用药不方便的缺点，黄再军[24] 发明了一种含锦灯笼的复方浓缩丸，该浓缩丸特点为服用方便，服用后能够迅速崩解从而便于人体吸收。发明人在临床试验中将慢性咽炎患者分为实验组共 75 例（以浓缩丸给药）、对照组共 63 例（以玄麦甘桔颗粒给药），以 10 天为一个疗程；经一个疗程后得到实验组痊愈率为 90.7%，总有效率为 98.7%；对照组痊愈率为 44.4%，总有效率为 90.5%，可见该含有锦灯笼的复方浓缩丸对于慢性咽炎具有良好的治疗作用。

### 6. 上呼吸道感染

上呼吸道感染主要是由病毒等感染引起的季节性传染病，由于小儿身体素质较弱、免疫功能低下，故多发于儿童，病情可随时间推移而加重[76]。其在儿科中是比较常见的疾病，临床上表现为发热、咽喉肿痛和扁桃体肿大等症状，部分患儿还出现咳嗽有痰等病症，严重危害了儿童的健康。目前尚无特效治疗小儿上呼吸道感染的药物，临床上以退热、止咳、抗病毒等对症治疗为主，如小儿氨酚黄那敏颗粒虽可缓解其临床症状，但无法明显缩短病程[77]。中医采用中药疗法对上呼吸道感染进行对症治疗，取得了较好的治疗效果。锦灯笼用于治疗上呼吸道疾病时以汤剂为主，因此在煎药、喂药和携带的过程都造成一定的不便；而在临床上也有案例将锦灯笼制作成注射液来进行给药，并取得了一定的治疗效果。

李秋英等[78]用锦灯笼注射液来治疗小儿上呼吸道感染疾病，在治疗上所用到三种不同含量及制法的锦灯笼注射液，它们分别是锦灯笼注射液（原生药煎液，含药量为每毫升相当1g生药）、锦灯笼1号注射液（原煎液提取物，含药量为每毫升相当于0.9g生药）、锦灯笼2号注射液（原煎液除去1号物，含药量为每毫升相当于1g生药）。三个实验组均采用肌内注射给药，以7天为一个疗程。对临床191例的疾病进行治疗及观察，发现使用锦灯笼注射液的有效率达到了94.2%，使用锦灯笼1号注射液的有效率达到了97.5%，使用锦灯笼2号注射液的有效率达到了93.3%，使用后能够明显减轻上呼吸道感染的症状，且三种锦灯笼注射液在临床使用过程中未见相关的毒副作用，因此在临床上有很大的应用前景。

尹方等[79]采用以民间草药红姑娘（即锦灯笼）为主的红姑娘抗感饮治疗临床常见感冒风热证60例。红姑娘抗感茶药物组成：红姑娘（锦灯笼）、金银花、鱼腥草、荆芥、薄荷、牛蒡子、桔梗。身热较著（体温>38.4℃），加芦竹根；咳嗽明显，加枇杷叶、苦杏仁。服用红姑娘抗感茶后，患者痊愈18例，显效32例，有效8例，无效2例，总有效率96.7%。王昕旭[1]自拟锦莲清热方治疗上感伴发热者，显效快且不宜反复。锦莲清热方组成：半枝莲、锦灯笼、黄芪、金银花、连翘、板蓝根、荆芥、防风、甘草。小儿可根据年龄减量，5岁以下用成人量的1/4，6岁以上用成人量的1/2，13岁以上用成人量。服用锦莲退热方治疗，服药1天后体温降至正常不反复者45例，服药2天后体温降至正常不反复者29例，无效者4例，有效率94.87%，未发现不良反应。锦莲清热方以抗病毒为主要目的，针对引起上呼吸道感染及发热的病因进行治疗，同时也体现了治病求本的原则。

### 7. 咳嗽

上呼吸道感染也会导致咳嗽等病症。咳嗽是由于气管、支气管黏膜或胸膜受炎症、异物、物理或化学性刺激引起的。若是持续咳嗽，咳嗽由急性转换成慢性，会给患者带来痛苦，如胸闷、咽痒、气喘等。在中医临床上也常用配伍锦灯笼的处方来进行对症治疗。

在房铁生[14]《咳嗽验案一则》一文中，采用了含有锦灯笼的处方用于治疗支气管炎引起的咳嗽；以汤剂入药，经过10天治疗后具有显著的疗效。闫惠玲[13]记录了北京中医医院内科医生林杰豪对咳喘病的治疗，其中清化止咳合剂复方便是配伍锦灯笼来治疗痰热型咳嗽，服用3剂后消退咳痰诸证。蔡绪东[80]发明了一种含有锦灯笼的药剂用于治疗小儿咳嗽，在实验中，治疗组服用含有锦灯笼的汤剂，对照组则口服小儿止咳糖浆。经3天治疗后发现在治疗组的30例患儿中，痊愈22例，症状明显减轻8例，总有效率为100%；在对照组的30例患儿中，痊愈12例，症状减轻15例，无效3例，总有效率为90%。证明了治疗组的治疗效果优于对照组的治疗效果。

### 8. 慢性鼻炎

慢性鼻炎是一种鼻腔黏膜下层的慢性炎症性疾病，主要以鼻黏膜的慢性充血肿胀为主要临床症状，常伴有鼻塞、流涕、嗅觉减退等[81]，严重影响患者的生活质量。在临床上治疗慢性鼻炎的方法有很多，主要以口服类药物为主，也能通过手术进行治疗。大部分口服类药物含有扑尔敏，服用后会导致患者出现犯困等不良反应，长期服药则会产生胃部副作用。

为减少慢性鼻炎治疗药物对患者的不良影响，杨佳[82] 发明了含锦灯笼的中药组合物对慢性鼻炎进行治疗。在临床上用此中药组合物共100人，以汤剂给药。鼻炎患者服用本药后第二天就减轻鼻塞、鼻痒和流鼻涕等症状。一个月内轻度慢性鼻炎基本痊愈，治愈率为96％，总有效率为100％。该临床试验结果证明了含锦灯笼的中药组合物对慢性鼻炎具有良好的疗效。

### 9. 支气管哮喘

支气管哮喘是一种慢性气道炎症性疾病，该病发病原因较多，主要分为环境因素与遗传因素，其中环境因素如环境污染、花粉等因素，而遗传因素主要为过敏体质。其主要临床表现为发作性伴有哮鸣音的呼气性呼吸困难或发作性咳嗽、胸闷等症状，若长期发作会并发慢性阻塞性肺疾病、肺源性心脏病等，严重者则会影响呼吸、心血管等系统疾病[83]。目前，该疾病尚无法根治，临床上通常给予西药进行治疗，如孟鲁司特钠。

随着人们生活环境的变化以及受长期吸烟、情绪激动等不良生活习惯的影响，其发病率和死亡率均有增高的趋势，现引起医学界的广泛关注。此外，中医药对支气管哮喘的治疗效果显著。范明月[84] 发明了一种治疗哮喘的中药配方，配方中含有锦灯笼，以汤剂给药、15天为一个疗程。在临床100例患者中，治愈共68例，有显著疗效共19例，症状减轻共11例，总有效率为98％。

### 10. 流行性腮腺炎

流行性腮腺炎简称流腮，中医称之为痄腮，主要是由腮腺炎病毒感染引起的疾病，在儿童及青少年群体发病率较高，导致患儿出现耳垂下肿大、表面发热及疼痛症状，且具有传染性，可经飞沫吸入传播[85]。在临床上以腮腺肿痛为主要特征，部分患儿伴随腮腺周围组织高度水肿，吞咽困难，严重危害其生存质量，需及时进行有效治疗[86]。目前临床上无特效治疗流行性腮腺炎方法，以抗病毒和对症治疗为主，但治疗效果具有一定的局限性[87]。为进一步提高疗效，如今中药在流行性腮腺炎治疗中作用显著，采用清热解毒的药物可有效缓解疼痛、肿胀症状，减轻机体不适，其中锦灯笼对流行性腮腺炎具有显著的作用。

杨娟[88] 发明了一种含有锦灯笼中药的药剂来治疗流行性腮腺炎，临床上选取50例患儿，以汤剂给药，每日2次，用量是每次口服50mL。经3天为1个疗程的治疗后，所有的患儿均恢复健康，且治疗过程中无出现明显的不良反应。

### 11. 肺炎

肺炎是指肺泡、远端气道和肺间质的感染性炎症，可由细菌、病毒和其他病原体等因素感染引起，在临床上以细菌性和病毒性肺炎最为常见。广义上的肺炎可由病原微生物、理化因素、免疫损伤、过敏及药物所致。其病因是由于病原体侵犯肺实质，并在肺实质中过度生长超出宿主的防御能力，导致肺泡内出现渗出物，引发肺炎。肺炎的发生和严重程度取决于病原体因素和宿主因素；其临床特征则取决于引起感染的细菌类型、年龄和整体健康等因素。肺炎的轻微症状与感冒或流感相似，但持续时间更长。患者常有发烧、咳嗽、咳痰，有时候还会有脓痰或血痰，并伴有呼吸急促、呼吸困难等症状。2岁以下的婴儿发病急，发病前先出现上呼吸道感染的症状，主要表现为发热、咳嗽、气促、肺部固定啰音等。

锦灯笼味苦、性寒，归肺经，在临床上也有应用其治疗肺炎的案例。李忠堂[89]采用锦灯笼、前胡、鸭跖草、人参、木耳、瓦楞子、贯众、虎杖、石斛、枇杷叶、连翘、麦冬和车前子等中药来治疗肺炎，以汤剂给药，3天为一个疗程，各药相互协调作用，取得了显著的治疗效果。在临床试验治疗组中的50例患者，有15例症状完全消失、32例症状减轻，总有效率为94%。

### 12. 风疹

风疹是《传染病防治法》规定的丙类传染病，是由风疹病毒引起的急性呼吸道传染病，易暴发传染，其多见于学龄前儿童[90]。临床上主要以发热、全身皮疹症状为主，常伴有耳后、枕部淋巴结肿大，全身症状一般较轻，病程短且预后好[91]。目前，西医对风疹的治疗主要采用抗组胺药物、维生素C、钙剂等，但效果不太理想。

高善霞[92]根据个人临床经验，发明了一种治疗小儿风疹的中药熏洗剂。该配方由锦灯笼、七叶一枝花、北豆根、大青叶、山药藤、算盘子叶、漆大姑、牡丹皮、鬼灯笼根、紫草、鸭儿草、浮萍、酸水草、升麻、大香附子组成，将其煎洗剂后使用。临床上选取150例患者，随机分为治疗组82例和对照组68例。治疗组选用上述的中药熏洗液，每天1剂，分早、中、晚3次外洗，先熏后洗；对照组口服利巴韦林片，每日3次，外擦炉甘石洗剂每日3~4次；两组均以3天为一个疗程。实验结果表明，治疗组经过中药熏洗液3天的治疗后，67.1%皮疹消退，淋巴结仍肿大，继续使用熏洗治疗均治愈，平均疗程3天；对照组口服利巴韦林片3天，皮疹消退比例为29.4%，继续服药治疗，平均5天治愈。从上述情况可知，治疗组的治疗效果要强于对照组。

综上所述，这些将锦灯笼或锦灯笼复方用于治疗呼吸道疾病的病例，都有力地证明了锦灯笼在呼吸道疾病的治疗中具有显著的效果。因其具有清热解毒、利咽消痰等作用，故锦灯笼及其复方制剂在临床上对扁桃体炎、咳嗽、咽喉炎等呼吸道感染疾病都具有良好的治疗效果。又因锦灯笼无毒无刺激性，所以在儿童呼吸道感染疾病的治疗中有广阔的应用前景，而对于其治疗呼吸道疾病的作用机制还有待进一步的深究。

## 二、锦灯笼在免疫性疾病中的临床应用

锦灯笼的药理实验结果表明，其能够直接对免疫细胞发挥作用；而锦灯笼中的化学成分酸浆苦素B、酸浆苦素F和酸浆苦素G，能够降低由于脂多糖和干扰素刺激巨噬细胞产生的氮氧化合物含量。故锦灯笼具有良好的免疫调节功能，在临床上也有将其应用于治疗免疫性疾病的案例，详述如下。

### 1. 湿疹

湿疹是由多种内外因素引起的瘙痒剧烈的一种皮肤炎症反应，临床上湿疹皮炎患者症状

多以红色丘疹、斑丘疹、鳞屑或结痂为主,自主瘙痒剧烈,病情易迁延反复,严重影响人们的生活质量。受人们生活习惯、情志、环境等因素影响,湿疹发病呈逐年上升趋势。虽然湿疹不属于重大疾病,但其发病时严重影响患者的生活质量。西医治疗常使用糖皮质激素类及抗感染的乳膏,联合口服含有免疫调节及止痒的药物;虽然疗效显著,但是容易使人产生依赖性,停药易复发。中医采用对症治疗的方法,根据不同类型的湿疹,采取不同的药物进行治疗,故在历史上总结出许多治疗湿疹的中药,锦灯笼即为其中一味。

李建华[40] 发明了一种含锦灯笼中药的粉剂对 100 例湿疹患者进行治疗,临床治愈率为 80%,总有效率为 95%,证明该粉剂对湿疹具有一定治疗效果。孔涛[93] 将配伍有锦灯笼的中药复方制成软膏剂用于治疗湿疹,在临床上用软膏剂对 30 例患者进行治疗,以 7 天为一个疗程。结果显示,30 例患者经一个用药疗程的治疗后,皮疹消退,瘙痒症状消失,随访一年并无复发。干燥性湿疹又称干燥病或冬季瘙痒炎。谢明臣[94] 发明了一种治疗干燥性湿疹的中药组合物,将含有锦灯笼的中药组合物制成软膏剂对 15 例干燥性湿疹患者进行治疗,临床试验以 7 天为一个疗程。结果发现,15 例患者全部治愈。锦灯笼在临床上也被应用于治疗婴儿湿疹,谢明臣[95] 将中药组合物制成软膏剂涂抹于 3 名婴儿的患处,以 7 天为一个疗程,使用一个疗程后均痊愈。以上治疗湿疹的案例都表明锦灯笼对湿疹具有很好的疗效。

### 2. 贝赫切特综合征

贝赫切特综合征(又称为白塞病)是一种以复发性口腔溃疡为首发、逐渐伴发外阴溃疡、结节性红斑等皮肤黏膜病变为基本临床特征,可能选择性发生眼炎、肠溃疡、主动脉瓣反流、静脉血栓、动脉狭窄、动脉瘤、关节炎或血细胞减少症等 1~2 个靶器官损害的变异性血管炎[96]。西医的治疗方法主要采用强的松、糜蛋白酶等药物来消除溃疡性的症状,虽然起效快,但是难以根治,容易复发。在中医上白塞病被称为"狐惑",其主要病因为脾肾阴虚、湿热蕴毒。中医的治则是通过了解病因来对症治疗,从而达到根治的效果。

王山峰等[5] 应用金莲愈溃饮治疗白塞病,以汤剂入药,每天服 1 剂,在临床的 7 例病案中表明了金莲愈溃饮有显著的治疗效果。通过 10 剂复方治疗后,7 名患者在临床表现的溃疡性病变基本消除,下肢结节的红斑也消退,身体恢复正常状态。金莲愈溃饮处方中配伍了锦灯笼,其在方中发挥了清热解毒、清上焦湿热的功效。

### 3. 系统性红斑狼疮

系统性红斑狼疮(systemic lupus erythematosus,SLE)是一种以自身抗体病理性增多和非特异性系统器官损伤为特征的慢性免疫性疾病[97]。此外,其与基因、环境、内分泌紊乱、表观遗传等因素也密切相关。虽然病因复杂,但是众多研究证实,免疫耐受缺失及免疫稳态失衡是系统性红斑狼疮最重要的发病基础,包括 T 细胞增殖和分化功能缺陷、病理性 T 细胞大量聚集、T 细胞自身凋亡增加等[98]。在临床上患者常有发热、对光敏感、皮疹、淋巴结增大、肌肉关节疼痛、疲劳等症状。目前治疗系统性红斑狼疮的药物主要为糖皮质激素联合免疫抑制剂,虽然能够缓解病情,但是较多的患者用药后均出现了不良反应。为解决这个问题,甘卉月等[99] 发明了一种对热毒炽盛型红斑狼疮进行对症治疗的配方,方中配伍了锦灯笼,在临床 7 例患者的治疗中,均取得了一定的治疗效果。

#### 4. 荨麻疹

荨麻疹是常见的过敏性疾病，是由于皮肤黏膜小血管扩张及渗透性增强而出现的一种局限性水肿反应，分为急性荨麻疹（病程小于 6 周）和慢性荨麻疹（病程大于 6 周）。慢性荨麻疹由于发病时间长，且病因尚不明确，治疗相对棘手[100]。患者在接触过敏原时身上会出现大小不一、引起瘙痒的红色斑块。若患者持续接触过敏原或对发病部位进行抓挠，则会加剧出疹发痒的情况。为了减少西药治疗过程中出现的不良反应，李军[101] 用含有锦灯笼的中药配方制剂，以汤剂给药来治疗临床 60 例荨麻疹患者。经过 1 个月的治疗后发现，在 60 位患者中共治愈 56 位，出现病情好转 4 例，证明了锦灯笼复方在临床上治疗荨麻疹具有一定的效果。

#### 5. 风湿痛

风湿痛主要指侵犯关节、肌肉、骨骼及关节周围软组织的疾病所引起的局部或全身性疼痛，在临床上表现为头痛、发热、微汗、恶风、身重、小便不利、骨节酸痛、不能屈伸等症状。贯士峰[102] 发明了一种治疗风湿疼痛的配方，配方中共有 24 味原料药，其中含有锦灯笼。临床试验选择风湿疼痛患者 400 例，分为治疗组 1（将配方制成胶囊剂给药）共 100 例、治疗组 2（将配方制成贴膏剂给药）共 100 例、治疗组 3（将配方制成片剂给药）共 100 例、对照组（使用风湿骨痛贴进行治疗）共 100 例。经 20 天治疗后发现，治疗组 1 总有效率为 99％，治疗组 2 总有效率为 98％，治疗组 3 总有效率为 98％，对照组总有效率为 80％。临床试验证明，含有锦灯笼的中药配方对风湿疼痛具有良好的疗效。

综合以上锦灯笼对一些免疫性疾病的临床应用可以发现，在治疗这类疾病时，锦灯笼往往不是单味药起作用，而是通过配伍其他中药来进行对症治疗。中医诊治讲究整体观念、辨证论治，所以在中医治病时用药是较为灵活，通常会根据病人的实际情况来对处方进行加减。

### 三、锦灯笼在糖尿病中的临床应用

糖尿病是一组因胰岛素绝对或相对分泌不足和胰岛素利用障碍引起的碳水化合物、蛋白质、脂肪代谢紊乱性疾病，以高血糖为主要标志。它主要包括 1 型糖尿病和 2 型糖尿病。糖尿病在临床上典型的症状表现为"三多一少"，即多饮、多尿、多食和体重下降，以及血糖高、尿液中含有葡萄糖等。若糖尿病的病程过久则会引起多系统损害，导致眼、肾、神经、心脏、血管等组织器官的慢性进行性病变、功能减退及衰竭，病情严重或应激时可引起急性严重代谢紊乱。糖尿病是一种严重的内分泌疾病，其对人体健康的危害仅次于肿瘤和脑血管疾病。随着人们生活水平质量的提高以及对良好生活饮食习惯的不重视，糖尿病的发病率在逐年上升。中药因其治疗糖尿病的副作用较小，所以近年来成为学者们的研究热点。

锦灯笼中的化学成分具有降血糖的活性，所以对锦灯笼降血糖作用有效成分的研究越来越深入。根据前人的药理研究，锦灯笼中的甾体类成分与多糖类成分能够显著地降低血糖并减少患者摄水量。此外，阿魏酸和绿原酸也可以降低血糖，促进胰岛素的分泌和体内脂肪代谢。所以在临床应用中，锦灯笼也可通过配伍其他药物组成复方对糖尿病进行治疗。

付平国等[103] 发明了降血糖用槐米茶，此茶能够降低糖尿病患者的血糖，并且有效地预防由糖尿病引发的综合症状。降血糖用槐米茶在配伍中使用了锦灯笼，在临床 130 例患者中，实施例患者每日三餐前饮用降血糖用槐米茶，并按糖尿病饮食管理；对照组患者不饮用保健茶。实施例组与对照组均口服降血糖药物（以二甲双胍药物为主，磺脲类药物为辅）进行治疗，饮用 5 个月后全部停用降血糖药物，再经过 2 周后对患者血液进行化验，结果发现饮用降血糖用槐米茶的患者血糖浓度与对照组患者相比较低，证明了含有锦灯笼的降血糖用槐米茶具有一定的降血糖作用。王娟[104] 发明了一种可以治疗 2 型糖尿病的药剂，锦灯笼为组方药物之一。在临床上以汤剂治疗 40 例 2 型糖尿病的患者，通过 1 个月的临床治疗，结果发现 14 例患者痊愈，22 例患者情况好转，总有效率为 90%。此外，有案例证明锦灯笼与其他中药配伍可用于治疗上消型糖尿病。中医认为上消型糖尿病的病因为肺脏通调水道功能受损、水循环受阻而导致津液无法运用全身、滋润脏器。赵秀伟等[105] 发明了一种治疗上消型糖尿病的中药制备方法，其中为组方中配伍锦灯笼的中药复方。在临床 560 例患者自身对比给药治疗 3 个月后发现，配伍锦灯笼的中药复方汤剂其疗效明显优于口服降糖灵（盐酸苯乙双胍）的疗效。实验发现，口服降糖灵可以缓解患者的症状，但却难以使患者痊愈；而中药复方则能够消除糖尿病的三多症状，缓解病情，使患者的舌、脉恢复正常。

上述案例都是通过将锦灯笼与其他中药组成复方，药物之间相互协同作用起效，达到治疗糖尿病的效果。目前在临床上治疗糖尿病仍以西药为主要治疗手段，其特点为起效快，但长期使用时容易产生耐药性，且副作用较为明显。锦灯笼为传统中药，天然无毒，且在药理实验与临床实践中得出其具有明显的降血糖作用，故将锦灯笼在临床上应用于治疗糖尿病具有广阔的发展前景。

## 四、锦灯笼在临床上的其他应用

锦灯笼在临床上除了对某些呼吸道疾病、免疫性疾病和糖尿病具有良好的疗效外，还对肾炎、肝炎、前列腺炎、痤疮、疱疹、结膜炎和牙周炎等疾病具有一定的治疗作用。

### 1. 肾炎

肾炎是由免疫介导、炎症介质参与的，最终将导致肾固有组织发生炎性改变，并引起不同程度肾功能减退的一组肾脏疾病。而慢性肾炎是以蛋白尿、血尿、高血压、水肿为临床表现的疾病。该病病情迁延且呈进行性发展，此类患者可伴有不同程度的肾功能受损，最终发展为慢性肾衰竭。该病属于中医"水肿""虚劳""血证"等范畴，属本虚标实之证；本虚主要与肺、脾、肾脏功能失调有关，标实则以外感、湿热、热毒、水湿、瘀血为主，治疗时需标本兼顾[106]。锦灯笼有治疗慢性肾炎的作用，但由于其单味药的效果较为不明显，故在临床应用中常配伍其他中药来治疗。陈奕君等[107] 在其研究报告中介绍了王孟庸治疗肾病的常用药，其中对于由病灶感染导致的急性肾炎或慢性肾炎急性发作，王孟庸先生在辨证处方的基础上配伍荆芥和锦灯笼来治疗由炎症引起的肾病或肾病复发，根据患者所表现出的不同症状而采取相应的药物进行治疗，即中医传统理论中的"辨证论治"。运用辨证处方使水湿从人体皮毛渗出，恢复肺部宣发肃降功能以通调水道，配伍荆芥和锦灯笼以减轻患者咽喉肿痛、咳嗽等呼吸道症状。通过辨证处方配伍荆芥和锦灯笼，对炎症所引起的肾病或肾病的复发取得了显著的临床疗效。

紫癜性肾炎是因坏死性小血管炎引发的肾脏损害情况，属于常见的继发性肾小球病症。其发病机制主要与药粉、药物等过敏因素，或是病毒、细菌等感染因素相关，在临床主要表现为皮肤紫癜、关节肿痛、腹痛和便血，该病常见于儿童。泼尼松等激素类药物是治疗该疾病的常用药物，但常规单一药物应用效果不理想，长期应用甚至还会对患儿生长发育带来影响[108]。锦灯笼通过配伍其他中药组成复方，对过敏性紫癜性肾炎具有良好的治疗效果。王俊茹等[109]发明了一个配伍锦灯笼的处方能够治疗过敏性紫癜性肾炎，以膏剂内服方式给药，在临床 64 例患者以 10 天为一个疗程的治疗过程中，发现其治愈率为 96.85％，有效率为 96.8％。该复方通过药物相互协调作用，起到了清热解毒、散瘀祛斑、调节免疫应答的效果，从而发挥修复肾功能的作用。

急性肾小球肾炎是一种由乙型溶血性链球菌 A 组感染引起的免疫反应性肾小球疾病，此病多见于儿童。其在临床上的症状主要为血尿，并伴有不同程度的蛋白尿、水肿、高血压及肾功能不全。若是不及时进行治疗，病情可进展为慢性肾炎或慢性肾衰竭，严重危及患者的生命安全[110]。目前，临床上对急性肾小球肾炎尚无特别有效的治疗方法，主要是以利尿、抗菌、抗感染等对症治疗，但其整体的治疗效果并不理想[111]。近年来，因中医药对于急性肾小球肾炎的治疗具有独特的效果，且毒副作用小，而逐渐引起临床的重视[112]。徐士魁[113]发明了一种治疗小儿急性肾小球肾炎的药物，组方中配伍了锦灯笼等清热解毒、利湿消肿的中药。临床上收治患者 100 例，以汤剂方式给药，每日 2 剂，15 天为一个疗程，连续服用 3 个疗程。结果显示，100 例患者中，显效 91 例，好转 2 例，仅有 7 例无效，总有效率达到了 93％。上述结果可证明配伍锦灯笼的组方用于治疗小儿急性肾小球肾炎见效快，治愈率高。

### 2. 肝炎

乙型病毒性肝炎是由乙型肝炎病毒引起的以肝脏病变为主要特征的一种传染病，多因肝细胞感染病毒，造成组织炎症，从而发生坏死性改变。其在临床上的症状主要为食欲减退、恶心、呕吐、上腹部不适、肝区痛、乏力等。部分患者可出现黄疸、发热和肝大等症状，并伴有肝功能损害。部分患者的病情可慢性化，甚至发展成肝硬化，少数发展成肝癌。由此可见，乙型病毒性肝炎对人类的健康构成了严重的威胁。在传统中医理论中，乙型肝炎病毒是抑制人体正气而又容易深入侵袭脏腑和脉络的湿毒。临床治疗乙型病毒性肝炎的药物有干扰素等。而干扰素因其费用高，需要长期使用，且不良反应较多，所以不能广泛应用于临床[114]。因此，在毒副作用较小的中医药中寻求治疗手段已成为临床治疗乙型病毒性肝炎的新趋势。

李玉银[115]将温阳解毒汤用于治疗乙型肝炎，方中重用了锦灯笼草，用量达到 30g，起到了清肝利胆、除湿解毒的作用。温阳解毒汤通过发挥其温阳作用来祛除肝脏湿毒，从而恢复人体脏腑功能。张桂琴等[116]在临床上运用温阳解毒法来治疗 150 例乙型慢性活动性肝炎的患者，治疗所用的处方均为锦灯笼配伍其他药物以汤剂给药，对乙型肝炎进行对症治疗 2 个疗程（共 6 个月），方中的锦灯笼清热解毒，以消除滞留肝脏的毒邪。在 150 例患者病案中，总有效率达到了 96％，表明锦灯笼配伍其他中药用于治疗乙型肝炎的方法具有一定疗效。

### 3. 前列腺炎

除了治疗肾病、肝炎之外，临床上也有采用锦灯笼配伍其他药物来治疗前列腺炎的案例。前列腺炎是由于病原体感染、炎症、排尿功能障碍等引起的前列腺功能异常性疾病。前列腺炎常由于不规律性生活、久坐、嗜食辛辣刺激食物等诱发，多见于青春期至老年期男性[117]。其为泌尿外科的常见病，以尿道刺激症状和慢性盆腔疼痛为主要临床症状。尽管前列腺炎的发病率很高，但其病因仍不明晰，尤其是非细菌性前列腺炎；因此在临床治疗中多以改善症状为主，常用盐酸坦索罗辛治疗前列腺炎，可缓解排尿困难的症状；但服用该药易引起恶心、呕吐等消化道反应，副作用较大[118]。

阿不来提·吐送托合提等[119]采用致病体液成熟疗法及排泄、消炎消肿、灌肠、导尿、外敷及蒸发等维吾尔医传统的治疗方法对 58 例前列腺炎患者进行治疗。维吾尔医传统的治疗方法中大多用到锦灯笼这味中药，通过锦灯笼配伍其他中药相互作用达到辨证治疗的目的，在临床上治疗前列腺炎的总疗效率达到了 93%。

### 4. 痤疮

痤疮是一种皮肤科最常见的毛囊皮脂腺慢性炎症性疾病，表现为粉刺、丘疹、脓疱、结节、囊肿及瘢痕。其好发于脸颊、额部和下颌，也可累及躯干，如前胸部、背部及肩胛部。该病常发于青春期的男女，俗称青春痘，它的发病主要与雄性激素水平及皮脂分泌增加相关，还与细菌感染、皮脂腺角化异常和炎症等原因相关。临床上用于治疗痤疮的一般是维 A 酸类、抗生素类及激素类药物。虽然这些西药起效快，但其副作用较多。因为锦灯笼外用有治疗痤疮等皮肤疾病的效果，所以在临床上也有其治疗痤疮方面的应用。

王艳等[120]发明了一种以苍耳草、紫背金盘、锦灯笼和秋葵花作为主要成分的中药组合物，该中药组合物治疗痤疮效果显著。研究者在临床上选取了 100 名痤疮患者为治疗组，以该中药组合物的颗粒剂口服给药，每日 2 次，连续治疗 4 周；对照组应用甲硝唑对 100 名患者进行治疗。治疗组有 88 例痊愈，只有 3 例无效，总有效率为 97.5%。对组照只有 41 例痊愈，无效的有 29 例，总有效率为 75.8%。相比之下，含锦灯笼的中药组合物对于痤疮的治疗效果比甲硝唑的显著，且在治疗过程中无出现副作用，证明其可作为一种安全有效的药物应用于痤疮的治疗当中。

### 5. 疱疹

带状疱疹是由水痘-带状疱疹病毒引起的急性感染性皮肤病，好发部位依次为肋间神经、颈神经、三叉神经和腰骶神经支配区域。临床上的症状主要为首先出现潮红斑，而后很快出现粟粒至黄豆大小的丘疹，簇状分布而不融合，继之迅速变为水疱，疱壁紧张发亮，疱液澄清，外周绕以红晕，各簇水疱群间皮肤正常；皮损沿某一周围神经呈带状排列，多发生在身体的一侧，一般不超过正中线。神经痛为本病特征之一，可在发病前或伴随皮损出现，老年患者常较为剧烈。临床上常用阿昔洛韦、伐昔洛韦等抗病毒药物进行治疗，对于神经痛的药物治疗有抗抑郁药（帕罗西汀）、抗惊厥药（卡马西平）、麻醉性镇痛药（吗啡）、非麻醉性镇痛药（非甾体抗炎药）等。这些药物虽然能缓解病情，但不能痊愈，且在治疗过程中会出现不良反应。

锦灯笼对带状疱疹具有良好的治疗作用。王辉[121]发明了一种治疗带状疱疹的药剂，其中含有锦灯笼药材。临床中用其汤剂对 40 例患者进行治疗，以 7 天为 1 个疗程，每天服用 2 次，汤剂的剂量为 50mL。经过一个疗程的治疗后，所有的患者均痊愈，且在治疗过程中无出现任何的不良反应。

### 6. 结膜炎

结膜炎是由微生物感染、外界刺激及过敏反应等引起的结膜炎症，俗称"红眼病"。虽然该病本身对视力影响不大，但若炎症波及角膜或引起并发症时则会损害视力。根据结膜炎的病情及病程，可分为急性、亚急性和慢性，临床症状主要有患眼异物感、烧灼感、眼睑沉重、分泌物增多，当病变累及角膜时可出现畏光、流泪及不同程度的视力下降。目前用于治疗结膜炎的常规药物主要是抗组胺药物、肥大细胞稳定剂、双重作用药物、激素等。抗组胺药物和肥大细胞稳定剂不能抑制已经释放出的嗜酸性粒细胞和中性粒细胞，长期使用糖皮质激素容易出现药源性青光眼、白内障等副作用[122]。因此，寻找毒副作用小、疗效确切的药物已经成为近年来研究的热点。

周鸿雁等[8]发明了一种治疗结膜炎的中药组合物，其中锦灯笼、决明子、谷精草和知母的用量高，为其中的主要组分。该组合物具有清热泻火的功效，能够有效地缓解眼部疲劳、消除眼部红肿干涩、眼痒等不适症状。临床上用 30mL 中药组合物的提取液与 500mL 的生理盐水混匀，结膜囊冲洗双眼约 100mL。以 3 天为一个疗程，每日 2 次，结果得到治愈眼数共 106 只，有效眼数共 19 只，总有效率为 100%。进行一个月的随访，患者症状均无复发。这说明了配伍锦灯笼的中药组合物对结膜炎的疗效显著。

### 7. 牙周炎

牙周炎又被称为破坏性牙周病，是由于牙菌斑中的细菌侵犯牙周组织而引起的慢性炎症。其主要的临床症状有牙龈炎症、出血、牙周袋形成、牙槽骨吸收、牙槽骨高度降低、牙齿松动移位、咀嚼无力，严重者牙齿可自行脱落或导致牙齿的拔出。目前对于牙周炎的治疗主要是一些漱口水及凝胶类牙周袋给药缓释制剂。漱口水的缺点是无法渗透到牙周袋深部，所以效果不好；凝胶类药物因口腔环境的限制，所以疗效并不理想。

虽然治疗牙周炎的药物较多，但其仍有价格高、疗效不好等缺点。隋国龙等[123]发明了一种治疗牙周炎的中药，组方共有 16 味药，其中就有锦灯笼这味中药。临床上选取 300 例的牙周炎患者，平均分为治疗组和对照组。治疗组是以汤剂每次空腹口服 125~135mL，每日 1 剂分 2 次口服；对照组是饭后口服甲硝唑片 2 片，每日 4 次。两组均以 5 天为 1 疗程，共治疗 1~3 疗程。结果得到治疗组共有 78 例治愈，显效 43 例，有效 27 例，只有 2 例是无效的，总有效率为 98.7%；对照组中有 35 例治愈，显效有 24 例，有效 26 例，无效共有 65 例，总有效率仅为 56.7%。以上实验结果中治疗组的总有效率明显高于对照组，说明含有锦灯笼的配方对牙周炎具有一定的治疗效果。

### 8. 乳腺炎

乳腺炎是指乳腺的急性化脓性感染，是哺乳期妇女常见的疾病，其临床上的症状多表现为乳房肿块、肿胀、疼痛、发烧和脓液渗出，若病情进展严重时还会引起败血症[124]。目前，乳腺炎通常采用西药抗生素疗法和手术治疗为主。虽然抗生素具有一定的疗效，但治疗不彻底；而长期使用抗生素则会产生耐药性，副作用较大，治愈后容易复发。中医药在治疗乳腺炎方面具有其独特的疗效，但临床仍然缺少疗效确切治疗急性乳腺炎的中药。

江志慧等[125]发明了一种治疗乳腺炎的中药胶囊，组方主要由猪蹄、柴胡、黄花菜、粳米、大葱、桃仁、芡实、杜鹃花、漏芦、锦灯笼、栝楼、佩兰、玉米须、没药、全蝎和地丁组成，具有清热解毒、通乳消肿、行气活血的功效。临床上选用 100 例乳腺炎患者作为治疗组，以口服方式给药，每日 2 次，每次 2 粒；7 天为 1 个疗程，轻者 1 个疗程，重者 2~3 个疗程。结果显示，在治疗组中，治愈共有 51 例，显效 28 例，有效 19 例，无效 2 例，总有效率达到98％；而以口服己烯雌酚为对照组，其总有效率仅为61％。治疗组的总有效率明显高于对照组，这表明该中药制剂对乳腺炎具有较为明显的治疗效果。

### 9. 产后缺乳

产后缺乳是由于哺乳期产妇乳汁分泌甚少或全无，而导致不能哺育婴儿或者需要配合配方乳哺育婴儿，产后缺乳一般多发生在产后二三天至一周内，也可能发生在整个哺乳期[126]。有研究表明，近年来，随着剖宫产率的上升以及产妇生育年龄偏大，并且受社会压力、生活节奏的影响，产后缺乳的发生率呈逐年升高的趋势[127]。目前，临床上采用西医疗法效果较为明显，但西药的副作用较大，长期服用会对产妇和婴儿的身体造成一定的伤害。

朱平等[128]发明了一种治疗产后缺乳的中药胶囊，组方主要由莴苣、地丁、栝楼、王不留行、地黄瓜、香附、锦灯笼、续断、夏枯草、海芋、穿山甲、佩兰、黄连、蒲公英、红藤和地锦草。临床上选用100例产后缺乳患者作为治疗组，以口服方式给药，每日服用2次，每次2粒；3天为1个疗程，轻者1个疗程，重者2～3个疗程。实验发现治愈共有61例，显效有37例，无效只有2例，总有效率达到98％，这表明了该中药胶囊对产后缺乳症状具有显著的疗效。

# 第三节　锦灯笼的常用食疗方

中药锦灯笼药用历史悠久，产量丰富，作为民间的药食同源药材，其具有极高的营养价值和药用价值，将之用于食疗养生也是极佳的选择。下面将锦灯笼在食疗养生方面的应用进行详细介绍。

## 一、锦灯笼在食疗养生中的应用概述

锦灯笼富含维生素、矿物质及生物碱、枸橼酸、酸浆果红素、酸浆果黄质等人体生长所不可或缺的微量物质。在食用上，其嫩茎叶可作菜食，而果实可作为水果直接食用。未成熟的锦灯笼青果味酸或苦，对治疗再生障碍性贫血有一定功效；成熟的锦灯笼浆果为橙红色，富含维生素C，酸甜可口，在0℃以下低温冷藏后食用，口味更佳。在我国东北地区，锦灯笼果实和宿萼常被泡水代茶饮用，用来预防与治疗咽喉肿痛等疾病。在南非，人们还将锦灯笼制作成果酱，其红色素可被用作食品的着色剂。目前，在市面上已销售的深加工产品主要以锦灯笼果浆与饮品为主[129]。

### 1. 营养价值

锦灯笼含有丰富的矿物质、维生素及微量元素。据测定，每100g的鲜果实中含：$\beta$胡萝卜素约0.22mg，维生素E约2.20mg，维生素C约26～30mg，维生素A约40mg，钾（K）约190.5mg，磷（P）约45.58mg，铜（Cu）约0.119mg，镁（Mg）约11.42mg，铁（Fe）约0.627mg，锰（Mn）约0.113mg，锌（Zn）约0.24mg，钙（Ca）约18～22mg，脂肪约0.2g，蛋白质约0.7～1.0g，粗纤维约1.1g，碳水化合物约2.6～3.2g[130,131]。据报道，锦灯笼果实中钙的含量是西红柿的2倍、胡萝卜的13.8倍，维生素C的含量是西红柿的6.4倍、胡萝卜的5.4倍[132]。由此可以发现，在酸浆的果实和宿萼中，含有丰富的人体所必需微量元素，具有丰富的营养价值。

现代研究表明，一些病症与体内某些微量元素的过量或缺乏有关。微量元素是维持机体某些特殊生理功能的重要元素之一，影响着人类的身体健康，是众多专家学者研究的重点对象。随着人们对中药活性成分的不断探索及深入研究，证实了中药的疗效不仅与其有机组分有关，与其含有的矿物质种类及含量也有不可分割的关系。铁（Fe）、铜（Cu）、锌（Zn）、锰（Mn）等微量元素具有养血、益肝、补肾的功效；锌（Zn）、铜（Cu）、锰（Mn）、锂（Li）等微量元素与扶正固本、活血化瘀、益气安神等功效相关；锗（Ge）、硒（Se）、锰（Mn）、铜（Cu）、钼（Mo）、铜（Cf）、镍（Ni）等微量元素与人体抗衰老、抗肿瘤有关[133]。Zn 可以抑制微量元素镉（Cd）对心脏的伤害，食物中 Zn/Cd 的比值越高越有利于其对心脏的保护。锦灯笼宿萼中 Zn/Cd 的比值为 45，其果实中的 Zn/Cd 比值更是高达 80，由此可见，锦灯笼果实具有良好的心肌保护作用[134]。锦灯笼浆果中的蛋白质、脂肪及纤维素含量均较高，其中的矿物质元素镁含量也很高。镁元素有活细胞"万能控制器"之称，对很多酶系统生物活性尤为重要，其还是维持心肌正常功能和结构所必需的[135]。锦灯笼浆果中的 Ca 元素含量也相当丰富，能够对人体起到一定的补钙作用。

锦灯笼浆果营养丰富，口感酸甜，是一种独特的浆果。服用后，对心脏有一定的保护作用，除此之外，对急慢性扁桃体炎、咽痛、音哑、肺热咳嗽、小便不利等病症也有相应的预防及治疗作用。目前，锦灯笼浆果正在以保健水果形式出现在市场，深受人们的喜爱。

### 2. 保健产品研发

锦灯笼的成熟果实酸甜清香，是一种营养丰富的水果。其浆果中富含维生素 A，而维生素 A 正是营养肝脏和眼睛的重要元素，能够保护肝脏，缓解肝脏衰老；还能促进视紫红质的合成，增强视力。此外，锦灯笼浆果还富含维生素 C，维生素 C 又名抗坏血酸，具有高度抗氧化性。医学研究表明，维生素 C 能够广泛参与机体内的各种氧化还原反应，对人体新陈代谢及生命活动十分重要，具有滋润皮肤、治疗坏血病、防止衰老、预防癌症及流行性感冒等功效[136]。

随着对中药锦灯笼的深入研究，生产技术的愈发成熟，以锦灯笼为原料的产品越来越多地出现在大众的眼前。目前，在市面上已有销售的深加工产品主要以锦灯笼果浆与饮品为主，许多学者也对锦灯笼产品的制备工艺进行了研究分析。王然[137] 以吉林大米和锦灯笼果为主要原料，制备凝乳剂锦灯笼果米酒；以脱脂牛乳为原料，制备加工牛乳，将两者混合均匀，静置吸取上清液，培养冷却，冷藏后制得锦灯笼果米乳酒。研究者还以锦灯笼果米酒为原料，通过单因素实验确定了锦灯笼果米酒乳制备工艺的最佳条件。刘艳霞等[138] 以锦灯笼为主要原料，打浆取汁后，添加蜂蜜、砂糖、稳定剂和柠檬酸等辅料调配，经过均质、脱气、装罐、杀菌和冷却等步骤，制得复合饮料成品，并通过单因素实验和正交试验确定了锦灯笼蜂蜜复合饮料的最佳配方。王立江等[139] 以锦灯笼为原料，采用表面发酵法，选果清洗后，榨汁并添加果胶酶酶解，果汁澄清后便加入蔗糖调整成分，之后经过酵母菌发酵、醋酸菌发酵、过滤、加热、灭菌和调配等一系列工序，制得风味独特、营养保健的酸浆果醋。于海杰等[140] 以锦灯笼、花生和大豆为主要生产原料，添加相应的辅料，调配成一种锦灯笼花生大豆复合植物蛋白饮料，并通过三因素三水平正交试验确定了锦灯笼花生大豆饮料生产工艺的最佳配比。魏群等[141] 为打造一款营养丰富，风味独特的保健红姑娘酸奶，采用发酵的方式，以红姑娘的原浆及鲜奶为乳酸菌的发酵基质，加工处理、调配、发酵，并通过正交试验确定酸奶的最佳配方。汪友胜[142] 发明一种含有锦灯笼的保健水果蜂蜜膏，其不仅保留了蜂蜜的营养成分，还具有滋阴降火、清热解毒等保健功效，且口感好，没有毒副作用。除了上述列举以锦灯笼为原料制成各类食品外，还有将锦灯笼开发成一些疾病及养生保健茶产品的案例。史坚鸣[143] 发明了一种抗疲劳抗衰老、防治亚健康的天然草本保健茶饮，该茶饮主要由白菊花、锦灯笼、密蒙花、莲子心、西红花、天麻、钩藤、酸枣仁、合欢花、灵芝、砂仁、草果、杜仲、枸杞子、山茱萸、五味子、红枣、蜂蜜及赤砂糖组成，其对成年人的亚健康状态有很好的调养作用，有效率高于89％。陈超文[144] 发明了一种用于前列腺炎的保健茶，其配方中含有锦灯笼，还配伍了其他具有清热利湿、通利小便、软坚散结、渗湿利水功效的药物，使得制备的保健茶具有阻止、破坏前列腺炎性环境的作用，从而达到防治前列腺炎的目的。

## 二、锦灯笼的药膳食疗方

中医学自古以来就有"药食同源"的说法，这一说法认为某些药物既可治疗疾病，也能当作饮食用之。锦灯笼是一味典型的、家喻户晓的药食同源中药，其果实在未成熟时味道极酸，且带有苦感，就算在熟透之后也会有一定酸味。但这种由果汁中含有的大量植物酸所带来的口感，食用之后会促进唾液和胃液的分泌，增强食欲和消化功能，十分适合饮食不佳的人群食用。

锦灯笼浆果含有多种微量元素，可补肾壮阳，提高肾功能，减少肾炎的发生，对男性阳痿早泄以及性功能减退都有调理作用；此外，锦灯笼果实中也含有多种氨基酸和矿物质，能加快肝细胞再生，提高肝功能，提高其解毒能力，起到养肝护肝的作用；其果实中还含有一定数量的苦瓜苷，苦瓜苷可以提高胰岛功能，降低血糖，长期服用可预防糖尿病。但是，锦灯笼性味寒凉，能引起微弱的血管收缩及血压升高，也会对腹腔器官造成不良影响，故脾虚泄泻者及孕妇忌用。

笔者查阅了大量文献，收集了锦灯笼以及酸浆属其他植物的食疗药膳方，并将其编写成菜谱形式，主要分为菜肴类、食品类以及茶饮类。希望能帮助到广大读者对酸浆属药材在饮食方面有更深入的了解和使用。

### 1. 菜肴类

（1）糖渍灯笼果

【材料】锦灯笼果实250g、冰糖20g、白糖25g。

【功效】清热解毒、利咽、生津止渴。

【制法】

① 称取锦灯笼果实250g，剥去外衣，洗净沥干水分；

② 用刀顺边缘直切或者斜切几个口，切好口的灯笼果放入容器，码放一层撒25g白糖，上层也码放整齐撒上白糖；

③ 密封容器后放入冰箱腌制2～3天，腌制3天后的浆果半透明状态；

④ 腌制好的浆果倒入奶锅中，加入1杯清水和20g冰糖开火煮至开锅；

⑤ 煮到汤汁浓稠，浆果呈透明状关火，煮好的浆果倒入容器凉透，也可放入冰箱冷藏。

（2）五彩炒肉丁

【材料】锦灯笼果实50g、荸荠50g、胡萝卜50g、青瓜50g、炸花生仁50g、里脊肉

100g、调料适量。

【功效】清热解毒、补充营养。

【制法】

① 称取锦灯笼果实 50g、荸荠 50g、胡萝卜 50g、青瓜 50g、炸花生仁 50g、里脊肉 100g；

② 锦灯笼浆果切开两半，荸荠、胡萝卜、青瓜、里脊肉切粒；

③ 先把锦灯笼浆果、荸荠、胡萝卜、青瓜粒用沸水焯熟；

④ 肉丁过油，倒入过滤漏斗中去油；

⑤ 武火将锅烧热，汇入所有原料快炒，将熟时勾薄芡淋上即可。

（3）脆炸银鱼丸

倪群[145] 发明了一种含锦灯笼药材的脆炸鱼丸，制备出来的银鱼丸味道鲜美，香脆可口；添加的鸡脯肉、青豆、核桃仁等丰富了银鱼丸的口感和营养，其中青豆富含不饱和脂肪酸和大豆磷脂，有保持血管弹性、健脑和防止脂肪肝形成的作用。此外，该银鱼丸在制备的过程中还添加了许多中草药，使其具有清热解毒、利咽化痰、疏肝利尿的功效。

【材料】银鱼 200kg、锦灯笼 1kg、牛蒡子 0.7kg、生姜叶 1kg、千打锤 0.9kg、延胡索 1kg、樱珠 2kg、紫葡萄 2kg、鸡脯肉 4kg、青豆 1kg、桃核仁 2kg、红枣 2kg、红辣椒 1kg、酱油 1kg、糯米粉 2kg、小麦粉 4kg、营养添加剂 4kg。

【功效】清热解毒、利咽化痰、疏肝利尿。

【制法】

营养添加剂的原料：刺五加叶 1kg、当归叶 1kg、狗脊 0.8kg、白术 1kg、人参叶 1kg、紫米 4kg、香草粉 2kg、葡萄酒 5kg、姜末 1kg、猪肝 10kg。营养添加剂制备方法：首先将刺五加叶、当归叶、狗脊、白术、人参叶加 4 倍的水大火煎煮 40min，压滤去渣，所得药液经喷雾干燥得药粉；然后猪肝切成细条用水冲洗后泡入葡萄酒内浸泡 30min 后取出上笼屉蒸熟，加入姜末捣烂得猪肝泥；最后将紫米入锅煮熟得紫米饭，将剩余葡萄酒及猪肝泥倒入紫米饭内拌匀并小火熬干，研磨得酒香紫米猪肝粉，再向酒香紫米猪肝粉内混入上述步骤制得的刺五加叶、当归叶、狗脊、白术、人参叶药粉和香草粉混合均匀，即得。

银鱼丸具体制法为：

① 取新鲜活银鱼，放入 1‰～2‰的淡盐水内清养 7～10h，去除银鱼体内杂质，再取出宰杀洗净备用；

② 将锦灯笼 1kg、牛蒡子 0.7kg、生姜叶 1kg 等中药加入 4～5 倍水，小火煎煮 1～2h 后压滤去渣得中药液；取红辣椒 1kg 晒干后研磨得红辣椒粉备用，将樱珠 2kg、紫葡萄 2kg 去皮去核后浸入酱油 1kg 内，10～15min 后榨汁得酱果汁，青豆 1kg、红枣 2kg 加 5～6 倍水后打浆得红枣青豆浆；

③ 取鸡脯肉 4kg 烤干研磨得鸡肉粉，将核桃仁 2kg 研磨成粉后与糯米粉 2kg、小麦粉 4kg、红辣椒粉混合，倒入鸡肉粉、中药液、营养添加剂 4kg、酱果汁、红枣青豆浆及剩余各原料充分混合后和成面团，再分割成乒乓球大小的小面团；

④ 将洗净的银鱼摆直冷冻至硬后，贯穿步骤③所得的小面团，入锅油炸熟透，取出晾干冷却即得。

（4）酱驴肉茶味豆腐

许炜[146] 发明了一种含锦灯笼药材的酱驴肉茶味豆腐。该豆腐添加了驴肉、茶粉及多种水果，使其具有果香和茶香，兼备补气养血、滋阴壮阳的功效。此外，该豆腐在加工的过程中添加了许多中草药，使其具有宽下、祛风湿、清热解毒、利尿疏肝的功效。

【材料】黄豆 100kg、石楠叶 1kg、球兰 0.8kg、大腹皮 0.7kg、胆木 1kg、锦灯笼 1kg、沙枣 3kg、毛桃 3kg、木耳 5kg、绿茶粉 2kg、黄瓜 4kg、海白菜 4kg、五九香梨（香蕉梨）5kg、灵芝粉 2kg、芝麻酱 2kg、驴肉 10kg、卤水 1kg、营养添加剂 4kg。

【功效】下气宽中、祛风湿、清热解毒、利尿疏肝。

【制法】

营养添加剂的原料：菠萝叶 1～2kg、破布子叶 2～3kg、黄芪叶 2～2.5kg、蒲公英 4～5kg、番茄酱 3～3.5kg、牛骨 8～10kg、海参 1～2kg、鸭肉 10～12kg、杏鲍菇 10～12kg。

营养添加剂制备方法：首先将菠萝叶、破布子叶、黄芪叶、蒲公英加 4～5 倍的水大火煎煮 1～2h，压滤去渣，得营养液；将鸭肉捣碎、海参和杏鲍菇晒干切片备用；然后将牛骨加 3～4 倍水文火煎煮 7～8h，期间不间断补充水分，待牛骨煮软后取出碾碎再倒回，同时加入营养液、碎鸭肉、海参和杏鲍菇干片继续煎煮 1～2h，待水分煮干后小火熬膏，入烘箱烘干研磨即得。

酱驴肉茶味豆腐具体制法为：

① 将 100kg 黄豆置于清水中浸泡 7～8h 后捞出，加 4～5 倍的水磨浆，过 80～100 目滤网得生豆浆；将 5kg 木耳晒干研磨得木耳粉与 2kg 绿茶粉混合得木耳茶粉；

② 将 4kg 海白菜打浆、4kg 黄瓜榨汁混合后拌入 2kg 芝麻酱搅拌均匀得芝麻蔬菜泥；取 10kg 驴肉切片风干至 6 成干，将芝麻蔬菜泥均匀涂抹在干驴肉表面，送入烘箱内烘干研磨得酱驴肉粉；

③ 将 3kg 沙枣、3kg 毛桃、5kg 香蕉梨洗净去核浸入 1%～2% 淡盐水内 20～30min，取出榨浆并倒入 2kg 灵芝粉及木耳茶粉拌匀得茶味果酱；

④ 将 1kg 石楠叶、0.8kg 球兰、0.7kg 大腹皮、1kg 胆木、1kg 锦灯笼加入 4～5 倍水，小火煎煮 1～2h 后压滤除渣得药液，喷雾干燥得中药粉；

⑤ 将生豆浆、中药粉、茶味果酱混合均匀后文火煎煮，沸腾后改用大火持续煮沸 4～5min 停火，待豆浆温度降至 85～87℃时加 1kg 卤水、酱驴肉粉、营养添加剂 4kg 及剩余各原料搅拌均匀，静置 10～15min 后得豆腐脑，入模静压 20～25min 即得。

## 2. 食品类

### （1）锦灯笼清火蒸面包

王然[147] 发明了一种锦灯笼清火蒸面包，其优势在于：①采用"外煎内渍法"，即分别针对锦灯笼宿萼和果实采用不同的处理方法，这既保留了锦灯笼的有效成分，又为产品带来了优良的味道；②面包中所加入的中药材中使用了蜂蜜，蜂蜜具有养肺润燥的功效，有助于产品的清火功效。同时蜂蜜可以营养酵母，促进其发酵，并延缓面包的老化进程，延长产品最佳的口感时间。

【材料】锦灯笼宿萼、姜汁、柠檬汁、梨汁、槐米、蜂蜜、高筋小麦粉、干酵母、橄榄油、食用盐。

【功效】清热解毒、利尿通淋、清肝泻火、养肺润燥。

【制法】

① 锦灯笼宿萼煎煮汁的制备：选取上等锦灯笼宿萼，洗去表面灰尘，以 1/2000（g/g）的比例在清水中浸泡 30min，加热至沸腾，并保温 2.5h，冷却至 6℃。

② 腌渍锦灯笼果实的制备：选取上等锦灯笼果实，利用除尘机去除果实表面灰尘，除去果皮，从中间切开，加入姜汁 5％、柠檬汁 3％、梨汁 15％、槐米 1％、蜂蜜 25％，搅拌均匀，密封腌渍 48h，置于干燥箱中进行烘干处理 5h。

③ 配料：锦灯笼宿萼煎煮汁、高筋小麦粉、干酵母、蜂蜜、橄榄油。

④ 调制面团：将上述原料置于和面机中先低速搅拌 3min，然后高速搅拌 5min，在面筋扩展阶段加入食用盐，低速搅拌 2min，再加入腌渍锦灯笼果实高速搅拌 1min 至搅拌均匀。

⑤ 初次饧发：将调制好的面团，用浸湿的双层纱布盖好，置于 25℃的环境下进行松弛和发酵 100min。

⑥ 排气：拍打出面团中的气体，将面团进行 2 次折叠后，置于 25℃的环境下继续饧发 30min。

⑦ 分割整形：将大面团分割成每个 80g 的面块，再将面块搓圆，放置在蒸屉上。

⑧ 末次饧发：在温度为 36℃、相对湿度为 75％的发酵箱中，进行松弛和发酵 100min。

⑨ 蒸制：将饧发好的面团放在蒸锅上，蒸制 18min。

⑩ 冷却：取出面包，自然冷却至 28℃即制得锦灯笼清火蒸面包。

（2）疏肝理气玳玳花润喉糖

李业清[148] 发明了一种含锦灯笼药材的疏肝理气玳玳花润喉糖。该润喉糖清凉爽口、香甜味美、清香怡人，完全保留了瓜果的清爽口感和花草茶的天然香气，食用后不会增加血糖的浓度，并且能够有效缓解咽喉肿痛、咽喉干涩、痛痒干咳、声音嘶哑等症状。健康人士食用后能够有效预防口腔和咽喉等疾病的发生。

【材料】荔枝 200g、黄皮果 100g、猴腿菜 30g、玳玳花 60g、香茅草 20g、白茶叶 14g、青钱柳叶 7g、锦灯笼 3g、柴胡 2g、香橼 6g、青皮 4g、罗汉果甜 1g。

【功效】清热润肺、清利咽喉、镇咳化痰、润肠通便、疏肝解郁。

【制法】

① 新鲜玳玳花含苞欲放时立即采摘、摊凉，在 50％花朵开放后筛去无用的花蒂、花蕾等杂质，用纯净水洗净鲜花后摊凉于干净阴凉通风处，摊放至有 75％的花朵开放度达到 90％以上时冷冻干燥，粉碎至 60 目，得到花粉；

② 将 20g 新鲜香茅草和 14g 白茶叶用沸水漂烫 8s 后滤出，粉碎至 60 目，与上述花粉混合，用 20 倍 10℃蒸馏水冷浸 3h，用 200 目筛网过滤，滤渣用 10 倍 80℃热水浸提 40min，再过滤，合并滤液，得到花茶汁；

③ 将 200g 新鲜的荔枝去壳去核、100g 黄皮果去皮去核、30g 猴腿菜去杂洗净，果肉加入 8 倍清水混合打浆，微波杀菌，添加料重 0.1％粥化酶，在 40℃下酶解 1h，灭酶后用 200 目筛网过滤，得到酶解液；

④ 将 7g 青钱柳叶、3g 锦灯笼、2g 柴胡、6g 香橼、4g 青皮洗净后混合，粉碎至 100 目，加入 8 倍量清水，大火煮沸后小火煎煮 1h，用 200 目筛网过滤，得到中药液；

⑤ 将上述花茶汁、酶解液、中药液混合均质，微波杀菌后离心分离，清液冷冻干燥，得到的冻干粉与罗汉果甜 1g 混合均匀后超微粉碎，超微粉经压片成型制成糖粒，灭菌包装，

即得到成品。

（3）一种锦灯笼果粉

苏刘花[149] 发明一种锦灯笼果粉，该果粉制备方法简单，营养丰富，口感好，特别适合咽喉肿痛者食用。

【材料】锦灯笼果实 40～50kg、胡萝卜 10～20kg、白糖粉 1～5kg、麦芽糊精 1～5kg。

【功效】清热解毒，利咽。

【制法】

① 取鲜锦灯笼果实 40～50kg、胡萝卜 10～20kg 清洗干净，打浆，再用超微粉碎机处理，制得果浆；

② 取步骤①制得的果浆加入白糖粉 1～5kg、麦芽糊精 1～5kg 混合均匀，进行喷雾干燥，所得干粉灌装即得。

（4）锦灯笼山楂果酱

周兆平等[150] 发明了一种锦灯笼山楂果酱的加工方法，其主要以锦灯笼果为主要原料。在锦灯笼果破碎打浆前将其水分进行自然蒸发，这降低了锦灯笼果的水分含量，提高了新鲜锦灯笼果内糖分的转化，改善了锦灯笼山楂果酱的口感。锦灯笼山楂果酱不仅酸甜适口、黏稠适度、风味极佳，还具有清热解毒、镇咳润肺、生津止渴等作用。

【材料】锦灯笼果实 7kg、山楂 1kg、蛇莓 1kg、欧李 1kg、果胶酶 50g、纤维素酶 30g、淀粉酶 10g、饴糖 1.5kg、木瓜汁 1kg、芒果汁 1kg、石榴汁 1kg、橙汁 1kg、黄原胶 25g 和山梨酸钾 7g。

【功效】清热解毒、镇咳润肺、生津止渴。

【制法】

① 原料预处理：挑选成熟、无病虫害的锦灯笼果、山楂、蛇莓、欧李，清洗后切块，制得锦灯笼果块、山楂块、蛇莓块、欧李块，便于打浆。

② 打浆：取 7kg 的锦灯笼果块与 1kg 的山楂块、1kg 的蛇莓块、1kg 的欧李块混合，进行打浆，制成锦灯笼果果浆。

③ 酶处理：向 10kg 的锦灯笼果果浆中加入 50g 的果胶酶、30g 纤维素酶、10g 淀粉酶，混合均匀，温度控制在 45℃，时间为 4h，通过复合酶的酶解，使原料析出更多的营养物质。

④ 加糖：向酶处理后的锦灯笼果果浆中加入 1.5kg 的饴糖、1kg 的木瓜汁、1kg 的芒果汁、1kg 的石榴汁、1kg 的橙汁，制成混合果浆。

⑤ 浓缩：将混合果浆搅拌均匀后，取 10kg 放入夹层浓缩锅中，蒸汽加热浓缩 25min，加入 25g 的黄原胶，继续浓缩 20min，加入 7g 的山梨酸钾，再浓缩 5min 出锅装罐，制得锦灯笼山楂果酱。

⑥ 灌装：锦灯笼山楂果酱温度下降至 30℃时进行灌装，装罐后立即密封。

⑦ 灭菌：将灌装好的锦灯笼山楂果酱进行连续滚动杀菌，杀菌温度为 95℃，时间为 10min，然后逐渐冷却，低温储藏。

（5）锦灯笼果酱

【功效】清热解毒、镇咳润肺、收敛固涩。

【材料】锦灯笼果实 100g、柠檬 20g、白糖适量。

**【制法】**

① 将锦灯笼果去皮洗干净，留出 20g 用多个牙签在锦灯笼上扎上眼儿；

② 将剩下的 80g 锦灯笼果放入搅拌机中，制成锦灯笼果果浆；

③ 将完整的锦灯笼果果粒、锦灯笼果果浆和白糖都放入一个小汤锅中；

④ 加入柠檬汁，中火烧开后，小火煮 30～40min，锦灯笼果浓稠起泡即可；

⑤ 将做好的锦灯笼果酱倒入干净的玻璃瓶中，密封，冷冻保存。

**(6) 一种预防老年痴呆的营养食品**

李红光[151] 发明了一种含锦灯笼药材的预防老年痴呆的营养食品。食品配方如下，从中可知该配方酸甜可口，无毒副作用，还具有益智、增强记忆的功效，其适合老年痴呆患者食用。

**【材料】** 核桃仁 10kg、松子仁 2kg、瓜子仁 5kg、杏仁 10kg、蜂蜜 5kg、麦片 50kg、橄榄油 2kg、面粉 2kg、葡萄干 5kg、中药粉（锦灯笼、南瓜花、党参、麦冬、五味子）10kg。

**【功效】** 益智、增强记忆。

**【制法】**

① 中药粉的制备：锦灯笼 10kg、南瓜花 5kg、党参 10kg、麦冬 10kg、五味子 5kg，将其晾干、消毒后放入粉碎机中粉碎，搅拌均匀，过 200 目筛，即得。

② 烤箱预热，预热温度为 160～190℃。

③ 将 10kg 核桃仁、2kg 松子仁、5kg 瓜子仁、10kg 杏仁放入微波炉，用高火加热 2～5min，取出冷却后碾碎，得到果仁粉，装入干净的密封瓶中备用。

④ 将 5kg 蜂蜜放入锅中，用小火加热到 40～60℃，然后加入中药粉，搅拌均匀，得到中药蜜，备用。

⑤ 往放有中药蜜的锅中加入麦片 50kg、橄榄油 2kg、面粉 2kg、葡萄干 5kg、果仁粉，搅拌均匀，加热到 60～80℃，熄火，得到混合料，备用。

⑥ 将混合料放入烤盘内，摊平，放入预热好的烤箱，烘烤 6～15min，取出冷却后装入干净的密封瓶中保存，即得一种预防老年痴呆的营养食品。

**(7) 花生馅夹心薯条**

武清泉[152] 发明了一种含锦灯笼中药材的花生馅夹心薯条。该发明将香芋与板栗仁等原料混合加工制成空心薯条，用葡萄糖氧化酶和茶多酚混合液浸泡能够有效抑制油炸薯条中丙烯酰胺产生，采用催化式红外加热同步灭酶脱水技术，能够在保留营养的同时迅速完成薯条的灭酶和脱水，使后续油炸缩短时间、降低含油量。最后再将花生和西米等原料制成酱注入薯条空心处，制作出来的薯条色泽诱人、口感酥脆、无油腻感。

**【材料】** 香芋 70～80g、板栗仁 20～30g、花生仁 10～14g、黄豆粉 6～8g、小麦淀粉 20～30g、锦灯笼 1～2g、柚子皮 3～4g、榆钱 2～3g、紫菀 4～5g、西米 20～25g、柠檬 4～5g、火龙果 18～22g、白糖 4～5g、小苏打 2～3g、植物油适量。

**【特点】** 风味独特、口感酥脆、果香浓郁、柠檬清香。

**【制法】**

① 精选成熟无霉变的香芋 70～80g，去皮洗净，加入蒸锅，大火蒸熟，取出冷却，均匀捣成泥状，得到的薯泥冷冻干燥后超细粉碎，得到薯粉；将 20～30g 板栗仁和 10～14g 花生仁洗净后沥干，分别加入锅中，文火翻炒至熟香，板栗仁 20～30g 超细粉碎，得到板栗粉，花生仁粉碎成小颗粒，得到花生碎；

② 将 1～2g 锦灯笼、3～4g 柚子皮、2～3g 榆钱、4～5g 紫菀洗净后混合粉碎，加入 6～7 倍清水，小火煎煮 1～2h，冷却后过滤，滤液喷雾干燥，得到中药粉；

③ 将 20～25g 生西米入锅，倒入沸水淹没，加盖保温焖润 10～15min，开盖，将半熟西米送入竹篮，浸入清水中洗掉其劲质，得到半透明西米，将 4～5g 新鲜柠檬和 18～22g 火龙果去皮取肉后打碎，与西米一起入锅，倒入 2～3 倍清水，小火煮沸 6～8min，冷却后打浆，浆料经低温真空浓缩后再加入花生碎和 4～5g 白糖均质，得到花生酱；

④ 将上述薯粉、板栗粉、中药粉与 6～8g 黄豆粉、20～30g 小麦淀粉、2～3g 小苏打混合，加入适量水，送入揉面机中揉制 20～30min，再送入温度 30～35℃、相对湿度 80%～85% 的饧发箱中饧发 30～40min，取出得到面团；

⑤ 将上述面团送入单螺杆挤压机中，通过模头中空模具挤出、牵引、切断，得到长度为 5～6cm、直径为 7～8mm 的空心薯条，用浓度为 1700U/kg 的葡萄糖氧化酶和浓度为 2000U/kg 的茶多酚混合溶液浸泡，在 60～70℃ 下浸泡 40～50min，捞出薯条，沥干水分，将薯条一端捏死，得到只有一个开口的空心薯条；

⑥ 采用催化式红外加热同步灭酶脱水技术，将上述薯条在催化式红外发生器进气压强 1.45～1.54kPa、温度 390～400℃、红外辐射距离 9.5～10cm 的条件下红外处理 160～190s，在完全灭酶的同时脱去了部分水分，得到待炸薯条；

⑦ 将上述待炸薯条用植物油油炸，在 130～140℃ 下油炸 60～70s，捞出薯条冷却滤油后在 −20～−18℃ 下速冻 30～40min，再在 190～200℃ 下油炸 10～15s，冷却后离心脱油，将花生酱由孔口注入薯条空心处，成品冲入氮气定量包装。

### 3. 茶饮类

#### (1) 酸浆果紫云英养生茶

余芳[153] 发明了一种酸浆果紫云英养生茶的制作方法。该养生茶采用酸浆果、紫云英为原料，分别预处理后经调和、超声波提取、分离浓缩、均质、脱气等制作工序，有效提取原料所含的营养成分，使酸浆果紫云英养生茶具有清热解毒、祛风明目等保健功效。

【材料】酸浆果 5kg、山楂 2kg、芡实 1kg、0.25% 柠檬酸溶液、0.35% 果胶酶、0.2% 蛋白酶、3kg 紫云英、1kg 绿茶和 0.5kg 杜仲花、0.05% 质量浓度的碳酸氢钠水溶液、15% 桂花浸膏、10% 陈皮粉。

【功效】清热解毒、祛风明目。

【制法】

① 酸浆果预处理：称取新鲜优质、无病虫害的酸浆果 5kg、山楂 2kg 和 1kg 的芡实，洗净后放入煮沸的浓度为 0.25% 的柠檬酸溶液中热烫 5s，捞出，再用凉水浸泡 20min，沥干水后，打浆，再加入酸浆果重量 0.35% 的果胶酶、0.2% 的蛋白酶，搅拌均匀后加热至 35℃，联合水解 40min，制得酸浆果果浆。

② 紫云英预处理：称取 3kg 的紫云英、1kg 的绿茶和 0.5kg 的杜仲花，混合均匀后，送入蒸屉用蒸汽灭活酶 20s，取出后立即浸入 0.05% 质量浓度的碳酸氢钠水溶液中冷却，20min 后捞出沥水，冷冻干燥后破壁粉碎，制得紫云英粉。

③ 调和：将酸浆果果浆和紫云英粉混合均匀，加入酸浆果果浆重量 15% 的桂花浸膏、10% 的陈皮粉；混合均匀，制得混合原料。

④ 提取：将混合原料送入超声波提取锅内，并按 1∶2 的比例，添加纯净水，设定超声波频率 45kHz，保持提取锅恒温 50℃，提取 15min，提取 2 次，制得提取液。

⑤ 分离浓缩：采用氮气浮选法，将提取液放入浮选设备中，进行分离浓缩，设置气液的体积流量百分比为 68％，时间为 10min，制得浓缩液。

⑥ 均质、脱气：将浓缩液放入超声波均质机中，在频率为 12kHz、压力为 0.08MPa 的条件下均质，再进行真空常温脱气。

⑦ 包装：成品茶经巴氏杀菌 5min 后，用玻璃瓶进行无菌包装，即得成品。

（2）一种锦灯笼茶

王长山[154] 发明了一种锦灯笼茶，该锦灯笼茶是以锦灯笼的宿萼为主要原料，经过预处理、杀青，揉捻、烘干、二次揉捻、调味、风干、烘焙、冷冻灭菌等工艺步骤制备。锦灯笼茶具有冲泡方便，易于保存和运输的优点。此外，该锦灯笼茶冲泡的茶水降低了锦灯笼宿萼的苦味，适合长期代茶饮用，具有清热利尿、清肺毒、抗自由基及提高免疫力的保健作用。

【材料】锦灯笼宿萼、50％～80％冰糖水或蜂蜜水。

【功效】清热利尿、清肺毒、抗自由基、提高免疫力。

【制法】

① 原料预处理：采摘已呈红色的新鲜锦灯笼宿萼，经人工挑选，去除霉变、色泽不鲜艳的宿萼及杂质，用清水清洗后，将锦灯笼宿萼切成 1.5cm³ 左右的块备用。

② 杀青：将前步制得的锦灯笼宿萼块放入杀青机进行杀青，杀青的温度控制在 70～90℃，待锦灯笼宿萼的含水量达到 40％～50％时，杀青结束。

③ 揉捻：将杀青处理好的锦灯笼宿萼放入揉捻机进行揉捻，将片状的锦灯笼宿萼揉捻成条索。

④ 烘干：将揉捻后的条索放入烘干箱进行烘干，待条索的含水量降至 25％时，结束烘干，烘干的温度控制在 75～85℃。

⑤ 第二次揉捻：将烘干后的条索再次放入揉捻机进行第二次揉捻，轻揉 30min，结束第二次揉捻。

⑥ 调味：向经二次揉捻的条索中喷洒浓度为 50％～80％冰糖水或蜂蜜水，搅拌均匀后，于容器中静置 3～5h，得调味条索，本步骤中，冰糖水或蜂蜜水的浓度优选为 70％。

⑦ 风干：将前述步骤制得的调味条索用常温吹风干燥，待调味条索的含水量降至 15％时，结束风干。

⑧ 烘焙：将风干后的条索移入烘焙箱进行烘焙提香，烘焙的温度控制在 30℃，待条索的含水量降至 5％时，结束烘焙。

⑨ 将烘焙好的条索移入冷冻室进行低温冷冻灭菌，冷冻温度为 −45℃，灭菌 40～60min，得锦灯笼茶成品。

（3）槐米茶

付平国等[155] 发明了一种含锦灯笼药材的槐米茶，该保健茶具有防治糖尿病、止咳润肺、健脾胃的功效。

【材料】槐米、绞股蓝 5～15g、锦灯笼 5～15g、杜仲叶 5～15g、黄荆叶 5～15g、地瓜叶 25～35g、银杏叶 5～15g、沙棘叶 5～15g。

【功效】防治糖尿病、止咳润肺、健脾胃。

【制法】

① 将采收的槐米均匀摊放在石桌上，太阳暴晒 2～3h，每半小时翻动一次，得到半干、碧绿的槐米；

② 将小米置于清炒容器中，炒制 1～2min，然后将槐米加入清炒容器中与小米一起翻炒，小米与槐米的重量比为 1：2，炒至槐米表面呈金黄色，取出，摊凉，去掉小米，得到金黄色的槐米茶；

③ 将绞股蓝 5～15g、锦灯笼 5～15g、杜仲叶 5～15g、银杏叶 5～15g、沙棘叶 5～15g、黄荆叶 5～15g、地瓜叶 25～35g 凉青，杀青，揉捻，烘干；然后跟步骤②所述的槐米茶混匀；

④ 选用新鲜罗汉果，在罗汉果的正上方切开一个口，把里面的籽腩掏出，用混合好的槐米茶把罗汉果填满，再将切下来的罗汉果把口封上，将罗汉果包好固定，放入烘烤箱盘里摆整齐，温度控制在 60～70℃，低温烘干；最后取出槐米茶，即制得槐米茶。

（4）锦灯笼山楂果醋饮料

程斌等[156] 发明公开了一种锦灯笼山楂果醋饮料的制作方法，通过原料榨汁、超高温灭菌、酒精发酵、醋酸发酵、过滤、灭菌等步骤制成。该锦灯笼山楂果醋饮料是一种营养丰富、酸甜可口的果醋饮料，其充分保留了锦灯笼果内的活性成分，具有清热解毒、镇咳润肺、生津止渴等保健作用。

【材料】锦灯笼果实 20kg、山楂 2kg、无花果 1kg、乌枣 0.5kg、干酵母 0.04kg、醋酸菌 0.06kg、高纯果糖糖浆 1.2kg、柠檬汁 0.6kg、食用酸 0.5kg、西柚汁 0.4kg、山楂汁 0.3kg、香精 0.04kg、果胶 0.04kg 和山梨酸钾 0.01kg。

【功效】清热解毒、镇咳润肺、生津止渴。

【制法】

① 原料榨汁：挑选新鲜的锦灯笼果实 20kg、山楂 2kg、无花果 1kg、乌枣 0.5kg，流水清洗干净后，用打浆机打磨成浆，制得混合浆液。

② 超高温灭菌：将混合浆液经超高温灭菌机灭菌，进料温度 50℃。

③ 酒精发酵：向 10kg 灭菌后的混合浆液中加入 0.04kg 干酵母，活化 12min，搅拌均匀，发酵 4 天。

④ 醋酸发酵：取 10kg 酒精发酵后的浆液，并将浆液的酒精浓度调整为 8％，加入 0.06kg 醋酸菌，温度 35℃，发酵 8 天，发酵过程中每日搅拌 4 次，通过搅拌，能够增加料液的含氧量，促进醋酸菌的发酵。

⑤ 过滤：将醋酸发酵好的料液经硅藻土过滤，经高温灭菌后制得锦灯笼果果醋原浆。

⑥ 调配：取锦灯笼果果醋原浆 3.5kg、高纯果糖糖浆 1.2kg、柠檬汁 0.6kg、食用酸 0.5kg、西柚汁 0.4kg、山楂汁 0.3kg、香精 0.04kg、果胶 0.04kg、山梨酸钾 0.01kg 加水至 10kg，混合均匀，制得混合液；使用果糖作为甜味剂，不会提高饮用者血糖含量，适宜糖尿病患者饮用。

⑦ 均质：将混合液均质处理，温度为 70℃，采用二级均质，一级均质压力为 20MPa，二级均质压力为 40MPa，两次均质。

⑧ 杀菌：采用超高温瞬间杀菌法，温度 125℃，时间 5s。

⑨ 灌装：将杀菌后的锦灯笼山楂果醋饮料冷却至 35℃，真空无菌环境下灌装。

⑩ 检验、贮藏：检验灌装是否合格，常温下贮藏。

（5）锦灯笼果保健醋

张峰等[157] 发明公开了一种锦灯笼果保健醋的酿造方法，该方法以锦灯笼果为原料，通过原料预处理、打浆过滤、调配、酒精发酵、醋酸发酵、压榨过滤、增香后熟、杀菌、灌装的步骤酿造而成。其发明将锦灯笼果浆液汁渣分离，能够对原料不同的部分进行充分的利用，在醋酸发酵时加入锦灯笼果渣，提高了锦灯笼果的利用率，也提高了锦灯笼果的营养价值和经验价值。

【材料】锦灯笼果实 8kg、山楂 3kg、拐枣 2kg、红树莓 1kg、牡丹皮 0.8kg、青粱米 10kg、竹荪粉 2kg、高粱粉 2kg、鼓皮 2kg、葛仙米粉 2.5kg、栝楼粉 2kg、青葙子粉 1kg、黑米 4kg。

【功效】清热解毒、利尿。

【制法】

① 原料处理：挑选新鲜优质的锦灯笼果、山楂、拐枣、红树莓和牡丹皮，洗净去杂，取锦灯笼果实 8kg、山楂 3kg、拐枣 2kg、红树莓 1kg 和牡丹皮 0.8kg，混合均匀，制得原料；将混合原料进行打浆，向浆液中通入 2min 的臭氧，流量为 100mL/min，经 120 目筛网过滤得到原料浆液和原料渣。

② 青粱米蒸煮：取去除杂质后的青粱米 10kg、去除杂质后的黑米 4kg 混合均匀，得到原料米，将 10kg 原料米放入 30kg 水中浸泡 8h，捞出滤干放入蒸煮锅进行蒸煮，将 4kg 原料浆液均匀洒在 10kg 熟透、不焦、不黏、不夹生的原料米上，并在 10kg 熟原料米上均匀洒竹荪粉 2kg、高粱粉 2kg、鼓皮 2kg，冷却至 27℃，制得酒醪。

③ 酒精发酵：向 10kg 酒醪中加入 0.1kg 干酵母，经 32℃ 温水活化 5min，搅拌均匀，温度控制为 25℃，酒醪酒精浓度为 9.5% 时停止酒精发酵。

④ 醋酸发酵：向 10kg 酒精浓度为 9.5% 的酒醪中加入 4kg 原料渣、2.5kg 葛仙米粉、2kg 栝楼粉、1kg 青葙子粉，制得醋醪，向 10kg 醋醪中加入的醋酸菌，温度控制 35℃，发酵 20 天，发酵过程中每日搅拌 8 次，制得成熟醋醪。

⑤ 压榨过滤：将成熟醋醪通过压滤机进行压榨，向压榨后的 10kg 液体中加入 0.005kg 的明胶、0.002kg 的鱼胶进行过滤，制得锦灯笼果醋原浆。

⑥ 增香后熟：将锦灯笼果醋原浆置于密封条件下于 46℃ 进行增香后熟，8 天后结束，制得果醋液。

⑦ 杀菌：将果醋液在 85℃ 温度下杀菌 2min，制得锦灯笼果保健醋。

⑧ 罐装：真空无菌环境下罐装，检验罐装是否合格，常温下贮藏。

（6）一种酸浆果保健酒

古飞鸣等[158] 发明了一种酸浆果保健酒的制备方法。该酸浆果保健酒以酸浆果为原料，通过原料准备、超声波提取、煎煮、酶解、灭酶分离、粉碎、基质预处理、加药、发酵、压榨、混合陈酿、灌装杀菌等步骤制备而成，其具有清热解毒等作用。

【材料】酸浆果 10kg、刺角瓜 8kg、鹿衔草 6kg、竹菇 4kg、羊角藤 2kg、荞麦叶 1kg、槐树嫩芽 1kg、72% 的白酒 65kg、2.8% 的维生素 C 溶液 62kg、嘉宝果汁 2kg、草果汁 1kg、锦灯笼果汁 1kg、藠头汁 1kg、权杷果汁 1kg、纤维素酶 0.45kg、果胶酶 0.31kg、风味蛋白酶 0.23kg、菊薯粒 10kg、葛根粒 4kg、山慈菇粒 2kg、芦笋汁 2kg、节瓜汁 1kg、苦卖菜汁 1kg、牡丹籽粉 5kg、六堡茶粉 4kg、婆婆丁粉 3kg、果糖粉 3kg、酒曲 3kg、胡萝卜籽粉 2kg、鸡腿菇粉 2kg、青蒿粉 1kg、黑枸杞粉 1kg、莲子壳粉 1kg、山白菊粉 1kg、酒母 1kg、酵母 1kg、饮用水 60kg、明胶 0.32kg、壳聚糖 0.19kg、活性炭 0.06kg。

【功效】清热解毒。

【制法】

① 原料准备：采摘新鲜、完整的酸浆果、刺角瓜、鹿衔草、竹菇、荞麦叶、槐树嫩芽，清水清洗后分别切成酸浆果粒、刺角瓜粒、鹿衔草粒、竹菇粒、羊角藤粒、荞麦叶粒、槐树嫩芽粒，取 10kg 酸浆果粒、8kg 刺角瓜粒、6kg 鹿衔草粒、4kg 竹菇粒、2kg 羊角藤粒、1kg 荞麦叶粒、1kg 槐树嫩芽粒混合均匀，制得混合原料，放入 65kg 酒精浓度为 72% 的白酒中进行浸泡 30 天，浸泡结束后将混合原料与白酒分离，制得浸泡酒。

② 提取：向白酒浸泡后的混合原料中加入 62kg 浓度为 2.8% 的维生素 C 溶液进行恒温振荡提取，温度设置为 78℃，振荡转速 160r/min，提取时间 240min，冷却至室温，过滤得滤液一及初渣，初渣再加入 3.3 倍的蒸馏水在 55℃ 的条件下进行恒温振荡提取，振荡转速 150r/min，提取时间 180min，过滤得滤液二与原料滤渣，将滤液一与滤液二混合，在 69℃ 的环境下浓缩至原体积的 10%，制得原料提取液。

③ 酶解：将原料滤渣粉碎处理，并向粉碎后的原料滤渣中加入 2kg 嘉宝果汁、1kg 草果汁、1kg 锦灯笼果汁、1kg 藠头汁、1kg 枞杷果汁、0.45kg 纤维素酶、0.31kg 果胶酶、0.23kg 风味蛋白酶，混合均匀，在 48℃ 的环境下酶解 240min。

④ 灭酶、分离：将酶解后的原料初渣在 136℃ 环境下灭酶 10s，并将灭酶后的原料初渣通过 190 目筛后，通过离心机离心分离，得到原料酶解液、原料酶解渣。

⑤ 粉碎：将滤干后的原料酶解渣进行超细微粉碎处理，粒度为 240μm，制得原料粉。

⑥ 基质预处理：鲜紫甘薯、葛根、山慈菇经清洗后，切成紫甘薯粒、葛根粒、山慈菇粒，将 10kg 菊薯粒、4kg 葛根粒与 2kg 山慈菇粒混合均匀后放置蒸煮锅中蒸至熟而不糊，取出后向蒸煮后的物料中加入 7kg 原料提取液、5kg 原料酶解液、2kg 芦笋汁、1kg 节瓜汁、1kg 苦卖菜汁，进行搅拌，摊放冷却，制得基质料。

⑦ 加药：向基质料中加入 7kg 原料粉、5kg 牡丹籽粉、4kg 六堡茶粉、3kg 婆婆丁粉、3kg 果糖粉、3kg 酒曲、2kg 胡萝卜籽粉、2kg 鸡腿菇粉、1kg 青蒿粉、1kg 黑枸杞粉、1kg 莲子壳粉、1kg 山白菊粉、1kg 酒母、1kg 酵母、60kg 饮用水，混合搅拌均匀，制得酒醅。

⑧ 发酵：将酒醅品温控制在 26℃ 条件下进行发酵，酒醅酒精浓度达到 25.4% 时，发酵结束。

⑨ 压榨：用板框式气膜压滤机对成熟酒醅进行固液分离，向发酵液中加入 0.32kg 明胶、0.19kg 壳聚糖，0.06kg 活性炭，搅拌均匀后进行澄清处理，静置 7 天，进行分离得到原酒和酒泥。

⑩ 混合：取步骤①中的浸泡酒 10kg 与步骤⑨中的原酒 12kg 混合均匀，制得生酒。

⑪ 陈酿：将生酒采用微波辅助冷处理加速生酒陈酿，微波频率为 1100MHz，冷处理时间 5 天，温度 -2℃。

⑫ 罐装杀菌：装罐后进行巴氏杀菌，温度 88℃，时间 1min，杀菌后制得酸浆果保健酒。

［1］ 王昕旭．锦莲清热方治疗"上感"伴发热的临床观察［J］．中国社区医师：医学专业，2010，12(25)：141.

［2］ 李洋．一种用于治疗呼吸道感染的药物制剂．CN105168835A［P］，2015-12-23.

［3］ 郭文英，修涞贵，高嵩，等．一种治疗风热症感冒的中药及制备方法．CN104623082A［P］，2015-05-20.

［4］ 冯佳．一种治疗流行性感冒的药剂．CN102416097A［P］，2012-04-18.

［5］ 王山峰，王高峰．金莲愈溃饮治疗白塞病7例［J］．中国社区医师：综合版，2005(03)：45.

［6］ 刘学键．一种治疗口腔溃疡的中药组合物．CN103585433A［P］，2014-02-19.

［7］ 孔德红．一种治疗口腔溃疡的药剂．CN102600365A［P］，2012-07-25.

［8］ 周鸿雁，张文松，张红，等．一种治疗结膜炎的中药组合物及制备方法．CN107007731B［P］，2020-05-05.

［9］ 常钰曼，吕选民．柴草瓜果篇第85讲决明子［J］．中国乡村医药，2022，29（15）：10-12.

［10］ 潘勤，闫晓楠，张红茹，等．一种化痰平喘的中药组合物及其制备方法．CN102145113A［P］，2011-08-10.

［11］ 朱震亨．丹溪心法［M］．北京：人民卫生出版社，2005.

［12］ 张鸣钟．中医名著名选释——《药品化义》［J］．中医研究，2015，28(04)：25+70+80.

［13］ 闫惠玲．林杰豪治咳推崇五脏辨证［J］．北京中医，1994(04)：4.

［14］ 房铁生．咳嗽验案一则［J］．中国民间疗法，2016，24(10)：47.

［15］ 章财华．一种治疗痰热互结型梅核气的中药．CN104189435A［P］，2014-12-10.

［16］ 王冰，林亿．重广补注黄帝内经素问［M］．北京：学苑出版社，2004.

［17］ 张剑华，臧朝平，李春芳．金灯山根口服液治疗咽部急性感染75例疗效观察［J］．中国中西医结合耳鼻咽喉科杂志，2001(02)：74-76.

［18］ 杜睿杰，李岩，王新雨，等．一种利咽润喉的地苍灯笼膏及其制作方法．CN108703367A［P］，2018-10-26.

［19］ 解素花，王海，姚璐，等．一种解毒利咽的中药组合物及其制备方法与用途．CN107095936B［P］，2020-08-18.

［20］ 王晓彤．中药六类新药锦黄咽炎片的研究［D］．沈阳：辽宁中医药大学，2008.

［21］ 孙晖，姚振生．《本草纲目拾遗》中蒲包草等药物的考证［J］．江西中医学院学报，2004(05)：57-58.

［22］ 解钧秀，于江波，王永宽，等．一种具有清利咽喉和消肿止痛功效的药物组合物．CN101721614A［P］，2010-06-09.

［23］ 邱书奇．一种治疗咽喉炎、扁桃体炎的中药复方制剂及其制备方法．CN1899501［P］，2007-01-24.

［24］ 黄再军．一种治疗慢性咽炎的浓缩丸及其制备方法．CN106138675B［P］，2019-11-15.

［25］ 叶蓓．一种治疗慢性咽炎的中药组合物及其制备方法．CN104998115A［P］，2015-10-28.

［26］ 张锡纯．医学衷中参西录［M］．太原：山西科学技术出版社，2009.

［27］ 马耀茹，窦建卫．治疗急性咽炎和急性扁桃体炎的口服或口含药物．CN1616002［P］，2005-05-18.

［28］ 胡娟．解毒爽咽饮治疗扁桃体周围脓肿160例［J］．山东中医杂志，1997(10)：20-21.

［29］ 倪昭海，葛燕清．清蛾汤治疗小儿急性扁桃体炎82例［J］．新疆中医药，2004(01)：12.

［30］ 贾忠武．从《疡科心得集》分析高秉钧的学术思想［J］．中华中医药杂志，2018，33(9)：3849-3851.

［31］ 孙丽．一种治疗肺胃热盛证型风热乳蛾的中药．CN105148097A［P］，2015-12-16.

［32］ 郑慧，曹恒芹，刘迎春．一种治疗小儿急性扁桃体炎的中药组合物．CN102600391A［P］，2012-07-25.

［33］ 高真理．一种治疗鼻咽炎的嚼化缓释中药及其制备方法．CN103316202A［P］，2013-09-25.

［34］ 周爱霞．一种治疗慢性盆腔炎的药物．CN102512563A［P］，2012-06-27.

［35］ 李时珍．本草纲目：上册［M］．北京：人民卫生出版社，1982：888-894.

［36］ 张留康．一种治疗风湿病的药剂．CN103142984A［P］，2013-06-12.

［37］ 冯建文，鲁艺．《金匮要略》湿病证治规律刍议［C］//中华中医药学会仲景学说分会．全国第二十次仲景学说学术年会论文集．2012：3.

［38］ 李景醒．一种治疗前列腺结石的中药．CN109420021A［P］，2019-03-05.

[39] 陶凤英，张瑜，王璐，等．一种治疗胆结石的中药配方及其制备方法．CN104645100A [P]，2015-05-27.

[40] 李建华．一种治疗湿疹的粉剂及其制备方法．CN105963418A [P]，2016-09-28.

[41] 汤勇，孙平良，张琴，等．外治法治疗肛周湿疹的研究现状 [J]．医学信息，2020, 33(14):21-23.

[42] 陈德进．一种治疗玫瑰糠疹的组合物．CN107753643A [P]，2018-03-06.

[43] 李梴．田代华，金丽，何永点校．医学入门 [M]．天津：天津科学技术出版社，1999:816-817.

[44] 姜丹宁，常元思．一种治疗角化病的中药．CN104645129A [P]，2015-05-27.

[45] 李健．一种治疗黄褐斑的外用药物组合物．CN104784368A [P]，2015-07-22.

[46] 纪昀．文澜阁版四库全书子部·医家类五·普济方·提要 [M]．北京：中医古籍出版社，2016.

[47] 庞钊．祁坤对中医外科的贡献 [J]．中华中医药学刊，2010, 28(12):2657-2658.

[48] 杜德福．一种具有养发护发功能的中药枕及其制备方法．CN105456948A [P]，2016-04-06.

[49] 王亚鹤．一种治疗脂溢性脱发的外用药剂．CN105267536A [P]，2016-01-27.

[50] 宋国新，黄毅．治疗水疱型脚气的中药足浴组合物．CN102552609A [P]，2012-07-11.

[51] 宋国新，黄毅．治疗鳞屑角化型脚气的中药足浴组合物．CN102552746A [P]，2012-07-11.

[52] 陈士铎．柳长华，徐春波校注．本草新编 [M]．北京：中国中医药出版社，1996: 1-2.

[53] 文一兵．一种中药妇康灵根治妇女的更期综合症的配方．CN110755565A [P]，2020-02-07.

[54] 斯热吉丁·阿不都拉．一种清血消炎的抗肿瘤药物．CN102886014A [P]，2013-01-23.

[55] 纪元，于晓亮．治疗胃下垂的中药汤剂．CN103251871A [P]，2013-08-21.

[56] 柯晓，王敏，唐旭东，等．消化系统常见病胃下垂中医诊疗指南(基层医生版) [J]．中华中医药杂志，2020, 35(01):283-286.

[57] 张鸣钟．中医名著书名选释——《药品化义》 [J]．中医研究，2015, 28(04):25+70+80.

[58] 黄帝内经素问 [M]．北京：人民卫生出版社，2015.

[59] 王玉洁，杨洪，姚相杰，等．2015 年深圳地区疱疹性咽峡炎的病原学与流行病学特征分析 [J]．中华疾病控制杂志，2016, 20(08):759-763.

[60] 崔瑞洁．41 例利巴韦林所致不良反应分析 [J]．中国现代药物应用，2014, 8(01):144-145.

[61] 黄向群．锦灯笼联合双黄连治疗小儿疱疹性咽峡炎临床观察 [J]．转化医学杂志，2013, 2(04):225-226.

[62] 刘大波，谷庆隆．儿童急性扁桃体炎诊疗——临床实践指南(2016 年制定) [J]．中国实用儿科杂志，2017, 32(03):161-164.

[63] 何海艳，冯淬灵．普济消毒饮(配方颗粒)联合抗菌素治疗急性扁桃体炎临床观察 [J]．湖南中医药大学学报，2019, 39(05):649-653.

[64] 吉毅祯．锦灯笼治疗急性扁桃体炎 [J]．新医学，1972(11):54-55.

[65] 李金山．治疗急性扁桃体炎验方 [J]．中国民间疗法，2014, 22(08):19.

[66] 董中昌．一种治疗急性扁桃体炎的药物及其制备方法．CN106728446A [P]，2017-05-31.

[67] 惠朋利，李英．芪苈强心胶囊联合参附注射液治疗慢支肺气肿合并休克的临床研究 [J]．药物评价研究，2018, 41(08):1468-1472.

[68] 周淑华，徐秀萍，毛芝芳，等．左氧氟沙星与氨溴索联合治疗对慢性阻塞性肺疾病合并肺部感染老年患者的疗效研究 [J]．中华医院感染学杂志，2018, 28(06):848-851.

[69] 罗嘉辉．一种治疗急性与慢性支气管炎的中药．CN106563030A [P]，2017-04-19.

[70] Cots J M, Alós J I, Bárcena M, et al. Recommendations for management of acute pharyngitis in adults [J]. Acta Otorrinolaringologica(English Edition), 2015, 66(3):159-170.

[71] Muzio F D, Barucco M, F Guerriero. Diagnosis and treatment of acute pharyngitis/tonsillitis: a preliminary observational study in General Medicine [J]. 2016, European Review for Medical and Pharmacological Sciences, 20(23):4950-4954.

[72] 董伟，郑荣华．疏风解毒胶囊联合地塞米松超声雾化吸入对急性咽喉炎患者 TNF-α、IL-6 的影响 [J]．现代中西医结合杂志，2020, 29(35):3936-3939.

[73] 孙明香．一种治疗急性咽喉炎的中药喷剂及其制备方法．CN105998542A [P]，2016-10-12.

[74] 赵学敏．本草纲目拾遗 [M]．北京：人民卫生出版社，1957:116.

[75] 杨艾，何旭东，张耀武，等．慢性咽炎的发病机制及药物治疗进展 [J]．中国药事，2021, 35(07):808-813.

［76］ 张小文.小儿豉翘清热颗粒联合小儿氨酚黄那敏颗粒治疗上呼吸道感染患儿的疗效评价［J］.临床研究,2020,28(12):129-130.

［77］ 张爱荣.小儿氨酚黄那敏颗粒联合利巴韦林气雾剂治疗急性上呼吸道感染的疗效分析［J］.山西医药杂志,2017,46(21):2627-2629.

［78］ 李秋英,温振英,柳文鉴,等.锦灯笼注射液治疗小儿上呼吸道感染191例临床观察［J］.北京中医,1986(03):30-31.

［79］ 尹方,陈学忠.红姑娘抗感饮治疗感冒风热证60例［J］.四川中医,2003(4):29-30.

［80］ 蔡绪东.一种治疗小儿咳嗽的药剂.CN103142980A［P］,2013-06-12.

［81］ 陈璀璀,李永磊,芦二永.通窍鼻炎方对慢性鼻窦炎患者体内Foxa2、黏蛋白MUC5AC、HIF-1α水平的影响［J］.陕西中医,2018,39(08):1105-1108.

［82］ 杨佳.一种治疗慢性鼻炎的中药组合物.CN104474253A［P］,2015-04-01.

［83］ 吴娜娜.中西医结合治疗支气管哮喘临床观察［J］.实用中医药杂志,2021,37(07):1150-1152.

［84］ 范明月.一种治疗支气管哮喘的中药制剂及其制备方法.CN106177196A［P］,2016-12-07.

［85］ 孙翠萍,许费昀,康新桂.大黄芒硝外敷联合"消腮茶"口服治疗流行性腮腺炎30例临床研究［J］.江苏中医药,2018,50(03):50-52.

［86］ 李艳萍,方姝.中药外敷治疗流行性腮腺炎疗效分析［J］.黑龙江中医药,2020,49(06):110-111.

［87］ 王俭,张连富,杨宏,等.干扰素α-1b联合仙人掌液治疗流行性腮腺炎疗效观察［J］.国际中医中药杂志,2017,39(10):928-929.

［88］ 杨娟.一种治疗流行性腮腺炎的药剂.CN103142987A［P］,2013-06-12.

［89］ 李忠堂.一种治疗肺炎的药物.CN107019764A［P］,2017-08-08.

［90］ 倪莉红,许建雄,张春焕.2005—2019年广州市风疹流行病学特征分析［J］.现代预防医学,2021,48(11):1938-1940+2074.

［91］ 李姗姗,李艳宇,孙冰洁,等.2013—2018年北京市东城区麻疹、风疹流行病学特征分析［J］.中国生物制品学杂志,2021,34(06):717-720.

［92］ 高善霞.一种治疗小儿风疹的中药熏洗剂.CN103083516A［P］,2013-05-08.

［93］ 孔涛.一种治疗湿疹的药剂.CN103100075A［P］,2013-05-15.

［94］ 谢明臣.一种用于治疗干燥性湿疹的中药组合物.CN103393835A［P］,2013-11-20.

［95］ 谢明臣.治疗婴儿湿疹的中药组合物.CN103417720A［P］,2013-12-04.

［96］ 马海芬,申艳,罗丹,等.白塞病合并8号染色体三体22例分析及文献复习［J］.复旦学报(医学版),2021,48(04):457-462.

［97］ Gatto M, Saccon F, Zen M, et al. Preclinical and early systemic lupus erythematosus［J］. *Best practice & research. Clinical rheumatology*, 2019, 33(4):101422.

［98］ 杨帆,沈俊逸,蔡辉.人参皂苷Rb1对系统性红斑狼疮患者外周血T淋巴细胞体外活化的影响［J］.实用药物与临床,2021,24(05):418-422.

［99］ 甘卉月,赵振江.一种热毒炽盛型红斑狼疮治疗配方及其制备方法.CN108938819A［P］,2018-12-07.

［100］ 于子辰,卢益萍.中药方剂在慢性荨麻疹中的应用研究［J］.中国民间疗法,2021,29(10):116-118.

［101］ 李军.一种治疗荨麻疹的药剂.CN103142959A［P］,2013-06-12.

［102］ 贯士峰.一种治疗风湿疼痛的中药组合物.CN105435109A［P］,2016-03-30.

［103］ 付平国,刘文瑞,欧玉莲,等.一种降血糖用槐米茶及其制备方法.CN107712214A［P］,2018-02-23.

［104］ 王娟.一种治疗2型糖尿病的药剂.CN201310063819［P］,2013-06-12.

［105］ 赵秀伟,李瑞书,钱广明.一种治疗上消型糖尿病的中药制备方法.CN200710014291［P］,2007-09-19.

［106］ 刘文君,焦剑.焦剑运用咽肾同治法治疗慢性肾炎经验［J］.中国民间疗法,2021,29(14):30-32.

［107］ 陈奕君,杨曙东,王孟庸.王孟庸治疗肾脏病常用药对探析［J］.广州中医药大学学报,2019,36(2):277-280.

［108］ 史艳朋.吗替麦考酚酯治疗小儿紫癜性肾炎的临床疗效及其对血肌酐、24h尿蛋白定量的影响［J］.临床合理用药杂志,2021,14(21):109-111.

［109］ 王俊茹,张敏.一种治疗过敏性紫癜性肾炎的中药及制备.CN105726948A［P］,2016-07-06.

［110］ 吴胜.麻黄连翘赤小豆汤加减联合西医治疗小儿急性肾小球肾炎疗效及对血清GM-CSF、VEGF、TNF-α和

IGF-Ⅱ水平影响 [J] . 现代中西医结合杂志, 2017, 26(32):3558-3560+3599.

[111] 王勇, 方红星, 孙雅军, 等 . 大剂量维生素C辅助治疗小儿急性肾小球肾炎疗效观察 [J] . 中国中西医结合儿科学, 2015, 7(05):450-452.

[112] 张保国, 刘庆芳 . 麻黄连轺赤小豆汤的药理研究与临床应用 [J] . 中成药, 2013, 35(11):2495-2498.

[113] 徐士魁 . 一种治疗小儿急性肾小球肾炎的药物及其制备方法 . CN103656294A [P], 2014-03-26.

[114] 庞泽文, 杨世春 . 恩替卡韦与替诺福韦治疗乙型病毒性肝炎效果及对肾功能的影响 [J] . 中国药物经济学, 2021, 16(04):104-107.

[115] 李玉银 . 温阳解毒法治疗乙型肝炎 [J] . 四川中医, 1989(05):33.

[116] 张桂琴, 李玉银 . 温阳解毒法治疗乙型慢性活动性肝炎临床分析 [J] . 四川中医, 1993(6):24-25.

[117] 杨海亮, 李凤娟 . 清热利湿通瘀汤辅助治疗前列腺炎湿热瘀阻型临床观察 [J] . 实用中医药杂志, 2021, 37(04):615-616.

[118] 张雪松, 高文锋, 成海生 . 双倍剂量盐酸坦洛新缓释片治疗Ⅲ型前列腺炎的疗效和安全性探究 [J] . 临床和实验医学杂志, 2018, 17(03):321-324.

[119] 阿不来提·吐送托合提, 买买提艾力·买提托合提 . 维吾尔医治疗前列腺炎54例报告 [J] . 中国民族医药杂志, 2013, 19(06):27-28.

[120] 王艳, 周平国 . 一种用于治疗痤疮的中药组合物及其制备方法 . CN107050177A [P], 2017-08-18.

[121] 王辉 . 一种治疗带状疱疹的药剂 . CN103157082A [P], 2013-06-19.

[122] 马琴, 莫雅婷, 杨薇, 等 . 中药及其单体治疗过敏性结膜炎的研究进展 [J] . 中国中医眼科杂志, 2021, 31(03):205-207.

[123] 隋国龙, 邱英娜 . 治疗牙周炎的中药 . CN104998125A [P], 2015-10-28.

[124] 彭俊超, 杨会, 何绪华, 等 . 基于网络药理学分析金英黄归汤治疗乳腺炎的作用机制 [J] . 化学试剂, 2021, 43(07):878-883.

[125] 江志慧, 解淑琼, 李秀苇 . 一种治疗乳腺炎的中药制剂 . CN103638369A [P], 2014-03-19.

[126] 徐静, 沈贤新 . 从体质辨识结合对穴浅析产后缺乳 [J] . 新中医, 2021, 53(15):179-181.

[127] 袁新颖 . 当归注射液穴位注射足三里及三阴交对母乳喂养的护理研究 [J] . 中国现代药物应用, 2018, 12(20):130-131.

[128] 朱平, 王浦强 . 一种治疗产后缺乳的中药制剂 . CN103705685A [P], 2014-04-09.

[129] 王玮 . 锦灯笼的营养保健功能及药用价值 [J] . 中国食物营养, 2008(03):55-56.

[130] 王丽金, 景云荣, 陈丽新, 等 . 锦灯笼药理作用及开发应用的研究进展 [J] . 黑龙江农业科学, 2018(12):163-165.

[131] 高品一, 金梅, 杜长亮, 等 . 中药锦灯笼的研究进展 [J] . 沈阳药科大学学报, 2014, 31(09):732-737.

[132] 潘春华 . 药食俱佳灯笼果 [J] . 养生月刊, 2020, 41(04):316-317.

[133] 肖崇厚 . 中药化学 [M] . 上海:上海科学技术出版社, 1987. 14-15.

[134] 周小平, 杨晓虹, 李丽贤 . 酸浆果实与宿萼无机元素的比较分析 [J] . 白求恩医科大学学报, 2001(04):363-364.

[135] 王丹, 舒钰, 赵学丽, 等 . 药食赏型酸浆的开发利用前景 [J] . 北方园艺, 2018(08):161-165.

[136] 高海荣, 张洁, 陈秀丽, 等 . 10种郑州市售水果维生素C含量分析 [J] . 食品安全质量检测学报, 2015, 6(10):4142-4146.

[137] 王然 . 锦灯笼果米酒乳制备工艺优化 [J] . 粮食与油脂, 2019, 32(04):38-43.

[138] 刘艳霞, 赵士明 . 锦灯笼蜂蜜复合饮料的研制 [J] . 食品研究与开发, 2013, 34(21):56-59.

[139] 王立江, 匡明 . 红姑娘果醋表面发酵法工艺的研究 [J] . 江苏调味副食品, 2006(02):23-24.

[140] 于海杰, 姚文秋 . 锦灯笼花生大豆饮料生产工艺试验 [J] . 食品安全质量检测学报, 2013, 4(06):1731-1735.

[141] 魏群, 刘月华, 谭芳宇 . "红姑娘"酸奶的工艺研究 [J] . 食品工业, 2013(07):97-99.

[142] 汪友胜 . 一种保健水果蜂蜜膏及其加工方法 . CN107927677A [P], 2018-04-20.

[143] 史坚鸣 . 一种抗疲劳抗衰老、防治亚健康的天然草本保健茶饮 . CN108553611A [P], 2018-09-21.

[144] 陈超文 . 一种用于前列腺炎的保健茶 . CN107115482A [P], 2017-09-01.

[145] 倪群 . 一种脆炸银鱼丸及其制备方法 . CN104256722A [P], 2015-01-07.

[146] 许炜 . 一种酱驴肉茶味豆腐及其制备方法 . CN104106647A [P], 2014-10-22.

［147］　王然．锦灯笼清火蒸面包．CN108477487A［P］，2018-09-04.

［148］　李业清．一种疏肝理气玳玳花润喉糖及其制备方法．CN106260425A［P］，2017-01-04.

［149］　苏刘花．一种锦灯笼果粉及其制备方法．CN104068441A［P］，2014-10-01.

［150］　周兆平，李明．一种锦灯笼山楂果酱的加工方法．CN107319454A［P］，2017-11-07.

［151］　李红光．一种预防老年痴呆的营养食品．CN110236185A［P］，2019-09-17.

［152］　武清泉．一种花生馅夹心薯条及其制备方法．CN105982273A［P］，2016-10-05.

［153］　余芳．一种酸浆果紫云英养生茶的制作方法．CN107047863A［P］，2017-08-18.

［154］　王长山．一种锦灯笼茶．CN102986997A［P］，2013-03-27.

［155］　付平国，刘文瑞，欧玉莲，等．槐米茶及其制备方法．CN107853428A［P］，2018-03-30.

［156］　程斌，张宏平．锦灯笼山楂果醋饮料的制作方法．CN108850737A［P］，2018-11-23.

［157］　张峰，郑卫民．锦灯笼果保健醋的酿造方法．CN107090397A［P］，2017-08-25.

［158］　古飞鸣，周强．一种酸浆果保健酒的制备方法．CN108728298A［P］，2018-11-02.

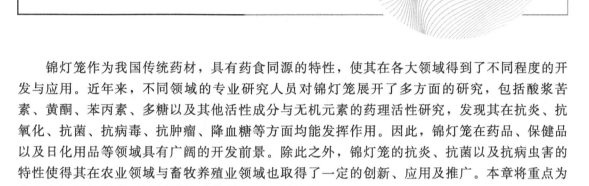

# 第七章
# 锦灯笼的发展前景

锦灯笼作为我国传统药材，具有药食同源的特性，使其在各大领域得到了不同程度的开发与应用。近年来，不同领域的专业研究人员对锦灯笼展开了多方面的研究，包括酸浆苦素、黄酮、苯丙素、多糖以及其他活性成分与无机元素的药理活性研究，发现其在抗炎、抗氧化、抗菌、抗病毒、抗肿瘤、降血糖等方面均能发挥作用。因此，锦灯笼在药品、保健品以及日化用品等领域具有广阔的开发前景。除此之外，锦灯笼的抗炎、抗菌以及抗病虫害的特性使得其在农业领域与畜牧养殖业领域也取得了一定的创新、应用及推广。本章将重点为大家介绍锦灯笼在不同领域的开发应用及发展前景。

## 第一节　医药保健产品

锦灯笼具有清热解毒、利咽化痰、利尿通淋等功效，自古以来就被用于缓解咽痛音哑、痰热咳嗽、小便不利、热淋涩痛等症状，外用更是可以治疗天疱疮、湿疹等皮肤类疾病。而现代研究通过多种现代医药技术手段，不断挖掘锦灯笼的药理作用，包括在呼吸系统疾病、心血管疾病以及自身免疫性疾病等方面，均取得了突破性的进展。因此，锦灯笼在开发成为药品与保健产品等方面具有较大的发展潜能。

### 一、中成药

以锦灯笼为组成成分治疗呼吸系统疾病的方剂很多，而在中成药中加入锦灯笼成分的产品却寥寥无几。其中，在中成药方面，锦灯笼作为成分之一，参与了橘红化痰丸、金灯山根口服液等产品的组方配伍。

#### 1. 橘红化痰丸

橘红化痰丸由化橘红、锦灯笼、川贝母、炒苦杏仁、罂粟壳、五味子、白矾以及甘草组成，具有敛肺化痰、止咳平喘等功效，主治肺气不敛，痰浊内阻，症见咳嗽、咯痰、喘促、胸膈满闷等。方剂中的化橘红能够消痰利气；锦灯笼清热解毒，利咽消痰；川贝母润肺化痰止咳；苦杏仁止咳化痰；罂粟壳、五味子敛肺止咳；白矾祛风痰；甘草调和药性。诸药合用，共奏敛肺化痰，止咳平喘之效。

近年来关于橘红化痰丸的功效作用方面的研究屈指可数，更多的是集中于其质量控制成分含量的研究。梁咏倩等[1] 建立了一种能够同时分析橘红痰咳液中苦杏仁苷、甘草苷及柚皮苷 3 个苷类化合物的高效液相色谱方法（HPLC），该法操作简单，重复性好，测定结果准确，对更好地控制该成药制剂的质量大有裨益。而其他研究者也通过 HPLC 与反相高效液相色谱法（RP-HPLC）探究了其中五味子醇甲以及吗啡等成分的含量[2-6]。

### 2. 金灯山根口服液

金灯山根口服液为上海中医药大学附属曙光医院、著名中医张赞臣教授所创用于治疗咽喉急性疾病的经验名方。该方由锦灯笼、山豆根、牛蒡子、桔梗、射干以及甘草组成，本药可疏风清热、化痰利咽，主治咽喉实热证，其症可见咽痛且咽部充血红肿，发热畏寒，小便黄赤，大便干燥，舌红苔黄等。故此方在临床上可应用于包括急喉痹、乳蛾、喉风、咽喉肿痛等热证。方中锦灯笼又称挂金灯，其性味苦寒，善清肺胃之热，能消郁结，止喉痛，为治喉症的专药；山豆根亦为苦寒之品，功善清肺火，解热毒，利咽消肿，为治疗咽喉肿痛的要药，二药配合可增强清热解毒、消肿利咽之功，共为君药。牛蒡子升散之中有清降之性，可疏散风热，清利咽喉；而射干则长于清肺泻火，降气消痰，二药药性均寒凉滑利，能清肠通便，引火下泄，起到"釜底抽薪"的作用。桔梗宣畅肺气，兼以排脓消痈，为手太阴肺之引经药，引诸药直达病所；配合甘草调和诸药，缓急止痛。

李春芳等[7] 应用该方以喷雾的给药方式给予急性咽炎、急性扁桃体炎 60 例患者进行治疗。结果显示，金灯山根口服液治疗组与阳性药庆大霉素对照组的患者相比，金灯山根口服液治疗组总有效率为 95％，高于庆大霉素对照组的 80.3％；同时，金灯山根口服液在改善咽部疼痛和缩短疼痛时间方面都要优于庆大霉素，说明该方喷雾以高浓度作用于咽喉及扁桃体，对炎症的消退或阻断具有良好的作用。

张剑华等[8] 对金灯山根口服液进行了抗感染方面的研究。研究者在体外抑菌实验中证明了其能够较好地抑制肺炎双球菌、肺炎克雷伯菌以及具核梭形杆菌等常见呼吸道感染致病菌的活性；体内试验结果表明金灯山根口服液能够明显延长肺炎双球菌与内毒素所致肺部感染小鼠的生存时间；同时实验发现金灯山根口服液能够增强免疫功能低下小鼠单核细胞吞噬功能，并使免疫器官的胸腺指数增高。以上结果提示，增强机体的免疫功能及对毒素的耐受力，是金灯山根口服液用于治疗咽部急性感染的作用机制之一。该研究者还进行了金灯山根口服液治疗急性咽炎、急性扁桃体炎等方面的临床研究[9]，发现金灯山根口服液治疗组在改善咽痛症状，消退咽黏膜、咽侧索、扁桃体、咽后壁淋巴滤泡充血肿胀方面的作用与西药普鲁卡因青霉素对照组比较无显著性差异，但口服液能使高热体温下降，其退热效果优于西药对照组，体现了中药在临床治疗过程中能够起到疏风散热、清热解毒的整体作用，而这是抗生素单一作用所难以企及的。

### 3. 锦黄咽炎片

锦黄咽炎片是由锦灯笼与黄芩两味药组成的复方制剂，该组方用药少而精，两药单用或配伍应用治疗喉痹、咽喉肿痛和咽喉疼痛在古今均有相关方剂和案例的应用。锦黄咽炎片具有清热解毒、消肿利咽的功效，主要应用于治疗风热证急性咽炎。

王晓彤[10] 对锦黄咽炎片的药效学开展研究，发现该制剂对二甲苯引起的小鼠耳肿胀、对蛋清引起的大鼠足肿胀以及对热刺激引起的小鼠疼痛反应均具有明显的抑制作用；同时，锦黄咽炎片能够显著地提高热刺激引起的小鼠疼痛反应阈值，具有明显的镇痛作用；体外抑菌实验结果表明锦黄咽炎片对于金黄色葡萄球菌、甲型溶血性链球菌、乙型溶血性链球菌、大肠杆菌、变形杆菌等有非常明显的抑制作用；此外，流感病毒鸡胚模型实验发现，锦黄咽炎片作用48h后可降低流感病毒的感染力，可见其对流感病毒有明显的抑制作用。以上药效学实验结果与该药的清热解毒、消肿止痛，清利咽喉的功能相符合，证明锦黄咽炎片是一款有效的治疗急性咽炎的药物。范晓东等[11]也对锦黄咽炎片进行了与上述研究相似的相关研究，并得出一致的结论，共同用现代科学手段验证了锦黄咽炎片的药效作用。

### 4. 锦花清热胶囊

锦花清热胶囊是由锦灯笼、金银花、连翘、桑叶、桔梗、芦根等6味中药依据中医药理论配伍而成，方中以锦灯笼为君药，再配伍以味性偏寒凉、味偏甘苦的中药，使得全方具有疏散风热、宣肺利咽、祛痰止咳、清热解毒、消肿止痛等功效，临床多用于治疗咽干、咽痛、音哑、痰热、风热感冒咳嗽等，具有疗效确切、安全、不良反应少等特点。

高长久等[12]对锦花清热胶囊进行了抗炎镇咳镇痛方面的研究，通过二甲苯致小鼠耳郭肿胀实验及大鼠皮内色素渗出实验发现，锦花清热胶囊有效成分可拮抗磷酸组胺引起的毛细血管通透性增强，改善以毛细血管扩张、渗出性水肿等症状为主的急性炎症反应；此外，氨水致小鼠咳嗽实验结果显示，锦花清热胶囊能够延长小鼠咳嗽潜伏期，减少小鼠咳嗽次数，抑制咳嗽，提示该药可能作用于有关化学感受器，保护支气管黏膜免受刺激；同时，研究者发现锦花清热胶囊对乙酸沉积在小鼠脏层和壁层腹膜、引起深部较大面积较长时间的炎性疼痛有明显的抑制作用，且该作用呈量效关系。

侯甲福等[13]采用对新西兰兔注射脂多糖的方法建立发热模型，以此来探究锦花清热胶囊的解热作用。结果显示，锦花清热胶囊具有良好的降温效果，给药300min后即可接近基础体温；此外，研究者通过显色基质法检测发现，锦花清热胶囊能够降低内毒素在发热模型小鼠血液内的活性，抑制脂多糖在体内的作用。该研究者还对锦花清热胶囊的急性毒性与长期毒性进行了研究[14]，发现在给药后小鼠皮毛状态、活动量、摄食与排便等宏观指标均为正常，脏器未见异常损伤，各项血液生化指标与未给药的空白组相比也无显著性意义，证明锦花清热胶囊是一款安全无毒副作用且治疗效果好的中成药。

### 5. 锦珠草颗粒

锦珠草颗粒由锦灯笼、紫珠叶、地锦草以及苦参组成。方中锦灯笼善于清热解毒，地锦草能清热解毒、凉血止血，紫珠叶散瘀止血，苦参清热燥湿，四药合用，具有清热解毒、活血化瘀和止痢之功效。

索朗扎西等[15,16]进行了锦珠草颗粒对人工感染鸡大肠杆菌病防治实验的研究。研究人员通过胸肌注射大肠杆菌菌液造成鸡感染模型，发现锦珠草颗粒组给药后模型鸡的临床感染症状基本消失，血清转氨酶活性、胆红素水平以及炎症因子的含量均有降低，表明锦珠草颗粒能有效维持内环境的稳定，加强免疫防御，对肝脏损伤的修复和保护以及体内炎症的改善具有重要作用。

张涓等[17]进行了锦珠草颗粒的体外抗菌研究实验，通过二倍稀释法测定其最低抑菌浓度（MIC）与最低杀菌浓度（MBC）发现，锦珠草颗粒对大肠杆菌、金黄色葡萄球菌及白色葡萄球菌等常见致病菌具有较好的杀菌效果，为其临床应用提供了一定的科学依据。

除了上述药物之外，还有其他一些中成药制剂组方中含有锦灯笼，如野菊花清咽含片、急性咽炎含片、转阴一号胶囊以及芩花胶囊等，但目前也仅有对其质量控制方面研究的相关报道[18-20]，对于其药理活性或是临床功效的研究寥寥可数。同时，目前在市场与临床上已较难见到以上药物，可见锦灯笼在中成药领域的应用与开发存在极大的空白区域。锦灯笼目前已通过大量实验证实其对咽喉、上呼吸道以及肺部疾病具有良好的治疗效果，在经历过近年的新冠疫情之后，若将其开发成为药物并应用于治疗呼吸系统疾病相信将会拥有巨大的市场潜力。

## 二、药物开发

### 1. 呼吸系统疾病用药

锦灯笼性味苦寒，其清热解毒力强，具有良好的利咽、化痰功效，能够治疗咽痛音哑、痰热咳嗽等疾病。近年来，随着对锦灯笼的研究逐渐深入，其在呼吸系统疾病方面的作用也开始被人们关注。

（1）咽炎

咽炎病变部位特殊，病因复杂，症状顽固，易反复发作。目前，临床上治疗咽炎大多采用抗生素类药物治疗，常用的有庆大霉素及罗红霉素、阿莫西林、呋喃西林漱口液等。近年来由于微生物对抗生素的耐药性越来越强，抗生素类药物的临床应用受到限制，治疗效果不尽如人意。而中医药治疗咽炎，具有毒副作用小、作用温和持久的特点，成为近年医学和药学研究者的关注热点[21]。

李云娟[22]发明了一种治疗慢性咽炎的中药组合物，其中包含有锦灯笼、黄荆子、葎草以及其他中药，发明人使用该中药组合物对 200 例慢性咽炎患者进行治疗，其中轻、中、重度患者的症状均得到了一定的改善。

刘雨[23]发明了一种锦灯笼提取物与酮洛芬联合作用的药物组合，并通过药理实验证明，该药物组合能够明显降低氨水咽部喷雾法致急性咽炎大鼠模型血液中的中性粒细胞以及炎症因子含量，改善大鼠咽炎症状，且效果好于酮洛芬以及锦灯笼提取物的单一用药效果，具有开发成为治疗急性咽炎药物的潜力。

（2）流行性感冒

流行性感冒是由流感病毒引起的急性呼吸道传染病，病原体为甲型、乙型及丙型流行性感冒病毒，此病通过飞沫传播，传染性强，具有"变异"特性，不断产生新的亚型，易感者众多，常容易造成暴发性流行或世界性大流行。潜伏期大约 1～2 天。起病大多较急，全身症状较重而呼吸症状较轻。开始可表现为畏寒、发热，体温可高达 39～40℃，同时患者伴有头痛、全身酸痛、软弱无力，且常感眼干、咽干、轻度咽痛等症状。部分病人可见喷嚏、流涕、鼻塞。有时可见胃肠道症状，加恶心、呕吐、腹泻等。上述症状一般于 1～2 天达高峰，3～4 天内热退，症状随之消失。乏力与咳嗽可持续 1～2 周。

丁轶尘[24]发明了一种能够预防或治疗流行性感冒的中药组合物，其中含有锦灯笼、蒲公英、艾草等多味中药以及广藿香油、薄荷油等其他辅料，并用于临床治疗 245 例流感患者，最终治愈率为 83.7%，好转率为 16.3%，证明该组合物对流感具有良好的治疗效果。

### 2. 心血管疾病用药

除了应对呼吸系统疾病中的症状外，锦灯笼对于心血管疾病也具有良好的治疗作用。

（1）高脂血症

随着生活水平的提高及我国人口老龄化的加剧，高脂血症的患病率正逐年上升。高脂血症是一类严重危害人体健康的疾病，是动脉粥样硬化、冠心病、脑卒中、胰腺炎及糖尿病等发生、发展的重要因素。目前，临床治疗高脂血症药物以他汀类药物治疗为主，还包括胆汁酸结合树脂类、酰基辅酶 A、胆固醇酰基转移酶抑制剂、贝特类和烟碱类等，降脂疗效确切。然而脂代谢的调节是长期的治疗过程，目前临床单一使用西药类药物难以全面治疗多种血脂代谢异常，且长期服药价格昂贵，药物副作用加重，停药后易反弹。而中药对于治疗长期慢性疾病，有其显著优势，其通过整体水平调整机体多系统功能平衡，从而达到治标又治本的目的。

杨宝峰等[25] 发明了一种用于治疗高脂血症的中药组合物，其中含有锦灯笼、火麻子、黄芪。发明人通过高脂饲料建立大鼠高脂血症模型，在给药治疗 4 周后，对血液生化指标进行检测发现模型大鼠血清总胆固醇（TC）、甘油三酯（TG）以及低密度脂蛋白（LDL-C）水平显著下降，证明该组合物具有良好的治疗高脂血症的效果。

（2）糖尿病

糖尿病属于内分泌代谢性疾病，是由于胰岛素分泌的量不足以将血液中的糖分降低到合理程度内所导致的。糖尿病患者的典型症状为"三多一少"，即饮食量增多、喝水量增多和尿液量增多，但是体重却减少。近年来，随着生活水平的提高，我国的糖尿病患者数量快速增加，糖尿病已经成为我国仅次于癌症和心血管疾病的第三大死亡病因。目前糖尿病可以通过注射胰岛素或者通过服药进行长期治疗。然而，胰岛素及口服降糖药物在治疗过程中的副作用较大，长期使用对肾脏会产生非常大的代谢负担。糖尿病在中医上属于"消渴"，主要病因为阴阳失调、热灼伤津、气阴两伤、气血逆乱，故中医多使用清热养阴中药对糖尿病患者进行治疗。

艾散·阿尤普[26] 发明了一种降血糖散粉，其由锦灯笼、百合、人参多糖以及其他中药组成。该配方所用中药均具有药食两用的特性，所以在降低血糖的同时，还能够降低肾脏的代谢负担。同时该发明通过在生产过程中添加酶解过程，利用酶将细胞壁溶解，释放出细胞内部营养物质，使得所制备粉剂中的营养物质也能够在短时间内溶解到热水中，增强了服用效果。

### 3. 皮肤疾病用药

锦灯笼自古也被人们作为治疗天疱疮、湿疹等皮肤疾病的外用良药。在很早以前，我国本草古籍[27] 就对于锦灯笼的外用功效主治有所记载，比如《本草从新》："天泡湿疮，捣子敷之，或为末、油调。"《邓才杂兴方》："天泡湿疮，天泡草铃儿生捣敷之。亦可为末、油调敷。"《中国药典》（2020 年版）记载其"……外治天疱疮，湿疹"。可见其在治疗皮肤疾病方面尚有巨大潜在价值亟待挖掘。

（1）湿疹

湿疹又称为特应性皮炎，是一种由多种内外因素引起剧烈瘙痒的皮肤炎症反应。初发皮损为对称性分布的红斑，后逐渐出现丘疹、丘疱疹、水疱，患者感觉皮肤瘙痒剧烈。继发感染可出现脓疱和脓痂，可伴有局部淋巴结肿大或发热等全身症状[28]。目前治疗该类疾病的药品中，化学药品占有主要的市场份额，约为 70%。化学药品主要为苯海拉明、扑尔敏、异丙嗪等抗组胺类药物，以及泼尼松、氢化可的松、地塞米松等糖皮质激素类药物，其长期使用可能出现头晕呕吐、疲倦乏力、皮肤屏障功能破坏等副作用。另外，中药制剂也占据一定的市场份额。当前中药外用制剂也有较多的品种可供选择，但因其有效成分含量低、药效弱、作用机制不明确以及工艺粗糙等问题阻碍了中药外用制剂走向市场的道路，市场规模处于抑制状态。

目前舒尊鹏课题组已经研发并上市了一款锦灯笼冷敷凝胶，这是一款用于治疗婴儿湿疹等皮肤问题的婴幼儿外用制剂产品，对于婴儿湿疹、皮炎、"红屁股"、皮肤瘙痒以及蚊虫叮咬等各类婴儿皮肤问题均能使用。产品首次将中药锦灯笼单味中药研发成儿童外用制剂产品，在国内首创推出，创新性强；同时产品配方全部使用"可食用级别"原材料，成为目前市面上首款"食品级"皮肤外用制剂，安全无添加、温和不刺激。该研发团队拥有锦灯笼有效成分的独家提取工艺与大孔树脂富集分离技术，能够富集精制得到有效成分高达80％以上的有效部位，生产效率显著提高，产品质量标准、优异，在市场中能够拥有较大的竞争优势。产品与技术已申报国家知识产权专利，致力于为广大湿疹患者提供一款安全有效的抗湿疹药物。

（2）疱疹

疱疹是指由人类疱疹病毒（human herpes virus，HHV）所引起的皮肤疾病，HHV可侵犯人体多个器官，进而引起人体多种疾病，并能长期潜伏在体内，在一定条件下发生再次感染，任何年龄都可发病。临床上常见的水痘、带状疱疹、单纯疱疹、生殖器疱疹等疾病均由HHV感染导致。

李文远[29]发明了一种治疗皮炎湿疹、疱疹的中西医复合外用制剂，其中含有锦灯笼、红天葵、鸦胆子以及其他中药，并与纳米活性炭、丙酸氯倍他索、三磷酸腺苷以及其他辅料共同制成。发明人应用该组方进行临床试验治疗研究，发现其对于唇部疱疹、手足疱疹以及生殖器疱疹均具有良好的治疗效果，患者在使用一个疗程（一个月）后，疱疹症状不再出现。

（3）疮疡

疮疡是指各种致病因素侵袭人体后引起的一系列体表化脓感染性疾病的总称，如丹毒、热疖、蜂窝组织炎、急性乳腺炎、化脓性指头炎、结节性血管炎、浅静脉炎、褥疮以及糖尿病足部溃疡、足癣感染等疾病。目前临床在治疗疮疡时，通常采用凡士林纱条引流，同时合用大量抗生素进行杀菌治疗。但该方法存在着治疗效果不理想、伤口愈合慢、毒副作用大等问题，且长期使用容易出现抗药性。中医认为疮疡多由毒邪内侵、邪热灼血以致气血凝滞而成，故中医治疗多以清热解毒为主。

姜晓明[30]发明了一种治疗疮疡阳证的止痛消炎药膏，其由锦灯笼、白芷、紫草以及其他中药组成，具有清热解毒、散瘀止痛、除湿消肿的功效。发明人通过对疮疡大鼠给予止痛消炎药膏发现，止痛消炎药膏能够加速伤口愈合，增加血清免疫球蛋白与补体数量，脓性分泌物中溶菌酶及血清溶菌酶含量显著上升，证明其具有良好的促进伤口愈合以及抗菌消炎的作用。同时，临床267例疮疡患者在使用该药膏后，疼痛感均不同程度减轻，总有效率达到了99.6％。

（4）疥疮

疥疮是由于疥虫感染所引起的皮肤疾病，其传染性较强，能够通过密切接触传播。临床表现为皮肤剧烈瘙痒，多发于皮肤褶皱处，特别是阴部，且易留下疥疮结节等后遗症。

李军[31] 发明了一种治疗皮肤病的药剂，其中含有锦灯笼、玄参、干姜以及其他中药，60例疥疮患者临床治疗一个疗程之后，全部患者治疗后无瘙痒，丘疹、水疱消失，无隧道或隧道内无疥螨挑出，均达到治愈标准，证明该药剂对于疥疮等皮肤疾病具有良好的治疗效果。

（5）小儿荨麻疹

小儿荨麻疹又称婴儿苔藓，好发于春秋季节，是一种婴幼儿常见的易复发的过敏性皮肤病，通常伴随有瘙痒等症状，使患儿烦躁、睡眠不安，且病情顽固缠绵难愈。临床常用的外用乳膏等药物治疗，虽然简单方便，但是往往容易产生较大的毒副作用，且极易复发。因此，临床急需一种成分天然安全、疗效显著的药物。

饶兴杰[32] 发明了一种能够治疗小儿皮肤病的药剂，其中包含有锦灯笼、山茱萸、桔梗以及其他中药。发明人使用该药剂对临床36例小儿荨麻疹患者进行了治疗，发现所有患儿在连续治疗5天后，荨麻疹消退，瘙痒症状减轻或消失，且3个月内不复发。证明该含有锦灯笼的药剂对于小儿荨麻疹具有良好的治疗效果。

（6）痤疮

痤疮是毛囊皮脂腺单位的一种慢性炎症性皮肤病，发病率为70%～87%，其对于青少年心理和社交的影响已超过了哮喘和癫痫[33]。痤疮的病因有很多，其主要与雄激素水平升高、皮脂分泌增加、毛囊皮脂腺导管角化异常、痤疮丙酸杆菌感染和继发炎症反应等有关。另外，遗传因素也可影响痤疮的严重程度和病程等。饮食因素如油腻食品、糖类、辣椒等可增加皮脂的产生进而诱导痤疮的生成。而酒精、过度劳累和精神紧张等也可加重痤疮。痤疮主要发生于面部和胸背等处，表现为黑、白头粉刺、炎性丘疹、脓疱、结节、囊肿甚至个别患者形成瘢痕疙瘩，损毁人的面容，给患者带来痛苦与烦恼，严重影响患者的生活质量。临床治疗痤疮多以减少皮脂分泌、抗菌、消炎、抑制免疫反应为主。但由于痤疮为慢性过程及易复发的临床特点，人们需要更加有效、作用更能持久的抗痤疮药物。

王恩瀚[34] 发明了一种治疗痤疮的药物组合物，其中含有锦灯笼、珍珠草、金铁锁以及其他中药。发明人使用该组合物对287例患者进行治疗，发现在治疗2周后，大部分患者皮损状况均有不同程度的改善，并且患者的皮肤油脂、角质层含水量等指标也有所改善。此外，发明人使用痤疮药物组合物多次接触家兔的完整皮肤和破损皮肤来探究该组合物所造成的皮肤局部刺激反应及过敏反应情况，发现其对于家兔完整皮肤与破损皮肤均无刺激作用。进一步的豚鼠实验也证明该组合物不会产生皮肤过敏反应。以上研究结果表明，该药物组合物对于痤疮具有良好的治疗效果，且副作用小，有待进一步开发成为临床用药。

（7）水疱型脚气

脚气是足癣的俗名，也称"香港脚"，是一种极常见的由皮肤癣菌如真菌、念珠菌、霉菌等所引起的感染性皮肤病。成人中有70%～80%的人患有脚气，其中轻重程度各不相同。足部多汗、潮湿或鞋袜不透气等都可诱发本病。水疱型脚气常为急性发展期脚气，起病较急，夏重冬轻。原发损害以小水疱为主，成群或散发，壁厚，疱液清，常位于趾间、足心及足侧缘。如果继发细菌感染，则疱周出现红晕，疱液化脓变浑浊。疱壁溃破后局部出现糜烂或肿胀。此时，如果用药不当，导致炎症得不到及时控制，则容易引起淋巴管炎等一些并发症。目前市场上存在的治疗脚气的药物有达克宁、脚气灵、足爽粉等膏剂、擦剂、喷剂，其针对性不强，治疗脚气的效果较差，停药后容易复发。并且尚无专门针对水疱型脚气的中草药制剂。

蒋玉群[35] 发明了一种治疗水疱型脚气的药物，其中含有锦灯笼、青蒿、甘草以及其他中药。发明人将此组方以乳霜剂的剂型应用于 185 例水疱型脚气患者的患处，发现在经过一个疗程（7 天）的使用后，大部分患者的临床症状、体征消失，足缘、足底部水疱完全消失，瘙痒症状完全状消失，总有效率达到了 97%，治疗过程中无不良反应，且停药 1 年后无复发者。

（8）皮肤伤口

① 抗感染药物

皮肤是人体最大的器官，几乎覆盖整个人体表面。人们在生活中难免会受到烧伤、烫伤、割伤等皮肤损伤，而常见的治疗方式是外用激素、抗生素等药物。该类药物虽然能够抗细菌、真菌感染，防止皮肤损伤恶化，但过度使用却会使皮肤变薄从而影响伤口愈合的速率。而滥用激素与抗生素也会对人体造成诸多的不良反应。因此，一款能够抗皮肤伤口感染的天然制剂在皮肤制剂领域应当具有较大的应用前景。

何颖[36] 发明了一种具有抗感染作用的药物组合，其由锦灯笼水提物与杜仲叶多糖组成。发明人选取了 210 例肢体有外伤或是手术后创口感染、发炎、化脓、创口不愈的患者，将其分为使用该组合物的治疗组及分别单独使用两种组分的对照组 1、对照组 2。连续治疗一个疗程（30 天）后发现，药物组合物治疗组的患者在治疗 1 个月后症状便有所缓解，3 个月后症状明显改善，总有效率达到了 86.7%；锦灯笼水提物对照组 1 的患者在治疗 1 个月后症状未有缓解，3 个月后则有部分患者症状有所缓解，总效率为 30%；对照组 2 的绝大部分患者在治疗 3 个月后仍无效果，总有效率仅有 3.3%。以上实验表明该含有锦灯笼的药物组合物对于伤口感染具有良好的改善作用，而其中的杜仲叶多糖能够协同增强锦灯笼水提物的抗感染作用。

② 新剂型

对于伤口最传统的保护方法便是用涂抹有药膏的纱布将伤口包扎，这样既能持续给药，又能使伤口与外界隔绝，从而保护伤口。但传统纱布较厚，容易使伤口处于无氧环境，不利于恢复；且包扎后可能影响关节活动以及外观形象，降低患者的生活质量。创可贴等轻便敷料，因其易携带、易操作的优点深受人们喜爱。但是传统创可贴也存在不防水的问题，在接触到流动水或者皮肤表面出汗的时候，便极易脱落，从而带来二次损伤的风险。近年来，液体创可贴的概念作为一种新兴敷料进入了人们的视野，其主要由挥发性溶剂与成膜材料组成，在包装内呈液体状态，涂抹于皮肤表面后由于溶剂迅速挥发而成为固体薄膜，从而将伤口与外界隔绝，发挥物理保护的作用。液体创可贴使用方便，成膜后轻薄、透气，不影响关节活动，且其主要材料大多为非水溶性，成膜后防水效果好。目前市面上的液体创可贴以日本小林制药的创可贴为主，但现有的液体创可贴只能起到物理隔绝的作用，并不含有帮助伤口修复的有效成分，且选用的挥发性溶剂刺激难闻，可能会影响患者的使用适应性[37]。

锦灯笼具有良好的抗菌作用与组织修复功效，能够帮助皮肤伤口组织加速愈合，促进修复。舒尊鹏课题组将锦灯笼提取精制物作为主要药效成分添加进入液体创可贴中，使用聚乙烯丙二醛作为主要成膜材料，使其具有较好的防水和透气性能，此外还加入了乙醇、甘油、纳米银等功能性物质发挥保湿，增加溶解度，和杀菌消炎等作用；为了缓解创可贴的刺激性气味，添加芳香性挥发油类成分进行矫味不仅增加了患者的顺应性，挥发油本身所具有的抗炎和杀菌功效更进一步地升华了液体创可贴，最后制成了一种具有促进伤口愈合功效，又让患者接受性强的创新型体积小、使用简单、携带方便液体创可贴。

（9） 口腔溃疡

口腔溃疡也称为口疮，是一种常见的发生于口腔黏膜的溃疡性损伤病症，多见于口唇内侧、舌尖、舌腹、颊黏膜、前庭沟、软腭等部位，这些部位的黏膜缺乏角质化层或角化较差，极易发病。口腔溃疡发作时疼痛剧烈，局部灼痛明显，严重者还会影响饮食、说话，对日常生活造成极大不便；可并发口臭、慢性咽炎、便秘、头晕、恶心、乏力、烦躁、淋巴结肿大等全身症状。口腔溃疡发生的原因多种多样，局部创伤、营养不良、用药反应、内分泌紊乱、维生素或微量元素缺乏等都有可能引起口腔溃疡症状的发生。

现有的口腔溃疡制剂一般包括有膜剂、粉剂、贴剂、喷剂、片剂等，不同的给药方式也有着各自的优缺点。膜剂是目前较为常用的一个口腔剂型，其黏合性较强，患者也可根据溃疡的大小来选择合适的膜剂规格；但膜剂载药量不高，且使用时需要将手伸入口腔进行给药，存在卫生隐患。粉剂载药量大，伤口覆盖面广，渗透力强，且持续给药时间较长，从药效来看为目前口腔溃疡制剂中较为优选的给药方案；但多数粉剂味苦，且多次使用时容易堵住喷口，同时在给药时因按压的力度不同导致给药剂量难以掌控，这些都是粉剂给药难以避免的缺点。喷剂作为液体制剂，因其给药方便、用药覆盖面广而深受人们喜爱；但由于其载药材料为液体，故在口腔中极易与唾液混合，脱离创口，从而减少给药时间，难以达到治疗效果。贴剂是将药物载于背衬材料上，并将其贴敷于口腔中患处的剂型，其因为与伤口紧贴而能维持较长的给药时间；但若在给药前未将患处进行干燥处理，则贴片难以贴紧，且口腔内的异物感会在一定程度上影响患者的用药接受度，这也是贴剂在用药时的不方便之处。片剂是将载有药物的含片含服于口腔内的给药剂型，其用药方便，且因能够缓释而维持较长的给药时间；但药片含于口中可能会造成患者语言沟通交流不便，甚至是引起儿童患者的误吞等问题[38]。

锦灯笼对于鼻黏膜、口腔黏膜等黏膜组织同样有着良好的修复功能，舒尊鹏课题组发明了一款软膏型锦灯笼口腔溃疡制剂[39]，能够通过定量包装相对控制给药剂量，且质感细腻，使患者更易接受。制剂首次采用从水果中提取的食源性材料果胶作为载药基质，其黏附性强，能够使药物成分尽可能久地停留于患处，延长给药时间；并选用薄荷醇改善锦灯笼有效成分酸浆苦素本身的苦味，并促进药物吸收，增强药效。发明人应用大鼠口腔溃疡模型探究该含有锦灯笼提取物的软膏对于口腔溃疡的治疗作用，连续治疗 12 天后，发现治疗组大鼠创口完全愈合，治愈效果明显；ELISA 检测发现治疗组大鼠血清中的 TNF-α、IL-6、IL-1β 和 IFN-γ 等炎症因子含量显著低于模型组，IL-10 含量则显著升高；同时，ELISA 检测还分析得到了锦灯笼治疗组大鼠血清中 VEGF、TGF-β1 和 EGF 等生长相关因子含量显著高于模型组；此外，Western Blot 结果显示，锦灯笼治疗组大鼠溃疡黏膜组织中的胞外信号活化调节激酶 1/2 （ERK1/2） 以及核转录因子 NF-κB p65 磷酸化水平显著低于模型组。以上实验结果表明，该锦灯笼口腔溃疡制剂能够通过抑制炎症因子的表达进而改善口腔炎性损伤，同时促进血管生长相关蛋白质的表达来加速伤口愈合，从而达到修复伤口愈合的功能。

### 4. 妇科疾病用药

妇科疾病几乎是所有女性都无法逃避的问题，女性常常对妇科疾病缺乏正确的认识，加上不良生活卫生习惯等因素，使得一些女性被妇科疾病缠身，对工作与生活造成了极大的影响。妇科疾病往往伴随着炎症的出现，常见的妇科炎症有宫颈炎、盆腔炎和阴道炎。

目前，市面上应用较多的妇科制剂有凝胶剂、栓剂、泡腾片等，其给药方式与优缺点各有不同。凝胶剂在使用时利用一定长度的给药针头，将妇科凝胶注射进入阴道内，以达到杀菌、消炎、止痒的效果，目前凝胶剂相对于其他剂型来说药感受较好，接受度较高，因此选择人群也相对较多。妇科栓剂有球形、卵形、鸭嘴形等形状，在使用时将药栓塞入阴道中，根据其制剂结构特点，能够达到控释、缓释给药的效果，其作用时间长，故能够减少给药次数；但作为固体制剂，栓剂的异物感可能会影响患者的接受程度。阴道泡腾片与栓剂相似，但其在缓释过程中会释放气泡，造成一定的刺激感，因此可能会造成不良的用药体验[40]。

湿巾是较为方便携带的清洁用品，目前很多女性习惯用湿巾擦拭阴部，但是其中含有的大量化学成分，在长期使用中不但伤害阴部皮肤，还会破坏阴道自身酸性环境。杜德福[41]发明了一种洁阴的中药湿巾，其由锦灯笼、苦参、松叶以及其他中药组成，诸药合奏起到消炎止痒、杀虫抑菌、清热燥湿等功效。同时中药湿巾毒副作用低，方便携带，解决了女性在外难以清洗阴部的难题。

阴道泡沫剂是近年来较为新兴的一种制剂，其用法是通过发泡喷头将用起泡材料制成的泡沫剂注入阴道，在接触到阴道壁时其泡沫量最大最绵密，能够迅速增大给药面积，而后逐渐消泡，以避免异物感与刺激感。锦灯笼具有良好的杀菌、消炎作用，对于阴道炎等妇科炎症疾病也具有一定的治疗效果。舒尊鹏课题组将锦灯笼提取精制物与发泡材料共同制成锦灯笼泡沫剂，其巨大的泡沫量能够最大限度地使药物接触患处，达到较好的治疗效果；且锦灯笼有效成分主要为弱酸性物质，不会破坏阴道内的 pH 平衡，避免了用药引发的阴道内环境紊乱等副作用。

### 5. 失眠

失眠是最常见的睡眠障碍，也是非常常见的心身疾病症状之一，是指各种原因引起的睡眠不足、入睡困难、早醒等，患者常有精神疲劳、头昏眼花、头痛耳鸣、心悸气短、记忆力不集中、工作效率下降等表现。重症者彻夜难眠，常伴有头痛头晕、神疲乏力、心悸健忘、心神不安、多梦等，患者常对失眠感到焦虑和恐惧。目前临床治疗多在积极治疗原发性疾病基础上，服用一些调节神经系统的药物治疗失眠；在中医领域则会通过中草药汤药内服、芳香疗法以及针灸等手段缓解患者的失眠症状。芳香类药物的成分多为小分子物质，能被机体快速吸收，具有引药上行、芳香开窍的作用，对中枢神经系统具有双向调节作用，平衡脑兴奋与抑制，使中枢神经的功能趋于平衡，既镇定安眠，又醒脑开窍。

史坚鸣[42]发明了一种具有益智安神助睡眠功效的中医芳香疗法组合物，其中含有锦灯笼、白菊花、野菊花、密蒙花、西红花、佛手花、玫瑰花、丁香、沉香、砂仁花以及其他药物，通过动物实验发现，该组合物能够延长戊巴比妥钠造成的睡眠动物模型的睡眠时间，在戊巴比妥钠阈下剂量具有催眠作用，并且可缩短睡眠潜伏期，证明该含有锦灯笼的芳香疗法组合物具有改善睡眠功能、治疗睡眠障碍的作用。

## 三、工艺研究

近年来，亦有不少研究者对于锦灯笼有效成分的提取、分离、精制以及制剂工艺进行了研究，这些研究为锦灯笼的药物开发奠定了工艺基础。

于航等[21]发明了一种锦灯笼抗咽炎有效部位及其总甾体提取和精制的方法，通过乙醇加热回流提取，采用 AB-8 型大孔树脂对总甾体有效组分进行分离、精制。该方法工艺简单、成本低、效率高，适合工业化生产，能够为锦灯笼抗咽炎有效部位开发为新药奠定工艺基础。

王晓林等[43] 发明了一种锦灯笼分散片的制备方法，其由锦灯笼提取浓缩浸膏与乳糖、微晶纤维素、硫酸钙等稀释剂，交联聚乙烯吡咯烷酮、羧甲基淀粉钠、低取代羟丙基纤维素等崩解剂，甜菊糖苷等矫味剂，以及聚乙烯吡咯烷酮 K30 的乙醇溶液共同制成。该分散片能够在 3min 内完全崩解并达到分散状态，具有崩解溶出速度快、生物利用度高、制备工艺较为简单的特点，对于吞咽困难的儿童与老人使用更加方便，提高了患者服药顺应性。

徐曜平[44] 发明了一种锦灯笼胶囊的制备方法，其将锦灯笼干燥至恒重，按质量比（1～2）∶30 加入 70%乙醇，浸泡后进行回流提取 2～3 次，合并提取液后减压浓缩至提取物样品浓度为 1mg/L，所得到的提取物样品流过预先填装好的 D101 树脂柱并使用 75%乙醇溶液进行洗脱，收集、浓缩洗脱液待无醇味后，经冷冻干燥，制得锦灯笼提取物粉末。该工艺为锦灯笼制成胶囊剂等剂型奠定了研究基础。

## 四、医疗产品开发

检验科是临床医学和基础医学之间的桥梁，包括化学病理学、临床微生物学、临床免疫学、血液学、体液学以及输血学等分支学科。检验科作为医院进行医学检验的科室，对检验的环境有严格的要求，检验工作需要在无菌条件下进行，以防止细菌、真菌以及病毒等混入检验标本，影响检验效果，使检验结果不精确，为此，检验科的杀菌消毒工作十分重要。传统的甲醛、戊二醛、环氧乙烷、过氧乙酸等类型的消毒剂消毒效果好，但味道刺鼻，且对于人体皮肤与黏膜具有一定的刺激性。因此，一款消杀效果良好且对人体无害的消毒剂是为检验工作所需要的。

国红福等[45] 发明了一种临床微生物检验用中药消毒剂，其由锦灯笼 8～24g，翻白草9～25g，蒲公英 10～26g 以及其他中药所组成，体外抑菌实验发现其对于金黄色葡萄球菌、绿脓杆菌以及大肠杆菌等常见致病菌具有良好的活性抑制效果，能够抑制菌种继续繁殖，证明其杀菌效果良好，可作为消毒剂应用于临床微生物检验。

## 五、保健食品开发

锦灯笼果实酸甜可口，且富含维生素 C、维生素 E、β-胡萝卜素以及大量的微量元素，可开发成为食品饮品、保健产品、膳食营养补充剂等。锦灯笼的果实又叫红菇娘，其在食品产品方面的发明涉及果酱、果醋、果茶、果酒、饮料、润喉糖、果籽调和油以及水果罐头等领域。孟庆斌等[46] 发明了一种红菇娘水果罐头的制作方法，本发明利用高温蒸煮杀菌以及低温冷却的方法，确保排气密封等环节的有效性，从而达到在没有任何添加剂的情况下拥有较长保质期的效果，制得安全又有风味的红菇娘水果罐头。黄旭华等[47] 发明了一种红菇娘果醋的制作方法，其用麸皮、谷糠等作为辅料，提高了果醋的营养成分含量，尤其具有高的赖氨酸和色氨酸含量，且通过对本发明所述红菇娘酿制醋的原料和比例的控制，可显著减少营养物质的流失，且可保证长时间无沉淀的生成。于江洋等[48] 发明了一种红菇娘冰酒的制备方法，其利用一种低温无氧发酵技术酿造红菇娘冰酒，使温度低于−8℃以下以推迟红菇娘采收，在二氧化碳保护下进行低温无氧纯种酵母发酵，皮渣分离后收集红菇娘汁液，对汁液再进行果糖的二次发酵，以物理方法终止发酵，用白钢罐低温贮藏，最后进行瓶装贮藏等工艺。该发明改善了传统红菇娘酒单薄高酸的缺点，使得果酒更加果香馥郁，因此，酿制出的红菇娘冰酒口感甜润浓郁，酒体澄清，色泽金黄，酒香中含有醇厚浓重的红菇娘果香。

此外，陈明明等[49]以红菇娘和鲜牛乳为主要原料，通过乳酸菌发酵，并利用单因素和正交试验设计，确定该酸奶最佳配方工艺条件为：红菇娘浆 40％，蔗糖 8％，接种量 4％（均为质量分数），40℃发酵 5h，研制成了风味独特，酸甜适度的红菇娘酸奶。张雪等[50]以菇娘果汁、碎米为原料，采用液态发酵法制取菇娘米醋，通过单因素实验及响应面分析发现在醋酸发酵温度 32℃，醋酸发酵时间 72h，装液量 40mL/250mL，接种量 11％的条件下，成品中的总酸含量可达 6.25g/100mL。所酿制菇娘米醋中的维生素 C 和多酚含量均高于张雪等自制纯米醋及商业化米醋，其具有菇娘果汁的天然色泽，无沉淀物、酸味柔和有醋香味。杨勇等[51]为解决因季节性限制，菇娘果不易保存等难题，为菇娘的开发和利用提供新的有效途径，同时也填补市场上菇娘粉末饮料的空白。选择技术先进的压力喷雾干燥作为加工菇娘粉末饮料的主要方法，对其加工工艺进行了实验研究，解决了菇娘粉末饮料喷雾干燥加工工艺中的若干关键技术问题：口味的调节，助干剂的选择和用量的确定，喷雾干燥工艺参数的优化，感官鉴定和各种理化指标的测定等。对后续工业化生产菇娘粉末饮料提供一定的实验依据与技术支持。相玉秀等[52]通过单因素和正交试验的分析，确定出红菇娘罐头的最佳配比为：烫漂时间为 1min、硬化时间为 4min、杀菌温度为 100℃、汁液中羧甲基纤维素钠（CMC-Na）的浓度为 0.40％，按此配方做出的产品组织状态完好，红菇娘香味浓郁，风味和口感俱佳，也是为菇娘果的贮藏提供了新方法。蔡勇等[53]以吉林大米为原料，添加红菇娘果浆，采用固液混合发酵工艺酿造红菇娘米酒。在单因素实验的基础上，利用响应面优化设计红菇娘米酒的酿造工艺，并考察酿造工艺、理化指标和感官评分之间的相关性，得出在培养温度为 30℃的条件下，红菇娘米酒最适宜酿造工艺条件为：红菇娘果浆添加量 16.4％，甜酒曲接种量 2.8％，培养时间 15d。在此工艺条件下，红菇娘米酒中还原糖含量 31.3g/100g，总酸含量 0.81g/100g，酒精浓度 7.9％，感官评分 94.5 分。红菇娘米酒色泽橙黄，酒汤光亮，口感清冽，米香、酒香与果香相和谐。

但目前在市面上，锦灯笼的现有产品除了以上产品应用以外，几乎没有见到其他类型的产品，可见其在食品方面的产业化开发仍处于起步阶段，其食品市场价值具有极大的挖掘空间。

# 第二节　化妆品及护肤品

锦灯笼具有良好的抗炎、抗菌及抗氧化作用，运用在皮肤护理领域，能够起到消除皮肤炎症，改善皮肤损伤，延缓皮肤衰老的作用。在市面上的化妆品、护肤品等产品当中，也有部分产品将锦灯笼作为配方药材之一进行了添加。

## 一、化妆品

目前已有上市产品中添加了锦灯笼作为其中的活性成分。如法国著名护肤品品牌希思黎（Sisley）的全能乳液、希思黎全日呵护精华乳、希思黎抗皱修活焕颜面霜如今受到中国消费者的喜爱[54]。希思黎也在其黑玫瑰系列、抗皱精华水系列中添加了锦灯笼天然提取物，使其能够高效抗氧化，防护肌肤免受自由基侵害，延缓皮肤衰老。

## 二、护肤品

### 1. 抗自由基

自由基是人体健康的公敌，若机体中含有大量的自由基，则有癌变的风险。根据研究发现，肌肤老化的原因中约80％为自由基所致。自由基一方面攻击皮肤细胞膜，破坏细胞膜的弹性和柔韧性，造成微循环出现障碍，失去其应有的功能，维持皮肤平衡的细胞被破坏进而减少，皮肤细胞的免疫能力也迅速下降，使得皮肤基底组织得不到营养的"灌注"，造成细胞干瘪，进而也导致皮肤衰老、变皱、失去弹性、光泽，严重还会导致病变；另一方面，自由基沉积越多越容易造成皮肤出现代谢障碍，黑色素沉积，出现暗沉、色斑等一些皮肤问题。所以，清除自由基便成为了解决肌肤问题的关键。

杨业[55] 发明了一种能够清除自由基的化妆品组合物，其主要成分植物提取液包含有锦灯笼、水红花子。经30～55岁的100名人员连续试用该化妆品30天，对比分析评价上述各实施例中所制得的化妆品的清除自由基效果，结果发现，其改善皮肤暗黄症状的有效率（以明显为指标）为68％，改善色斑情况的有效率为75％，改善细纹状态的有效率为85％，改善皮肤弹性的有效率为67％。证明该含有锦灯笼的化妆品具有较强的自由基清除能力，在肌肤修复、改善肌肤状态方面都具有一定的效果。

### 2. 防晒

阳光中的紫外线是造成肌肤老化与形成皮肤表面斑点的主要原因，大量紫外线长时间的照射对皮肤的伤害主要有：①促进皮肤中的黑色素合成增加，致使色素沉着，导致黑斑、雀斑、黄褐斑等各种色斑的数量增多、面积增大、颜色加深；②引起角质形成细胞增生，破坏真皮胶原纤维和弹性纤维，造成皮肤肥厚、松弛、粗糙并形成皱纹；③引起毛细血管扩张，可能产生红斑；④导致皮肤免疫功能下降，可能形成皮肤癌和癌前病变，如光线性角化病、鳞状细胞癌、黑色素瘤等。目前人们多用擦涂防晒霜的方式来对紫外线进行防护，防止皮肤被紫外线损伤。

夏继英[56] 发明了一种防晒霜，其由含有锦灯笼的消炎类中药提取物、二氧化钛、$Al_2O_3$ 固体颗粒以及其他敷料共同制成。该防晒霜选用的 $Al_2O_3$ 固体颗粒能将空气中的水分吸收到人体身上，保持皮肤适当的湿度，不会让人感到皮肤干燥；同时，配方中的超细二氧化钛能有效地起到一定程度的物理防晒作用；此外，配方选用的消炎中药对人体无任何伤害，又能对晒伤的皮肤进行消炎和杀菌，安全有效。

孟继武等[57] 发明了一款仿生防晒霜，其由含有锦灯笼提取液等消炎类中药、脂、纳米级固体颗粒、营养素以及其他敷料混合制成。该仿生防晒霜选用的纳米级粒径固体颗粒，能够有效地散射紫外光；同时，防晒霜中的脂质与人体皮肤亲和形成脂膜，使配方中的叶绿素分散到脂膜中，形成了具有防晒生物功能的仿生人工膜。在强光照射下，配方中叶绿素成为保卫人体皮肤的屏障，达到了防晒的效果。

若长时间处于烈日下暴晒，则肌肤容易出现红肿、刺痛、水泡、脱皮等现象。而在晒伤后，也应当及时对肌肤进行处理，以避免进一步的损伤。吴克[58] 发明了一种治疗晒后皮肤红肿的中药水，其中含有锦灯笼、吉祥草、金果榄以及其他中药。发明人将暴晒后皮肤出现红肿的患者分为实验组与对照组，实验组将中药水用棉纱布沾湿后，敷用在患处，对照组不做处理。1 天后，观察皮肤红肿和疼痛的改善情况，发现其治愈率显著高于对照组患者的治愈率，证明该含有锦灯笼的中药水对于晒伤后的肌肤具有良好的修复效果。

### 3. 抗敏感

皮肤敏感是现代社会中常见的皮肤症状之一，随着空气及食物等的污染以及化妆品的过度使用，人体对外来物质刺激的抵抗能力越来越差，出现皮肤刺激过敏等现象也越来越频繁。敏感皮肤容易发生过敏现象，常见的症状为发红、发痒，同时也可能会伴有红肿干屑、水疱，或病灶结痂及渗出液化等症状，具体病状严重程度因人而异，严重时可能会出现胸部紧绷、麻木、肿胀等症状。而将具有肌肤修复功能的中药添加到护肤品当中，既能避免过多化学合成物质对皮肤造成损伤，又能够缓解肌肤的过敏症状，可谓是护肤品行业的潮流新趋势。

冯小玲等[59] 发明了一种具有抗敏感功效的中药组合物，其中含有锦灯笼 20%～25%、地榆 15%～20%、鱼腥草 15%～20% 以及其他中药。发明人通过红细胞溶血实验以及封闭性斑贴试验发现该组合物无刺激性，未对受试者皮肤产生不良反应；同时，透明质酸酶体外抑制实验（Elson-Morgan 法）显示该组合物具有强效抗敏作用；30 例敏感肌受试者乳酸刺痛抗敏实验也显示，中药组合物治疗组的效果较安慰剂组具有效果。以上实验表明，该含有锦灯笼的中药抗敏组合物具有良好的舒敏功效，且对人体皮肤无刺激性，在开发成为抗敏修复护肤品方面具有较大的潜力。

### 4. 祛斑

黄褐斑俗称肝斑、蝴蝶斑，是一种常见的面部色素沉着性疾病，常发于面颊、额部、鼻和口唇周围，表现为大小不一的黄褐色或咖啡色斑。黄褐斑多发于青年女性，严重影响其心情与生活。目前发现，妊娠、口服避孕药、紫外线辐射、氧自由基、雌激素、孕激素水平升高、精神因素及长期使用化妆品等都会造成黄褐斑的产生。目前针对黄褐斑的治疗尚无特效药物，常用的激素治疗虽见效快、效果好，但复发率高，难以根治。

李健[60] 发明了一种能够治疗黄褐斑的外用药物组合物，其由锦灯笼、石见穿、田基黄以及其他中药组成，其能够有效扩张末梢血管，改善面部微循环，软化角质，对色素沉着具有一定的抑制作用。发明人对 26 例具有黄褐斑的患者进行给药治疗，早晚各涂 1 次患处，连续治疗护理 1 个月后，治疗组大部分人群的皮损消退了 70% 以上，且斑色明显转浅，患处肤色接近正常，其总有效率达到了 96.2%，远远高于对照组的 76.9%。以上实验结果证明该含有锦灯笼的外用药物组合具有良好的祛斑作用。

### 5. 抗炎修复

田军等[61] 发明了一种具有抗炎修复功效的中药组合物，其将锦灯笼提取液、桑葚籽提取液、苦瓜提取液等添加进入缓释囊泡而制成。该组合物不仅具有药物缓释功能，提高了中药组合物的稳定性与使用效果，并且配方中的中药提取物还具有抗菌消炎、护肤镇静的作用，能够有效改善皮肤红肿、皮肤炎症等症状。体外抑菌实验结果显示该中药组合物对于大肠杆菌以及金黄色葡萄球菌都具有良好的抑制作用。进一步对脸颊两侧出现红斑肿块的部分患者给予该中药组合物治疗（每天在皮肤表面涂抹 2～3 次）5 天后，红斑全部消退，7 天后复诊，并无复发现象。

## 三、日化用品

除了化妆品与护肤产品以外，锦灯笼的开发也已经涉及日化用品、家居用品等领域。

徐超群等[62] 发明了一种纯中药的保健洗浴液，其中含有锦灯笼、无患子、皂角以及其他中药，在沐浴过程中能够对皮肤起到去污清洁、抗菌消炎的效果。且该洗浴液属于纯天然产品，长期使用也不会产生有害残留，对人体和环境造成危害，是一款安全、有效、环保的中药洗浴液。

杜德福[63] 发明了一种具有养发护发功能的中药枕，其由锦灯笼、松叶、枇杷叶以及其他中药共同填充而制成。保健枕中的药物成分缓慢挥发，经局部皮肤充分吸收，使药效深入到达病灶部位，从而有效解决掉发、头发枯黄、分叉、易断等问题。有部分脱发患者在使用该中药枕 2～3 个月之后，精神状态明显改善，脱发症状基本消失，且逐渐有新发长出，头发变得乌黑浓密、亮丽有光泽，证明该中药枕具有良好的养发、生发、护发的效果。

梁宗贵[64] 发明了一种新型中药洗涤剂，其中包含了锦灯笼、无患子、艾叶以及其他中药，与全透明增稠粉以及纳米除油乳化剂等其他材料共同制成。梁宗贵等研究发现该洗涤剂对人体的伤害较小，而其中的中药成分也都具有良好的清洁污渍的效果。

阿吉艾克拜尔·艾萨等[65] 发明了一种具有抗菌、消炎、脱臭功能的漱口液，其中含有锦灯笼、石榴皮提取物、玫瑰花以及其他辅料。抑菌实验显示该漱口水对于金黄色葡萄球菌、大肠杆菌、白色念珠菌以及变形链球菌等常见致病菌都具有良好的抑制作用；小鼠耳肿胀实验显示，该漱口液处理后的模型小鼠其两耳肿胀差（耳肿胀度）明显小于其他组别，具有显著抑制小鼠耳郭肿胀的作用。以上实验结果证实，该含有锦灯笼的漱口液具有良好的抗菌消炎作用，故锦灯笼在漱口水领域也可能会具有较好的开发前景。

佛山嘉华化学研究院的研究者[66] 发明了一种去屑护发免洗喷雾，其中含有锦灯笼黄酮、九里香香豆素、鳢肠生物碱等中药成分，与其他辅料共同制成。研究者通过体外抗菌实验发现，该喷雾有效成分能够有效抑制白色念珠菌与金黄色葡萄球菌的活性；同时，30 名女性志愿者在试用产品 30 天后的效果比未使用产品志愿者的去屑控油效果更加明显。证明该免洗喷雾能够通过抑制细菌、真菌的活性从而减少其代谢物对头皮的刺激，同时还能清洁头皮，清除多余油脂，达到控油、去屑、调理头皮油脂平衡的功效。

然而纵观护肤品与化妆品市场，锦灯笼在其中的应用也仍为之甚少，具备市场开拓的潜力。

# 第三节　生　物　农　药

锦灯笼因其具有抗倒伏能力强、抗病虫害效果显著等优势，而被开发运用于生物农药领域，在其他中药材或植物的种植过程中使用。生物农药是指非化学合成，来自天然的化学物质或生物活体（真菌、细菌、昆虫病毒、转基因生物、天敌等）或其代谢产物（信息素、生长素、萘乙酸钠、2,4-D 等）针对农业有害生物进行杀灭或抑制的制剂，又称天然农药。近年来，利用天然安全的中药或中药组合作为生物农药来使用，已成为农户圈中的新兴"黑科技"。

## 一、番茄溃疡病

番茄在我国种植广泛，因为番茄中水分和糖分含量高，容易导致病菌繁殖，番茄果实经常感染白粉病，感染率达到 30％，严重的会达到 60％，给果农造成很大的经济损失，但是目前番茄溃疡病的防治办法是喷洒大量农药和抗生素，极易造成有害物质残留，食用过后会导致腹泻、呕吐等中毒情况，因此，番茄种植户们迫切需要一种安全无害的番茄溃疡病的防治方法。

刘涛[67] 发明了一种含有锦灯笼的能够防治番茄溃疡病的植物源农药，其中包括了锦灯笼、黄芪多糖、黄芩等多味中药以及其他添加辅料。在实践中发现，番茄初花期和盛花期喷洒该植物源农药的醋酸溶液，能够杀灭病原微生物，抑制番茄溃疡病发生，促进花朵开放，提前结果；于初果期喷洒植物源农药溶液，能够抗菌杀虫，提高番茄抗逆性，抑制多种病害的发生。该配方安全无毒，不会造成果实上农药或抗生素的残留，提高番茄品质，增加经济收入；在收获前喷洒食盐水溶液，能够保持土壤水分，提高番茄硬度，抑制病原微生物生长，提高番茄含糖量。证明该含有锦灯笼的生物源农药能够在番茄生长、开花、结果的各个时期发挥防治番茄溃疡病及促进生长的作用。

## 二、草莓灰霉病

草莓在我国种植广泛，因为草莓中水分和糖分含量高，容易导致病菌繁殖，草莓果实经常感染灰霉病，感染率达到 30％，严重的会达到 60％，给果农造成很大的经济损失，但是目前草莓灰霉病的防治是喷洒大量农药和抗生素，极易造成有害物质残留，食用后致人腹泻、呕吐等，因此，一种安全无害的草莓灰霉病的防治方法是草莓种植户们所急切需要的。

张殿兴[68] 发明了一种含有锦灯笼的能够防治草莓灰霉病的包裹剂，其主要成分包括锦灯笼、漏芦、鹿衔草以及其他中药混合添加辅料。经实践证明，在初果期喷洒一定浓度的该配方配制而成的保果液，能够抗菌杀虫，提高草莓抗逆性，抑制多种病害的发生。喷洒过保果液的草莓与空白对照组的草莓相比，其灰霉病率、叶枯病率和白粉病率明显降低，并且草莓的含糖量升高到 12.6％，贮藏期延长 18.3％，使用该含有锦灯笼的保果液对防治草莓灰霉病具有很好的效果。

## 三、葡萄白腐病

葡萄白腐病俗称"水烂"或"穗烂"，在多雨年份常和炭疽病并发流行，使果农和种植户造成很大的经济损失。发病果粒先在基部变成淡褐色软腐，逐渐发展至全粒变褐腐烂，果皮表面密生灰白色小粒点，之后干缩呈有棱角的僵果极易脱落。葡萄白腐病以分生孢子附着在病灶组织上越冬并能以菌丝形式附着在病灶组织内越冬。该病菌在 28～30℃，大气湿度在 95％以上时适宜发生，高温、高湿多雨的季节病情加重，雨后出现发病高峰。目前，市面上有多种化学农药和生物农药单独用于防治葡萄白腐病菌，但是防治效果都不是很理想，而且还会对植物体造成一定程度的损害，同时，喷洒的农药会附着在果实上，食用后严重危害人类的健康，因此，研发出一种对葡萄白腐病防治效果显著，毒副作用小，对环境及葡萄没有污染毒害的新型防治组合物具有重要的现实意义和经济意义。

吴丹[69] 发明了一种含有锦灯笼的防治葡萄白腐病的中药组合物，其中含有锦灯笼、九里光、铁冬青以及其他中药混合添加辅料。将该中药组合物配方制成药液或药膏，对果实及枝条喷淋药液，喷淋后，将患处切除，再涂抹药膏，针对白腐病进行治疗，经过治疗后的植株与空白组比较发现，其伤口愈合速度明显加快，白腐病治愈率显著提升，且复发率显著降低，证明该含有锦灯笼的中药组合物具有较好的杀灭病原菌，防治葡萄树白腐病的作用。

#### 四、番红花褐斑病

番红花褐斑病是危害红花根部的主要病害之一，其典型症状是叶片上产生较大的黄褐色圆形病斑。病菌主要以菌核在病残体上越冬，也可以分生孢子在病残体上越冬。红花不同品种间抗病性有明显差异。目前，为防治番红花病害通常使用的是化学农药杀菌剂，由于大量使用化学农药而造成的环境污染问题日趋严重。同时，采用化学农药杀菌剂，容易使植株病原菌菌种产生耐药性、抗药性，增加了防治的难度，甚至造成防治失败。此外，化学农药因其不具有特异性，对有益的生物也会造成威胁。而且，很多化学农药不可降解或难于降解，容易在动植物体内积累而造成污染物的富集。因此，一款天然安全且有效的能够防治番红花褐斑病的农用药物是农业上所急需的。

沈荣存[70]发明了一种含有锦灯笼的防治番红花褐斑病的天然杀菌剂，其主要成分包括锦灯笼、蓝根、凤尾草以及其他中药。通过抗菌实验发现，该中药组合物制成的杀菌剂能够明显地抑制番红花病原菌菌群孢子萌发及菌丝生长，具有极强的抗菌作用；在田间药效实验中发现，使用了天然杀菌剂的番红花病株，其治愈率最高可达98%；同时，单用锦灯笼提取物的防治效果要比单用其他药的效果更好，证明锦灯笼在该用于防治番红花褐斑病的组合物杀菌剂中可能发挥了主要的作用，且具有显著的效果。

#### 五、番石榴种植

番石榴具有较高的经济利用价值。但是在种植番石榴时还存在诸多问题，因此当前番石榴的产量并不能满足当今消费人群的需求。例如，种植时经常会出现由于管理不当或者一些种植户施肥经验不足，仅仅根据一般的种植经验来确定施肥种类，从而造成的果实产量低、品质差的现象。更有甚者为了提高产量使用了大量的化肥和农药，从而导致土壤受损严重，致使番石榴的营养元素不足、口感较差。因此，研发一款能够提高番石榴成活率，增加产量，预防病害，提升产品营养价值的肥料对于番石榴种植规模的扩大具有重要的现实意义。

韩再满[71]发明了一种番石榴的防病种植基肥，其主要成分包括含有锦灯笼以及其他中药的植物提取剂，番石榴腐枝、稻秆、蚕豆秸以及其他材料。通过4年田间实验发现，使用了该基肥的试验田其番石榴亩产量、成活率以及维生素C含量均高于其他对照组，且发病率为0，证明该含有锦灯笼的基肥能够在种植过程中为番石榴提供重组的营养，杀灭病菌，进而提高植株成活率、亩产量以及其中的营养物质含量。

#### 六、其他作用

除了作为生物农药的原料之外，锦灯笼还能够作为解毒药物来治疗农药中毒的患者。氨基甲酸酯类农药中毒是指短时间内人体密切接触氨基甲酸酯杀虫剂后，造成人体内胆碱酯酶活性下降而引起的毒蕈碱样、烟碱样和中枢神经系统症状为主的全身性疾病。该中毒现象多见于农作物未采取适当防护措施喷洒农药，经皮肤与呼吸道由人体吸入中毒，属于生产性中毒；生活中则多见于误服等现象，属于经口中毒。氨基甲酸酯类农药的生产性中毒者一般出现恶心、呕吐、头疼、胸闷等症状，一般在24h后即可痊愈；而经口中毒的患者则会在短时间内出现呕吐、流涎、大汗等症状，服毒量大者会出现昏迷、抽搐现象，严重的甚至导致呼吸衰竭进而造成死亡。传统的治疗方式如阿托品首剂口服或肌注、胆碱酯酶复活剂、肾上腺素肌注等都可能会产生一定的副作用；而运用中医药手段进行辨证论治，采用天然药物组合排出毒素、恢复身体机能或是更加安全有效的选择。

张德玲等[72]发明了一种治疗氨基甲酸酯类农药中毒的药物，其由锦灯笼、漏芦、牛胆以及其他中药共同组合而成。发明人通过毒性试验（2周）证明了该组合物口服的耐受量为临床用量的745倍，其急性毒性极低，临床用药安全；此外，长期毒性试验（16周）结果同样显示长期给药后的小鼠其毛发、体重、血液生化指标，以及脏器组织学变化等均无明显改变，停药后也未产生异样反应，长期用药安全稳定。发明人还对符合国家职业性氨基甲酸酯类中毒诊断标准的患者以及误服中毒的患者应用该药物进行了治疗，其采用该药物组合制成的蜜炼丸剂、颗粒剂以及胶囊剂配合阿托品对轻、重症患者进行治疗，发现联合治疗组的患者其死亡率与并发症发生率显著低于纯西药对照组，总有效率达到了96.4％；同时，联合治疗组的患者其清醒时间与平均住院日均显著低于纯西药对照组，康复患者随访1年内也均未出现死亡现象。以上实验证明，该含有锦灯笼的药物对于氨基甲酸酯类农药中毒具有良好的治疗效果，尤其是与阿托品进行联合用药；且其不具有急、慢毒性，临床用药安全性高，值得在农药中毒领域大力推广。

# 第四节　兽药与动物饲料

在家禽类动物与水产养殖方面，锦灯笼也有着不少的应用。许多家禽类、水产类以及牲畜类的养殖户将锦灯笼与其他中药组成配方，添加进入动物饲料当中，或直接作为药物给予动物服用，以达到补充营养或治疗疾病的作用。

## 一、家禽类

### 1. 无抗饲料

随着人们生活水平的不断提高，鸡肉已经成为人们餐桌上最常见的食物，鸡的养殖规模也越来越大。养殖户们为了预防鸡在不同生长阶段感染疾病，同时促进鸡快速成长，在各阶段鸡的饲料中普遍加入抗生素和人工合成的促生长剂。然而，饲料中添加的抗生素药物能导致抗药菌株生成及鸡产生耐受性，给疾病的防治带来难题；同时药物残留等问题也会影响人们身体健康。随着人们对食品安全愈加地重视，开发新型饲料替代抗生素解决畜禽药物残留问题是目前亟待解决的课题。因此，无抗生素饲料的研究已成为热门研究课题。

郑志保[73]发明了一种能够有效促进家禽鸡生长、提高抗病性、改善肉质的鸡饲料，其由含有锦灯笼以及其他中药材的药物成分、玉米、高粱以及其他辅料共同混合而制成。发明人选取安徽省合肥市肥东县撮镇孙伟养鸡场的1600只30日龄鸡分为实验组与对照组，其中对照组采用普通鸡饲料喂养，实验组采用该发明制得的鸡饲料喂养。对比饲养60天后发现，实验组的鸡日均增重明显高于对照组，其2.2％的发病率与0.94％的死亡率也显著低于对照组的20％与7％；同时，实验组的鸡肉在烹饪后肉质鲜香嫩滑、口感较好，而对照组的鸡肉则口感一般。以上实验结果证明该含有锦灯笼的无抗鸡饲料对于肉鸡的生长具有良好的促进作用，且能够提高其抗病性，改善其肉质与口感；此外，应用该无抗饲料饲养得到的鸡肉不含任何抗生素与化学药品残留，对人体更加安全。

### 2. 家禽感冒

我国养殖业发展迅速，规模不断扩大。在养殖过程中，尤其在家禽类的养殖过程中，容易暴发大规模的疾病，譬如感冒，其症状为家禽精神不振、食欲减退、行动迟缓，并且伴随阵发性咳嗽、打喷嚏、甩头，鼻孔周围有分泌物，鼻孔内流出清液状分泌物，粪便稀薄，偶带有少量血痢；剖检鼻腔有积液蓄积，喉部有积液。感冒病症极易扩散，严重影响家禽的生长和质量，如果不能及时治疗，会给养殖户带来巨大的经济损失。现有技术中，用于家禽感冒的兽药治疗效果不理想，治愈率较低。

柳旭伟等[74]发明了一种用于治疗家禽感冒的配方组合，其中含有锦灯笼、黄芩、松针叶等多味中药；该配方组合能够加入饲料中喂食，也可以溶解到水中让家禽饮用。经实践证明，大部分患有感冒的家禽在连续服用该药物配方组合2个疗程之后，精神好，食欲佳，其稀薄粪便、血痢、咳嗽、打喷嚏、甩头症状及鼻腔与喉部黏液的症状均有所改善或消失，其有效率可达96%，证明该含有锦灯笼的中药配方组合具有治疗家禽感冒的作用。

### 3. 鸭大肠杆菌感染

鸭大肠杆菌感染是目前较为困扰养鸭户的疾病之一，症状有闭目缩颈、隔立一旁、两翅下垂、羽毛蓬乱、生长缓慢、体温升高、精神不振、食欲下降，排灰白或绿色稀便，肛门周围羽毛沾有混有卵清或卵黄的恶臭稀粪，鼻腔有黏液。患败血症的鸭会呼吸困难，衰弱而亡，死亡率可达100%。目前，化学药物仍是防治畜禽疾病的重要手段，但是化药的反复使用容易使病原微生物对其产生抗药性，出现耐药株，其也难以合理地调节畜禽体内环境的平衡。中药作为我国传统医学的重要组成部分，历史悠久，药源广泛，含有多种活性成分，作用靶标较多，不易被细菌识别，不易产生耐药性。使用抗菌中药不仅能起到抗菌消炎的作用，其免疫调节功能还能够对畜禽起到全面的调理作用。因此，研究开发具有抗菌作用的新型抗菌中药药物，对家禽致病菌的防控尤为重要。

秦枫等[75]发明了一种用于防治鸭大肠杆菌病的中药组合，其中含有锦灯笼、地锦草、五指毛桃以及其他中药。其通过体外抗菌实验、药效学实验、分子生物学实验等证明了该中药组合物具有良好的抗鸭大肠杆菌作用，且服用组合物后的患病鸭通过血常规、血生化检测和解剖鸭只后发现，其病变程度显著低于患病组，且抑菌效果与阳性对照药物（阿莫西林）组相近，最终能够降低80%的病死率，证明该含有锦灯笼的中药组合物具有一定的体内抗鸭大肠杆菌作用。

### 4. 鸡大肠杆菌感染

大肠杆菌感染是鸡禽养殖中较为常见的感染性疾病，特别是幼龄禽类发病最多。致病大肠杆菌感染主要发生在集约化养禽场，如禽场长期保持污秽、拥挤、潮湿、通风不良的环境，温度过冷过热或温差很大，使得有毒有害气体长期存在；饲养管理失调导致的营养不良以及其他病原微生物感染所造成的应激等均可促使致病大肠杆菌的感染发生。致病大肠杆菌感染主要容易引起鸡胚和雏鸡早期死亡、大肠杆菌性急性败血症、气囊病、心包炎等。目前，对于致病大肠杆菌感染的防治主要通过使用抗生素如庆大霉素、丁胺卡那霉素、壮观霉素、磺胺类药物等。然而过多的抗生素药物投喂容易对禽类动物肝肾造成损伤，影响其生长与生产。因此，能够防治鸡禽大肠杆菌感染的无抗饲料为养殖户们所青睐。

陆安等[76]发明了一种防治麻黄鸡大肠杆菌感染的营养啄砖，其由锦灯笼、车前草、丹参以及其他大肠杆菌感染防治的中药复合物与大麦、矿物元素、维生素以及其他营养物质形成的营养啄砖成型复合物共同制成。该啄砖内的药物及营养成分能够改善鸡禽的身体机能，促进其生长发育，降低大肠杆菌等致病菌的感染概率，并且啄砖成型，增大其稳定性，方便鸡禽啄食。

### 5. 家禽产后保健与恢复

近年来，饲料科技和育种技术的进步推动了畜牧业的快速发展，为人们提供了丰富的肉、蛋、奶等食品。但是，在养殖领域，经济动物在产子、产蛋方面却承受着非常大的压力，无论是产蛋还是产子，都会消耗母体大量体力和营养物质，造成一定程度的虚弱。这种状况需要得到及时的缓解，若不能及时补充营养物质，各脏器功能得不到及时协调将会损害母体身体健康，造成生产能力下降，大大缩短有效养殖时间，使得经济效益停滞不前甚至出现下滑。兽医临床常见的产蛋疲劳、母猪产后虚弱、产后厌食、产后乳汁不足等表现都是这种此原因造成的，但目前临床上所使用的方剂只对于单一病症有治疗作用，而对于生产前后即产蛋期、围产期的生殖保健作用微乎其微。因此，非常需要设计一种专门针对生产前后即产蛋期、围产期的具有缓解产蛋疲劳、补气养血、提升体能、改变产后虚弱状态、保养卵巢和子宫、快速恢复生殖功能的动物专用生殖保健品。

金东航等[77]发明了一种含有锦灯笼的中药组合物，用于产后家禽的保健与恢复，其中含有锦灯笼 5%～20%、枸杞子 10%～40%、熟地 10%～20% 以及其他中药。将该中药组合提取液兑水给予产蛋鸡群服用，发现在 7 天后，饮用了药液的鸡群其产蛋率提升了 6%，鸡冠颜色恢复红润、鲜亮，且无脱肛现象，说明产后恢复良好，证实了该含有锦灯笼的中药组合物对于产蛋鸡群的生产期保健及产后恢复均有较好的效果。

## 二、水产类

### 1. 幼龄鳖腮腺炎

腮腺炎作为一种突发性疾病，具有发病速度快，死亡率高的特性，对幼、稚鳖均具有危害性。研究表明，该病由病毒感染引起，发病后细菌感染使病情加剧。发病早期，少数鳖背甲上有白斑出现，容易被忽视或误诊，患病鳖有的颈部肿大，全身浮肿，脏器出血，但体表光滑，有的则是腹甲上有出血斑。早期病鳖因水肿导致运动迟钝，常浮出水面沿着池壁缓缓独游，有时静卧于食台或晒背台上不动，不摄食。到发病后期还可见到口、鼻流血。治疗低龄鳖鳃腺炎现常将发病池先排掉约 2/3 的陈水，加入新水，加大增氧同时加洒环丙沙星及其他化学合成类抗菌药物；但长期使用抗生素，很容易使病原菌株产生抗药性，使药性下降，而且易导致鳖药物残留量增加，危害动物和人体健康。因此研发一种安全有效，无有害残留的药物使为养鳖户所需的。

胡莉萍等[78]发明了一种针对治疗幼龄鳖鳃腺炎的中药组合物，其中含有锦灯笼、七叶莲、清香桂以及其他中药。通过将该中药组合物混入传统饲料中进行给药，发现给药后第 1 天患病幼鳖的症状明显有所改善，第 2 天所有给药幼鳖的均痊愈，继续饲喂 3 天后，与健康幼鳖相比，平均体重增加，证明该含有锦灯笼的中药组合物对于治疗幼鳖的鳃腺炎有着极为显著的效果。

## 2. 乌龟肠炎病

乌龟肠炎病俗称肠胃炎，是龟病中常见疾病，患肠炎病的病龟起初精神不振，食欲减少，粪便不成型，严重时呈蛋清状、黑色或生猪肝色。酸碱度检验呈强碱性，人工喂食时有吐食现象。后期眼球下陷，皮肤干燥松弛，无弹性，无光泽，最后衰竭死亡。剖检病龟，发现胃肠发炎、充血。乌龟肠炎病发病多在初春秋末，直接原因是该季节环境温度变化较大，使龟不能正常消化吸收。另外饲料变质，生活环境恶劣，同样容易导致乌龟肠炎病的发生。防治乌龟肠炎病多使用抗生素类药物，但同时会导致动物胃肠道的正常菌群失调，继而产生耐药性而使用药量增大，药物残留影响乌龟产品品质和人体的健康。可是，如果不用药就会发病，用药又要考虑药物残留，投喂各种允许使用的替代药物，效果又不一定理想，成本也会上升，而且也造成了乌龟的免疫抑制，抵抗力下降，易得病，难养。

秦立廷等[79]发明了一种用于治疗乌龟肠胃炎病的含有锦灯笼的中药组合物，其由锦灯笼、知母、黄连以及其他中药组成。将以上中药组合物与鱼粉、虾粉、胡萝卜粉、鸡蛋壳等饲料混合，给予患病乌龟服用，喂养3~5天后，病龟症状全部消失，且养成成龟之前未发现有肠胃炎出现，治愈率为100%，复发率为0%，证明该含有锦灯笼的中药组合物对于治疗乌龟肠胃炎病有着极好的效果。

## 3. 锦鲤细菌性烂鳃病

细菌性烂鳃病是锦鲤养殖过程中最常见的一种疾病，其症状表现为鳃丝呈粉红或苍白色，继而组织破坏黏液增多；严重时鳃盖骨的内表皮充血，中间部分的表皮亦腐蚀成一个略呈圆形的透明区，俗称"开天窗"。细菌性烂鳃病通常流行于高温季节，可引起锦鲤的大批死亡。该病由柱状嗜纤维菌引起，带菌鱼以及带菌的水是该病的传染源，在饲养密度过大、水质较差的环境中容易发生该病。目前主要治疗手段为降温，但降温难以解决根本问题，且降温幅度过快容易导致锦鲤其他疾病的产生甚至暴发；此外，夏季水温很难保持在15℃或以下。而使用呋喃唑酮、红霉素等常规化学药物或抗生素药物杀菌则存在针对性差、毒性太大等问题，不仅难以让锦鲤迅速恢复健康，并且容易造成水质污染和环境破坏。因此，开发一种能有效预防锦鲤细菌性烂鳃病的饲料或饲料添加剂有着重要的经济意义和市场前景。

袁国防等[80]发明了一种预防锦鲤细菌性烂鳃病的中草药饲料添加剂，其中含有锦灯笼、洋葱汁液、蒲公英以及其他中药成分。发明人进行了水族箱对照饲养实验，其通过将锦鲤分为使用该饲料添加剂的实验组以及未添加的对照组，并在每组加入5只患有细菌性烂鳃病的锦鲤，在21天饲养过程中观察锦鲤的成长与死亡、感染情况，发现实验组的健康率为82%，感染率为18%，死亡率为4%，与对照组54%、46%、30%的结果相比具有极为显著的差异。体外抑菌实验也证明其对于该病的致病菌柱状嗜纤维菌具有良好的活性抑制作用，其效果优于等剂量、等浓度的呋喃唑酮。以上结果表明，该含有锦灯笼的中草药饲料添加剂对于锦鲤细菌性腮腺炎具有良好的防治作用。

## 4. 大鲵皮肤消毒

大鲵是世界上现存最大的也是珍贵的两栖动物，因其叫声像婴儿的哭声，又被人们称作"娃娃鱼"。娃娃鱼是代表鱼类和爬行类的过渡类型，有"活化石"之称。同时娃娃鱼因其肉质洁白鲜嫩，肥而不腻，味道鲜美，含有丰富的营养物质，又被誉为水中"活人参"。目前野生的娃娃鱼已濒临灭绝，而由于其观赏价值和食用价值都特别高，其市场需求较大，人们便开始研究大规模的人工养殖娃娃鱼。在养殖娃娃鱼的过程中会发生多种疾病，需要对娃娃鱼身体进行定期消毒，因此，有必要开发一种效果好、无污染的用于娃娃鱼皮肤消毒的天然杀菌剂。

蒋冬生[81]发明了一种用于娃娃鱼皮肤消毒的天然杀菌剂，其中包含了锦灯笼、槐花、独活以及其他中药成分。发明人将其与常规杀菌剂1％浓度的龙胆紫药水进行对比实验，发现天然杀菌剂组的娃娃鱼平均月增重显著高于对照组，患赤皮病的鱼群数量显著小于对照组，证明该含有锦灯笼的天然杀菌剂对于娃娃鱼的皮肤消毒具有良好的作用，能够减少其皮肤病的发生，增大经济效益。

### 5. 大菱鲆盾纤毛虫病

大菱鲆，又称多宝鱼，具有生长速度快和易集约化养殖等特点。多宝鱼的人工养殖目前已成为我国海水养殖的重要支柱产业之一。然而，随着养殖规模的不断扩大，随之而来的多宝鱼病害问题也逐渐严重，其中盾纤毛虫病被广泛认为是大菱鲆工厂化养殖中最重要的疾病之一。盾纤毛虫是一种兼性寄生虫，常寄生在鱼体体表，当鱼体受伤或者养殖水体中大量存在该虫时，可能侵入鱼体。盾纤毛虫除侵害鱼体表皮肤、鳍、肌肉外，亦可侵入腹腔、肾脏、胰脏甚至脑，因而造成鱼大量死亡。特别是苗种，一旦暴发就会给养殖户造成巨大损失。在实际生产中，为了防止疾病的发生，养殖户常使用抗生素、化学消毒剂，甚至违规使用一些禁用农药来进行杀虫，这不仅对食品安全造成巨大威胁，污染环境，也成为当前水产品出口的绿色贸易壁垒问题。因此，寻找一种新型的、安全、无污染的杀虫药物成为多宝鱼养殖户的当务之急。

李福元等[82]发明了一种利用锦灯笼制备的抗盾纤毛虫药物组合物机械装置，该装置能够将锦灯笼提取液稀释后对多宝鱼进行药浴，同时将粉碎的锦灯笼药材与饲料混合对多宝鱼进行喂食。该法防治多宝鱼盾纤毛虫病的效果好，且经济环保，值得在多宝鱼养殖户中进行推广。

### 6. 梭子蟹饲料

梭子蟹俗称白蟹，其蟹肉肥美，具有较高的经济价值与营养价值，为我国重要的海洋经济养殖蟹类之一。随着养殖规模的扩大，提供优质的饲料以满足梭子蟹的营养需求成为养殖过程中的首要问题。然而，梭子蟹养殖常用的天然饵料，如小鱼、小虾、贝类等，其资源有限，储存不便，且投喂后易腐烂分解，造成水体污染。因此，一种新型的、营养的饲料对于梭子蟹养殖具有一定的经济价值。

沈建明[83]发明了一种梭子蟹纳米饲料，其由含有锦灯笼8％～10％及其他中药的纳米中草药添加剂、白鱼粉与虾头粉等底料、复合维生素与复合矿物质添加剂等营养成分以及其他辅料共同配制而成。该饲料营养均衡、诱食效果好，能够促进梭子蟹生长；同时其利用率高、不易腐败变质的特点也对环境更加友好，值得在梭子蟹养殖产业中推广。

## 三、牲畜类

### 1. 猪气喘病

猪气喘病，又称猪支原体性肺炎，是猪的一种慢性呼吸道传染病。本病的主要临床症状是咳嗽和气喘，病理变化部位主要位于胸腔内。肺脏是病变的主要器官。急性病例以肺水肿和肺气肿为主，亚急性和慢性病例见肺部"虾肉"样实变。发病猪的生长速度缓慢，饲料利用率低，育肥饲养期延长。采用西药防治此病大多采用抗生素，对这些药物产生抗药性的菌株已经出现且有增多趋势，此外，这些化学药物明显会导致猪只体内药物残留，进而影响人畜健康甚至危害公共卫生。作为我国国民饮食中主要的肉类来源，猪肉几乎出现在每家每户的餐桌上，因此，研发一种安全且有效治疗猪支原体性肺炎的药物显得尤为重要。

燕磊等[84] 发明了一种含有锦灯笼的用于防治猪气喘病的中药组合物饲料，其中含有锦灯笼、马尾连、穿心莲以及其他中药。通过将该中药组合物混入猪饲料中进行喂养，结果发现大多数病猪体温、咳嗽、气喘、呼吸、食欲、精神等症状有明显好转或恢复正常，有效率高达 98%，证明该含有锦灯笼的中药组合物具有良好的治疗猪气喘病的效果。

### 2. 犊牛下痢

犊牛下痢是一种临床综合征，具有发病率高、病因复杂、难以治愈、死亡率高的特点，临床上主要表现为伴有腹泻症状的胃肠炎、全身中毒和机体脱水，对犊牛的发育、生长、成活等有很大影响，给养殖农户造成很大的经济损失；目前犊牛下痢主要使用大量抗生素进行治疗，容易产生抗药性，导致抗生素残留，因此，养殖户们非常需要一种安全健康的犊牛下痢防治方法。

刘华武[85] 发明了一种防治犊牛下痢的防病剂，其由锦灯笼、金荞麦根、栀子花以及其他中药与魔芋淀粉共同混合制成。发明人使用此防病剂对新生犊牛进行处理，观察其从出生至出生后 90 天内的发病情况。结果显示，使用了防病剂的实验组与未使用防病剂的对照组相比，其下痢发病率与肺炎发病率明显低于对照组，且平均体重明显高于对照组，证明该防病剂对于犊牛下痢以及其他疾病具有良好的防治效果，能够降低犊牛生长过程中的发病率，保障了经济效益。

### 3. 羊饲料

羊在生长发育过程中可能发生各种类型的传染病，而且随着规模化养殖的普及，部分患病羊群可能会造成大规模的传染，引起大范围的病害，造成羊病死或者生长缓慢，对养殖经济造成一定的损害。

马英臣[86] 发明了一种能够预防生病的羊饲料，其由锦灯笼、萹蓄、猫爪草以及其他中草药组合物与甘蔗渣、楮树叶、豆秸等其他辅料共同制成。发明人使用同一批 700 只大小相当的波尔山羊进行养殖实验，实验组使用该发明中的饲料配方，对照组使用常规精饲料，均采用规模化养殖方式饲养 3 个月。结果显示，实验组羊群在生长期长时间患肠胃、口蹄疫等疾病的数量明显低于对照组，羊平均增重显著高于对照组，且料肉比与对照组相当；此外，实验组养殖的羊肉其口感更为鲜嫩，其中蛋白质、微量元素以及维生素的含量均较对照组羊肉要高，且胆固醇含量较低。以上结果证明，该含有锦灯笼的饲料不仅抗病性好，增重效果好，还能够提升羊肉的口感和营养价值，在保持一定的料肉比的前提下降低了养殖成本。

罗荣娟[87] 发明了一种能够增强抵抗力的羊饲料，其由锦灯笼、玉米芯、豆粕以及其他辅料共同混合配制而成，该饲料配比合理，既能够使羊群获得生长所需的营养物质，增强羊的抵抗力，同时还能减少其发病次数以及被感染的概率。

### 4. 奶牛饲料

二十一世纪以来，我国产奶业进入了快速发展阶段，消费者对产品品质的要求也越来越高。对于大规模养殖业来说，饲料的质量直接决定了养殖产品质量的好坏。而其中，我国奶牛专用饲料产量不足，成为饲料业中的薄弱环节。现阶段我国奶牛饲料主要依靠作物秸秆和少量的天然牧草，而随着养殖业的奶牛数量逐年上升，奶牛精饲料中的主要能量饲料玉米其供应也越来越紧张，奶牛专用蛋白质饲料缺口也越来越大。为了实现更好的经济效益，奶牛养殖过程中，不少养殖户在成品饲料中过多地添加激素类药物或其他添加剂，这不仅容易造成动物体内的激素超标，更会影响我们人类的身体健康。因此一种较为天然的，能够提高牛奶产量的饲料为养殖户们所需要。

杨杰[88] 发明了一种提高奶制品质量的奶牛饲料，其由锦灯笼、木薯粉、复合微生物以及其他辅料共同混合配制而成。该奶牛饲料制备简单，营养丰富，而其中添加的中草药成分不仅能够提升奶牛抵抗疾病的能力，其还具有催乳的功效，能够大大地提高奶牛产奶率，同时提升了牛奶品质。该含有锦灯笼的奶牛饲料在养殖业中具有较大的开发潜力。张旭东[89] 发明了一种营养奶牛的饲料，其中含有锦灯笼、甘蔗渣、小麦粉以及其他中药成分与辅料等。该饲料经济环保、节约成本，同时配方合理、营养全面，能够提高奶牛的产奶量，提升牛奶质量。

综上所述，锦灯笼在医疗行业、日用品行业、食品行业、种植业以及畜牧业中都具有较大的开发潜力与市场发展前景，而其产业化程度也正处于起步阶段，若能大力转化锦灯笼研究成果，使其在各行各业生产中应用，不仅有利于推动锦灯笼产业链的构建，还能够促进锦灯笼种植产业的发展，助力扶贫，增加产收，带动种植地区经济发展。由于目前有关于锦灯笼的研究仍较少，其应用开发程度也相对较浅，但未来开发前景将会十分光明。

## 参考文献 REFERENCES

[1]　梁咏倩，余积聪，宋粉云 . 高效液相色谱-三波长检测-梯度洗脱法同时测定橘红化痰丸中 3 种苷类成分 [J] . 中国实验方剂学杂志，2016, 22(10): 80-83.

[2]　戴敏，冯丽，孙明，等 . HPLC 法测定橘红化痰丸中吗啡的含量 [J] . 药物分析杂志，2008, 28(10): 1757-1759.

[3]　孔新颖，王亚辉，李元宾，等 . HPLC 测定橘红化痰丸(水丸)中橙皮苷的含量 [J] . 北方药学，2015, 12(1): 9-11.

[4]　彭孝鹏，陈本哲，毋福海 . RP-HPLC 法测定橘红化痰丸中五味子醇甲的含量 [J] . 海峡药学，2016, 28(2): 52-54.

[5]　蔡桂萍，司徒伟良，宋粉云，等 . RP-HPLC 测定橘红化痰丸中苦杏仁苷的含量 [J] . 食品与药品，2015, 17(5): 360-363.

[6]　司徒伟良，陈琳，李海斌，等 . RP-HPLC 法测定橘红化痰丸中柚皮苷的含量 [J] . 广东药学院学报，2015, 31(1): 43-45.

[7]　李春芳，张剑华，忻耀杰 . 金灯山根口服液喷雾为主治疗急性咽炎急性扁桃体炎 60 例临床观察 [J] . 福建医药杂志，2003(2): 50-51.

[8]　张剑华，金若敏，曹梅芳，等 . 金灯山根口服液抗感染作用研究 [J] . 中成药，2002(1): 51-53.

[9]　张剑华，臧朝平，李春芳 . 金灯山根口服液治疗咽部急性感染 75 例疗效观察 [J] . 中国中西医结合耳鼻咽喉科杂志，2001(2): 74-76.

[10]　王晓彤 . 中药六类新药锦黄咽炎片的研究 [D] . 沈阳：辽宁中医药大学，2008.

[11]  范晓东，王俊平，范纯富. 锦黄咽炎片主要药效学观察 [J]. 实用药物与临床，2007(2)：66-68.

[12]  高长久，张朝立，郑著家，等. 锦花清热胶囊抗炎镇咳镇痛作用研究 [J]. 医药导报，2017，36(3)：268-271.

[13]  侯甲福，武蕾蕾，才玉婷，等. 锦花清热胶囊抗内毒素作用实验研究 [J]. 浙江大学学报(医学版)，2017，46(1)：74-79.

[14]  侯甲福，郑著家，刘世娟，等. 锦花清热胶囊对动物急性及长期毒性研究 [J]. 毒理学杂志，2016，30(2)：172-173.

[15]  索朗扎西，范云鹏，麻武仁，等. 锦珠草颗粒对人工感染鸡大肠杆菌病的防治试验 [J]. 中国兽医学报，2015，35(2)：319-324.

[16]  索朗扎西. 中药锦珠草颗粒对鸡大肠杆菌病的防治试验 [D]. 咸阳：西北农林科技大学，2014.

[17]  张涓，刘文文，龚昌丽，等. 锦珠颗粒体外抗菌作用研究 [J]. 现代中药，2016，36(02)：68-70.

[18]  陈红英. 野菊花清咽含片的制备工艺及质量标准研究 [D]. 北京：北京中医药大学，2014.

[19]  崔清华，侯林，田景振. 舒咽喷雾剂的 HPLC 指纹图谱研究 [J]. 山东中医药大学学报，2015，39(6)：560-562+572.

[20]  李丽贤，黄晓巍. 芩花胶囊质量标准的研究 [J]. 长春中医学院学报，2004(3)：48-49.

[21]  于航，于晓东. 一种锦灯笼抗咽炎有效部位及其总甾体提取和精制的方法. CN105816569A [P]，2016-08-03.

[22]  李云娟. 一种治疗慢性咽炎的中药组合物的制备方法. CN106309998A [P]，2017-01-11.

[23]  刘雨. 一种酮洛芬的药物组合物及其医药用途. CN105949261A [P]，2016-09-21.

[24]  丁轶尘. 一种预防或治疗流行性感冒的中药组合物及其制备方法. CN111249402A [P]，2020-06-09.

[25]  杨宝峰，杜智敏，王宁. 一种用于治疗高脂血症的中药组合物及其制备方法和用途. CN105935392A [P]，2016-09-14.

[26]  艾散·阿尤普. 一种降血糖散粉的配方. CN111150811A [P]，2020-05-15.

[27]  那红宇. 锦灯笼的质量标准研究 [D]. 沈阳：辽宁中医药大学，2021.

[28]  宋月文. 湿疹的病因与治疗 [J]. 中国城乡企业卫生，2017，32(6)：25-26.

[29]  李文远. 一种治疗皮炎湿疹、疱疹的中西医复合外用制剂及其应用. CN105106867A [P]，2015-12-02.

[30]  姜晓明. 一种治疗疮疡阳证的止痛消炎药膏及其制备方法. CN104436043A [P]，2015-03-25.

[31]  李军. 一种治疗皮肤病的药剂. CN103142960A [P]，2013-06-12.

[32]  饶兴杰. 一种治疗小儿皮肤病的药剂. CN103142972A [P]，2013-06-12.

[33]  项蕾红. 中国痤疮治疗指南(2014 修订版) [J]. 临床皮肤科杂志，2015，44(1)：52-57.

[34]  王恩瀚. 治疗痤疮的药物组合物及其制备方法与应用. CN106692458A [P]，2017-05-24.

[35]  蒋玉群. 一种治疗水泡型脚气的药物. CN105663429A [P]，2016-06-15.

[36]  何颖. 一种具有抗感染作用的药物组合物及其制备方法. CN106266217A [P]，2017-01-04.

[37]  王天宇，张美敬，房盛楠，等. 防水型液体创可贴的研究进展 [J]. 中国新药杂志，2016，25(4)：433-438.

[38]  刘爽，冷志勇. 复发性阿弗他溃疡的临床治疗现状 [J]. 中华老年口腔医学杂志，2013，11(4)：249-253.

[39]  舒尊鹏，王毅，夏天乙，等. 锦灯笼提取物在制备治疗口腔溃疡药物中的应用. CN111346151A [P]，2020-06-30.

[40]  陈雅慧，张芳，李盼盼，等. 常用妇科中药制剂临床应用进展 [J]. 中成药，2017，39(9)：1904-1908.

[41]  杜德福. 一种洁阴的中药湿巾及其制备方法. CN105560113A [P]，2016-05-11.

[42]  史坚鸣. 一种具有益智安神助睡眠功效的中医芳香疗法组合物及其应用. CN110123981A [P]，2019-08-16.

[43]  王晓林，钟方丽，薛健飞. 一种锦灯笼分散片的制备方法. CN104398657A [P]，2015-03-11.

[44]  徐曜平. 一种锦灯笼清火胶囊的制备方法. CN106491828A [P]，2017-03-15.

[45]  国红福，国香林. 一种临床微生物检验用中药消毒剂. CN106234475A [P]，2016-12-21.

[46]  孟庆斌，李金毅，王水泉. 一种红菇娘罐头生产工艺. CN107373496A [P]，2017-11-24.

[47]  黄旭华，佟春霞，李天涯，等. 一种红菇娘酿制醋及其制备方法. CN110527615A [P]，2019-12-03.

[48]  于江洋，吕梓博. 红菇娘冰酒的制备方法. CN107841424A [P]，2018-03-27.

[49]  陈明明，杨丽梅，李艾黎，等. 东北红菇娘酸奶的工艺研究 [J]. 食品研究与开发，2012，33(9)：101-103.

[50]  张雪，于重伟，邹汶蓉，等. 富含 VC 菇娘果米醋的研究 [J]. 食品工业科技，2019，40(24)：125-130.

[51]  杨勇，任健，黄双凤，等. 菇娘果粉的加工工艺研究 [J]. 食品科技，2010，35(10)：134-139.

[52] 相玉秀，臧洪鑫，相玉琳，等．红菇娘罐头的加工工艺研究［J］．榆林学院学报，2018，28(6)：30-33.

[53] 蔡勇，王然．红菇娘米酒的酿造工艺研究［J］．中国酿造，2018，37(8)：192-197.

[54] 杨山禹．希思黎：奢华的品牌气质［J］．现代企业文化(上旬)，2016(5)：82-83.

[55] 杨业．清除自由基化妆品组合物及其制备方法．CN104027287A［P］，2014-09-10.

[56] 夏继英．一种防晒霜．CN105708752A［P］，2016-06-29.

[57] 孟继武，郑荣儿，李颖．仿生防晒霜．CN1452949［P］，2003-11-05.

[58] 吴克．一种治疗晒后皮肤红肿的中药水及其制备方法．CN105031162A［P］，2015-11-11.

[59] 冯小玲，孙永，吴优，等．一种具有抗敏感功效的中药组合物及其制备方法和应用．CN107320565A［P］，2017-11-07.

[60] 李健．一种治疗黄褐斑的外用药物组合物．CN104784368A［P］，2015-07-22.

[61] 田军，卢伊娜．一种具有抗炎修复功效的中药组合物及制备方法．CN111956763A［P］，2020-11-20.

[62] 徐超群，张毅，阮佳，等．一种纯中药的保健洗浴液及其制备方法．CN102113983A［P］，2011-07-06.

[63] 杜德福．一种具有养发护发功能的中药枕及其制备方法．CN105456948A［P］，2016-04-06.

[64] 梁宗贵．新型中药洗涤剂．CN104450212A［P］，2015-03-25.

[65] 阿吉艾克拜尔·艾萨，罗玉琴，来海中，等．一种具有抗菌消炎脱臭的漱口液及其制备方法和用途．CN103860423A［P］，2014-06-18.

[66] 不公告发明人．一种去屑护发免洗喷雾．CN107440959A［P］，2017-12-08.

[67] 刘涛．一种防治番茄溃疡病的植物源农药．CN107251915A［P］，2017-10-17.

[68] 张殿兴．一种草莓灰霉病的防治方法．CN106688575A［P］，2017-05-24.

[69] 吴丹．一种防治葡萄白腐病的组合物及其制备方法．CN107125272A［P］，2017-09-05.

[70] 沈荣存．一种防治番红花褐斑病的天然杀菌剂的制备方法．CN106937652A［P］，2017-07-11.

[71] 韩再满．一种番石榴的防病种植基肥及其制作方法．CN107311758A［P］，2017-11-03.

[72] 张德玲，刘秀岑，庞丽娜．治疗痰湿阻滞型氨基甲酸酯类农药中毒的药物及制备方法．CN104721681A［P］，2015-06-24.

[73] 郑志保．一种促进生长、提高抗病性、改善肉质的鸡饲料．CN104171598A［P］，2014-12-03.

[74] 柳旭伟，葛文霞，杨学云，等．一种用于家禽感冒的兽药及制备方法．CN107126482A［P］，2017-09-05.

[75] 秦枫，朱善元，董洪燕，等．用于防治鸭大肠杆菌病的中药组合物及其制备方法和应用．CN111643573A［P］，2020-09-11.

[76] 陆安，张军朋，郗艳菊，等．一种防治麻黄鸡大肠杆菌感染的营养啄砖及其制备方法．CN109480088A［P］，2019-03-19.

[77] 金东航，徐志平，庄晓薇，等．一种用于动物生殖保健的中药组合物．CN103417731A［P］，2013-12-04.

[78] 胡莉萍，王洪霞，崔晨华．一种治疗 2-3 龄鳖鳃腺炎的药物组合物及其制备方法．CN104840818A［P］，2015-08-19.

[79] 秦立廷，黄河，李鑫．用于治疗乌龟肠胃炎病的功能性饲料及其制备方法．CN104187172A［P］，2014-12-10.

[80] 袁国防，李洪，孙明，等．一种预防锦鲤细菌性烂鳃病的中草药饲料添加剂及其制备方法．CN105194231A［P］，2015-12-30.

[81] 蒋冬生．一种用于娃娃鱼皮肤消毒的天然杀菌剂及其制备方法．CN107812061A［P］，2018-03-20.

[82] 李福元，韩俊国，严永，等．一种利用锦灯笼制备抗盾纤毛虫药物组合物的方法．CN111568972A［P］，2020-08-25.

[83] 沈建明．一种梭子蟹纳米饲料及其制备方法．CN103478490A［P］，2014-01-01.

[84] 燕磊，吕明斌，唐婷婷．一种用于防治猪气喘病的饲料、中药组合物和制备方法．CN103947887A［P］，2014-07-30.

[85] 刘华武．一种犊牛下痢的防治方法．CN107173306A［P］，2017-09-19.

[86] 马英臣．一种可以预防生病的羊饲料．CN105231032A［P］，2016-01-13.

[87] 罗荣娟．增强抵抗力的羊饲料．CN106343177A［P］，2017-01-25.

[88] 杨杰．一种提高奶制品质量的奶牛饲料及制备方法．CN108967672A［P］，2018-12-11.

[89] 张旭东．一种营养奶牛饲料．CN105494967A［P］，2016-04-20.

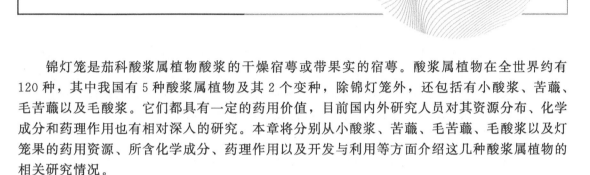

# 第八章
# 酸浆属的其他植物

锦灯笼是茄科酸浆属植物酸浆的干燥宿萼或带果实的宿萼。酸浆属植物在全世界约有120种，其中我国有5种酸浆属植物及其2个变种，除锦灯笼外，还包括有小酸浆、苦蘵、毛苦蘵以及毛酸浆。它们都具有一定的药用价值，目前国内外研究人员对其资源分布、化学成分和药理作用也有相对深入的研究。本章将分别从小酸浆、苦蘵、毛苦蘵、毛酸浆以及灯笼果的药用资源、所含化学成分、药理作用以及开发与利用等方面介绍这几种酸浆属植物的相关研究情况。

## 第一节 小 酸 浆

### 一、小酸浆的资源情况及其栽培方法

小酸浆（*Physalis minima* L.）为茄科酸浆属一年生草本植物，根细瘦，广泛分布于东半球热带及亚热带地区，全株药用具有清热解毒之功效，其嫩茎与鲜果均可食用。本节将从小酸浆的栽培方法、化学成分以及药理活性等方面对其进行介绍。

#### 1. 小酸浆的野生资源分布

小酸浆广泛分布于东半球热带及亚热带地区，在我国主要分布于云南的滇东南及滇中地区、广东、广西及四川等地，常生长在海拔 1000～3000m 的高山、草地及水库边[1]。

#### 2. 小酸浆的植物学形态

小酸浆作为一年生草本植物，其根细瘦，主轴短缩，顶端多二歧分枝，分枝披散而卧于地上或斜升，生短柔毛。叶柄细弱，长 1～1.5cm；叶片卵形或卵状披针形，长 2～3cm，宽 1～1.5cm，顶端渐尖，基部歪斜楔形，全缘而波状或有少数粗齿，两面脉上有柔毛。

花具细弱的花梗，花梗长约 5mm，生短柔毛；花萼钟状，长 2.5～3mm，外面生短柔毛，裂片三角形，顶端短渐尖，缘毛密；花冠黄色，长约 5mm；花药黄白色，长约 1mm。果梗细瘦，长不及 1cm，俯垂；果萼近球状或卵球状，直径 1～1.5cm；果实球状，直径约 6mm[1]。

#### 3. 小酸浆的植物栽培

小酸浆多为野生状态，种子繁殖为其主要的繁殖方式。而在长期的进化过程中，酸浆属

植物形成了由膨大花萼形成的膜状气囊形态，这种结构有利于其种子借助风力传播，使成熟后的小酸浆种子扩散到更远的地方，扩大后代植株的生长范围[2]。

(1) 繁殖方法

于7～9月陆续采收小酸浆成熟果实，剥去果外的花萼，搓烂果实，在水里淘出种子，晾干后贮藏备用。3～4月播种，在规整好的土地上，理好排水沟之后，开约1.3m宽的田畦，按行、穴距各约33cm开穴，深约7cm，以窝大、土松、底平为佳。播前将种子混入拌有人畜粪水的草木灰中作为种子灰，在穴内施入人畜粪水，再将一小撮种子灰施入穴中[3]。

(2) 田间管理

播种小酸浆后若土壤干燥，要注意淋水。待幼苗发出真叶时，要及时处理杂草，施以浓度较低的人畜粪水。苗高10～13cm时，要注意匀苗、补苗，使每窝有苗3～4株，并中耕除草，施人畜粪水。苗生长繁茂后，除注意排水防病外，不用其他管理。也有农户为了合理利用土地，会在厢边间种一行玉米，打造经济的农作物种植模式[3]。

(3) 病虫害防治

① 病害　小酸浆主要的病害为根腐病。根腐病大多发生在小酸浆的播种期3月下旬至4月上旬，此时期多雨水，土壤温度低、湿度大，同时因缺乏适宜太阳光难以有效对土壤进行杀菌，显著增加了植物患病概率[4]。

在种植小酸浆时，注意不要以茄科植物作为其连作物，并理好排水沟以促进多余水的排除，避免积水。除此以外，还可用以下方式对根腐病进行防治[5]：a. 挑选并整理好优质的育苗地块，选择优质品种并对其进行"浸种＋种衣剂"处理，适期播种；b. 播种前可用种子重量0.3%的退菌特或种子重量0.1%的粉锈宁拌种，或用80%的402抗菌剂乳油2000倍液浸种5h；c. 使用甲霜恶霉灵、多菌灵等进行土壤消毒，可兼治根腐病、猝倒病和立枯病；d. 及时防治地下害虫，防止根部出现伤口。

② 虫害　小酸浆生长过程中的主要虫害为地老虎。地老虎分布范围十分广泛，其幼龄虫的主要取食对象是幼苗的嫩叶，4龄以后幼虫会咬断植物嫩茎，并将其拖入到土中进行取食，对于小酸浆的生长有非常重大的影响。而用以下方法能够较好地对地老虎虫害进行防治：a. 在春季清除苗圃中的杂草，并进行集中烧毁，以消灭杂草上存在的虫卵和幼虫；b. 4～5月，可以将红糖、醋、白酒、水各1kg和90%敌百虫约10g制成糖醋有毒液体，并盛于罐内，傍晚时放于田间，距离地面大约1m，此法杀虫效果较好；另外，在有电源的地方可以设置黑光灯进行诱杀；c. 使用配料为50%辛硫酸或90%晶体敌百虫、油渣100kg、水10kg的毒饵，先将油渣磨碎并炒出香味，并随炒随拌其他毒剂，之后搓成麦粒大小的颗粒，傍晚时放置在苗木根部，每亩地可以投放3～5kg，杀虫率为90%以上[6]。

(4) 采收加工

小酸浆于9月份时可进行采收。摘下成熟果实做种后，选晴天，用刀齐地割取全株，晒干即成。小酸浆打捆包装贮存，放干燥处，防潮防霉[3]。

(5) 种质保存

植物种质资源是其生命延续和种族繁衍的保证，种质保存为研究农作物的起源和进化、培育农作物新品种奠定了丰富的物质基础[7]。曲先等[8]探究了玻璃化法超低温保存技术对小酸浆茎尖的保存效果，发现经过 3 天左右预培养，并用冰冻保护剂 PVS2 处理 70min 后的茎尖成活率与再生率最高，其机制可能为预培养时的甘油进入茎尖细胞内的同时也吸收细胞内的水分，细胞内的渗透压增高，冰点降低，从而起到保护作用；同时 PVS2 的适时处理使茎尖内组织迅速形成玻璃化状态，从而避免了冰晶的形成，减轻了对茎尖组织的伤害。该方法保存后的茎尖洗涤后接种到恢复培养基上，暗室培养 7 天，转移到正常光照条件下继续培养 2 周后，成活的茎尖开始生长，其长势良好，没有经过愈伤阶段而直接成苗；再生苗没有直接生根，也能正常分化。但此种方法保存后的小酸浆存活率仅有 36%，与其他植物相比还存在一定的差距，而这种存活差异究竟是受物种本身影响，还是研究者所使用的玻璃化法超低温保存技术自身具有局限性，则有待进一步的研究与探讨。

## 二、小酸浆的化学成分

小酸浆为酸浆属植物，酸浆苦素类、醉茄内酯类等甾体类化学成分是酸浆属植物的主要成分，其中的酸浆苦素类成分更是该属植物的特征性成分。据文献报道，有研究者已经从小酸浆中分离得到了酸浆苦素、Phygrine、Withaphysalin、黄酮等多种化学成分[9]。

### 1. 酸浆苦素类化学成分

（1）酸浆苦素类化合物

1852 年，由 Dessaingne 和他的同事从酸浆属植物锦灯笼 *Physalis alkekengi* L. var. *franchetii*（Mast.）Makino 中分离得到了第一个酸浆苦素类化合物[10]，分子式为 $C_{28}H_{30}O_9$。到目前为止，文献中报道的，从酸浆属植物中已经分离得到 20 多种酸浆苦素类化学成分，酸浆苦素类化合物的基本母核为 13,14-裂-16,24 环麦角甾烷。

吴江平等[11] 采用现代色谱分离技术对小酸浆的全草进行了初步的化学成分研究，分离并鉴定出了 7 个甾体类化合物，其中酸浆苦素类化合物 2 个，分别为 25-羟基酸浆苦素 D、酸浆苦素 D（Physalin D）。

（2）Withaphysalins 成分

研究者将小酸浆的地上部分经乙醇提取，氯仿萃取，D101 大孔树脂柱色谱粗分离，Sephadex LH-20、MCI gel CHP 20P、RP-18 等色谱柱分离，并通过理化常数和波谱学方法鉴定化合物结构，最终从小酸浆中分离鉴定了 5 个化合物，分别为 Withaphysalin P（Ⅰ）、14,18-di-*O*-acetylwithaphysalin C（Ⅱ）、Withaphysalin Q（Ⅲ）、Withaphysalin 型化合物 1（Ⅳ）、Withaphysalin 型化合物 2（Ⅴ）。化合物Ⅳ、Ⅴ为新化合物，分别命名为 Withaphysalin T、Withaphysalin U[12]。

### 2. 醉茄内酯类化学成分

醉茄内酯型化合物是一类具有 28 个碳原子的麦角甾烷型的化合物，其 22 位与 26 位碳连接形成一个 $\delta$-内酯环的侧链，到目前为止，醉茄内酯类化合物已经发现了 200 多种，它的药理活性主要集中在抗肿瘤、抗炎、抗菌等方面。

Wu 等[13] 从小酸浆全草中分离出 5 种新的 5,6-$\beta$-环氧基类，通过广泛的光谱分析（IR、UV、HR-ESI-MS、1D-NMR 和 2D-NMR）阐明了它们的化学结构。

化合物 1 的结构被确定为 15$\alpha$-乙酰毒素-5,6-$\beta$-环氧树脂-3$\beta$,4$\beta$,14$\alpha$,23$\beta$-四羟基-1-氧与-

16,24-二烯-26,22-内酯，命名为植唾液酸酯 G。

化合物 2 的结构被鉴定为 15α-乙酰氧基-5,6-β-环氧树脂-3β,4β,14β,17β-四羟基-1-氧与-24-烯-26,22-内酯，命名为叶唾液酸酯 H。

化合物 3 的结构为 5,6-β-环氧树脂-4β,14α,15α-三羟基苯甲酰胺-3β-甲氧基-1-氧与-16,24-二烯-26,22-内酯，命名为植唾液内酯 I。

化合物 4 的结构为 5,6-β-环氧基-4β,4β,15α,17β-四羟基-1-氧-含-2,24-二烯内酯，命名为叶唾液酸酯 J。

化合物 5 的结构为 5,6-β-环氧基-4β,14α,15α-三羟基-1-氧与-2,16,24-三烯醇酯，命名为植唾液酰物 K。

张伟等[14] 从小酸浆中，分离得到 4 个新的醉茄内酯类化合物。

## 三、小酸浆的药理作用

小酸浆（*Physalis minima* L.）是茄科酸浆属一年生草本植物，全株药用有清热、化痰、消炎、解毒之效，可治感冒发热，咽喉肿痛。其嫩茎和果实可以食用。

### 1. 抗炎作用

现代药理学研究表明，小酸浆提取物在体内外试验中表现出显著的抗炎活性。吴江平等[15] 在对小酸浆全草提取抗炎和细胞毒性成分的研究过程中，发现整个植物中 85% 的乙醇提取物具有显著的抗炎和细胞毒性活性，通过生物分析引导的分离，共分离和纯化出了 6 种未描述的烷醇化物。实验结果表明，所有化合物均具有抗炎活性，可通过抑制脂多糖（LPS）刺激的小鼠巨噬细胞 RAW 264.7 细胞中一氧化氮（NO）的产生而表现出抗炎能力。

Wei 等[16] 从小酸浆的地上部分分离出 6 种新的醉茄内酯类药物 Withaminimas A～F，并通过 HR-MS、NMR 和 ECD 等多种光谱技术阐明了这些化合物的结构。根据小酸浆的传统应用，研究者评估了其对 LPS 激活的 RAW 264.7 巨噬细胞一氧化氮（NO）产生的抑制作用，发挥抗炎作用。

### 2. 抗肿瘤作用

Ooi 等[17] 对细胞死亡机制的分析表明，小酸浆氯仿提取物能够引起由 c-myc、p53 和 Caspase-3 依赖途径介导的人乳腺癌 T-47D 细胞的凋亡。细胞凋亡死亡机制是通过 c-myc、p53 和半胱氨酸酶-3 依赖，表明这些基因的共同表达可能有助于外部和内在的凋亡通路的执行。

Ooi 等[18] 通过小酸浆氯仿提取物对人卵巢癌 Caov-3 细胞生长抑制及诱导凋亡和非凋亡程序性细胞死亡的研究，提出该提取物对 Caov-3 细胞的细胞毒性筛选具有浓度和时间依赖性的抑制作用。

Ooi 等[19] 还表明小酸浆氯仿提取物诱导细胞凋亡对人肺腺癌 NCI-H23 细胞系表现出显著的细胞毒性。透射电子显微镜（TEM）的形态学观察也显示了处理细胞的凋亡特征，包括色素蛋白的聚集和边缘，然后细胞核卷积和出芽产生膜结合的凋亡小体。进一步通过膜联蛋白 V 和碘化丙啶染色，研究人员证实了其诱导程序性细胞死亡的不同阶段以及磷脂酰丝氨酸外化。

### 3. 抗氧化作用

Jha 等[20] 通过研究偶氮染料活性黑 8（RB8）降解过程中小酸浆毛状根（HRs）中抗氧化酶的活性，确定了其在偶氮染料存在下参与保护植物代谢的酶的活性。研究者在染料处理的 HRs 中观察到 POX 和 APX 活性的诱导与 CAT 和 SOD 的边缘增加相反。此外，在染料处理过程中，不同的抗氧化酶在不同时间间隔内的激活突出了抗氧化机制的同步功能，以保护 HRs 免受染料诱导的氧化损伤。

### 4. 对心血管系统作用

Lestari 等[21] 研究了小酸浆甲醇提取物对去卵巢大鼠心室 TNF-α 水平和纤维化的影响。研究显示心脏炎症与纤维化呈正相关，猜测含有植物雌激素的小酸浆甲醇提取物可以抑制心脏炎症，从而抑制心脏纤维化。此外，纤维化通路不仅由 TNF-α 触发，而且还由 TGF-α 信号等多种通路触发，进而诱导各种细胞内蛋白激酶信号进行纤维化形成。

从以上研究得出结论，小酸浆甲醇提取物可以通过抑制去卵巢大鼠 TNF-α 来减少心室纤维化。

### 5. 其他作用

排卵是一个复杂的过程，其由黄体化激素（LH）的激增引起，特征为恢复减数分裂和卵泡壁的重组，导致卵泡破裂和成熟的可受精卵的释放[22]。

Sudhakaran 等[23] 研究了小酸浆石油醚提取物对雌性白化大鼠的抗生育作用。实验结果表明，口服小酸浆石油醚提取物可改变雌性白化病大鼠有规律的周期性。Kalra 和 Prasad[24] 报道了长期服用氯米芬后大鼠卵巢重量减轻。此次研究中获得的低子宫重量表明，这可能是由于垂体促性腺激素抑制导致的雌激素水平低，或由于 Kalra 和 Prasad（1967）之前所述的抗雌激素活性。

以上研究证明，口服少量的小酸浆石油醚提取物可导致卵巢、输卵管和子宫的组织结构发生大量的组织病理学改变，表明小酸浆石油醚提取物具有较强的抗生育作用。

## 第二节 苦 蘵

苦蘵（*Physalis angulata* L.）为茄科酸浆属一年生草本植物，分布于我国东部至西南部以及印度、越南、日本、澳大利亚等地。苦蘵以果实、根或全草入药，性味苦寒，主治咽喉肿痛、腮腺炎、急慢性气管炎、肺脓疡、痢疾、小便不利、外用治脓疱疮等病症。

### 一、苦蘵的形态特征与栽培

#### 1. 形态特征

《中国植物志》中记载苦蘵为一年生草本，被疏短柔毛或近无毛，高常 30～50cm；茎多分枝，分枝纤细。叶柄长 1～5cm，叶片卵形至卵状椭圆形，顶端渐尖或急尖，基部阔楔形或楔形，全缘或有不等大的齿，两面近无毛，长 3～6cm，宽 2～4cm。花梗长 5～12mm，纤细和花萼一样生短柔毛，长4～5mm，5中裂，裂片披针形，生缘毛；花冠淡黄色，喉部常有紫色斑纹，长4～6mm，直径6～8mm；花药蓝紫色或黄色，长约1.5mm。果萼卵球状，直径1.5～2.5cm，薄纸质，浆果直径约1.2cm。种子圆盘状，长约2mm。花果期5～12月。

### 2. 栽培

苦蘵主要采用种子繁殖，每年6月种子成熟后进行采收、阴干，选取籽粒饱满无病虫害的种子装袋并存于冰箱。来年3月下旬即可春播。播种繁殖，种子随采随播，方法简单，管理方便，繁殖系数大。但是由于苦蘵种子很小，不易播种，一般都是与沙土混合均匀播种。

杨洋[25] 公开了一种苦蘵快速培养的方法，其具体步骤为：选用饱满的苦蘵种子，灭菌后用无菌水冲洗干净，然后均匀播种在1/2MS培养基上，培养至萌发出苦蘵小苗；取小苗的子叶，切去叶子两端，然后接种在含有6-BA和NAA的MS培养基上，培养至得到2～4cm的苦蘵小苗；将小苗剪下，转接到根分化培养液中，培养至得到苦蘵苗，然后炼苗、移栽。该培养方法大大提高了苦蘵的发芽率和生根率，使苦蘵可以快速繁殖，并使繁殖后代整齐一致，保持品种的优良性；且使用该培养方法得到的苦蘵小苗栽培成活率高，抗病害能力强；同时，该培养方法通过组织培养得到苦蘵小苗，使得苦蘵可大规模地常年种植。

邱胜等[26] 以苦蘵幼苗子叶为外植体，对离体培养条件进行探索和优化，以期为苦蘵的快速繁殖、优良种质资源保护和新品种选育奠定基础，同时为苦蘵遗传转化体系构建、抗肿瘤活性成分及其代谢途径相关的基因功能验证和利用提供技术支撑。

## 二、苦蘵的化学成分

### 1. 甾体类

#### （1）酸浆苦素类

苦蘵中含有多种酸浆苦素类（Physalin）化合物，其基本结构为13,14-裂环-16,24-环麦角甾烷。1980年Row等[27] 从苦蘵叶中分离得到新的化合物Physalin K。1995年Makino等[28] 分离得到Physalin H。2007年Damu等[29] 首次在苦蘵中得到Physalin W。2013年杨燕军等[30] 首次从苦蘵全株植物中分离得到Physalin A、Physalin P。2014年Men等[31] 首次在苦蘵全草中分离得到Aminophysalin A、5β-Hydroxy-6α-chloro-5,6-dihydro physalin B。2017年樊佳佳等[32] 首次从苦蘵中分离得到Physalin O。2019年Boonsombat等[33] 从苦蘵的二氯甲烷提取物中分离出一个新的酸浆苦素XI。

#### （2）醉茄内酯类

醉茄内酯类化合物（Withanolides）是具有28个碳原子的麦角甾烷型的甾体类化合物，其22位与26位碳原子链接成一个δ-内酯环的侧链。1990年Vasina等[34] 从苦蘵叶中分离得到了首个天然来源的22S-Withanolide类化合物Physangulide。1991年Shingu等[35] 首次从苦蘵全草分离得到Physagulin C。2006年Abe等[36] 首次在苦蘵中得到Physagulin L、Physagulin M和Physagulin N。2008年，Lee等[37] 在苦蘵全株植物中分离得到一种新的醉茄内酯类化合物Withangulatin I。2012年Jin等[38] 首次从苦蘵中分离得到Physangulidine A、Physangulidine B、Physangulidine C。2015年Emma等[39] 从苦蘵中分离得到

Physangulidine B。2018 年 Hoang 等[40] 首次从苦蘵中得到 Physagulin P、Physagulin Q。

### 2. 甾醇类

苦蘵中已报道的甾醇类化合物有：豆甾-5-烯-3$\beta$-醇、麦角甾-5,24（28）-二烯-3$\beta$-醇、菜籽甾醇、豆甾烷-22-烯-3,6-二酮、孕甾-5-烯-3-醇-20-羧酸、麦角甾-5,24（28）-二烯-3$\beta$，23S-二醇、麦角甾-5,25（26）-二烯-3$\beta$,24$\xi$-二醇等。

### 3. 其他类

Odusina 等[41] 首次从酸浆全草提取物中分离出一种新的化合物，命名为 Squalen-1-ol。Sun 等[42] 首次从苦蘵中得到酚苷 Physanguloside A。

## 三、苦蘵的药理作用

### 1. 抗炎作用

炎症反应是一个复杂的过程，由神经末梢、肥大细胞、血小板和白细胞局部释放的多种信号分子介导。杨燕军等[30] 考察了从苦蘵中提取的酸浆苦素 B 和酸浆苦素 E 对小鼠的耳缘肿胀率的影响以及对乙型溶血性链球菌、肺炎链球菌、金黄色葡萄球菌、甲型溶血性链球菌的抑制作用。结果表明，酸浆苦素 B 和酸浆苦素 E 具有一定的抗炎、抗菌作用。Sun 等[43] 报道苦蘵中的 Physalin X 和 Aromaphysalin B 在 $IC_{50}$ 值分别为 68.50$\mu$mol/L 和 29.69$\mu$mol/L 时表现出抑制一氧化氮产生的活性。并且通过分子对接证实了 Aromaphysalin B 与 NOS 的相互作用，这表明 Aromaphysalin B 可以被认为是抗炎药物开发的主要化合物。Rivera 等[44] 研究了哥伦比亚民间医学中 10 种常用植物的抗炎潜力，评价了它们对脂多糖刺激的巨噬细胞产生一氧化氮的作用。其中苦蘵的花萼提取物具有出最高的活性，进一步分级分离，结果显示其二氯甲烷级分（DF）在体外最活跃，抑制了 NO、$PGE_2$、IL-1$\beta$、IL-6、TNF-$\alpha$、MCP-1 的产生，表明 DF 具有治疗炎性疾病的巨大潜力。

Santo 等[45] 研究了浓缩乙醇提取物（CEEPA）的药理特性。研究表明，苦蘵浓缩乙醇提取物通过调节细胞因子和环氧化酶途径起到抗痛觉作用和抗炎作用，并且其与纯酸浆苦素相比具有更高的效力。Bastos 等[46] 对苦蘵提取物的抗炎活性进行探究。结果表明，苦蘵水提取物具有强大的抗炎和免疫调节活性，能够干扰环氧合酶途径，影响淋巴细胞增殖、NO 和 TGF-$\beta$ 的产生。Abdul 等[47] 研究了苦蘵叶甲醇提取物（PAL）的抗炎和促愈合作用。PAL 在 100mg/kg 和 300mg/kg 时均具有抗炎活性，在治疗和预防给药时均可使炎症所导致大鼠爪肿胀度降低（$P<0.001$）。与未处理的伤口相比，被配制成乳膏［1.25%，2.5%，5%，10%（质量分数）］的 PAL 在损伤后第 3 天至第 15 天显示出伤口收缩率的显著增加（$P<0.001$），并且成纤维细胞增殖和胶原形成以及再上皮化增加。苦蘵叶甲醇提取物（PAL）的抗炎和促愈合作用证明了苦蘵可能治疗伤口的药用价值。

Pinto 等[48] 研究了苦蘵中提取的 Physalin E 的抗炎作用，结果表明，Physalin E 或能开发成一种局部有效的抗炎药，应用于治疗急性和慢性皮肤炎症。Yang 等[49] 探究了 Physalin E 对脂多糖（LPS）刺激的 RAW 264.7 小鼠巨噬细胞的抗炎作用及其潜在的机制，结果表明，Physalin E 在 LPS 诱导的巨噬细胞中发挥抗炎活性，Physalin E 可以通过 NF-$\kappa$B 信号通路来抑制炎性细胞因子的产生。David 等[50] 对苦蘵花萼中二氯甲烷组分（PADF）

的抗炎活性进行了研究，结果表明 PADF 对巨噬细胞的调节作用可能有助于对结肠炎小鼠模型的治疗。

### 2. 抗氧化作用

孟昭坤等[51] 对苦蘵多糖的体外抗氧化活性进行了探究，结果表明，苦蘵多糖具有良好的生物活性、对脂质过氧化的抑制率及清除自由基的综合能力，而不少疾病的发生均与自由基引发的脂质过氧化反应有关，对苦蘵多糖的结构及相关修饰研究将会更加进一步地开发其生物功能。Retno 等[52] 对苦蘵叶用乙醇和水分别进行提取，研究提取物作为免疫调节剂和抗氧化剂的功效，实验证明乙醇提取物的有效成分更多，对淋巴细胞的作用低于细胞分裂素的作用。

### 3. 抗肿瘤作用

钱亚芳等[53] 报道采用"靶标＋活性"双重导向快速发现技术可从苦蘵中筛选得到靶向 Hsp90 蛋白杀伤胰腺癌细胞的活性单体醉茄内酯类化合物 Withanolide E（WE）与 $4\beta$-Hydroxywithanolide E（HWE），其分子机制可能与诱导胰腺癌细胞形成无活性 Hsp90 二聚体，进而抑制 Hsp90 客户蛋白 Akt 表达有关。樊佳佳等[32] 对酸浆属植物苦蘵 *Physalis angulata* L. 的全草进行化学成分及肿瘤细胞毒活性研究。结果表明，从苦蘵全草的 95％乙醇提取物中分离得到的酸浆苦素 A、酸浆苦素 B、酸浆苦素 C、酸浆苦素 D、酸浆苦素 F、酸浆苦素 H、酸浆苦素 I、$5\alpha$-乙氧基-$6\beta$-羟基-5,6-二氢酸浆苦素 B、酸浆苦素 O 对肺癌细胞株 A549 均具有较强的增殖抑制活性。

Hsu 等[54] 研究了 Physalin B 的抗黑色素瘤作用，结果表明，Physalin B 可以通过 NOXA、Caspase-3 和线粒体介导的途径诱导黑色素瘤癌细胞的凋亡，但不能诱导人皮肤成纤维细胞和成肌细胞的凋亡。因此，Physalin B 有可能被开发为治疗恶性黑色素瘤的有效化疗先导化合物。Sun 等[55] 测试苦蘵中 Withanolides 类化合物对人前列腺癌细胞、人肾癌细胞和人黑色素瘤细胞的抗增殖作用，以及对 LPS 诱导巨噬细胞产生 NO 的抑制作用。结果表明，从苦蘵中提取出的多种 Withanolides 类化合物对所测试的癌细胞显示出抗增殖作用，另有多种化合物显示出对 NO 产生的抑制作用。Meng 等[56] 研究了苦蘵全草中 Withanolides 类化合物的细胞毒性。结果表明，Withanolides 类化合物对 A549、Hela 和 p388 细胞系表现出强大的细胞毒性。Hoang 等[57] 研究了苦蘵提取物对 A549、Hela 和 PANC-1 癌细胞系的细胞毒性。结果表明 Physagulin J 对 A549 细胞表现出显著的细胞毒性。Jin 等[38] 报道的 3 种苦蘵中新的 Withanolides 类化合物 Physangulidines A、Physangulidines B、Physangulidines C 均有抗 DU145 前列腺癌细胞增殖的活性，并证实 Physangulidine A 具有广泛的抑制癌细胞增殖的活性。

方春生等[58] 以抗癌药物羟基喜树碱（HCTP）为阳性对照，体外试验发现苦蘵 Physalin B 对人肝癌细胞 HepG2 和胃癌细胞 SGC7901 具有增殖抑制作用，并具有一定的时间剂量依赖关系，且高浓度时作用优于阳性对照 HCTP。Magalhaes 等[59] 发现从苦蘵地上部分得到的 Physalin B 和 Physalin D 在体外和体内均能明显抑制肉瘤 180 肿瘤细胞的活性。Hsieh 等[60] 对苦蘵抗乳腺癌进行了研究，发现苦蘵可以诱导乳腺癌细胞 $G_2/M$ 期阻滞，其机制可能为激活 Chk2 进而磷酸化/灭活 Cdc 25C，或通过上调细胞周期蛋白依赖性激酶抑制因子 p21Waf1/Cipl 和 p27Kipl 的表达，使癌细胞生长停滞于 $G_2/M$ 期。Wu 等[61] 发现苦藏乙醇提取物具有潜在的抗肝癌细胞活性并与线粒体功能障碍引起的细胞凋亡有关。

### 4. 免疫调节活性

Soares 等[62] 研究从苦蘵中纯化的酸浆苦素在淋巴细胞增殖和细胞因子产生以及转移中的免疫调节活性,结果表明 Physalins B、Physalins F、Physalins G 能够有效抑制体外脾细胞活性和器官移植免疫反应。Sun 等[63] 对苦蘵中 Withangulatin A（WA）的免疫抑制作用进行研究,结果表明 WA 以剂量和时间依赖性方式显著抑制了 ConA 诱导的 T 淋巴细胞的过度增殖,从而极大地调节了 Th1/Th2 型平衡。Pinto 等[64] 对苦蘵中的 Physalin F 的免疫抑制活性进行研究,结果表明,Physalin F 能够诱导 PBMC 凋亡,减少 HTLV-1 感染引起的自发增殖和细胞因子产生。Soares 等[65] 测试了苦蘵中提取的酸浆苦素类化合物的免疫调节活性,结果表明苦蘵中的酸浆苦素类化合物是有效的免疫调节物质,并且通过不同于地塞米松的机制起作用。

### 5. 抗菌作用

Le 等[66] 从苦蘵中提取出了四种酸浆苦素类化合物并对其抗菌活性进行探究。结果表明,Physalin B、Physalin D、Physalin F 对一组具有 MIC 值为 $32 \sim 128 \mu g/mL$ 的临床上重要的微生物表现出抗菌作用。Januario 等[67] 对苦蘵粗提取物进行了抗分枝杆菌活性的生物测定,结果表明 Physalin D 在显示的抗分枝杆菌活性中发挥了相关作用。Pietro 等[68] 对苦蘵提取物进行了抗分枝杆菌活性的研究,发现其氯仿粗提物及酸浆苦味素类所在馏分具有抗结核分枝杆菌、鸟分枝杆菌、堪萨斯分枝杆菌、马摩尔分枝杆菌和胞内分枝杆菌活性。

### 6. 抗利什曼原虫作用

Guimaraes 等[69] 对苦蘵中提取的 Physalins B、Physalins F 和 Physalins G 的体外抗利什曼原虫活性进行探究。结果表明,Physalins B、Physalins F 和 Physalins G 具有抗利什曼原虫活性。Da 等[70] 评估苦蘵根部提取物（AEPa）的杀菌作用的机制,结果表明,AEPa 通过表型引起细胞死亡,似乎是由利什曼原虫细胞凋亡引起的细胞死亡,并通过形态功能改变和 $O^{2-}$ 生成来调节巨噬细胞活化,从而诱导利什曼原虫死亡。Guimaraes 等[71] 在皮肤利什曼病模型中研究了 Physalins 在体外和体内的抗利什曼原虫活性,研究结果证明了 Physalins,尤其是 Physalin F 的有效抗利什曼原虫活性,并表明这些分子是开发新的治疗皮肤利什曼病的基础。

Nogueira 等[72] 对苦蘵中醇提物（EEPA）的抗利什曼原虫活性进行探究,结果表明 EEPA 提取物对利什曼原虫寄生虫具有良好的药理作用。Da 等[73] 评估了苦蘵根的水提取物（AEPa）对利什曼原虫增殖、形态的影响,结果表明,AEPa 能有效地促进抗利什曼原虫,并具有多种重要的形态学改变,对宿主细胞无细胞毒性作用。Da 等[74] 评估了苦蘵根水提取物（AEPa）对利什曼原虫增殖、形态的影响,以及对利什曼原虫活性和巨噬细胞调节作用的驱动机制,结果表明,AEPa（$100\mu g/mL$）在处理 72h 后可促进感染利什曼原虫的巨噬细胞中肿瘤坏死因子 $\alpha$ 的分泌,但未诱导未感染巨噬细胞中肿瘤坏死因子 $\alpha$ 的增加。此外,AEPa 对 J774-A1 细胞无细胞毒性作用。

目前对苦蘵的研究主要集中在化学成分方面,虽然对苦蘵提取物及苦蘵中分离得到的甾体类化合物（酸浆苦味素类及醉茄内酯类）的药理活性均进行了初步的研究,并通过实验证实其具有抗肿瘤、免疫调节、抗炎、抗氧化、抗菌等活性，但对其机制研究相对较少。为了更好地对其进行综合开发和应用，在今后的工作中应该继续对其所含化学成分的药理活性进行研究，以期挖掘其新的药理活性，并在现有的药理研究基础上对已明确具有抗肿瘤活性的化学成分的作用机制进行深入研究。

# 第三节  毛 苦 蘵

毛苦蘵（*Physalis angulata* var. *villosa*）为茄科酸浆属苦蘵的变种。不同于原变种苦蘵，毛苦蘵全体密生长柔毛、果实不脱落。毛苦蘵分布于越南以及我国云南、江西、湖北等地，一般生长在草丛中，目前尚未由人工引种栽培。

## 一、毛苦蘵的形态与产地

### 1. 形态特征

毛苦蘵为一年生草本，高常 30～50cm；茎多分枝，分枝纤细。全株密生长柔毛、果实不脱落。单叶互生，叶片卵形至卵状椭圆形，顶端渐尖或急尖，基部阔楔形或楔形，全缘或有不等大的牙齿，长 3～6cm，宽 2～4cm。叶柄长 1～5cm，叶基部不对称。花单生叶腋。合瓣花，花冠黄色。花梗长 5～12mm，纤细。花萼长 4～5mm，5 中裂，裂片披针形，生缘毛。花冠淡黄色，喉部常有紫色斑纹，长 4～6mm，直径 6～8mm。花药蓝紫色或有时黄色，长约 1.5mm，有长有短。子房上位。果柄细弱，果实悬垂。花萼果时膨大，称为果萼，卵球状，直径 1.5～2.5cm，薄纸质，浆果直径约 1.2cm。浆果，圆球形。种子圆盘状，长约 2mm。花果期 5～12 月。

### 2. 产地

毛苦蘵分布于湖北、江西以西南到云南，越南亦可生长，其生于草丛中。目前尚未由人工引种栽培，为野生植物。

## 二、毛苦蘵的化学成分

2014 年丁辉等[75] 从毛苦蘵宿萼中分离得到 3 种新的化合物 Physagulin P（3）、Physagulin Q、14-epi-Physagulin P 以及 4 种已知化合物 Physagulin K、Physagulin J、Physagulin N、Withaminimin。2018 年张毅等[76] 从毛苦蘵中分离得到 5 种新的化合物 Physagulides R～Physagulides V 以及 6 种已知化合物 Withangulatin A、Physagulin C、Physapubenolide、Physagulin A、Physagulide P、（20*S*,22*R*)-5*β* (6)-Epoxy-4*β*,14*β*,15*α*-trihydroxy-1-oxow-ith-2,24-dienolide。

## 三、毛苦蘵的药理作用

毛苦蘵可全草入药，功效为清热解毒，化痰止咳。现代药理学研究表明其具有抗肿瘤作用，张毅等[76] 使用人结肠癌细胞（HCT-116）和人乳腺癌细胞（MDA-MB-231）对从毛苦蘵中获得的 11 种 Withanolides 化合物的细胞毒性活性进行了筛选。实验结果中所有

Withanolides 化合物均表现出细胞毒性活性。化合物 Withangulatin A、Physagulin C、Physapubenolide、Physagulide V 表现出显著的抗增殖作用。

# 第四节 毛 酸 浆

## 一、毛酸浆的资源情况及其栽培方法

毛酸浆（*Physalis pubescens* L.）是茄科，酸浆属一年生草本植物。茎生柔毛，分枝毛较密。原产美洲，中国吉林、黑龙江皆有栽培或为野生。多生于草地或田边路旁。果可食。本节将从毛酸浆的栽培方法、化学成分以及药理活性等方面对其进行介绍。

### 1. 毛酸浆的野生资源分布

毛酸浆（*Physalis pubescens* L.）是亚马孙河流域（巴西）的本地物种，被当地人称为"camapú"。目前，毛酸浆在我国吉林、黑龙江、辽宁及内蒙古东部东南边缘区域已有较为广泛的栽培种植，同时，也发展到国内其他省份。

### 2. 毛酸浆的植物学形态

毛酸浆为一年生草本；茎生柔毛，常多分枝，分枝毛较密。叶阔卵形，长 3～8cm，宽 2～6cm，顶端急尖，基部歪斜心形，边缘通常有不等大的尖齿，两面疏生毛但脉上毛较密；叶柄长 3～8cm，密生短柔毛。花单独腋生，花梗长 5～10mm，密生短柔毛。花萼钟状，密生柔毛，5 中裂，裂片披针形，急尖，边缘有缘毛；花冠淡黄色，喉部具紫色斑纹，直径 6～10mm；雄蕊短于花冠，花药淡紫色，长 1～2mm。果萼卵状，长 2～3cm，直径 2～ 2.5cm，具 5 棱角和 10 纵肋，顶端萼齿闭合，基部稍凹陷；浆果球状，直径约 1.2cm，黄色或有时带紫色。种子近圆盘状，直径约 2mm[77]。

### 3. 毛酸浆的植物栽培

（1）选地

栽培土地要地势平整、土质疏松、肥力较好、排灌方便。土壤弱酸性，其 pH 值最好为 6～7。种植地要远离工厂、矿山及医院等污染源。毛酸浆喜与稻子、谷子、小麦、大麦及玉米等交替种植，但忌与番茄等茄科作物近距离栽培或迎茬轮作。

（2）种子处理

宜选择抗病性强、品质优、商业性好且产量高的品种，如大型毛酸浆和小型毛酸浆的健康饱满的种子。用温度为 50～55℃的水浸泡 20min，以预防叶霉病及早疫病等；然后，将水温调整至 30～35℃，放置于恒温暗培养箱过夜（12～20h）。然后，将种子从水里捞出，均匀放置在垫有滤纸的培养皿中，并使水量刚好没过种子；最后将培养皿放置于光照培养箱内进行催芽，设置条件为 26℃暗培养 12h，30℃光照培养 12h。每天加适量水保证滤纸湿润，3～5 天种子开始发芽。注意，种子出芽长度为 1～2mm 时播种最佳。

（3）整地施肥

在 3 月中旬开始整地。首先，刨去前茬作物的残留部分，施有机肥 7.5t/hm², 硫酸二胺 150kg/hm²、硝酸钙 75kg/hm²、硫酸钾 225kg/hm²；其次，用机械进行翻地，翻刨深度约为 25cm；然后耙平，起高垄，垄高约 30cm，垄间距为 120cm 左右；最后，扣塑料薄膜并用土在地膜两侧压盖，防止大风刮坏地膜。盖地膜可以防止养分流失，保水抗旱，下雨天则能够排水防涝，同时还可以除草、减少病虫害。

（4）育苗

毛酸浆播种最佳时期为 3 月中下旬，播种最好在日光温室里进行。首先，用腐熟有机肥、蛭石、疏松的耕地田土按 3∶2∶5 均匀混合，过筛除去杂物，将配制好的土壤装入营养钵里；其次，将刚刚发出芽的种子与细河沙按 1∶4 的比例混匀后播种，播种后撒疏松的土壤 0.5cm；最后，盖层塑料薄膜来保证苗床的温度，待大部分幼苗出土后再去掉地膜。

为了促进种子的快速出土，出苗前，温室里的温度控制在 30℃ 左右。待幼苗出土后，温室里白天温度保持在 25～28℃，夜间保持在 17～20℃。幼苗出土后，3～5 天洒水 1 次，温室里要安装专门的育苗洒水喷头，一般在早晨或傍晚 6 点左右洒水。为了保证幼苗健康生长，温室要保证充足的光照条件。在幼苗长出 2～3 片叶时进行分苗，剔除弱小、密生的苗，保留相对苗壮的苗，最佳幼苗间距为 8×8cm。

（5）定植

一般在 5 月中旬进行移栽定植。用定植器在地膜上扎洞，按双行拐子状植苗，行间距 40cm，株间距 60cm，定植苗约 4.5 万株/hm²，移栽后紧跟着浇定植水。

（6）田间管理

定植 3 天后，检查幼苗成活情况，未成活的应及时补苗，补苗后应紧跟浇透定植水。要时刻注意田间杂草的生长情况，若杂草较多且影响了幼苗的生长，要及时进行人工除草。幼苗移栽后，要及时浇水蹲苗；幼苗成活后，要定期浇水，尤其在幼苗生长前期，一定要保证水分充足，以保证幼苗地下根系的发育。毛酸浆苗在生长后期比较怕水，这个时候要控制浇水次数，尤其在雨水较多的季节，一定要注意排水。在坐果期间，如果遇到干旱天气，应及时灌水。在开花前，随水追肥 1 次，施复合肥约 150kg/hm²。毛酸浆植株开花结果实以后，每隔半个月喷施 1 次氨基酸类叶面肥，连续喷施 2 次。

（7）病虫害防治

① 病害　毛酸浆植株主要病害为白叶病、白粉病及病毒病等。当温度过高、雨水较多时，毛酸浆容易得白叶病。这个时候一方面要减少灌水次数，注意排水防涝；另一方面可以喷施 70% 甲基托布津可湿性粉剂 500～700 倍液进行防治，每隔 1 周喷施 1 次，连续喷施 2 次。同时，白粉病也是毛酸浆的易染病害之一，当发现病害时，可以喷施 25% 三唑酮可湿性粉剂 600～800 倍液，70% 甲基托布津可湿性粉剂 500～700 倍液，75% 百菌清可湿性粉剂 500～600 倍液进行防治。此外，在高温、干燥的条件下，由于蚜虫蔓延传播，毛酸浆容易得一些病毒病，这个时候一方面要注意适当灌水，减少旱情；另一方面应每隔 7 天喷施 1 次 30% 盐酸吗啉胍可溶粉剂 500～800 倍液和 50% 氯溴异氰尿酸可湿性粉剂 800 倍液进行防治，连续喷施 2 次。

② 虫害　毛酸浆的主要虫害为地老虎、蛴螬及蚜虫等。防治地老虎，可以在植株根部附近喷灌 50% 辛硫磷乳油 500～800 倍液。对于蛴螬的防治，可以利用 50% 的辛硫磷药液浸泡大豆，待大豆吸收药液后，在植株根附近 8cm 处进行撒播，每株播 5～6 颗大豆即可。当

毛酸浆发生蚜虫虫害时，可以喷施 70％吡虫啉可湿性粉剂 2500 倍液行防治，连续喷施 2 次，间隔 5～7 天。

### 4. 采收与贮藏

（1）采收

毛酸浆一般在 7 月中旬开始成熟，当浆果的宿萼枯黄，果实由绿色变成淡黄色时要及时采收。一般采用人工采收，随熟随收，根据田间果实成熟情况可每隔 1～2 天采收 1 次，直到所有果实采摘完毕[78]。

（2）贮藏

常温下（平均温度 28℃）毛酸浆的贮藏期较短，7 天后宿萼开始出现霉变，15 天后有少量果实开始腐烂。低温贮藏毛酸浆可以延长其贮藏期，并且能够尽量保持毛酸浆的色泽、口感，减少营养物质的流失。韩雪等[79] 观察了不同贮藏温度条件下毛酸浆挥发性成分的变化趋势，结果显示 4℃条件下贮藏毛酸浆有利于其保持较好的色泽和质构。还可通过干燥的方法将毛酸浆制成粉，以延长毛酸浆的贮藏时期，并增加毛酸浆的用途。

## 二、毛酸浆的化学成分

目前已从毛酸浆中分离得到的大量化学成分，包括黄酮类、甾体类、苯丙素类、糖类、生物碱类以及脂肪酸类等，其中黄酮类和醉茄内酯类为主要活性成分。

### 1. 黄酮类

黄酮类化合物是毛酸浆中报道最多的一类化学成分。20 世纪 80 年代至今，研究者已从毛酸浆中分离得到 36 种黄酮类化合物，其中尤以黄酮苷类居多[80]。目前毛酸浆已知的黄酮类化合物见表 8-1。

表 8-1　毛酸浆中黄酮类成分[80]

| 序号 | 化合物名称 | 取代基 | 参考文献 |
|---|---|---|---|
| 1 | 槲皮素 | $R_1=R_3=R_4=R_6=R_7=OH, R_2=R_5=H$ | [81] |
| 2 | 3,7-二甲基槲皮素 | $R_1=R_3=R_4=R_7=OH, R_2=R_5=H, R_6=OCH_3$ | [81] |
| 3 | 山奈酚 | $R_1=R_4=R_6=R_7=OH, R_2=R_3=R_5=H$ | [81] |
| 4 | 3,7,3'-三甲基槲皮素 | $R_1=R_3=R_6=OCH_3, R_2=R_5=H, R_4=R_7=OH$ | [81] |
| 5 | 3,7-二甲基山奈酚 | $R_1=R_6=OCH_3, R_2=R_3=R_5=H, R_4=R_7=OH$ | [81] |
| 6 | 7-甲基山奈酚 | $R_1=OCH_3, R_2=R_3=R_5=H, R_4=R_6=R_7=OH$ | [81] |
| 7 | 3,7,4'-三甲氧基杨梅黄酮 | $R_1=R_4=R_6=OCH_3, R_2=H, R_3=R_5=R_7=OH$ | [81] |
| 8 | 羟基阿亚黄酮 | $R_1=R_4=R_6=OCH_3, R_2=R_5=R_7=OH, R_3=H$ | [81] |
| 9 | 山奈素 | $R_1=R_6=R_7=OH, R_2=R_3=R_5=H, R_4=OCH_3$ | [81] |
| 10 | 商陆素 | $R_1=R_4=OCH_3, R_2=R_5=H, R_6=R_7=OH$ | [81] |
| 11 | 毛酸浆黄酮醇 A | $R_1=R_2=R_4=OCH_3, R_3=R_6=R_7=OH, R_5=H$ | [81] |
| 12 | 5,3',5'-三羟基-3,7,4'-三甲氧基黄酮 | $R_1=R_4=R_6=OCH_3, R_2=H, R_3=R_5=R_7=OH$ | [82] |
| 13 | 3',5-二羟基-3,7,4'-三甲氧基黄酮 | $R_1=R_4=R_6=OCH_3, R_2=R_5=H, R_3=R_7=OH$ | [83] |
| 14 | 3,5,3',4'-四羟基-7-甲氧基黄酮 | $R_1=OCH_3, R_2=H, R_3=R_4=R_5=R_6=R_7=OH$ | [83] |

续表

| 序号 | 化合物名称 | 取代基 | 参考文献 |
|---|---|---|---|
| 15 | 木犀草素 | $R_1=R_3=R_4=R_7=OH,R_2=R_5=R_6=H$ | [84] |
| 16 | 7,3′,4′-三甲基槲皮素 | $R_1=R_3=R_4=OCH_3,R_2=R_5=H,R_6=R_7=OH$ | [84] |
| 17 | 5,4′-二羟基-3,7-二甲氧基黄酮 | $R_1=R_5=OCH_3,R_2=R_4=H,R_3=R_6=OH$ | [84] |
| 18 | 金圣草黄素 | $R_1=R_4=R_7=OH,R_2=R_5=R_6=H,R_3=OCH_3$ | [85] |
| 19 | 3′-Methoxy-ombuine | $R_1=R_3=R_4=OCH_3,R_2=R_5=H,R_6=R_7=OH$ | [86] |
| 20 | 槲皮素-3-O-β-吡喃葡萄糖苷 | $R_1=R_3=R_4=R_7=OH,R_2=R_5=H,R_6=OGlc$ | [85] |
| 21 | 山柰酚-3-葡萄糖-7-鼠李糖苷 | $R_1=ORha,R_2=R_3=R_5=H,R_4=R_7=OH,R_6=OGlc$ | [83] |
| 22 | 山柰酚-7-O-α-L-鼠李糖苷 | $R_1=ORha,R_2=R_3=R_5=H,R_4=R_6=R_7=OH$ | [83] |
| 23 | 山柰酚-3-O-α-L-鼠李糖苷 | $R_1=R_4=R_7=OH,R_2=R_3=R_5=H,R_6=ORha$ | [83] |
| 24 | 山柰酚-7-O-β-D-葡萄糖-3-O-β-D-葡萄糖基-(1→2)-β-D 葡萄糖苷 | $R_1=OGlc,R_2=R_3=R_5=H,R_4=R_7=OH,$ $R_6=OGlc\text{-}Glc(2→1)$ | [83] |
| 25 | 山柰酚-3-O-β-D-半乳糖苷 | $R_1=R_4=R_7=OH,R_2=R_3=R_5=H,R_6=OGal$ | [83] |
| 26 | 山柰酚-3-O-β-D-葡萄糖苷 | $R_1=R_4=R_7=OH,R_2=R_3=R_5=H,R_6=OGlc$ | [83] |
| 27 | 槲皮素-3-O-β-D-葡萄糖苷 | $R_1=R_3=R_4=R_7=OH,R_2=R_5=H,R_6=OGlc$ | [83] |
| 28 | 槲皮素-3-O-β-D-半乳糖苷 | $R_1=R_3=R_4=R_7=OH,R_2=R_5=H,R_6=OGal$ | [83] |
| 29 | 槲皮素 3-O-β-D-吡喃阿拉伯糖苷 | $R_1=R_3=R_4=R_7=OH,R_2=R_5=H,R_6=OAra$ | [83] |
| 30 | 槲皮素-3-O-α-L-鼠李糖苷 | $R_1=R_3=R_4=R_7=OH,R_2=R_5=H,R_6=ORha$ | [83] |
| 31 | 芦丁 | $R_1=R_3=R_4=R_7=OH,R_2=R_5=H,R_6=OGlc\text{-}Glc(6→1)$ | [81] |
| 32 | 槲皮素-3,5,7-三甲氧基-3′-O-β-D-吡喃葡萄糖苷 | $R_1=R_4=R_5=R_6=R_7=OCH_3,R_2=H,R_3=OGlc$ | [85] |
| 33 | 槲皮素-3-O-(6′-O-反式对香豆酰基)-β-D-吡喃葡萄糖苷 | $R_1=R_3=R_4=R_7=OH,R_2=R_5=H,$ $R_6=OGlc—COO—CHCH—C_6H_5OH$ | [85] |
| 34 | 山柰酚-3-O-β-D-芸香糖苷 | $R_1=R_4=R_7=OH,R_2=R_3=R_5=H,R_6=orutinoside$ | [85] |
| 35 | 4,4′-二羟基-2′-甲氧基查耳酮 | | [85] |
| 36 | 染料木素-7-O-β-D-葡萄糖苷-4′-O-α-L-鼠李糖基-(1→2)-β-D-葡萄糖苷 | | [83] |

李世燕等[87,88]对毛酸浆中总黄酮含量进行了研究，采用三氧化二铝比色法和分光光度法对毛酸浆中总黄酮含量进行测定，2 种方法分别测得毛酸浆果中总黄酮含量分别为0.442mg/g 和 0.573mg/g，这两种方法都可以用来测定毛酸浆果总黄酮含量。

### 2. 甾体类

毛酸浆中含有的甾体类成分主要分为醉茄内酯类和甾醇类，其中以醉茄内酯类为主，而酸浆苦素则是醉茄内酯中含量最丰富的化学成分，占毛酸浆干重的 0.033%[89]。

### （1）醉茄内酯类

醉茄内酯类化合物是一类麦角甾烷 C-26 羧酸内酯类甾体化合物，共由 28 个碳原子组成，分子中含 A、B、C、D 4 个环及 1 个侧链 E 环，醉茄内酯类化合物主要是由不同的环A/环 B、环 C、环 D 和侧链 E 环衍生出来的一系列化合物。醉茄内酯类化合物名称见表 8-2。

表 8-2  毛酸浆中醉茄内酯类成分[80]

| 序号 | 化合物名称 | 参考文献 |
|---|---|---|
| 1 | 醉茄素 A | [90] |
| 2 | 酸浆内酯 | [90] |
| 3 | 三乙酸酸浆内酯 | [90] |
| 4 | 酸浆内酯 B | [90] |
| 5 | 去乙酰酸浆内酯 B | [91] |
| 6 | 单乙酸酸浆内酯 B | [90] |
| 7 | Pubescenin | [92] |
| 8 | 毛酸浆内酯 A | [86] |
| 9 | 毛酸浆内酯 B | [86] |
| 10 | 毛酸浆内酯 C | [86] |
| 11 | 毛酸浆内酯 G | [93] |
| 12 | 毛酸浆内酯 H | [93] |
| 13 | 毛酸浆内酯 I | [93] |
| 14 | $(20S,22R,24S,25S,26R)$-15$\alpha$-乙酰基-5,6$\beta$:22,26:24,25-三环氧-26-甲氧基-4$\beta$-羟基麦角甾-2-烯-1-酮 | [94] |
| 15 | $(20S,22R,24R,25S,26S)$-15$\alpha$-乙酰基-5,6$\beta$:22,26-二环氧-24-甲氧基-4$\beta$,25,26-三羟基麦角甾-2-烯-1-酮 | [92] |
| 16 | $(20S,22R,24R,25S,26R)$-15$\alpha$-乙酰基-5,6$\beta$:22,26-二环氧-24-甲氧基-4$\beta$,25,26-三羟基麦角甾-2-烯-1-酮 | [92] |
| 17 | $(20S,22R,24R,25S,26S)$-15$\alpha$-乙酰基-5,6$\beta$:22,26-二环氧-3$\beta$,4$\beta$,24,25,26-五羟基麦角甾-1-酮 | [94] |
| 18 | $(20S,22R,24R,25S,26R)$-15$\alpha$-乙酰基-5,6$\beta$:22,26-二环氧-3$\beta$,4$\beta$,24,25,26-五羟基麦角甾-1-酮 | [94] |
| 19 | $(20S,22R,24S,25S,26R)$-15$\alpha$-乙酰基-6$\alpha$-氯-22,26:24,25-二环氧-4$\beta$,5$\beta$,26-三羟基麦角甾-2-烯-1-酮 | [94] |
| 20 | 毛酸浆酯 A | [86] |
| 21 | 假酸浆烯酮内酯 | [92] |
| 22 | 毛酸浆内酯 E | [93] |
| 23 | $(26S)$-毛酸浆内酯 F | [93] |
| 24 | $(26R)$-毛酸浆内酯 F | [93] |
| 25 | $(20S,22R,24R,25S,26R)$-22,26-环氧-24,26- 33 2-烯-1-酮二甲氧基-1$\alpha$,3$\beta$,25-三羟基麦角甾-5-烯 | [93] |
| 26 | Philadephicalactones A | [83] |
| 27 | 毛酸浆内酯 D | [86] |
| 28 | 假酸浆烯酮 | [92] |
| 29 | 酸浆苦素 P | [95] |

（2）甾醇类及其他甾体类

毛酸浆中甾体类化合物除醉茄内酯化合物外，还有甾醇类化合物。张辉[81] 利用硅胶柱色谱法、Sephadex LH-20 凝胶柱色谱法、中压柱色谱及半制备高效液相色谱等方法分离纯化，并通过核磁共振谱、质谱等光谱数据鉴定化合物结构，从毛酸浆宿萼中分离得到 3 个甾醇类化合物，依次为毛酸浆甾醇 A、毛酸浆甾醇 B、$\beta$-谷甾醇。张斯雯等利用柱色谱、萃取、重结晶等化学和物理方法、光谱学分析方法，确定毛酸浆中含有 $\beta$-胡萝卜苷。

（3）苯丙素类

毛酸浆中分离出的苯丙素类成分，主要包括简单苯丙素类和木脂素类。

① 简单苯丙素类

毛酸浆中简单苯丙素类化合物包括 1'-$O$-$\beta$-D-(3,4-二羟基苯乙基)-4'-$O$-咖啡酰基葡萄糖苷、1-*O*-咖啡酰基-*β*-D-吡喃葡萄糖、1-*O* -*p*-阿魏酰基-*β*-D-吡喃葡萄糖苷、对羟基肉桂酸吡喃葡萄糖苷、咖啡酰基奎宁酸正丁酯、5-*O*-(*E*-Feruloyl) blumenol、反式对羟基肉桂酸乙酯、反式肉桂酸甲酯、Methyl (*E*)-cinnamate 及咖啡酸乙酯等[82,85,86,96]。

② 木脂素类

毛酸浆中的木脂素类化合物主要包括桉皮树脂醇、松脂醇、去甲络石苷元以及新橄榄脂素等[96]。

### 3. 糖类

毛酸浆中含有的糖类化合物分别为纤维素、*α*-D-葡萄糖（2→1）*β*-D-葡萄糖、蔗糖、*α*-D-葡萄糖等[80,82,84,97,98]。

### 4. 生物碱

目前从毛酸浆中分离得到生物碱类化合物较少。贾远敏等[96] 利用反复硅胶柱色谱、Sephadex LH-20 凝胶柱色谱、中压柱色谱及半制备高效液相色谱等分离纯化方法，并使用核磁共振谱、质谱等化合物结构鉴定方法，成功从毛酸浆浆果中分离并鉴定出了三种生物碱，分别为 *N*-反式-对羟基苯乙基阿魏酸酰胺、尿苷及腺苷。

### 5. 多糖类

张斯雯[97] 用热水提取毛酸浆果实中的粗多糖，通过 DEAE-52 柱和 Sephadex G-200 柱纯化得到白色絮状固体 PPL-P1、PPL-P2 和淡黄色絮状固体 PPL-P3 三个多糖组分（PPLPs）；采用傅里叶变换红外光谱、核磁共振光谱、扫描电镜和紫外光谱对 PPLPs 的初步结构特征进行解析；使用高效液相色谱和高效凝胶渗透色谱法（HPGPC）研究多糖的分子质量（$M_W$）和单糖组成。实验结果显示，PPL-P1 由甘露糖（Man）、鼠李糖（Rha）、葡萄糖（Glc）、半乳糖（Gal）、木糖（Xyl）和阿拉伯糖（Ara）组成，其单糖摩尔比为 1.00∶0.60∶1.37∶3.92∶0.45∶0.67；而 PPL-P2 和 PPL-P3 由 Man、Rha、Glc、Gal 和 Ara 组成，它们的单糖摩尔比分别为 1.00∶1.08∶1.21∶3.48∶11.03 和 1.00∶5.03∶1.64∶10.78∶16.96；PPL-P1、PPL-P2 和 PPL-P3 的分子质量分别为 7.3kDa、12.1kDa 和 229.3kDa。结果如表 8-3 所示。

表 8-3　毛酸浆的多糖结构

| 样品名称 | 分子质量 | 单糖组成 | 性状 |
| --- | --- | --- | --- |
| PPL-P1 | 7.3kDa | 甘露糖∶鼠李糖∶葡萄糖∶半乳糖∶木糖∶阿拉伯糖＝<br>1.00∶0.60∶1.37∶3.92∶0.45∶0.67 | 白色絮状固体 |
| PPL-P2 | 12.1kDa | 甘露糖∶鼠李糖∶葡萄糖∶半乳糖∶木糖＝<br>1.00∶1.08∶1.21∶3.48∶11.03 | 白色絮状固体 |
| PPL-P3 | 229.3kDa | 甘露糖∶鼠李糖∶葡萄糖∶半乳糖∶木糖＝<br>1.00∶5.03∶1.64∶10.78∶16.96 | 淡黄色絮状固体 |

### 6. 其他类

另外，从毛酸浆中还能够分离得到三萜类（91～93）、环烯醚萜类（94）、有机酸类

（95～101）以及羧酸衍生物类（102～125）等多种化学成分，而且毛酸浆还富含多种维生素、人体必需的氨基酸以及微量元素[80]。毛酸浆中的其他类化学成分名称见表8-4。

表 8-4　毛酸浆中的其他类成分[80]

| 序号 | 化合物名称 | 参考文献 | 序号 | 化合物名称 | 参考文献 |
|---|---|---|---|---|---|
| 1 | 2$\alpha$,3$\beta$,23-三羟基-12-烯-28-齐墩果酸 | [96] | 19 | 吐叶醇 A | [96] |
| 2 | 白头翁皂苷 A | [96] | 20 | 3,5-二羟基-$\gamma$-吡喃酮 | [81] |
| 3 | 白头翁皂苷 D | [96] | 21 | 3,5-二羟基-2-羟甲基-$\gamma$-吡喃酮 | [81] |
| 4 | 橄榄苦苷 | [96] | 22 | 2-羟甲基-5-羟基-$\gamma$-吡喃酮 | [81] |
| 5 | 咖啡酸 | [96] | 23 | 5-羟基麦芽酚 | [81] |
| 6 | 3-甲氧基-4-羟基苯甲酸 | [81] | 24 | Danielone | [86] |
| 7 | 3,4-二羟基苯甲酸 | [81] | 25 | 4-羟基-5-甲氧基苯甲醛 | [86] |
| 8 | 酒石酸 | [83] | 26 | 5-羟甲基糠醛 | [85] |
| 9 | 柠檬酸 | [83] | 27 | $\alpha$-丁氧基-丙烯醛 | [98] |
| 10 | 苹果酸 | [83] | 28 | 3-丙氧基-4-丁氧基苯甲醛 | [98] |
| 11 | 琥珀酸 | [83] | 29 | 5-羟基苯甲醛 | [86] |
| 12 | $\beta$-D-吡喃葡萄糖氧基丁香酸酯 | [96] | 30 | 4-甲基苯酚 | [86] |
| 13 | 银杏内酯 A | [83] | 31 | 毛酸浆呋喃素 | [81] |
| 14 | 银杏内酯 B | [83] | 32 | 3,6,11-三甲基-3-羟基-1,6E,10-十二碳三烯-8-O-$\beta$-D-葡萄糖苷 | [83] |
| 15 | 己二酸-甲基二丙酯 | [99] | 33 | 丙基环己六醇醚 | [97] |
| 16 | 丁二酸-甲基二丙酯 | [99] | 34 | 5,5′-二异丁氧基-2,2′-双呋喃 | [86] |
| 17 | 乙基丙二酸二丁酯 | [99] | 35 | 毛酸浆苷 | [97] |
| 18 | 亚油酸乙酯 | [99] | | | |

（1）无机元素

陈萍等[86]采用微波消解-ICP-AES法测定了毛酸浆中丰富的人体必需微量元素，发现Na、Fe、Zn、Ca、Mg、K、Mn等元素含量较高。

（2）挥发性物质

汪晶晶等[100]分析了毛酸浆宿萼中挥发性物质的组成，结果表明，毛酸浆宿萼挥发性物质含量为3.8547%。进一步通过GC-MS分析鉴定出其中含有48种化合物，占总挥发成分的99.34%；这些化合物中脂肪酸类含量最高（71.1%），分别为月桂酸、棕榈酸、油酸和十八酸等中长链脂肪酸成分；此外实验中还鉴定出了甲基丁香酚、内切冰片等抑菌物质。

（3）脂肪酸类

据报道[80]，毛酸浆果实中脂肪酸种类丰富，含量较高，成分含量最多的是亚油酸（53.26%）、棕榈酸（15.21%）和油酸（14.25%）。王建刚等[101]采用索式提取法提取毛酸浆果实中的脂溶性成分，采用GC-MS分析并鉴定出了毛酸浆中的22个脂肪酸类成分，分别是辛酸、9-酮基壬酸、十二烷酸、十四烷酸、十五烷酸、14-甲基十五烷酸、（Z）-十六烯酸、13-十八碳烯酸、棕榈酸、14-甲基十六烷酸、2-己基-环丙烷辛酸、十七烷酸、亚油酸、油酸、11-十八碳烯酸、硬脂酸、10-十九烯酸、亚麻酸、花生酸、7,10,13-二十碳三烯酸、山俞酸、木蜡酸。分析结果见表8-5。

表 8-5　毛酸浆中的脂肪酸类成分及其相对含量[101]

| 化合物名称 | 保留时间/min | 相对含量/% | 分子质量 | 相似度/% |
| --- | --- | --- | --- | --- |
| 辛酸 | 6.781 | 0.24 | 144 | 95 |
| 9-酮基壬酸 | 15.403 | 0.12 | 172 | 94 |
| 十二烷酸 | 17.663 | 0.14 | 200 | 96 |
| 十四烷酸 | 22.415 | 0.15 | 228 | 96 |
| 十五烷酸 | 24.619 | 0.06 | 242 | 91 |
| 14-甲基十五烷酸 | 25.953 | 0.03 | 256 | 92 |
| (Z)-十六烯酸 | 26.288 | 0.42 | 254 | 96 |
| 13-十八碳烯酸 | 26.486 | 0.04 | 282 | 90 |
| 棕榈酸 | 26.729 | 15.51 | 256 | 95 |
| 14-甲基十六烷酸 | 28.194 | 0.15 | 270 | 90 |
| 2-己基-环丙烷辛酸 | 28.499 | 0.03 | 268 | 92 |
| 十七烷酸 | 28.798 | 0.08 | 270 | 95 |
| 亚油酸 | 30.363 | 53.26 | 280 | 93 |
| 油酸 | 30.447 | 14.25 | 282 | 96 |
| 11-十八碳烯酸 | 30.551 | 3.01 | 282 | 90 |
| 硬脂酸 | 30.991 | 4.42 | 284 | 97 |
| 10-十九烯酸 | 32.983 | 0.11 | 296 | 93 |
| 亚麻酸 | 34.708 | 1.11 | 278 | 92 |
| 花生酸 | 35.634 | 0.91 | 312 | 85 |
| 7,10,13-二十碳三烯酸 | 35.989 | 0.70 | 306 | 90 |
| 山俞酸 | 40.411 | 0.13 | 340 | 95 |
| 木蜡酸 | 45.145 | 0.12 | 368 | 92 |

## 三、毛酸浆的药理作用

现代药理研究表明，毛酸浆具有明显的抗炎、抗肿瘤、抗菌、抗氧化、利尿、免疫调节等药理作用。

### 1. 抗炎作用

陈芳等[102] 研究发现毛酸浆果实乙醇提取物对二甲苯所诱导的小鼠耳郭肿胀、棉球所致的大鼠棉球肉芽肿均具有显著的抑制作用，可明显降低细胞上清液中 TNF-α 和 IL-6 的水平，抑制 NF-κB p65 mRNA 及其蛋白质的表达。结果表明，毛酸浆果实乙醇提取物能抑制机体炎症的发生，具有抗炎功效，其作用机制可能为通过下调 p65 蛋白的表达与抑制炎症因子 TNF-α 和 IL-6 的释放来达到抗炎作用。张斯雯[97] 研究了不同剂量的毛酸浆果实乙醇提取物对患急性肾盂肾炎大鼠的治疗效果，通过细菌学检验对大鼠的尿液及左肾组织进行检查，采用病理组织学进一步研究左肾组织病理结构的变化情况，结果发现，对于治疗肾盂肾炎的效果，低剂量药物与阳性对照药物之间的差异并不显著，高剂量药物对大鼠的炎症症状无明显的改善作用，可能是由于药物剂量过高，导致抑菌效果下降。Zhao 等[103] 的研究发现毛酸浆多糖提取物可降低 TNF-α、iNOS 和 COX-2 的表达，从而调节 NF-κB/iNOS-COX-2 信号转导途径，逆转结肠炎小鼠的肠道损伤。

## 2. 抗氧化作用

毛酸浆中含有丰富的黄酮类物质，此类化合物往往具有还原性，从而表现出一定的抗氧化作用。张辉[81] 通过自由基清除能力测试发现，毛酸浆果实乙醇提取物对 ABTS 自由基和 DPPH 自由基的清除率最高。贾远敏等[96] 对毛酸浆的黄酮单体和吡喃酮单体进行活性筛选，发现槲皮素与山奈酚具有较强的抗氧化活性，3,7,3′-三甲基槲皮素具有一定的抗氧化活性，2-羟甲基-5-羟基-γ-吡喃酮有中等强度的抗氧化活性。

汪紫薇[104] 用热水提取毛酸浆粗多糖，经纯化得到白色絮状固体 PPL-P1、PPL-P2 和淡黄色絮状固体 PPL-P3 三个多糖组分（PPLPs）。结果显示，3 个纯化多糖都对 DPPH 自由基、ABTS 自由基具有一定的清除作用，并且表现为剂量依赖性，其中 PPL-P3 对两种自由基的清除作用比 PPL-P1、PPL-P2 强；在浓度为 5mg/mL 时，多糖样品对自由基的清除率最高，PPL-P1、PPL-P2 和 PPL-P3 对 DPPH 自由基的清除率分别为 36.2%、41.8%和59.4%，对 ABTS 自由基的清除率分别为 23.1%、12.8%和 43.1%。

## 3. 抗菌作用

黄酮类成分为毛酸浆抑制病原微生物的主要活性成分。郑敬彤等[105] 通过琼脂稀释法对大肠埃希菌标准株、大肠埃希菌临床分离株、金黄色葡萄球菌标准株以及金黄色葡萄球菌临床分离株分别进行 MIC 的测定。结果显示，毛酸浆果提取物对大肠埃希菌有较强的抑菌作用，且抑菌效果优于双黄连粉针剂对照组。随后，郑敬彤等[105] 对毛酸浆果醇提取物抑菌机制进行了深入研究，发现其从大肠埃希菌生长曲线的对数生长期开始能有效抑制细菌的生长，细菌出现质壁分离现象和空泡样变，细菌分裂相明显减少；从对数期中期开始，空泡样变减少，细菌出现死亡现象。

此外，张辉[81] 采用纸片法对毛酸浆黄酮类化合物槲皮素、山奈酚与 3,7,3′-三甲基槲皮素及吡喃酮类化合物 2-羟甲基-5-羟基-γ-吡喃酮进行体外单独抑菌活性实验，结果显示，它们均对金黄色葡萄球菌、大肠杆菌、绿脓杆菌、肺炎克雷伯菌均有抑制作用。

## 4. 抗肿瘤作用

毛酸浆的抗肿瘤活性研究主要集中在其黄酮类和醉茄内酯类化合物。张辉[81] 对毛酸浆宿萼中黄酮类物质的抗肿瘤活性进行了研究，结果表明，槲皮素与山奈酚均对肝癌细胞 SMMC-7721 增殖有抑制作用，对白血病细胞 K562 有一定的抑制作用；3,7,3′-三甲基槲皮素对宫颈癌细胞 HeLa 增殖有明显的抑制作用。肿瘤细胞一个重要的特征就是物质代谢和能量代谢的改变。为了维持肿瘤细胞的快速生长与增殖，肿瘤细胞必须加快 ATP、脂质、蛋白质和核苷酸等生物大分子的合成速率。肾型谷氨酰胺酶（KGA）能加速谷氨酰胺的代谢，这是肿瘤细胞代谢异常的原因之一。程理[106] 发现毛酸浆提取物可通过作用于 KGA 抑制其活性，从而有效阻断肿瘤细胞的能量和物质来源，以达到抑制肿瘤细胞生长的目的。在这之后，Chen 等[107] 从毛酸浆中分离得到 Physapubescin Ⅰ，发现其可以更有效地通过与 KGA 作用，抑制癌细胞增殖并促进其凋亡。

贾远敏等[96] 对毛酸浆所含成分抗肿瘤活性的研究显示，醉茄内酯类成分对肿瘤细胞有显著的抑制作用，其能有效抑制肾癌细胞 786-O、A498、Caki-2、ACHN 的生长，并且对于前列腺癌细胞、黑色素瘤细胞 A375 和 A375-S2 也有一定的抑制作用。夏桂阳等[108] 从毛酸浆茎叶体积分数 75% 的乙醇溶液提取物中分离得到 5 个化合物，其中醉茄内酯类化合物 $(20S, 22R, 24S, 25S, 26\Phi)$-$15\alpha$, $16\alpha$-Diacetoxy-5,$6\beta$:$22$,$26$-diepoxy-24-methoxy-$4\beta$,$25$,$26$ $(\alpha/\beta)$-tri-hydroxyergost-2-en-1-one 对人前列腺癌细胞（C4-2B 和 22Rvl）、人肾癌细胞（786-O、Caki-2 和 ACHN）以及人黑色素瘤细胞（A375-S2）具有较强的抑制增殖活性作用。

Chen 等[109] 发现毛酸浆粗提物对四种人肾细胞癌系（786-O、A498、Caki-2 及 ACHN）具有体外生长抑制作用。进一步研究结果显示，毛酸浆中醉茄内酯类成分可以增加人肾细胞癌系 786-O 对肿瘤坏死因子相关的凋亡配体（TRAIL）的敏感性，并上调 C/EBP 同源蛋白（CHOP）和死亡受体 5（DR5）的表达，从而激活 DR5 和 Caspase-8/3 介导的凋亡途径，表现出抗癌活性。

Zeng 等[110] 的研究发现，从毛酸浆中提取的化合物 Physapubescin B 对 Hela 细胞有明显的生长抑制作用，并能够抑制细胞周期进程，其作用机制与调控细胞周期蛋白 D1、Survivin 和 Bcl-xL 的表达有关。Dai 等[111] 发现 Physapubescin B 可通过抑制 STAT3 磷酸化来抑制胃癌细胞的增殖并诱导其凋亡。曲美替尼是一种有丝分裂原激活的蛋白质/细胞外信号调节激酶（MEK）抑制剂，Physapubescin B 与曲美替尼的联合用药可抑制曲美替尼诱导的 STAT3 磷酸化，并在体外和体内协同抑制胃肿瘤的生长。上述发现表明，Physapubescin B 与曲美替尼联合用药可同时抑制 MEK 和 STAT3，可作为 MAPK/ERK 途径耐受的胃癌患者的潜在抗癌药物。

Fan 等[112] 从毛酸浆中分离得到一种醉茄内酯类化合物 S5，并研究了其诱导黑色素瘤 A375 细胞发生 $G_2/M$ 期细胞周期阻滞的分子机制。结果表明，S5 通过 EGFR/P38 信号通路介导降低 Cdc25c、Cdc2 和 CyclinB1 的蛋白质表达，并增加 p-P53 和 P21 的表达，从而阻滞 $G_2/M$ 期细胞周期，诱导 A375 细胞死亡。

### 5. 降血糖血脂作用

张晓波[113] 利用 STZ 诱导糖尿病小鼠模型，研究了毛酸浆多糖的降血糖功效，结果表明，毛酸浆多糖可以在一定程度上改善糖尿病小鼠的精神状态，缓解多饮、多食、多尿及消瘦症状，降低血糖，并改善糖耐量；深入研究其降血糖机制发现毛酸浆多糖能够显著抑制糖尿病小鼠的胆固醇、甘油三酯、低密度脂蛋白胆固醇和尿素氮水平的升高和高密度脂蛋白胆固醇水平的降低；高剂量毛酸浆多糖能明显升高 C-肽水平，促进胰岛素分泌，增加肝糖原含量，提高糖无氧酵解途径关键酶葡萄糖激酶（GCK）活性，同时抑制糖异生途径中关键酶 6-磷酸葡萄糖酶（G-6-Pase）活性，从而使糖尿病小鼠的血糖水平得以下降，减轻高血糖症状。

Chen 等[114] 从毛酸浆中提取了一种多糖，并评估了其降血糖和降血脂活性。结果显示，毛酸浆多糖在体外具有很强的 $\alpha$-葡萄糖苷酶抑制活性，可增强糖尿病小鼠的口服葡萄糖耐量，增加 SOD、GSH、CAT、维生素 C、维生素 E、HDL-C、C 肽、GCK 和肝糖原的水平，还可降低 MDA、TG、TC、LDL-C、BUN 和 G-6-Pase 的水平，从而通过抗氧化和调节葡萄糖和脂质代谢机制展现降低血糖和血脂的活性。

### 6. 免疫增强作用

据报道，毛酸浆果皮、果肉和种子能够显著增强非特异性免疫功能。张英蕾[99] 通过检测小鼠脏器指数、迟发型超敏反应、碳廓清实验和血清凝集实验对毛酸浆的免疫活性进行了深入研究。结果表明，毛酸浆的醇提取物具有强免疫调节活性，而毛酸浆果浆的40%乙醇提取物也具有较强的免疫调节活性。通过进一步对免疫活性物质的精制，初步推断其有效成分为黄酮类化合物。张晓波[113]利用STZ诱导糖尿病小鼠模型，发现高剂量毛酸浆多糖[800mg/(kg·d)]能够减轻因肝肾损伤造成的肝肾肿大，并改善脾脏和胸腺的萎缩，因此具有增强机体免疫调节的能力。

### 7. 利尿作用

文献记载毛酸浆传统功效有利尿作用。王放等[115]探究了毛酸浆醇提物的利尿活性，结果表明，毛酸浆果乙醇提取物对生理盐水负荷的正常大鼠具有明显的利尿作用，并且与氢氯噻嗪比较，毛酸浆具有利尿、起效快、持续时间短的特点，但其作用机制尚不十分明确。

# 第五节 灯 笼 果

## 一、灯笼果的资源情况及其栽培方法

灯笼果（*Physalis peruviana* L.）为茄科酸浆属植物。在世界各地灯笼果有多种名称，如哥伦比亚称为 Uchuva，厄瓜多尔称为 Uvilla，秘鲁称为 Aguaymanto，委内瑞拉称为 Topotopo 和英国称为 Goldenberry 等。

### 1. 灯笼果的野生资源分布

灯笼果原生长于南美安第斯山脉，主要是秘鲁，哥伦比亚和厄瓜多尔等地。目前灯笼果在中国主要分布在甘肃、陕西、河南、湖北、四川、贵州和云南。

### 2. 灯笼果的植物学形态

灯笼果[116]为多年生草本，高45～90cm，具匍匐的根状茎。茎直立，不分枝或少分枝，密生短柔毛。叶较厚，阔卵形或心脏形，长6～15cm，宽4～10cm，顶端短渐尖，基部对称心脏形，全缘或有少数不明显的尖牙齿，两面密生柔毛；叶柄长2～5cm，密生柔毛。花单独腋生，梗长约1.5cm。花萼阔钟状，同花梗一样密生柔毛，长7～9mm，裂片披针形，与筒部近等长；花冠阔钟状，长1.2～1.5cm，直径1.5～2cm，黄色而喉部有紫色斑纹，5浅裂，裂片近三角形，外面生短柔毛，边缘有睫毛；花丝及花药蓝紫色，花药长约3mm。果萼卵球状，长2.5～4cm，薄纸质，淡绿色或淡黄色，被柔毛；浆果直径1～1.5cm，成熟时黄色。种子黄色，圆盘状，直径约2mm。夏季开花结果。

### 3. 灯笼果的植物栽培

（1）环境

灯笼果对土壤和气候条件具有良好的适应性，对环境耐受强的物种。灯笼果要高床栽培，垄高25～30cm，有较厚的疏松土壤覆盖，可以减少水分蒸发，且便于排水防涝；高床可改变土壤水、热、气的状况，促进土壤养分的释放，使灯笼果发育快，早熟3～5天，增产5%以上。

海拔高度对灯笼果的植株和果实有很大的影响。海拔的升高，紫外线辐射的增加和空气温度的降低，导致灯笼果的植株整体较小，叶片又小又厚，生长周期延长。在哥伦比亚，灯笼果常种植在海拔2000～2650m的高海拔地区；在中国，常在海拔1200～2100m处发现野生灯笼果存在。

灯笼果在年温度13～18℃之间的地区能够表现出更好的生长和发育情况。温度和光照与大小、颜色、营养含量、口味和水果成熟阶段有关。高温（高于30℃）会破坏灯笼果的开花和结果期，促进早期衰老，但是并不会对灯笼果产率有影响。低温（夜间低于10℃）会阻碍植物的生长。灯笼果耐轻霜，但在夜间温度低于-2℃时会出现严重问题。

灯笼果生长的理想平均相对湿度为70%～80%，雨水的范围应在1000～1800mm之间。在其生长期，需水量至少为800mm，但过多的水分也会阻碍灯笼果授粉并导致灯笼果叶片泛黄及落叶。

（2）选地

灯笼果栽培的理想土壤条件为排水良好、粒状土壤的沙质黏土，尤其是含有机物质（大于4%）且pH值在5.5～6.8之间的土壤，且需注意避免水浸。灯笼果极易受到干旱和强风的影响，其种植应注意防风保护。

（3）种子处理

灯笼果种子的提取方法是将水果低速液化，在玻璃容器中放置48h使其发酵，得到种子后用水冲洗，然后在阴凉的吸水纸上晾干。提取种子后，至少要在两周后再进行播种，如果立即播种，种子发芽时间将会延长。为了防止病害影响，例如枝孢属、茎点霉、交链等，建议在播种前用杀菌剂对种子进行消毒。灯笼果的种子发芽率高，为85%～90%，发芽时间为10～15天。在夜晚温度为7～13℃，白天温度为22～28℃的条件下，种子更容易发芽。储存的种子应保持完全干燥，可在室温下保存两年。

（4）整地施肥

灯笼果在播种时必须施用1～2kg家禽垫料，每3～4个月施用100～150g（水溶肥10-30-10或三重过磷酸钙）。灯笼果的生长过程中重要的营养元素有氮、钾、钙和硼。钾对开花和固定水果有重要作用；钙在组织和花萼的形成中非常重要；硼是植物最需要的微量营养素，硼的缺乏会降低果实中可溶性固形物的含量；故需在开花前对灯笼果施用钾肥（$KNO_3$或$K_2SO_4$）。

（5）播种

在没有霜冻的亚热带地区，一年中的任何时候都可以种植灯笼果。作物周期最长可以延长到两年，两年之后灯笼果的产量和质量都会下降。对于巴西南部的气候，由于冬季的低温，建议在10月中旬和11月中旬播种，种植周期为一年一度。

（6）田间管理

灯笼果植物之间和行间的建议种植距离分别为1.00m或0.50m。由于灯笼果可以形成密集的分枝，所以应对灯笼果植株进行适当修剪。其主要有四种修剪方式：①地层修剪，即在15～20cm高的地方使主茎变薄并消除芽苗；②维护修剪，以消除非生产性分支（或处于不良状况）；③进生修剪，以清除带有病虫害的树枝；④修整修剪，以便从旧植物的"树桩"

中恢复农作物。

（7）病虫害防治

在哥伦比亚，灯笼果作物的主要害虫为斜纹夜蛾、蚜虫、潜叶螨及温室粉虱菌等；在巴西，大多数害虫来自半翅目和鳞翅目。最有效的害虫防治方法是采用适当的耕作方法和自然生物防治措施进行有害生物综合治理。

（8）采收与贮藏

① 采收

灯笼果收获期比较长，在哥伦比亚，灯笼果的收获时间长达约 6 个月，收获开始时，应每周进行一次且不间断采收；在巴西圣卡塔琳娜州的山区，收获时间会延长到该地区出现第一次霜冻，大约为 4 个月，每周采收 1～3 次，具体取决于植物的生长阶段和产量水平。

对于灯笼果成熟度的确定，最常用的指标是根据与果实颜色匹配的花萼颜色。通常当果实为黄色时，同时花萼的颜色也从绿色变为黄色，此时为灯笼果的最佳收获期。有研究[117]表明，在灯笼果的不同成熟期采收对采后贮藏灯笼果的质量及货架期有影响。研究结果表现为，在无花萼室温（18℃，60％RH）下贮藏 15 天的条件下，随着采收时成熟度的增加，贮藏后灯笼果乙烯产量、失重、颜色指数、总可溶性固形物和成熟率均升高，而硬度和可滴定酸度则降低；S1 收获的果实（25％的黄色，75％的绿色果实和绿色的花萼）在贮藏 15 天后果实色泽不均匀，失重最多，硬度最低，其采后品质差，因此不建议收获此种成熟度的水果；在 S2 收获的果实（50％黄色，50％橙色水果和绿色、黄色花萼）能够保持良好品质较长时间；而 S3（100％橙色水果和 100％黄色花萼）和 S4（100％橙色干果和 100％褐色花萼）收获的果实仅供即食或在短时间内食用。

② 贮藏

新鲜灯笼果的最佳储存温度是 8℃，带宿萼的果实可保存约 62 天，而不带宿萼的则只能保存 32 天左右。

对灯笼果进行干燥可延长其保存时间。采用不同的干燥方式如微波干燥和微波对流干燥，对灯笼果的色泽、总酚含量及抗氧化能力有不同程度的影响。有实验结果显示，干燥的灯笼果颜色值下降。与鲜果相比，干燥后灯笼果的总酚含量和抗氧化能力分别降低了 64％～75％ 和 65％～75％。在不同的干燥处理方式中，微波干燥法（160W）处理的灯笼果的颜色值、总酚含量和抗氧化能力与鲜果最接近；将微波处理与传统对流干燥相结合（160W，100℃），平均干燥时间 2h，此方法与传统对流干燥相比，不仅可以大大减少干燥时间，而且还保留了生物活性总酚含量和抗氧化能力。

## 二、灯笼果的化学成分

目前，研究人员已从灯笼果的不同部位分离出超过 120 种成分，包括固醇类、黄酮类、酚类和生物碱等。其中，固醇类和黄酮被认为是灯笼果的特征和主要生物活性物质。

### 1. 黄酮类成分

Houda 等[118] 的研究结果表明，用甲醇：水（8：2）（含 2mmol/L NaF）的溶液，以及乙醇和丙酮能从灯笼果中浸渍提取到最高含量的总类黄酮，其中，槲皮素、山柰酚、芦丁素等类黄酮是最重要的次生代谢产物，而检测到的主要羟基肉桂酸是对香豆酸和咖啡酰喹啉酸。

### 2. 甾体类成分

灯笼果脱籽果油脂中植物甾醇类物质含量相对较高，主要是 $\Delta5$-燕麦甾醇和菜油甾醇。而整果和果籽油脂中，主要的植物甾醇是菜油甾醇和 $\beta$-谷甾醇固醇[119]。

从灯笼果中已发现的醉茄内酯主要有：$4\beta$-羟基醉茄内酯 E[120]、1,10-*seco*-醉茄内酯、1,10-*seco*-Withaperuvin C、Withanolide F、Withaphysanolide 及 10 种新的醉茄内酯类化合物[121,122]，其中有 4 种秘鲁型醉茄内酯，3 种 28-羟基-醉茄内酯及 3 种 Withaperuvins。秘鲁型醉茄内酯类是 C28 和 C26 间氧化形成 $\gamma$-内酯环的一小类醉茄内酯，28-羟基-醉茄内酯可能是其前体[122]。

另外，Annika 等[123] 为了从灯笼果中分离烷醇化物，使用 $H_2O$/MeOH（3∶1）提取了 9 周龄的灯笼果全株（140g），得到三个主要的组分 F1～F3，并通过制备 HPLC 纯化，进行核磁共振分析。结果显示，$4\beta$-羟基醉茄内酯 E 为主要化合物（50mg），另外分离出两个新的化合物分别为 Irinan A（$C_{19}H_{24}O_5$）和 Irinan B（$C_{19}H_{24}O_3$）。

Llano 等[124] 采用代谢组学技术来评估有机系统和传统系统生产的灯笼果样品之间植物化学成分的差异，通过靶向代谢组学分析类胡萝卜素和抗坏血酸，结果发现两种作物之间没有统计学差异。相反，非靶向代谢组学识别到两种醉茄内酯，分别为 Physagulin D 和 1-乙酰-3,14,20-三羟基-5,24-二烯醇酯-3-葡萄糖苷。

### 3. 其他成分

#### （1）氨基酸类

Puente 等[125] 用默克-日立 L-6200 HPLC 系统和可调谐 UV-可见探测器和 Kromasil KR100-$C_{18}$ 柱，60℃时注入流量 1.0mL/min，在 254nm 的紫外光条件下检测到，干燥的灯笼果中氨基酸类物质以谷氨酸［每 100g 蛋白质含（14.97±0.28）g］为主，其次是天冬氨酸［每 100g 蛋白质含（7.26±0.31）g］、赖氨酸［每 100g 蛋白质含（6.81±0.30）g］和脯氨酸［每 100g 蛋白质含（6.39±0.31）g］，半胱氨酸含量［每 100g 蛋白质含（0.78±0.06g）］最低。

#### （2）挥发性成分

灯笼果还含有大量不同的萜烯，这决定了它的味道，并表现出一定的生物活性。其中，$\alpha$-苯烯和 $\beta$-麦烯具有抗氧化特性，柠檬烯和对半氰烯具有抗菌、降血糖、抗菌、抗炎等特性。香气和风味是影响水果消费的重要因素，而且也是判断水果质量的重要标准之一。通过现代分析技术的发展和应用，定性和定量地表征水果香气产生的化合物，能够在更科学的基础上分析和研究水果具有的风味，使水果生产更具效益。

Yilmaztekin[126] 采用顶空固相微萃取法收集成熟期灯笼果果实挥发性成分，并采用气相色谱质谱分析，对三种固相微萃取纤维涂层（DVB/CAR/PDMS、CAR/PDMS 和 PDMS/DVB）进行了挥发性化合物的评价实验，其实验结果表明，DVB/CAR/PDMS 纤维对挥发性化合物具有较强的提取能力。实验中发现果肉中含挥发性物质共 133 种，其中 1-己醇（6.86%）、桉油醇（6.66%）、丁酸乙酯（6.47%）、辛酸乙酯（4.01%）、癸酸乙酯（3.39%）、4-萜烯醇（3.27%）、2-甲基-1-丁醇（3.10%）为样品提取物的主要成分。

Majcher 等[127] 采用溶剂辅助气味蒸发法（SAFE）、气相色谱-嗅觉法（GC-O）和气相色谱-质谱法（GC-MS）分离灯笼果的挥发性成分。其挥发性成分除一种化合物外，均采用顶空-固相微提取（HS-SPME）对化合物进行定量。其中芳香提取物稀释分析（AEDA）显示了 18 个气味活性区域，气味稀释值最高（FD=512）为丁酸乙酯和 4-羟基-2,5-二甲基呋喃-3-酮（呋喃酮）。实验测定了所有 18 种化合物的气味活性值，丁酸乙酯（OAV=504）最高，其次是芳樟醇、(E)-非-2-烯、(2E,6Z)-2,6-壬二烯醛、正己醛、辛酸乙酯、己酸乙酯、2,3-丁二酮和 2-甲基丙烷。实验结果表明灯笼果的主要气味活性化合物为酯类和醛类。

Yilmaztekin[128] 对灯笼果的香气特征进行了研究。实验采用液液萃取有机成分后用气相色谱-火焰电离检测和气相色谱-质谱进行定量分析和鉴定。感官分析证实，液液萃取的有机提取物具有灯笼果的代表性气味，然后对果肉中 83 种挥发性化合物进行鉴定和定量分析，结果显示其中含 23 个酯类、21 个醇类、11 个萜烯、8 个酮类、8 个酸、6 个内酯、4 个醛类和 2 个杂项，主要香气成分（浓度>3%）为 γ-己内酯（17.66%）、苄醇（17.22%）、2-甲基-3-丁烯-2-醇（6.54%）、1-丁醇（5.71%）、2-甲基-1-丁醇（5.22%）、对异丙基苄醇（3.98%）、γ-辛内酯（3.64%）和 1-己醇（3.25%）。计算出的气味活性值表明，γ-辛内酯、γ-己内酯、辛酸乙酯、2-庚酮、壬醛、己醛、香茅醇、2-甲基-1-丁醇、苯甲醇、2-苯乙醇、1-庚醇、癸酸乙酯和 1-丁醇是灯笼果的有效香气化合物。在这些化合物中，γ-辛内酯（OAV=46.9）对灯笼果果实香气的贡献最大。

（3）无机元素类

Wojcieszek 等[129] 采用电感耦合等离子体（ICP-MS）质谱仪测定灯笼果果实中的元素总提取含量，实验证明乙酸铵（56%）和盐酸（60%）混合溶液是提取钴的最佳溶剂；铜的最佳提取溶剂为 SDS（66%）；而硒用 SDS（48%）提取后，提取效率最佳，并且测得灯笼果果实中钴 [(0.27±0.09)μg/g]、铜 [(7.3±0.3)μg/g] 和硒 [(0.09±0.03)μg/g] 的总含量。除钴、铜、硒这些元素外，实验还测定了其他微量元素锰 [(16.0±0.9)μg/g]、锌 [(15.4±0.4)μg/g] 和钼 [(0.26±0.1)μg/g] 的总含量。

（4）色素类

Etzbach 等[130] 采用 HPLC-DAD-APCI-MS 对未成熟状态的灯笼果以及灯笼果成熟果实不同部分（果皮、果肉、花萼）的类胡萝卜素进行了研究。实验检测到 53 个类胡萝卜素，其中有 42 个被初步鉴定出来。结果显示，未成熟果实的类胡萝卜素主要为（全-E)-叶黄素（51%），而在成熟果实中，主要含有（全-E)-β-胡萝卜素（55%）和几种类胡萝卜素脂肪酸酯，特别是含棕榈酯的叶黄素酯，其成熟果皮的总类胡萝卜素含量为 332.00μg/g，是果肉的 2.8 倍。

Yu 等[131] 采用液相色谱串联质谱（LC-MS/MS）技术，对灯笼果不同生长阶段的类胡萝卜素成分进行代谢组学分析，发现果实中含有的 β-胡萝卜素的 β 环羟基化效率高，此外，因其是玉米黄质的前体，由此可以证明玉米黄质在半成熟和完全成熟阶段的持续合成。结果还观察到最丰富的类胡萝卜素成分为叶黄素（半成熟期为 64.61μg/g）。

Houda 等[118] 的实验证实，灯笼果的花中含有花青素，此类化合物能够给灯笼果植物提供某部分特有的紫色，尤其是根和叶，并且花青素还能够与其他酚类化合物，比如芸草苷、异芸草苷一同提高灯笼果的总抗氧化活性。

（5）油脂类

Ramadan 等[132] 对灯笼果整果、果籽、脱籽果中的油脂进行比较研究时发现，灯笼果中总脂肪含量约为 2%（以鲜果计），主要集中在果籽中（1.8%），并且灯笼果浆果富含不饱和脂肪酸，其中亚油酸含量最高（72.42%），其次是油酸[119]。结果显示，灯笼果所含饱和脂肪酸以棕榈酸和硬脂酸为主，主要存在于果肉和果皮中；其所含的中性脂肪三酰基甘油主要存在于果籽中；整果、果籽和脱籽果中三酰基甘油分别占总脂肪的 81.6%、86.6% 和 65.1%，其中 $C_{54:3}$、$C_{52:2}$ 和 $C_{54:6}$ 三酰基甘油占了 9 种已测定的三酰基甘油的 91% 以上。

## 三、灯笼果的药理作用

现代药理学研究表明，灯笼果具有显著的抗炎、抗菌、抗氧化、抗肿瘤、降血糖及降血脂等作用。

### 1. 抗炎作用

现代药理学研究表明，灯笼果及其所含生物活性成分在体内外试验中都表现出显著的抗炎活性。Park 等[133] 发现灯笼果对香烟（CS）及 LPS 诱导的肺部炎症具有保护作用，可显著减少小鼠的支气管肺泡灌洗液（BALF）和肺中炎性细胞的流入，降低 ROS 和促炎性细胞因子 TNF-α 及 IL-6 的水平，抑制细胞外信号调节激酶（ERK）的激活，下调单核细胞趋化蛋白 1（MCP-1）的表达，并增加核因子红系 2 相关因子 2（Nrf2）的活化和血红素加氧酶 1（HO-1）的表达。在此基础上，Park 等[133] 进一步发现灯笼果可抑制卵清蛋白诱导的过敏性哮喘模型中肺部炎性细胞的浸润，降低支气管肺泡灌洗液中嗜酸性粒细胞的数量、炎性细胞因子 IL-4、IL-5 及 IL-13 的水平及血清中总免疫球蛋白 E 的产生，并减少气道黏液的分泌，其作用机制与抑制 NF-κB/p38-pJNK MAPK 的活化和 HO-1 表达的上调有关。Yang 等[134] 从灯笼果中分离提取出活性成分 4β-Hydroxywithanolide E（4β-HWE），并探讨了其对 CS 致肺部损伤的改善作用，结果显示，4β-HWE 可通过修饰 Keap1 中的 Cys151 和 Cys288 半胱氨酸残基，以中断 Nrf2-Keap1 蛋白质-蛋白质相互作用，从而抑制 Nrf2 的泛素化，有效地抑制氧化应激和炎症反应的发生。Fuente 等[135] 发现灯笼果可显著降低高脂饮食喂养的小鼠组中的 TNF-α、IL-6、IL-1β 和 TLR4 mRNA 水平，降低肝脏中的炎性标记物水平，改善肝脏炎性损害。Wu 等[136] 采用超临界二氧化碳（SFE-CO$_2$）方法获得三种不同的灯笼果提取物，即 SCEPP-0、SCEPP-4 和 SCEPP-5，在分析这些提取物的抗炎活性后发现，SCEPP-5 的总黄酮含量和总酚含量都为最高，分别是（234.63±9.61）mg/g 和（90.80±2.21）mg/g。结果显示，在 0.1~30g/mL 的浓度下，SCEPP-5 表现出最强的超氧阴离子清除活性和黄嘌呤氧化酶抑制作用，SCEPP-5（30g/mL）可以显著改善 LPS 致 RAW 264.7 细胞的细胞毒性，以剂量依赖的方式抑制 NO 释放和 PGE$_2$ 的形成，阻断 LPS 对诱导型一氧化氮合酶（iNOS）和环氧合酶 2（COX-2）表达的诱导，从而发挥抗炎活性。Castro 等[137] 通过直肠内施用 TNBS 诱发结肠炎，探讨灯笼果提取物的抗炎特性。结果表明，灯笼果提取物可降低 IL-1β 和 TNF-α 的产生，显示出上调 MUC2 表达和下调 COX-2、iNOS、NLRP3、IL-1β、IL-6 和 IL-10 表达的趋势。Franco-Ospina 等[138] 使用角叉菜胶诱导的大鼠爪水肿和 LPS 激活的腹膜巨噬细胞模型评估了灯笼果的抗炎活性，结果表明，灯笼果未对肝和肾产生副作用，并且以剂量依赖性方式显著减轻了角叉菜胶诱导的炎症，这可能是由于一氧化氮和前列腺素 E2 的抑制作用所致。

## 2. 抗氧化作用

有研究报道，灯笼果的抗氧化活性为 $7.7 \sim 13.7 \mu mol\ TE/g$[139]。El-Beltagi 等[140] 研究发现随着灯笼果乙醇提取物浓度的增加，其清除 DPPH 自由基的能力增加，$IC_{50}$ 值为 $21.47 \mu g/mL$。Ahmed 等[141] 研究了灯笼果提取物对顺铂诱导的急性肾损伤的保护作用，结果表明，灯笼果提取物经过预处理后，可通过增强抗氧化剂防御机制来减轻急性肾损伤，降低肾匀浆中丙二醛水平，增强其他抗氧化酶活性，改善肾脏组织损伤。镉（Cd）会刺激活性氧的产生并引起一系列组织损伤。研究发现灯笼果提取物可恢复抗氧化酶如 SOD、CAT、GPx 和 GR 的活性，提高了内源性抗氧化剂的防御能力，从而增强了对氧化应激的保护作用，改善镉诱导的大鼠组织损伤[142,143]。Moneim 等[144] 研究发现灯笼果可增强抗 $CCl_4$ 诱导的生殖毒性的抗氧化剂防御机制，用灯笼果汁治疗可显著增加睾丸 GSH，并显著降低 LPO 水平和 NO 的产生。Al-Olayan 等[145] 评估了灯笼果对 $CCl_4$ 诱导的肝损伤和肝纤维化的潜在保护作用，发现灯笼果可通过改善肝酶血清水平、减少胶原蛋白区域、降低纤维化标记物 MMP-9 的表达、降低过氧化标记物丙二醛和炎性标记物一氧化氮以及恢复抗氧化酶和氧化酶的活性来发挥保肝作用。

灯笼果多酚类及黄酮类成分均具有良好的抗氧化活性。灯笼果在果实成熟不同阶段的抗氧化活性不同，且与黄酮类成分含量呈正相关[146,147]。

## 3. 抗菌作用

灯笼果提取物对革兰氏阳性菌和革兰氏阴性菌均具有抗菌活性。Özgür 等[148] 研究发现灯笼果的叶和茎提取物对革兰氏阳性菌及革兰氏阴性菌的生长均有抑制作用，但对革兰氏阳性菌的抑制作用更大。El-Beltagi 等[140] 在实验中发现，相比于革兰氏阴性菌如大肠杆菌和鼠伤寒沙门氏菌，灯笼果提取物对革兰氏阳性蜡状芽孢杆菌具有更高的敏感性；灯笼果提取物对黑曲霉菌和白色念珠菌均具有抗菌活性，且对黑曲霉菌的抗真菌活性高于白色念珠菌。Wu 等[136] 评估了灯笼果乙醇提取物的抗肝癌活性，结果表明，灯笼果乙醇提取物以浓度依赖的方式使 HepG2 细胞发生线粒体功能障碍及细胞表面磷脂酰丝氨酸的暴露，诱导细胞周期阻滞和凋亡，此结果说明了灯笼果可通过多种途径诱导细胞凋亡。

## 4. 抗肿瘤作用

Mier-Giraldo 等[149] 研究了灯笼果异丙醇提取物对人宫颈癌（Hela）和鼠成纤维细胞（L929）细胞的细胞毒性和免疫调节作用，结果显示，灯笼果异丙醇提取物对 Hela 细胞的 $IC_{50}$ 为 $(60.48 \pm 3.8)mg/mL$，对 L929 成纤维细胞的 $IC_{50}$ 为 $(66.62 \pm 2.67)mg/mL$，其机制是以剂量依赖的方式减少 IL-6、IL-8 和 MCP-1 的表达。El-Meghawry 等[150] 通过肺组织病理学，免疫组织化学和 DNA 流式细胞分析方法，评估了酸浆对亚硝胺酮诱导的大鼠肺癌的毒性作用，结果表明，灯笼果具有抗氧化和抗增殖作用，能够减轻大鼠肺部的增生，并抑制肺组织中 Ki-67 和 p53 的表达，从而发挥保护作用。Chang 等[151] 研究了从灯笼果中分离得到的化合物 4β-Hydroxywithanolide E 对 HT-29 人结肠直肠癌细胞系的抗增殖活性，结果显示，4β-Hydroxywithanolide E 在较低浓度下可阻滞 $G_0/G_1$ 细胞周期，在较高浓度下诱导细胞凋亡；此外，4β-Hydroxywithanolide E 还可以通过下调 Hsp90 客户蛋白和抑制低组蛋白 H3 的乙酰化，进而诱导细胞凋亡。Ballesteros-Vivas 等[152] 运用转录组和代谢组学技术，研究了灯笼果宿萼提取物对 HT-29 结肠癌细胞的保护的作用。转录组数据表明，灯笼果宿萼提取物可抑制 Hsp90 的表达并诱导 Hsp70 的表达，下调抗凋亡基因 BIRC5 和 XI-AP，上调促凋亡基因 BAK1、BAD 及 CASP9。代谢组数据表明，用灯笼果提取物处理 HT-29 结肠癌细胞，其氨基酰 tRNA 充电通路、肉碱和脂肪酸的 β-氧化以及嘧啶核糖核苷酸相互转化发生功能障碍。以上结果表明灯笼果提取物对 HT-29 结肠癌细胞显示抗增殖活性。进一步研究其分子机制，发现灯笼果提取物可显著下调 HepG2 细胞中 Bcl-2、Bcl-XL 和 XI-AP 的表达，并上调 Bax 和 Bad 蛋白的水平。此外，还发现 HepG2 细胞凋亡与 p53 升高以及 CD95 和 CD95L 蛋白表达有关。这些结果综合表明灯笼果诱导的 HepG2 细胞凋亡可能是通过 CD95/CD95L 系统和线粒体信号转导途径介导的。

### 5. 降血糖血脂作用

有研究发现，灯笼果可改善高脂饮食喂养小鼠的胰岛素抵抗，促进胰岛素依赖性葡萄糖的摄取，并抑制脂质过氧化水平[133]。Erman 等[153] 发现，灯笼果提取物可显著降低餐后高血糖，抑制氧化应激，增强抗氧化作用，从而减轻链脲佐菌素诱发的糖尿病对肝脏和肾脏的损害。降低血糖水平的方式有多种，其中之一是抑制多糖消化所必需的酶，其主要存在于肠绒毛中，参与多糖转化为单糖（葡萄糖、果糖、半乳糖）的过程。抑制肠糖酶可以减慢机体对碳水化合物的吸收，并降低餐后血糖水平。Rey 等[154] 研究发现抑制肠糖酶活性可能是灯笼果发挥降血糖作用的方式之一，灯笼果乙醇提取物对 α-葡萄糖苷酶、麦芽糖酶以及 α-淀粉酶均具有抑制作用。

Kumagai 等[155] 发现灯笼果甲醇提取物对体外脂肪细胞的分化具有抑制作用，其主要活性物质为 4β-羟基-醉茄内酯 E 及醉茄内酯 E。数据显示，从灯笼果中提取得到的这两种活性成分，可以将细胞周期停滞在 $G_0/G$ 期，由此来抑制脂肪细胞分化期间的有丝分裂增殖，并能够抑制中央脂肪形成转录因子 PPARγ，C/EBPα 和脂肪细胞特异性分子 aP2 的 mRNA 表达。

### 6. 神经保护作用

Al-Olayan 等[145] 研究了灯笼果对四氯化碳（$CCl_4$）诱导的大鼠大脑神经氧化损伤的保护作用，结果显示，给予灯笼果可增加大鼠大脑中抗氧化剂酶（SOD、CAT 及 GPX 等）的活性，并抑制脂质过氧化和一氧化氮的产生，从而减轻 $CCl_4$ 中毒引起的氧化应激，同时，灯笼果还可以通过调控 Bcl-2 表达来抑制细胞凋亡，进而发挥神经保护作用。Moneim 等[156] 探讨了灯笼果对镉诱导的大鼠神经毒性的保护作用，发现预先服用灯笼果可增加细胞内抗氧化酶（SOD、CAT、GSH-Px 及 GSR）的水平，并上调大鼠小脑、海马体及大脑皮层内多巴胺（DA）、血清素（5-HT）及 5-羟吲哚乙酸（5-HIAA）的水平，从而改善镉对大鼠脑的氧化神经毒性。

### 7. 毒理学研究

有研究发现，灯笼果的冻干果汁不会引起遗传毒性、血液学、肝脏及肾脏毒性，但重复高剂量（5000mg/kg）的灯笼果冻干果汁可能对男性，特别是易感人群造成心脏毒性[155]。

参考
文献 REFERENCES

[1] 南京中医药大学. 中药大辞典［M］. 第2版. 上海：上海科学技术出版社，2006：445.

[2] 陆时万，徐祥生. 植物学［M］，北京：高等教育出版社，1991：247.

[3] 四川省中药研究所. 四川中草药栽培［M］. 成都：四川人民出版社，1972：6(1)，281-282.

[4] 陈雨姗，尹群，桑子阳，等. 林木根腐病发生及防治研究进展［J］. 世界林业研究，2020, 33(1)：26-32.

[5] 王云堂. 林果苗圃主要病虫害防治技术［J］. 山西农经，2019(14)：112-113.

[6] 金国瑞. 苗圃常见病虫害及防治方法［J］. 乡村科技，2020(6)：88-91.

[7] 蔡东明，陈耀锋，王长发，等. 我国农作物种质资源储备现状与分析［J］. 农业与技术，2021, 41(1)：8-10.

[8] 曲先，王子成，梁晨. 小酸浆(Physalis minima L.)茎尖的玻璃化法超低温保存［J］. 植物生理学通讯，2008(5)：981-984.

[9] 《中华本草》编委会. 中华本草［M］. 上海：上海科学技术出版社，1999, 7：292.

[10] 夏自飞. 小酸浆、苦蘵中酸浆苦素及醉茄内酯类化学成分研究［D］. 苏州：苏州大学，2016：1-106.

[11] 吴江平，夏自飞，刘艳丽，等. 小酸浆中甾体类化学成分研究［J］. 中草药，2018, 49(1)：62-68.

[12] 周咏梅，石贤明，马磊. 小酸浆中 Withaphysalins 的分离和结构鉴定［J］. 中国药科大学学报，2015, 46(1)：62-65.

[13] Wu JP, Zhang T, Si JG, et al. Five new 5,6-β-epoxywithanolides from *Physalis minima*［J］. *Fitoterapia*, 2019(140)：1-21.

[14] Guan YZ, Shan SM, Zhang W. Withanolides from *Physalins minima* and their inhibitory effects on nitric oxide production［J］. *Steroids*, 2014, 82：38-43.

[15] Wu JP, Li X, Zhao JP, et al. Anti-inflammatory and cytotoxic withanolides from *Physalis minima*［J］. *Phytochemistry*, 2018(155)：164-170.

[16] Wei SS, Gao CY, Li RJ, et al. Withaminimas A-F, six withanolides with potential anti-inflammatory activity from *Physalis minima*［J］. *Chinese Journal of Natural Medicines*, 2019, 17(6)：469-474.

[17] Ooi KL, Muhammad TST, Lim CH, et al. Apoptotic effects of *Physalis minima* L. chloroform extract in human breast carcinoma T-47D cells mediated by c-myc-, p53-, and Caspase-3-dependent pathways［J］. *Integrative Cancer Therapies*, 2010, 9(1)：73-83.

[18] Ooi KL, Muhammad TST, Sulaiman SF. Growth arrest and induction of apoptotic and non-apoptotic programmed cell death by *Physalis minima* L. chloroform extract in human ovarian carcinoma Caov-3 cells［J］. *Journal of Ethnopharmacology*, 2010(128)：92-99.

[19] Ooi KL, Muhammad TST, Sulaiman SF. Cytotoxic activities of *Physalis minima* L. chloroform extract on human lung adenocarcinoma NCI-H23 cell lines by induction of apoptosis［J］. *Evidence-Based Complementary and Alternative Medicine*, 2011：1-10.

[20] Jha P, Modi N, Jobby R, et al. Differential expression of antioxidant enzymes during degradation of azo dye reactive black 8 in hairy roots of *Physalis minima* L. ［J］. *International Journal of Phytoremediation*, 2015(17)：305-312.

[21] Lestari B, Permatasari N, Rohman MS. Methanolic extract of ceplukan leaf(*Physalis minima* L. )attenuates ventricular fibrosis through inhibition of TNF-α in ovariectomized rats［J］. *Advances in Pharmacological Sciences*, 2016：1-7.

[22] Guraya SS, Dhanju CK. Mechanism of ovulation—an overview［J］. *Indian journal of experimental biology*, 1992, 30（11）：958-967.

[23] Sudhakaran S, Ramanathan B, Ganapathi A. Antifertility effects of the petroleum ether extract of *Physalis Minima* on female albino rats［J］. *Pharmaceutical Biology*, 1999, 37(4)：269-272.

［24］ Kalra SP, Prasad MR. Effect of clomiphene on fertility in male rats［J］. Journal of reproduction and fertility. 1967, 14（1）: 39-48.

［25］ 杨洋. 一种苦蘵快速培养的方法［P］. 浙江: CN107439375A, 2017-12-08.

［26］ 邱胜, 卢江杰, 王慧中, 等. 苦蘵组织培养技术初探［J］. 杭州师范大学学报（自然科学版）, 2017, 16(6): 613-617.

［27］ Row L R, Reddy K S, Sarma N S, et al. New physalins from Physalis angulata and Physalis lancifolia. Structure and reactions of physalins D, I, G and K［J］. Phytochemistry, 1980, 19(6): 1175-1181.

［28］ Makino B, Kawai M, Ogura T, et al. Structural revision of physalin H isolated from Physalis angulata［J］. Journal of Natural Products, 1995, 58(11): 1668-1674.

［29］ Damu A G, Kuo P C, Su C R, et al. Isolation, structures, and structure-cytotoxic activity relationships of withanolides and physalins from Physalis angulata［J］. Journal of Natural Products, 2007, 70(7): 1146-1152.

［30］ 杨燕军, 沙聪威, 聂阳, 等. 酸浆苦素 B、E 抗炎、抗菌作用实验研究［J］. 今日药学, 2015, 25(03): 167-168+171.

［31］ Men R Z, Li N, Ding W J, et al. Unprecedent aminophysalin from Physalis angulata［J］. Steroids, 2014, 88: 60-65.

［32］ 樊佳佳, 郑希龙, 夏欢, 等. 苦蘵的化学成分及其细胞毒活性研究［J］. 中草药, 2017, 48(6): 1080-1086.

［33］ Boonsombat J, Chawengrum P, Mahidol C, et al. A new 22,26-seco physalin steroid from Physalis angulata［J］. Natural Product Research, 2020, 34(8): 1097-1104.

［34］ Vasina O E, Abdullaev N D, Abubakirov N K. Withasteroids of physalis. IX. physangulide — the first natural 22S-withasteroid［J］. Chemistry of Natural Compounds, 1991, 26(3): 366-371.

［35］ Shingu K, Marubayashi N, Ueda I, et al. Studies on the constituents of the solanaceous plants. Part XXI. Physagulin C, a new withanolide from Physalis angulata L.［J］. Chemical & Pharmaceutical Bulletin, 1991, 39(6): 1591-1593.

［36］ Abe F, Nagafuji S, Okawa M, et al. Trypanocidal constituents in plants 6. 1)Minor withanolides from the aerial parts of Physalis angulata.［J］. Chemical & pharmaceutical bulletin, 2006, 54(8): 1226-1228.

［37］ Lee S W, Pan M H, Chen C M, et al. Withangulatin I, a new cytotoxic withanolide from Physalis angulata ［J］. Chemical & Pharmaceutical Bulletin, 2008, 56(2): 234-236.

［38］ Jin Z, Mashuta M S, Stolowich N J, et al. Physangulidines A, B, and C: three new antiproliferative withanolides from Physalis angulata L［J］. Organic Letters, 2012, 14(5): 1230-1233.

［39］ Emma M, Norma E H, Ana L. Cytotoxic 20, 24-epoxywithanolides from Physalis angulata［J］. Steroids, 2015, 104.

［40］ Hoang L T A, Do T T, Duong T D, et al. Phytochemical constituents and cytotoxic activity of Physalis angulata L. growing in Vietnam［J］. Phytochemistry Letters, 2018, 27: 193-196.

［41］ Odusina B O, Onocha P A. A new squalene derivative from Physalis angulata L. (Solanaceae)［J］. Natural Product Research, 2020. 1-4.

［42］ Sun C P, Nie X F, Kang N, et al. A new phenol glycoside from Physalis angulata［J］. Natural Product Research, 2017, 31(9): 1059-1065.

［43］ Sun C P, Oppong M B, Zhao F, et al. Unprecedented 22,26-seco physalins from Physalis angulata and their anti-inflammatory potential［J］. Organic & Biomolecular Chemistry, 2017, 15(41): 8700-8704.

［44］ Rivera D E, Ocampo Y C, Castro J P, et al. A screening of plants used in colombian traditional medicine revealed the anti-inflammatory potential of Physalis angulata calyces［J］. Saudi Journal of Biological Sciences, 2019, 26(7): 1758-1766.

［45］ Santo R F, Lima M D S, Juiz P J L, et al. Physalis angulata concentrated ethanolic extract suppresses nociception and inflammation by modulating cytokines and prostanoids pathways.［J］. Natural product research, 2019: 1-5.

［46］ Bastos G N T, Silveira A J A, Salgado C G, et al. Physalis angulata extract exerts anti-inflammatory effects in rats by inhibiting different pathways［J］. Journal of Ethnopharmacology, 2008, 118(2): 246-251.

[ 47 ] Abdul Nasir Deen A Y, Boakye Y D, Osafo N, et al. Anti-inflammatory and wound healing properties of methanol leaf extract of *Physalis angulata* L [ J ]. *South African Journal of Botany*, 2020, 133: 124-131.

[ 48 ] Pinto N B, Morais T C, Carvalho K M B, et al. Topical anti-inflammatory potential of Physalin E from *Physalis angulata* on experimental dermatitis in mice [ J ]. Phytomedicine, 2010, 17(10): 740-743.

[ 49 ] Yang Y J, Yi L, Wang Q, et al. Anti-inflammatory effects of physalin E from *Physalis angulata* on lipopolysaccharide-stimulated RAW 264. 7 cells through inhibition of NF-kappa B pathway [ J ]. *Immunopharmacology and Immunotoxicology*, 2017, 39(2): 74-79.

[ 50 ] David R, Yanet O, Luis A. Franco. *Physalis angulata* calyces modulate macrophage polarization and alleviate chemically induced intestinal inflammation in mice [ J ]. *Biomedicines*, 2020, 8(2): 24.

[ 51 ] 孟昭坤, 程瑛琨, 吴宇杰, 等. 苦蘵多糖的提取及体外抗氧化活性的研究 [ J ]. 时珍国医国药, 2007, (11): 2641-2642.

[ 52 ] Retno W K, Noer L, Putri L. Potential of ciplukan(*Physalis Angulata* L. )as source of functional ingredient [ J ]. *Procedia Chemistry*, 2015, 14: 367-372.

[ 53 ] 钱亚芳, 杨波, 冯迪, 等. "靶点＋活性"快速发现苦蘵中靶向 Hsp90 抗胰腺癌有效成分的研究 [ J ]. 药学学报, 2019, 54(3): 475-481.

[ 54 ] Hsu C C, Wu Y C, Farh L, et al. Physalin B from *Physalis angulata* triggers the NOXA-related apoptosis pathway of human melanoma A375 cells [ J ]. *Food and Chemical Toxicology*, 2012, 50(3-4): 619-624.

[ 55 ] Sun C P, Qiu C Y, Yuan T, et al. Antiproliferative and anti-inflammatory withanolides from *Physalis angulata* [ J ]. *Journal of Natural Products*, 2016, 79(6): 1586-1597.

[ 56 ] Meng Q, Fan J, Liu Z, et al. Cytotoxic withanolides from the whole herb of *Physalis angulata* L. [ J ]. *Molecules*, 2019, 24(8).

[ 57 ] Hoang L T A, Do T T, Duong T D, et al. Phytochemical constituents and cytotoxic activity of *Physalis angulata* L. growing in vietnam [ J ]. *Phytochemistry Letters*, 2018, 27: 193-196.

[ 58 ] 方春生, 杨燕军. 酸浆苦素 B 的体外抗肿瘤活性研究 [ J ]. 广州中医药大学学报, 2015, 32(4): 652-655＋660＋782-783.

[ 59 ] Magalhaes H I F, Veras M L, Pessoa O D L, et al. Preliminary investigation of structure-activity relationship of cytotoxic physalins [ J ]. *Letters in Drug Design & Discovery*, 2006, 3(1).

[ 60 ] Hsieh W T, Huang K Y, Lin H Y, et al. *Physalis angulata*, induced $G_2/M$ phase arrest in human breast cancer cells [ J ]. *Food and Chemical Toxicology*, 2006, 44(7): 974-983.

[ 61 ] Wu S J, Ng L T, Chen C H, et al. Antihepatoma activity of *Physalis angulata* and P. peruviana extracts and their effects on apoptosis in human Hep $G_2$ cells [ J ]. *Pergamon*, 2004, 74(16).

[ 62 ] Soares M B P, Brustolim D, Santos L A, et al. Physalins B, F and G, seco-steroids purified from *Physalis angulata* L. , inhibit lymphocyte function and allogeneic transplant rejection [ J ]. *International Immunopharmacology*, 2006, 6(3): 408-414.

[ 63 ] Sun L, Liu J, Liu P, et al. Immunosuppression effect of withangulatin A from *Physalis angulata* via heme oxygenase 1-dependent pathways [ J ]. *Process Biochemistry*, 2011, 46(2): 482-488.

[ 64 ] Pinto L A, Meira C S, Villarreal C F, et al. Physalin F, a seco-steroid from *Physalis angulata* L. , has immunosuppressive activity in peripheral blood mononuclear cells from patients with HTLV1-associated myelopathy [ J ]. *Biomedicine & Pharmacotherapy*, 2016, 79: 129-134.

[ 65 ] Soares M B P, Bellintani M C, Ribeiro I M, et al. Inhibition of macrophage activation and lipopolysaccharide-induced death by seco-steroids purified from Physalis angulata L [ J ]. *European Journal of Pharmacology*, 2003, 459(1): 107-112.

[ 66 ] Le C V C, Ton T H D, Nguyen X N, et al. The anti-microbial activities of secosteroids isolated from *Physalis angulata* [ J ]. *Vietnam Journal of Chemistry*, 2020, 58(3).

[ 67 ] Januario A H, Rodrigues E, Pietro R, et al. Antimycobacterial physalins from *Physalis angulata* L. (Solanaceae) [ J ]. *Phytotherapy Research*, 2002, 16(5): 445-448.

[ 68 ] Pietro R, Kashima S, Sato D N, et al. *In vitro antimycobacterial activities of Physalis angulata* L [ J ]. *Phyto-

medicine, 2000, 7(4): 335-338.

[69] Guimaraes E T, Lima M S, Santos L A, et al. Effects of seco-steroids purified from *Physalis angulata* L., solanaceae, on the viability of Leishmania sp [J]. *Revista Brasileira De Farmacognosia-Brazilian Journal of Pharmacognosy*, 2010, 20(6): 945-949.

[70] Da S B J M, Da S R R P, Rodrigues A P D, et al. *Physalis angulata* induces death of promastigotes and amastigotes of *Leishmania(Leishmania)amazonensis* via the generation of reactive oxygen species [J]. *Micron*, 2016, 82: 25-32.

[71] Guimaraes E T, Lima M S, Santos L A, et al. Activity of physalins purified from *Physalis angulata* in in vitro and in vivo models of cutaneous leishmaniasis [J]. *Journal of Antimicrobial Chemotherapy*, 2009, 64 (1): 84-87.

[72] Nogueira R C, Costa R V P, Nonato F R, et al. Genotoxicity and antileishmanial activity evaluation of *Physalis angulata* concentrated ethanolic extract [J]. *Environmental Toxicology and Pharmacology*, 2013, 36 (3): 1304-1311.

[73] Da S R R P, Da S B J M, Rodrigues A P D, et al. In vitro biological action of aqueous extract from roots of *Physalis angulata* against *Leishmania(Leishmania)amazonensis* [J]. *Bmc Complementary and Alternative Medicine*, 2015, 15.

[74] Da S B J M, Pereira S W G, Rodrigues A P D, et al. In vitro antileishmanial effects of *Physalis angulata* root extract on *Leishmania infantum* [J]. *Journal of Integrative Medicine-Jim*, 2018, 16(6): 404-410.

[75] Ding H, Hu Z J, Yu L Y, et al. Induction of quinone reductase(QR)by withanolides isolated from *Physalis angulata* L. var. villosa Bonati(Solanaceae) [J]. *Steroids*, 2014, 86.

[76] Zhang Y, Chen C, Zhang Y L, et al. Target discovery of cytotoxic withanolides from *Physalis angulata* var. villosa via reactivity-based screening [J]. *Journal of Pharmaceutical and Biomedical Analysis*, 2018, 151.

[77] 中国科学院中国植物志编辑委员会. 中国植物志 [M]. 北京: 科学出版社, 1978, 67(1): 59.

[78] 朱宇佳, 焦凯丽, 冯尚国, 等. 药食两用植物毛酸浆高效栽培技术规程 [J]. 浙江农业科学, 2018, 59(6): 957-958.

[79] 韩雪, 张玉科, 王晶晶, 等. 基于质构和色度对贮藏毛酸浆品质的检测 [J]. 饲料研究, 2016(18): 45-49+55.

[80] 杨炳友, 李晓毛, 刘艳, 等. 毛酸浆的研究进展 [J]. 中草药, 2017, 48(14): 2979-2988.

[81] 张辉. 毛酸浆宿萼的化学成分研究 [D]. 苏州: 苏州大学, 2010.

[82] 骆丽萍, 成凡钦, 季龙, 等. 毛酸浆的化学成分研究 [J]. 中国中药杂志, 2015, 40(22): 4424-4427.

[83] 杨蒙. 毛酸浆宿萼的化学成分研究 [D]. 苏州: 苏州大学, 2013.

[84] 张辉, 陈重, 李夏, 等. 毛酸浆宿萼的化学成分研究 [J]. 中草药, 2010, 41(11): 1787-1790.

[85] 朱海林, 王振洲, 郑炳真, 等. 毛酸浆果实的化学成分研究 [J]. 中草药, 2016, 47(05): 732-735.

[86] 陈萍, 穆文娟, 王建刚. 微波消解 ICP-AES 法测定酸浆、毛酸浆中的微量元素 [J]. 化学工程师, 2009, 23 (11): 25-27.

[87] 李世燕, 闫公昕, 牛广财, 等. 三氯化铝比色法测定毛酸浆果中总黄酮的研究 [J]. 黑龙江八一农垦大学学报, 2016, 28(4): 45-48+71.

[88] 李世燕, 闫公昕, 牛广财, 等. 三氯化铝比色法测定毛酸浆果中总黄酮含量 [C]//中国食品科学技术学会第十二届年会暨第八届中美食品业高层论坛. 2015.

[89] Chen LX, Xia GY, Qiu F, et al. Physapubescin selectively induces apoptosis in VHL-null renal cell carcinoma cells through downregulation of HIF-2$\alpha$ and inhibits tumor growth [J]. *Sci Rep*, 2016, 6: 1-12.

[90] Sahai M. Pubesenolide, a new withanolide from physalis pubescens [J]. *J Nat Prod*, 1985, 48(3): 474-476.

[91] Glotter E, Sahai M, Kirson I. Physapubenolide and pubescenin, two new ergostane-type steroids from *Physalis pubescens* L. (Solanaceae) [J]. *J Chem Soc Perkin Trans*, 1985, 17(8): 2241-2245.

[92] 潘娟. 醉茄内酯类化学成分研究 [D]. 哈尔滨: 黑龙江中医药大学, 2015.

[93] Xia GY, Li Y, Sun JW, et al. Withanolides from the stems and leaves of physalis pubescens and their cytotoxic activity [J]. *Steroids*, 2016, 115: 136-146.

[94] Chen LX, Xia GY, He H, et al. New withanolides with TRAIL-sensitizing effect from *Physalis pubescens* L.

[J]. *RSC advances*, 2016, 6(58): 52925-52936.

[95] Kawai M, Matusmoto A, Makino B, et al. The structure of physalin P, a neophysalin from *Physals alkekengi* [J]. *Phytochemistry*, 1987, 26(12): 3313-3317.

[96] 贾远敏, 陈重, 许琼明, 等. 毛酸浆浆果的化学成分研究 [J]. 中草药, 2013, 44(09): 1086-1090.

[97] 张斯雯. 毛酸浆化学成分及其生物活性的研究 [D]. 长春: 吉林大学, 2007.

[98] 阴俊杰. 菇娘高效栽培技术 [J]. 北方园艺, 2009(10): 178-179.

[99] 张英蕾. 毛酸浆免疫活性物质的精制及评价 [D]. 哈尔滨: 东北林业大学, 2010.

[100] 汪晶晶, 王亚楠, 陈赞, 等. 毛酸浆宿萼挥发性物质成分分析 [J]. 中国果菜, 2019, 39(11): 57-60.

[101] 王建刚, 穆文娟. 气相色谱-质谱法分析毛酸浆果实中脂肪酸成分 [J]. 理化检验(化学分册), 2010, 46(12): 1465-1466.

[102] 陈芳, 王宇晨, 关雪娃, 等. 毛酸浆果乙醇提取物抗炎作用及其机制研究 [J]. 药物评价研究, 2016, 39(5): 747-752.

[103] Zhao X, Liu H, Wu Y, et al. Intervention with the crude polysaccharides of Physalis pubescens L. mitigates colitis by preventing oxidative damage, aberrant immune responses, and dysbacteriosis [J]. *Food Science*, 2020, 85(8): 2596-2607.

[104] 汪紫薇. 毛酸浆多糖的结构解析及体外活性研究 [D]. 沈阳: 沈阳化工大学, 2018.

[105] 郑敏彤, 尚捷婷, 石玥, 等. 毛酸浆果醇提物抑菌机理的初步研究 [J]. 特产研究, 2011, 33(03): 44-47.

[106] 程理. 肾型谷氨酰胺酶（KGA）抑制剂——毛酸浆内酯的抗肿瘤活性研究 [D]. 武汉: 华中科技大学, 2017.

[107] Chen LX, Xia GY, Qiu F, et al. Physapubescin selectively induces apoptosis in VHL-null renal cell carcinoma cells through downregulation of HIF-2α and inhibits tumor growth [J]. *Sci Rep*, 2016, 6: 1-12.

[108] 夏桂阳, 丁丽琴, 陈丽霞, 等. 毛酸浆抗肿瘤化学成分的分离与鉴定 [J]. 沈阳药科大学学报, 2017, 34(9): 757-762.

[109] Chen LX, Xia GY, He H, et al. New withanolides with TRAIL-sensitizing effect from Physalis pubescens L [J]. *RSC advances*, 2016, 6(58): 52925-52936.

[110] Zeng WJ, Wang QQ, Chen LF, et al. Anticancer effect of PP31J isolated from Physalis pubescens L. in human cervical carcinoma cells [J]. *American journal of translational research*, 2017, 9(5): 2466-2472.

[111] Dai CY, Shen L, Jin WY, et al. Physapubescin B enhances the sensitivity of gastric cancer cells to trametinib by inhibiting the STAT3 signaling pathway [J]. *Toxicology and Applied Pharmacology*, 2020, 408: 115273.

[112] Fan YQ, Mao YW, Cao SJ, et al. S5, a Withanolide isolated from physalis pubescens L., induces $G_2$/M cell cycle arrest via the EGFR/P38 pathway in human melanoma A375 cells [J]. *Molecules(Basel, Switzerland)*, 2018, 23(12): 3175.

[113] 张晓波. 毛酸浆多糖的制备及降血糖活性研究 [D]. 广州: 华南理工大学, 2017.

[114] Chen XY, Li X, Zhang XB, et al. Antihyperglycemic and antihyperlipidemic activities of a polysaccharide from Physalis pubescens L. in streptozotocin(STZ)-induced diabetic mice [J]. *Food & function*, 2019, 10(8): 4868-4876.

[115] 王放, 张斯文, 李平亚. 毛酸浆果醇提物对大鼠的利尿和抗肾盂肾炎作用的研究 [J]. 特产研究, 2007(4): 35-38.

[116] 中国科学院中国植物志编辑委员会. 中国植物志 [M]. 北京: 科学出版社, 1978, 67(1): 59.

[117] Balaguera-López HE, Espinal-Ruiz M, Zacarías L, et al. Effect of the maturity stage on the postharvest behavior of cape gooseberry(Physalis peruviana L.)fruits stored at room temperature [J]. *Bioagro*, 2016, 28(2): 117-124.

[118] Houda LNE, Mohamed B, Fariborz H, et al. Extraction processes with several solvents on total bioactive compounds in different organs of three medicinal plants [J]. *Molecules*, 2020, 25(20): 4672.

[119] Rodrigues E, Rockenbach II, Cataneo C, et al. Minerals and essential fatty acids of the exotic fruit Physalis peruviana L [J]. *Food Science and Technology*, 2009, 29: 642-645.

[120] Sakurai K, Ishii H, Kobayashi S, et al. Isolation of 4β-hydroxywithanolide E, a new withanolide from

Physalis peruviana L [J]. Chemical and Pharmaceutical Bulletin, 1976, 24(6): 1403-1405.

[121] Fang ST, Liu JK, Li B. Ten new withanolides from Physalis peruviana [J]. Steroids, 2011, 77(1): 36-44.

[122] Fang ST, Liu JK, Li B. A novel 1,10-seco withanolide from Physalis peruviana [J]. Journal of Asian natural products research, 2010, 12(7): 618-622.

[123] Annika S, Dave C, Bianka K, et al. Isolation and characterisation of irinans, androstane-type withanolides from Physalis peruviana L [J]. Beilstein journal of organic chemistry, 2019, 15: 2003-2012.

[124] Llano SM, Muñoz-Jiménez AM, Jiménez-Cartagena C, et al. Untargeted metabolomics reveals specific withanolides and fatty acyl glycoside as tentative metabolites to differentiate organic and conventional Physalis peruviana fruits [J]. Food Chemistry, 2018, 244: 120-127.

[125] Puente L, Vega-Gálvez A, Ah-Hen KS, et al. Refractance window drying of goldenberry(Physalis peruviana L.)pulp: A comparison of quality characteristics with respect to other drying techniques [J]. LWT, 2020, 131.

[126] Yilmaztekin M. Analysis of volatile components of cape gooseberry(Physalis peruviana L.)grown in Turkey by HS-SPME and GC-MS. [J]. The Scientific World Journal, 2014, 2014: 796097.

[127] Majcher M A, Scheibe M, Jeleń H H, et al. Identification of odor active compounds in physalis peruviana L. [J]. Molecules, 2020, 25(2): 245.

[128] Yilmaztekin M. Characterization of potent aroma compounds of cape gooseberry(Physalis Peruviana L.)fruits grown in antalya through the determination of odor activity values [J]. International Journal of Food Properties, 2014, 17(3): 469-480.

[129] Wojcieszek J, Ruzik L. Operationally defined species characterization and bioaccessibility evaluation of cobalt, copper and selenium in Cape gooseberry(Physalis Peruviana L.)by SEC-ICP MS [J]. Journal of Trace Elements in Medicine and Biology, 2016, 34: 15-21.

[130] Etzbach L, Pfeiffer A, Weber F, et al. Characterization of carotenoid profiles in goldenberry(Physalis peruviana L.)fruits at various ripening stages and in different plant tissues by HPLC-DAD-APCI-MSn [J]. Food Chemistry, 2018, 245: 508-517.

[131] Yu YG, Chen XP, Zheng Q. Metabolomic profiling of carotenoid constituents in physalis peruviana during different growth stages by LC-MS/MS technology [J]. Journal of food science, 2019, 84(12): 3608-3613.

[132] Ramadan MF, Mörsel J. Oil goldenberry(Physalis peruviana L.) [J]. Agricultural and Food Chemistry, 2003, 51(4): 969-974.

[133] Park HA, Kwon OK, Ryu HW, et al. Physalis peruviana L. inhibits ovalbumin-induced airway inflammation by attenuating the activation of NF-κB and inflammatory molecules [J]. International journal of molecular medicine, 2019, 43(4): 1830-1838.

[134] Yang WJ, Chen XM, Wang SQ, et al. 4β-Hydroxywithanolide E from goldenberry(whole fruits of Physalis peruviana L.)as a promising agent against chronic obstructive pulmonary disease [J]. Journal of natural products, 2020, 83(4): 1217-1228.

[135] Pino-de la Fuente F, Nocetti D, Sacristán C, et al. Physalis peruviana L. pulp prevents liver inflammation and insulin resistance in skeletal muscles of diet-induced obese mice [J]. Nutrients, 2020, 12(3): 700.

[136] Wu SJ, Ng LT, Chen CH, et al. Antihepatoma activity of Physalis angulata and P. peruviana extracts and their effects on apoptosis in human HepG2 cells [J]. Life Sciences, 2004, 74(16): 2061-2073.

[137] Castro J, Ocampo Y, Franco L. Cape gooseberry [Physalis peruviana L.] calyces ameliorate TNBS acid-induced colitis in rats [J]. Journal of Crohn's and Colitis, 2015, 9(11): 1004-1015.

[138] Franco-Ospina LA, Matiz-Melo GE, Pajaro-Bolivar IB, et al. Actividad antibacteriana in vitro de extractos y fracciones de Physalis peruviana L. y Caesalpinia pulcherrima(L.)Swartz [J]. Boletín Latinoamericano y del Caribe de plantasmedicinales y aromáticas, 2013, 12(3): 230-237.

[139] Guiné RPF, Gonçalves FJA, Oliveira SF, et al. Evaluation of phenolic compounds, antioxidant activity and bioaccessibility in Physalis peruviana L [J]. International Journal of Fruit Science, 2020, 20(sup2): S470-S490.

[140] El-Beltagi HS, Mohamed HI, Safwat G, et al. Chemical composition and biological activity of physalis peruviana L [J]. *Gesunde Pflanzen*, 2019, 71(2): 113-122.

[141] Ahmed LA. Renoprotective effect of Egyptian cape gooseberry fruit(*Physalis peruviana* L.)against acute renal injury in rats [J]. *The Scientific World Journal*, 2014, 2014.

[142] Othman MS, Nada A, Zaki HS, et al. Effect of *Physalis peruviana* L. on cadmium-induced testicular toxicity in rats [J]. *Biological trace element research*, 2014, 159(1): 278-287.

[143] Dkhil MA, Al-Quraishy S, Diab MMS, et al. The potential protective role of *Physalis peruviana* L. fruit in cadmium-induced hepatotoxicity and nephrotoxicity [J]. *Food and Chemical Toxicology*, 2014, 74: 98-106.

[144] Moneim AEA, Bauomy AA, Diab MMS, et al. The protective effect of *Physalis peruviana* L. against cadmium-induced neurotoxicity in rats [J]. *Biological trace element research*, 2014, 160(3): 392-399.

[145] Al-Olayan EM, El-Khadragy MF, Aref AM, et al. The potential protective effect of *Physalis peruviana* L. against carbon tetrachloride-induced hepatotoxicity in rats is mediated by suppression of oxidative stress and downregulation of MMP-9 expression [J]. *Oxidative medicine and cellular longevity*, 2014, 2014.

[146] Licodiedoff S, Koslowski LAD, Ribani RH. Flavonols and antioxidant activity of *Physalis peruviana* L. fruit at two maturity stages [J]. *Acta Scientiarum. Technology*, 2013, 35(2): 393-399.

[147] Yu R, Chen L, Xin X. Comparative assessment of chemical compositions, antioxidant and antimicrobial activity in ten berries grown in China [J]. *Flavour and Fragrance Journal*, 2020, 35(2): 197-208.

[148] Çakir Ö, Pekmez M, Çepni E, et al. Evaluation of biological activities of *Physalis peruviana* ethanol extracts and expression of Bcl-2 genes in HeLa cells [J]. *Food Science and Technology*, 2014, 34: 422-430.

[149] Mier-Giraldo H, Díaz-Barrera LE, Delgado-Murcia LG, et al. Cytotoxic and immunomodulatory potential activity of *Physalis peruviana* fruit extracts on cervical cancer(HeLa)and fibroblast(L929)cells [J]. *Journal of evidence-based complementary & alternative medicine*, 2017, 22(4): 777-787.

[150] El-Meghawry El-Kenawy A, Elshama SS, Osman HEH. Effects of *Physalis peruviana* L. on toxicity and lung cancer induction by nicotine derived nitrosamine ketone in rats [J]. *Asian Pacific Journal of Cancer Prevention*, 2015, 16(14): 5863-5868.

[151] Chang LC, Sang-Ngern M, Pezzuto JM, et al. The Daniel K. inouye college of pharmacy scripts: poha berry (*Physalis peruviana*)with potential anti-inflammatory and cancer prevention activities [J]. *Hawai'i Journal of Medicine & Public Health*, 2016, 75(11): 353.

[152] Ballesteros-Vivas D, Álvarez-Rivera G, Ibáñez E, et al. A multi-analytical platform based on pressurized-liquid extraction, *in vitro* assays and liquid chromatography/gas chromatography coupled to high resolution mass spectrometry for food by-products valorisation. Part 2: Characterization of bioactive compounds from goldenberry(*Physalis peruviana* L.)calyx extracts using hyphenated techniques [J]. *Journal of Chromatography A*, 2019, 1584: 144-154.

[153] Erman F, Kirecci OA, Ozsahin AD, et al. Effects of *Physalis peruviana* and Lupinus albus on malondialdehyde, glutathione, cholesterol, vitamins and fatty acid levels in kidney and liver tissues of diabetic rats [J]. *Progress in Nutrition*, 2018, 20: 218-230.

[154] Rey DP, Ospina LF, Aragón DM. Inhibitory effects of an extract of fruits of *Physalis peruviana* on some intestinal carbohydrases [J]. *Revista Colombiana de Ciencias Químico-Farmacéuticas*, 2015, 44(1): 72-89.

[155] Kumagai M, Yoshida I, Mishima T, et al. 4β-Hydroxywithanolide E and withanolide E from *Physalis peruviana* L. inhibit adipocyte differentiation of 3T3-L1 cells through modulation of mitotic clonal expansion [J]. *Journal of natural medicines*, 2021, 75(1): 232-239.

[156] Moneim AEA, Bauomy AA, Diab MMS, et al. The protective effect of *Physalis peruviana* L. against cadmium-induced neurotoxicity in rats [J]. *Biological trace element research*, 2014, 160(3): 392-399.

# 附录1
# 酸浆（引自《中华本草》）

【出处】《本经》

【别名】 葴、寒浆（《尔雅》），醋浆（《本经》），苦葴、苦蘵、皮弁草（崔豹《古今注》），酸浆草（《尔雅》郭璞注），灯笼草（《唐本草》），苦耽（《嘉祐本草》），金灯草（《履巉岩本草》），姑娘菜、灯笼儿（《救荒本草》），红姑娘（《卮言》），天泡草（《纲目》），红娘子（《柳边纪略》），珊瑚架（《汪连仕采药书》），山瑚柳、天灯笼草（《纲目拾遗》），九古牛（《植物名实图考》），泡子草，扑扑子草（《福建民间草药》），花姑娘（《民间常用草药汇编》），姑娘花（《四川武隆药植图志》），打朴草（《闽南民间草药》），叶下灯、铃。

【来源】 为茄科植物酸浆的全草。夏季采收。

【原形态】 多年生草本，高 35～100cm。具横走的根状茎。茎直立，多单生，不分枝，略扭曲，表面具棱角，光滑无毛。叶互生，通常 2 叶生于一节上；叶柄长 8～30mm；叶片卵形至广卵形，长 4～10.5cm，宽 2～6.5cm，先端急尖或渐尖，基部楔形或广楔形，边缘具稀疏不规则的缺刻，或呈波状，上面光滑无毛，下面几无毛。花单生于叶腋，花梗长 1～1.5cm；花白色，直径 1.5～2cm；花萼绿色，钟形，长约 1cm，先端 5 裂，边缘及外侧被短毛；花冠钟形，5 裂，裂片广卵形，先端急尖。边缘具腺毛；雄蕊 5，着生在花冠的基部，花药长圆形，基部着生，花丝丝状；子房上位，卵形，2 室，花柱线形，柱头细小，不明显。浆果圆球形，直径约 1.2cm；光滑无毛，成熟时呈橙红色：宿存花萼在结果时增大，厚膜质膨胀如灯笼，长可达 4.5cm，具 5 棱角，橙红色或深红色，无毛，疏松地包围在浆果外面。种子多数，细小。花期 7～10 月。果期 8～11 月。

【生境分布】 生长于路旁及田野草丛中；也有栽培作观赏植物者。全国大部分地区均有分布。

【化学成分】 含酸浆苦素 A，酸浆苦素 B，酸浆苦素 C，木犀草素及木犀草素-7-$\beta$-D-葡萄糖甙。

【药理作用】 ① 抗菌作用：酸浆煎剂对宋内氏杆菌有抑制作用，酸浆抗菌有效成分初步认为在油状液，此部分在试管内对绿脓杆菌、金黄色葡萄球菌有抑制作用，从酸浆中提出之针状晶母液对金黄色葡萄球菌有抑制作用。酸浆体外抑菌效果与临床治痢疗效不符。

② 兴奋子宫的作用：早年提出的对离体家兔子宫有兴奋作用的酸浆根素（即硝酸钾）。其果实据云有催产作用。

③ 其他作用：日本酸浆果实及果囊有解热及强心作用，有谓酸浆之此项作用与其中所含草酸有关，且作用微弱，无应用价值。酸浆根素注射于动物，表现大脑抑制，若用大量，

可使呼吸麻痹而死。国外曾用其同属植物的叶、果作利尿剂。

【性味】 酸苦，寒。

①《本经》：味酸，平。

②《别录》：寒，无毒。

③《唐本草》：味苦；大寒，无毒。

【归经】

①《得配本草》：入手太阴经气分。

②《闽东本草》：入肺、脾二经。

【功能主治】 清热，解毒，利尿。治热咳，咽痛，黄疸，痢疾，水肿，疔疮，丹毒。

①《本经》：主热烦满，定志益气，利水道。

②《唐本草》：主上气咳嗽，风热，明目。

③《嘉祐本草》：主腹内热结眉黄，不下食，大小便涩，骨热咳嗽，多睡劳乏，呕逆痰壅，疝癖痃满，小儿疠子寒热，大腹，杀虫，落胎，并煮汁服，亦生捣绞汁服。亦研敷小儿闪癖。

④《本草衍义补遗》：治热痰嗽。

⑤《汪连仕采药书》：清火，消郁结，治疝。敷一切疮肿，专治锁缠喉风。治金疮肿毒，止血崩，煎酒服。

⑥《民间常用草药汇编》：清热解毒。治白喉初起，鹅口疮，失音（煅灰作散剂吞服）。

【用法用量】 内服：煎汤，3～5钱；捣汁或研末。外用：煎水洗、研末调敷或捣敷。

【注意】 ①《现代实用中药》：有堕胎之弊。

②《闽东本草》：凡脾虚泄泻及痰湿忌用。

【附方】 ① 治热咳咽痛：灯笼草，为末，白汤服，仍以醋调敷喉外。（《丹溪纂要》清心丸）

② 治喉疮并痛者：灯笼草，炒焦为末，酒调，敷喉中。（《医学正传》）

③ 治黄疸，利小便：酸浆、茅草根、五谷根各五钱。煎水服。（《贵阳民间药草》）

④ 治小儿小便不通：酸浆草五钱。煎水服。（《贵阳民间药草》）

⑤ 治诸般疮肿：金灯草不以多少，晒干，为细末，冷水润少许，软贴患处。（《履巉岩本草》）

⑥ 治杨梅疮：打朴草，不拘数量，水煎数沸，候微温洗患处。（《闽南民间草药》）

⑦ 治中耳炎：锦灯笼鲜草拧汁，加冰片适量，滴耳。（《陕西中草药》）

【各家论述】

① 朱震亨：灯笼草，苦能除湿热，轻能治上焦，故主热咳咽痛，此草治热痰咳嗽，佛耳草治寒痰咳嗽也。与片芩清金丸同用更效。

②《纲目》：酸浆，利湿除热，除热则清肺止咳，利湿故能化痰、治疸。

③《纲目拾遗》：天灯笼草，主治虽伙，惟咽喉是其专治，用之功最捷。

【临床应用】 治疗小儿上呼吸道炎症：用100％的锦灯笼注射液肌肉注射，每日2次，5岁以下每次2mL，5岁以上每次4mL。临床观察120例，全部患儿均有不同程度发热，80％以上病例有咽痛症状及不同程度的扁桃体肿大，且有脓性渗出物。治疗结果，显效（于两天内体温降至正常，临床症状与咽部脓性渗出物消失）93例（77.5％），有效（于3～5天内体温降至正常，临床症状与咽部脓性渗出物消失）20例（16.7％），无效（体温与咽部脓性渗出物 5 天以内均未好转，症状无明显变化）7 例（5.8％）。单项统计，80％以上的患者体温可以在 2 天内降至正常，90％以上的病例扁桃体分泌物及咽痛症状在 3 天内消失。但扁桃体肿大仅 8 例于治疗 4 天后略见缩小，其余均无明显改变。此外，有报道用锦灯笼花萼 2～3 个或全草 3～5 钱，1 次煎服或冲茶服，治疗急性扁桃体炎 32 例，结果除 2 例用药 2 次外，均 1 次痊愈。治愈时间最短半天，最长 3 天。

# 附录2

# 锦灯笼［摘自《中国药典》(2020年版)］

本品为茄科植物酸浆 *Physalisalkekengi* L. var. *francheti*（Mast.）Makino 的干燥宿萼或带果实的宿萼。秋季果实成熟、宿萼呈红色或橙红色时采收，干燥。

【性状】　本品略呈灯笼状，多压扁，长 3～4.5cm，宽 2.5～4cm。表面橙红色或橙黄色，有 5 条明显的纵棱，棱间有网状的细脉纹。顶端渐尖，微 5 裂，基部略平截，中心凹陷有果梗。体轻，质柔韧，中空，或内有棕红色或橙红色果实。果实球形，多压扁，直径 1～1.5cm，果皮皱缩，内含种子多数。气微，宿萼味苦，果实味甘、微酸。

【鉴别】　(1) 本品粉末橙红色。表皮毛众多。腺毛头部椭圆形，柄 2～4 细胞，长 95～170μm。非腺毛 3～4 细胞，长 130～170μm，胞腔内含橙红色颗粒状物。宿萼内表皮细胞垂周壁波状弯曲；宿萼外表皮细胞垂周壁平整，气孔不定式。薄壁组织中含多量橙红色颗粒。

(2) 取本品粉末 0.5g，加甲醇 5mL，超声处理 10min，滤过，取滤液作为供试品溶液。另取酸浆苦味素 L 对照品，加二氯甲烷制成每 1mL 含 1mg 的溶液，作为对照品溶液。照薄层色谱法（通则 0502）试验，吸取供试品溶液 15μL、对照品溶液 2μL，分别点于同一高效硅胶 G 薄层板上，以三氯甲烷-丙酮-甲醇（25：1：1）为展开剂，展开，取出，晾干，喷以 5％硫酸乙醇溶液，在 105℃加热至斑点显色清晰，置紫外光灯（365nm）下检视。供试品色谱中，在与对照品色谱相应的位置上，显相同颜色的荧光斑点。

【检查】　水分不得过 10.0％（通则 0832 第二法）。

【含量测定】　照高效液相色谱法（通则 0512）测定。

色谱条件与系统适用性试验　以十八烷基硅烷键合硅胶为填充剂；以乙腈-0.2％磷酸溶液（20：80）为流动相；检测波长为 350nm。理论板数按木犀草苷峰计算应不低于 3000。

对照品溶液的制备取木犀草苷对照品适量，精密称定，加甲醇制成每 1mL 含 40μg 的溶液，即得。

供试品溶液的制备取本品粉末（过三号筛）约 0.4g，精密称定，置具塞锥形瓶中，精密加入 70％甲醇 20mL，密塞，称定重量，超声处理（功率 250W，频率 40kHz）1h，放冷，再称定重量，用 70％甲醇补足减失的重量，摇匀，滤过，取续滤液，即得。

测定法分别精密吸取对照品溶液与供试品溶液各 20μL，注入液相色谱仪，测定，即得。

本品按干燥品计算，含木犀草苷（$C_{21}H_{20}O_{11}$）不得少于 0.10％。

【性味与归经】　苦，寒。归肺经。

【功能与主治】　清热解毒，利咽化痰，利尿通淋。用于咽痛音哑，痰热咳嗽，小便不利，热淋涩痛；外治天疱疮，湿疹。

【用法与用量】　5～9g。外用适量，捣敷患处。

【贮藏】　置通风干燥处，防蛀。

# 附录3

# 天泡子（摘自《中华本草》）

【异名】 沙灯笼《民间常用草药汇编》，灯笼草、水灯笼、打卜草、打额泡（广州部队《常用中草药手册》），灯笼泡《全国中草药汇编》，天泡草、王母珠、黄灯笼《常用中草药治疗手册》，天泡果《中草药学》。

【来源】 为茄科植物小酸浆的全草或果实。

【原植物】 小酸浆 *Physalis minima* L. ［*P. pariflora* R. Br.］，又名黄姑娘《中药大辞典》。

一年生草本，高 50～70cm。根细瘦。茎微卧或倾斜，多分枝，具短柔毛或近光滑。单叶互生；叶柄细弱，长 1～1.5cm；叶片卵形或卵状披针形，长 2～3cm，宽 1～1.5cm，先端斯尖，基部斜楔形，全缘而波状或有少数粗齿。花单生于叶腋；花梗长约 5mm，被短柔毛；花萼钟状，绿色，外被短柔毛，5 裂，裂片三角形，结果时萼增大如灯笼状包围在果实外面，具突出 5 棱；花冠钟形，黄色，5 浅裂；雄蕊 5，着生于花冠管基部，花药黄白色，长约 1mm；雌蕊 1，子房圆形，2 室，胚珠多数。浆果球形，黄色，直径约 6mm。种子多数，扁圆形，绿白色。花期 6 月，果期 7 月。生于田野、土坎及坡地。分布于广东、广西、四川及云南。

【采收加工】 6～7 月，采集果实或带果全草，洗净，鲜用或晒干。

【药材及产销】 天泡子 Herba Physalis Minimae 产于广东、广西、四川及云南等地。自产自销。

【药材鉴别】 性状鉴别：全草长 40～70cm。茎呈圆柱形，多分枝，表面黄白色。叶互生，具柄；叶片灰绿色或灰黄绿色，干缩，展平后呈卵圆形或长圆形，长 2～6cm，宽 1～5cm 先端渐尖，基部渐狭，叶缘浅波状或具不规则粗齿，两面被短茸毛，下面较密。叶腋处有灯笼状宿萼，呈压扁状，薄膜质，黄白色，内有近球形浆果。气微，味苦。以全草幼嫩、色黄白、带果宿萼多者为佳。

【化学成分】 全草含酸浆苦味素（physalin）A、B、C、D、X，二氢酸浆苦味素 B（dihydroplhyslin B），$5\beta,6\beta$-环氧酸浆苦味素 B（$5\beta,6\beta$-epoxyphysalin B）即酸浆苦味素 F，6，7-二氢-6-羟基去氢酸浆苦味素 B（6,7-dihydro-6-hydroxydehydrophysalin B），魏察小酸浆素（withaminimin），酸浆双古豆碱（phygrine）。果期全草还含黄酮类成分：5-甲氧基-6,7-亚甲二氧基黄酮（5-methoxy-6,7-methylenedioxyflavone），5,6,7-三甲氧基黄酮（5,6,7-trimethoxyflavone）。叶中含 $5\beta,6\beta$-环氧酸浆苦味素 B，魏察酸浆苦素（withaphysalin）A、B、C，槲皮素 3-*O*-半乳糖苷（quercetin-3-*O*-galac-toside），酸浆苦味素 A、B、C，二羟基酸浆

苦味素 B（dihydroxy-physalin B）。种子含油 40.0％，蛋白质 17.9％。种子油中棕榈酸（palmitic acid）占 10.5％，硬脂酸（stearic acid）占 8.6％，油酸（oleic acid）占 17.3％，亚油酸（linoleic acid）占 61.4％，还含少量十六碳烯酸（hexadecenoic acid）等。

【药理】 1. 抗炎作用：天泡子叶水提物对角叉菜胶所致大鼠足肿胀有剂量依赖性抑制作用，最大剂量的作用可与保泰松相比。

2. 抗癌作用：浆果的生物总碱在体外对小鼠 S180 肉瘤细胞 DNA 合成有显著抑制作用，对自身正常骨髓造血细胞亦有抑制作用。

3. 致流产作用：从天泡子分离出的酸浆苦味素 X 100mg/kg 注射，可使动物流产率高于 75％。该化合物大鼠口服的 $LD_{50}$ 为 2g/kg，腹腔注射的 $LD_{50}$ 为 1g/kg。

【药性】 味苦，性凉。

1.《天宝本草》："味苦、甘，温。"

2.《四川中药志》（1960 年版）："性寒，味苦，无毒。"

【功能与主治】 清热利湿，祛痰止咳，软坚散结。主治湿热黄疸，小便不利，慢性咳喘，疝疾，瘰疬，天泡疮，湿疹，疖肿。

1.《分类草药性》："解毒杀虫，叶治天泡疮。"

2.《天宝本草》："治小儿臌胀，胃火螬（嘈）气，疝疾。"

3.《四川中药志》（1960 年版）："利尿，消痰癖，去骨蒸劳热。治黄疸，小便不利及久咳喘急；外涂小儿天泡疮及皮肤湿热疮。单用果效力更佳。"

4. 广州部队《常用中草药手册》："主治感冒发热，咽喉肿痛；急性支气管炎；湿疮肿毒。"

5.《全国中草药汇编》："清热利湿，祛痰止咳，软坚散结。"

【用法用量】 内服：煎汤，15～30g。外用：适量，捣敷；煎水洗或研末调敷。

【使用注意】 1.《民间常用草药汇编》："孕妇忌服。"

2.《四川中药志》（1960 年版）："无湿热瘀滞者忌用。"

【附方】 1. 治小儿天泡疮：天泡子研末，麻油调搽。[《四川中药志》（1960 年版）]

2. 治老年慢性气管炎：灯笼泡全草（十）适量，煎水制成糖浆，加适量防腐剂。每服 50mL，每日 3 次。10 天为 1 疗程，每疗程结束休息 3 天左右，进行系统随访观察，共治疗 3 个疗程。（《全国中草药汇编》）

# 附录4
# 苦蘵根（摘自《中华本草》）

【出处】 出自《江西民间草药》。

【拼音名】 Kǔ Zhī Gēn

【英文名】 Root of Downy Groundcherry

【来源】 药材基源：为茄科植物苦蘵的根。

采收和储藏：夏、秋季采挖，洗净，鲜用或晒干。

【原形态】 苦蘵，一年生草本，被疏短柔毛或近无毛，高30～50cm。茎多分枝，分枝纤细。叶柄长1～5cm；叶片卵形至卵状椭圆表，长3～6cm，宽2～4cm，先端渐尖，基部楔形，全缘或有不等大牙齿，两面近无毛。花单生于叶腋，花梗纤细；花萼钟状，5中裂，裂片披针形花冠淡黄色，5浅裂，喉部常有紫斑，长4～6mm，直径6～8mm；雄蕊5，花药蓝紫色或有时黄色，长1.5mm。浆果球形、直径1.2cm，包藏于宿萼之内。宿萼膀胱状，绿色，具棱，棱脊上疏被短柔毛，网脉明显。种子圆盘状，长约2mm。花、果期5～12月。

【生境分布】 生态环境：生长于山谷林下及村边路旁。

资源分布：分布于我国华东、华中华南及西南。

【化学成分】 苦蘵根中含酸浆双古豆碱（phygrine）。

【性味】 味苦；性寒。

【功效与作用】 利水通淋。主水肿腹胀；黄疸；热淋。

【用法用量】 内服：煎汤，15～30g。

【各家论述】 1.《江西民间草药》：治水肿腹胀。

2.《江西民间草药验方》：除湿清热，利尿通淋，止咳化痰。

# 附录5
# 苦蘵（摘自《中药大辞典》）

【出处】 《本草拾遗》

【拼音名】 Kǔ Zhī

【别名】 蔏、黄蒢（《尔雅》），蘵敖草（《尔雅》，郭璞注），小苦耽（《本草拾遗》），灯笼草、鬼灯笼、天泡草、爆竹草、劈拍草（《江西民间草药》），灯笼泡草［《广东医学》（祖国医学版）（2）：8.1966］，响铃草、响泡子（《湖南药物志》），绿灯、野绿灯（《上海常用中草药》）。

【来源】 为茄科植物苦蘵的全草。夏季采收。

【原形态】 一年生草本，高25～60cm。茎斜卧或直立，多分枝，有毛或近无毛。叶互生，卵圆形或长圆形，长约4～8cm，宽3～5cm，先端短尖，基部斜圆形，全缘或具不规则的浅锯齿；叶柄长可达4cm。花单生于叶腋；花梗长约5mm；萼钟状，长约5mm，上端5裂，裂片披针形或近三角形，端尖；花冠钟状，淡黄色，直径5～7mm；雄蕊5，花药矩圆形，纵裂；子房二室，花柱线形，柱头具不明显的两裂片。浆果球形，直径约8mm，光滑无毛，黄绿色；宿萼在结果时增大，膨大如灯笼，长可达2.5cm，具5棱角，绿色，有细毛。花期7～9月。果期8～10月。

【生境分布】 生长于田野中，全国各地均有分布。

【化学成分】 含酸浆果红素，即玉蜀黍黄素二棕榈酸酯。

【性味】

①《江西民间草药验方》：性寒，味苦，无毒。

②《上海常用中草药》：酸，平。

【功能主治】 清热，利尿，解毒。治感冒，肺热咳嗽，咽喉肿痛，龈肿，湿热黄疸，痢疾，水肿，热淋，天疱疮，疔疮。

①《江西民间草药》：治天疱疮，大头风，指疔，牙龈肿痛，湿热黄疸，咽喉红肿疼痛，肺热咳嗽，热淋。

②《上海常用中草药》：清热解毒，利尿止血，消肿散结。治咽喉肿痛。肺痈，腮腺炎；小便不利，血尿。牙龈肿痛，天疱疮。

【用法用量】 内服：煎汤，0.5～1两；或捣汁。外用：捣敷、煎水含漱或熏洗。

【注意】 《江西民间草药》：孕妇忌服。

【附方】

① 治百日咳：苦蘵五钱，水煎，加适量白糖调服。（《江西民间草药验方》）

②治咽喉红肿疼痛：新鲜苦蘵，洗净，切碎，捣烂，绞取自然汁一匙，用开水冲服。（《江西民间草药验方》）

③治牙龈肿痛：苦蘵八钱。煎水含漱。（《江西民间草药》）

④治湿热黄疸，咽喉红肿疼痛，肺热咳嗽。热淋：苦蘵五钱至八钱。水煎服。（《江西民间草药》）

⑤治水肿（阳水实证）：苦蘵一两至一两五钱。水煎，分作二次，饭前口服。（《江西民间草药验方》）

⑥治天疱疮：苦蘵茎叶三、四两。煎水洗，一日二次。鲜草更好。

⑦治大头风，头面浮肿放亮，起疙瘩块，作痒：苦蘵茎叶二两。煎水，放面盆内，用布围住熏之。鲜草更好。

⑧治指疔：苦蘵鲜叶捣烂敷患处，一日换二、三次。（⑥方以下出自《江西民间草药》）

【临床应用】

①治疗慢性气管炎

将灯笼草制成糖浆内服，每日3次，10天一疗程，共服三疗程。每疗程结束后停药3～5天。按剂量分3组：（一）大剂量组：每日量相当生药干品150g。观察50例，有效49例，其中显效39例。（二）中剂量组：每日量相当生药干品100g。观察45例，显效16例，总有效37例。（三）小剂量组：每日相当于生药50g。观察91例，显效36例，总有效67例，本品止咳、祛痰、平喘作用均较明显；始效时间一般在服药后3～6天。单纯型疗效优于喘息型。副作用：少数觉胃部不适，头晕、头痛及失眠。

②治疗黄疸

灯笼草（全草）2株，煎取浓汁加糖适量，每日分2～3次服。治疗5例均获愈。

③治疗睾丸炎

灯笼泡草2两，黄皮根1两，水煎服。每天1次，连服2天。治疗20余例，均取得较好疗效。

④治疗细菌性痢疾

苦蘵1两，水煎服，每天2次，连服1～4天。治疗100例，有效率为95％。